国家示范性（骨干）高职院校建设项目成果
高等职业教育教学改革系列规划教材

机 械 制 图

王海涛　主　编
姚素芹　田宏霞　俞浩荣　副主编
吴正勇　主　审

電子工業出版社
Publishing House of Electronics Industry
北京 • BEIJING

内 容 简 介

本书以实践操作为主线，贯彻“做中学、学中做”的思路，使学生在完成任务的过程中学习知识，既兼顾机械制图国家标准体系的完整性，又突出完成任务所需的重点知识，着重形体表达与识读零件图的能力训练。本书包括 8 个项目：平面图形、简单形体、轴套类零件、盘盖类零件、叉架类零件、箱体类零件、机器及部件、计算机绘图。

本书可作为高职高专院校机械类、近机类各专业机械制图课程的教材，也可作为职工大学、函授大学、中职学校相应专业的教学用书，还可供有关工程技术人员参考。

图书在版编目（CIP）数据

机械制图 / 王海涛主编. —北京：电子工业出版社，2013.8
高等职业教育教学改革系列规划教材
ISBN 978-7-121-20599-6

Ⅰ. ①机… Ⅱ. ①王… Ⅲ. ①机械制图－高等职业教育－教材 Ⅳ. ①TH126

中国版本图书馆 CIP 数据核字（2013）第 118143 号

策划编辑：王艳萍
责任编辑：陈健德
印　　刷：北京季蜂印刷有限公司
装　　订：北京季蜂印刷有限公司
出版发行：电子工业出版社
　　　　　北京市海淀区万寿路 173 信箱　邮编 100036
开　　本：787×1 092　1/16　印张：20　字数：512 千字
版　　次：2013 年 8 月第 1 版
印　　次：2017 年 8 月第 5 次印刷
定　　价：39.00 元

凡所购买电子工业出版社图书有缺损问题，请向购买书店调换。若书店售缺，请与本社发行部联系，联系及邮购电话：（010）88254888，88258888。

质量投诉请发邮件至 zlts@phei.com.cn，盗版侵权举报请发邮件至 dbqq@phei.com.cn。

本书咨询联系方式：（010）88254574，wangyp@phei.com.cn。

前　　言

本书根据国家骨干高职院校重点建设专业课程子资源库规划，对机械制图课程进行了项目化教学改造，选用真实的机械零部件作为载体，构建了以工作和学习任务为中心，以项目课程为主体的专业课程体系，力求课程能力服务于专业能力，着重培养学生的职业素养和技能。

本书以任务来驱动和展开教学进程，学生在完成项目任务的过程中获得知识，为后续专业课程学习奠定良好基础，初步培养学生的职业素养和技能。本书内容包括 8 个项目（平面图形、简单形体、轴套类零件、盘盖类零件、叉架类零件、箱体类零件、机器及部件、计算机绘图），每个项目均包括任务目标、任务要求、学习案例、知识链接及课外练习 5 个部分。

通过本课程的学习，可以使学生既具有工程基础又有较高的工程文化素质，既有丰富的工程设计绘图基础知识、基本理论，又有较熟练的绘图和读图能力，还有较敏捷的灵活思维和创新意识，能自觉按照国家标准用各种手段较快、准确地阅读、绘制中等复杂程度的机械图样，能熟练使用计算机辅助设计软件绘图。

参加本书编写工作的有：项目 2、8 由王海涛编写，项目 1、7 由姚素芹编写，项目 3、4 由田宏霞编写，项目 5、6 由俞浩荣编写，同时感谢叶国英、路春玲、杨红霞、刘燕、冯纪良、陈玉文等在编写过程中给予的大力支持和帮助。

本书由王海涛主编并统稿，吴正勇主审。

本书有配套的立体化教学资源库，包括教学大纲、教学计划、教学课件、AutoCAD 源文件等，请有需要的教师登录华信教育资源网（www.hxedu. com.cn）免费注册后进行下载，如有问题请在网站留言或与电子工业出版社联系（E-mail：hxedu@phei.com.cn）。

限于编者水平，书中难免有错误和不足，恳请读者批评指正。

编　者

2013 年 4 月

目　　录

项目1　平面图形……(1)
任务1.1　图纸和图线……(1)
1.1.1　国家标准的基本规定……(3)
1.1.2　常用绘图工具的使用……(12)
任务1.2　几何作图……(15)
1.2.1　线段等分……(18)
1.2.2　圆周等分及作正多边形……(19)
1.2.3　斜度和锥度……(19)
1.2.4　圆的切线……(20)
1.2.5　圆弧连接……(21)
1.2.6　椭圆……(23)
任务1.3　平面图形的绘制……(26)
1.3.1　平面图形的尺寸分析……(26)
1.3.2　平面图形的线段分析……(28)
项目2　简单形体……(31)
任务2.1　平面体……(31)
2.1.1　投影法的基本知识……(33)
2.1.2　三视图的形成及其投影规律……(34)
2.1.3　平面立体……(37)
2.1.4　平面与平面体相交……(39)
2.1.5　基本体尺寸标注……(41)
任务2.2　回转体……(43)
2.2.1　圆柱……(44)
2.2.2　圆锥……(46)
2.2.3　圆球……(47)
2.2.4　圆环……(48)
2.2.5　平面与回转体相交……(48)
2.2.6　回转体尺寸标注……(51)
任务2.3　相贯体……(54)
2.3.1　两回转体正交……(56)
2.3.2　相贯线的特殊情况……(59)
2.3.3　相贯体的尺寸标注……(60)
任务2.4　组合体……(62)
2.4.1　组合体的形体分析……(64)

2.4.2 组合体的三视图画法……（66）
2.4.3 组合体的尺寸标注……（68）
2.4.4 组合体视图的识读……（73）
项目3 轴套类零件……（81）
任务3.1 衬套……（81）
3.1.1 常见轴套类零件……（83）
3.1.2 视图……（83）
3.1.3 剖视图的概念与画法……（90）
任务3.2 主轴……（96）
3.2.1 剖视图的种类及应用……（99）
3.2.2 断面图……（102）
任务3.3 铣刀头刀轴……（107）
3.3.1 轴套类零件的尺寸分析与标注……（110）
3.3.2 零件图上的表面结构……（115）
项目4 盘盖类零件……（125）
任务4.1 圆盘……（125）
4.1.1 常见盘盖类零件……（127）
4.1.2 剖切面……（127）
任务4.2 皮带轮……（132）
任务4.3 端盖……（139）
4.3.1 局部放大图……（142）
4.3.2 剖视图的规定画法……（142）
4.3.3 视图的简化画法……（142）
项目5 叉架类零件……（147）
任务5.1 轴承座……（147）
5.1.1 轴测投影的基本知识……（148）
5.1.2 正等轴测图……（150）
5.1.3 斜二轴测图……（154）
5.1.4 轴承座的表达……（156）
任务5.2 支架……（160）
5.2.1 公差与配合……（162）
5.2.2 读支架类零件图……（167）
5.2.3 支架零件图分析……（168）
项目6 箱体类零件……（172）
任务6.1 箱体……（172）
6.1.1 零件上常见的工艺结构……（173）
6.1.2 箱体类零件的视图选择……（176）
6.1.3 常见孔结构的尺寸注法……（179）
6.1.4 箱体类零件的识读……（180）

任务 6.2 座体…………(181)
6.2.1 零件测绘的方法和步骤…………(182)
6.2.2 底座零件图的识读…………(185)
项目 7 机器及部件…………(188)
任务 7.1 螺纹及螺纹紧固件…………(188)
7.1.1 螺纹画法及标注…………(188)
7.1.2 螺纹紧固件…………(193)
任务 7.2 齿轮及传动…………(202)
7.2.1 直齿圆柱齿轮…………(203)
7.2.2 键及其连接…………(207)
7.2.3 销及其连接…………(209)
7.2.4 滚动轴承…………(210)
7.2.5 弹簧…………(213)
任务 7.3 铣刀头…………(215)
7.3.1 装配图的作用和内容…………(217)
7.3.2 装配图的表示方法…………(218)
7.3.3 装配体的常见装配结构…………(220)
7.3.4 装配图上的尺寸标注和技术要求…………(223)
7.3.5 装配图的零部件序号、明细栏…………(223)
7.3.6 绘制铣刀头装配图…………(225)
任务 7.4 折角阀…………(230)
7.4.1 读装配图的意义和要求…………(233)
7.4.2 读装配图的方法和步骤…………(233)
7.4.3 根据装配图拆画零件图…………(237)
项目 8 计算机绘图…………(242)
任务 8.1 绘制几何图形…………(242)
8.1.1 计算机绘图基本知识…………(243)
8.1.2 绘图的准备和设置…………(248)
任务 8.2 绘制平面图形…………(252)
8.2.1 圆构成的平面图形…………(254)
8.2.2 圆弧构成的平面图形…………(258)
8.2.3 平面图形绘制命令…………(259)
任务 8.3 绘制轴类零件图…………(262)
8.3.1 绘制标准图幅样板图…………(265)
8.3.2 机件视图画法…………(265)
8.3.3 绘制轴套类零件图…………(270)
任务 8.4 绘制盘类零件图…………(272)
8.4.1 尺寸及形位公差的标注…………(274)
8.4.2 绘制盘盖类零件图的步骤…………(280)

任务 8.5　其他零件图…………（281）
附录 A　螺纹、常用标准件及公差配合…………（287）
A.1　螺纹…………（287）
A.2　常用标准件…………（291）
A.3　极限与配合…………（304）
参考文献…………（310）

项目1　平　面　图　形

任务 1.1　图纸和图线

任务目标

最终目标：能按国标要求绘制平面图形。

促成目标：

（1）熟悉主要图线的线型和画法；

（2）学会使用铅笔、圆规等绘图工具；

（3）能按国标要求绘制平面图形。

任务要求

在 A4 图纸上按如图 1-1 所示尺寸绘制图形，比例为 1∶1，并标注尺寸。

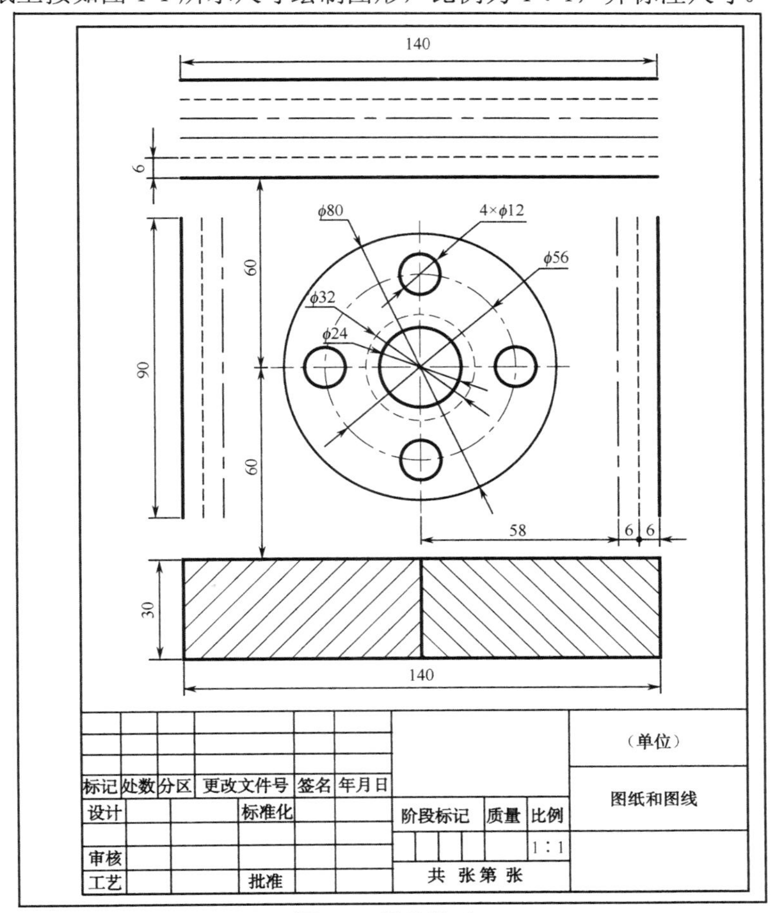

图 1-1　图线练习 1

学习案例

在 A4 图纸上绘制如图 1-2 所示的图形，比例为 1∶1，并标注尺寸。

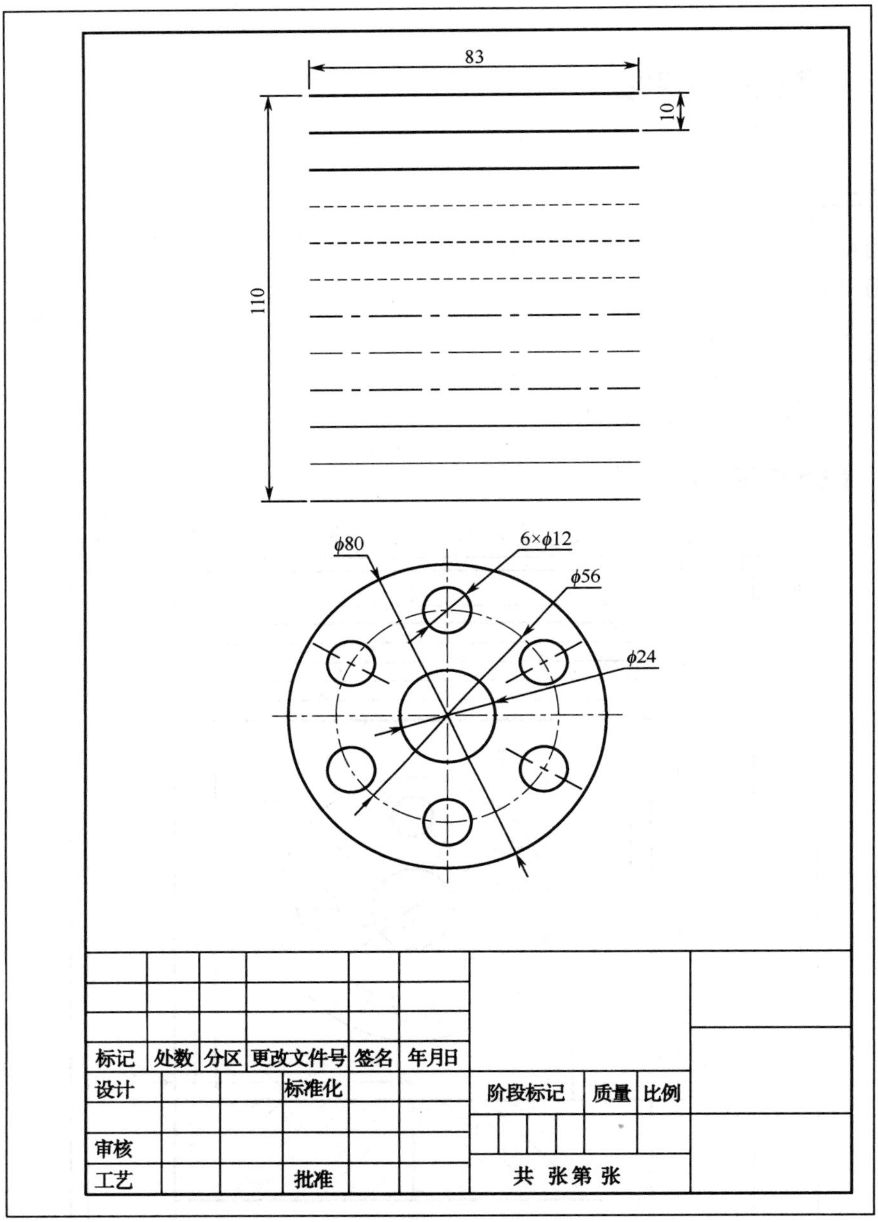

83

10

110

$\phi80$

$6\times\phi12$

$\phi56$

$\phi24$

标记	处数	分区	更改文件号	签名	年月日			
设计			标准化			阶段标记	质量	比例
审核								
工艺			批准			共 张第 张		

图 1-2　图线练习 2

绘制步骤：先确定最上方水平线的位置，从上往下依次画出其他图线，然后确定下方图形圆心的位置，用圆规画圆，检查无误后整理线型并加粗粗实线。

知识链接

1.1.1 国家标准的基本规定

1. 图纸幅面与格式（GB/T 14689—1993）

（1）图纸幅面

绘图时先要选择图纸，图纸的基本幅面分为 A0、A1、A2、A3、A4 五种，如表 1-1 所示。图 1-3 为五种基本幅面的尺寸关系，表中 *B*、*L*、*e*、*c*、*a* 的含义如图 1-4 所示。如果这五种幅面不能满足要求，允许选用加长幅面，其尺寸必须是由基本幅面的短边成整数倍增加后得出的。

表 1-1 图纸基本幅面代号和尺寸 （单位：mm）

幅面代号	*B*×*L*	*e*	*c*	*a*
A0	841×1189	20	10	25
A1	594×841			
A2	420×594	10		
A3	297×420		5	
A4	210×297			

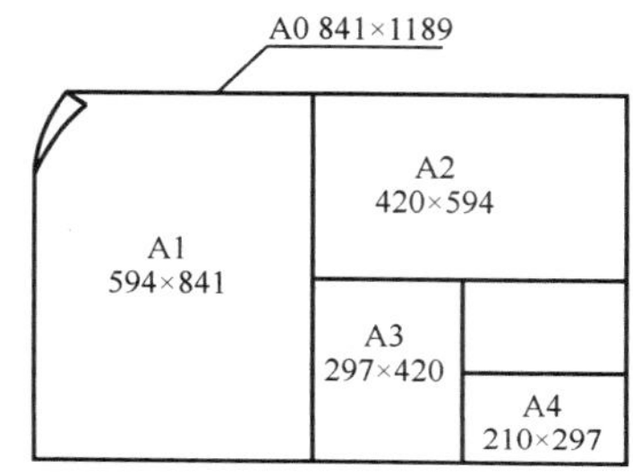

图 1-3 五种基本幅面的尺寸关系

（2）图框格式

图纸中限定绘图区域的边框称为图框，用粗实线绘制，其格式为留装订边和不留装订边两种，如图 1-4（a）、（b）所示。同一产品的图样只能采用一种格式。

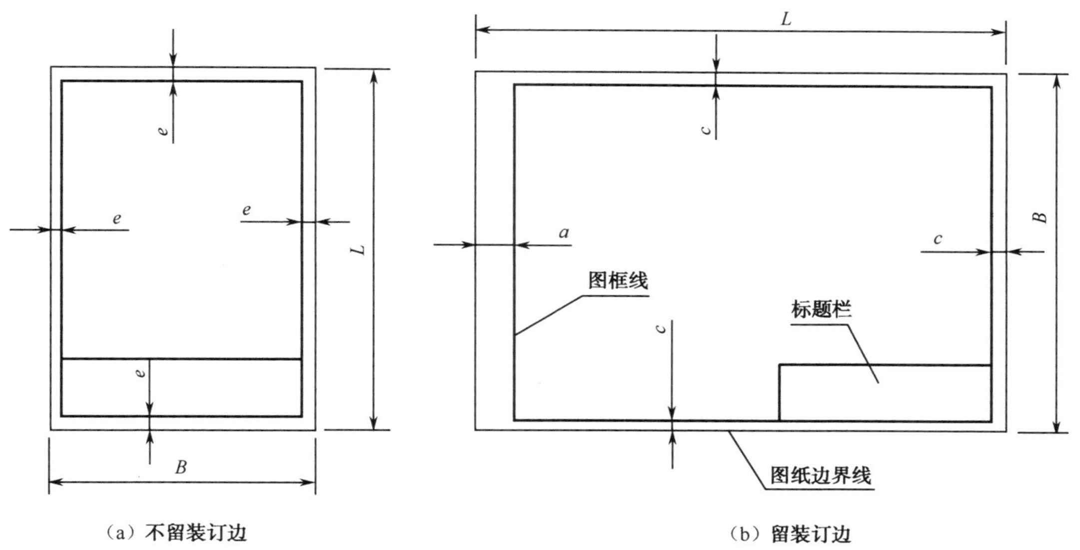

（a）不留装订边 （b）留装订边

图 1-4 图纸的图框格式

（3）标题栏

标题栏在图纸的右下角，国家标准对标题栏的内容、格式及尺寸做了统一规定，如图 1-5（a）所示。必要时允许将标题栏的短边置于水平位置使用，此时，标题栏应在图纸右上角，而且必须在图纸下方对中符号处画上方向符号，如图 1-5（b）所示。平时练习的标题栏可以自定，建议采用如图 1-6 所示的简化标题栏。

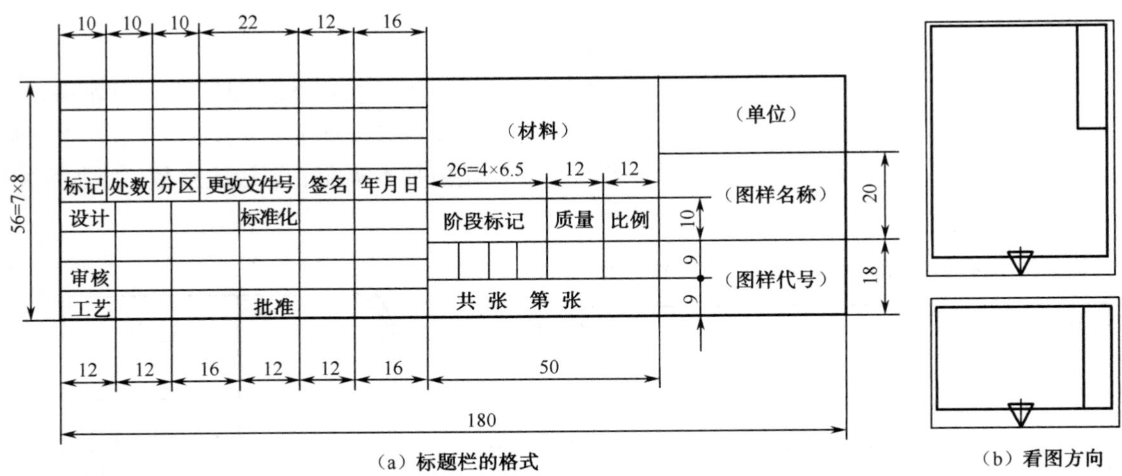

（a）标题栏的格式

（b）看图方向

图 1-5 标题栏

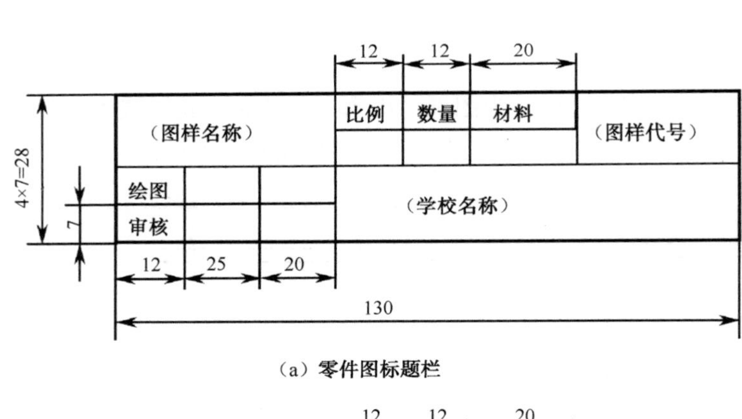

（a）零件图标题栏

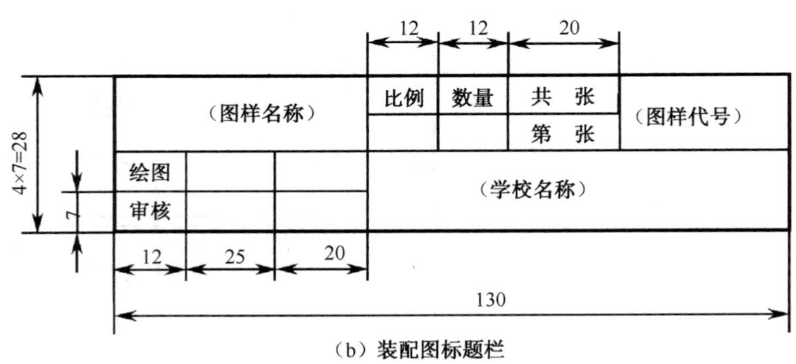

（b）装配图标题栏

图 1-6 简化标题栏

2. 比例（GB/T 14690—1993）

比例是指图形与其实物相应要素的线性尺寸之比。绘制图样时，应在表 1-2 规定的系列中选取适当的比例，必要时也允许选取表 1-3 中的比例。比例有原值、放大、缩小三种，常用的比例见表 1-2。

表 1-2　比例 1

种　　类	比　　例		
原值比例	1∶1		
放大比例	2∶1 2×10^n∶1	5∶1 5×10^n∶1	 1×10^n∶1
缩小比例	1∶2 1∶1×10^n	1∶5 1∶5×10^n	 1∶1×10^n

表 1-3　比例 2

种　　类	比　　例				
放大比例	4∶1 4×10^n∶1	2.5∶1 2.5×10^n∶1			
缩小比例	1∶1.5 1∶1.5×10^n	1∶2.5 1∶2.5×10^n	1∶3 1∶3×10^n	1∶4 1∶4×10^n	1∶6 1∶6×10^n

画图时优先采用原值（1∶1）比例。不论采用放大还是缩小的比例，在图样上标注的尺寸数值均为机件的实际大小，与所采用的绘图比例无关，如图 1-7 所示。同时应注意，图形中的角度应仍按实际绘制和标注。

比例应标注在标题栏中的“比例”一栏内，必要时可标注在视图名称的上方。

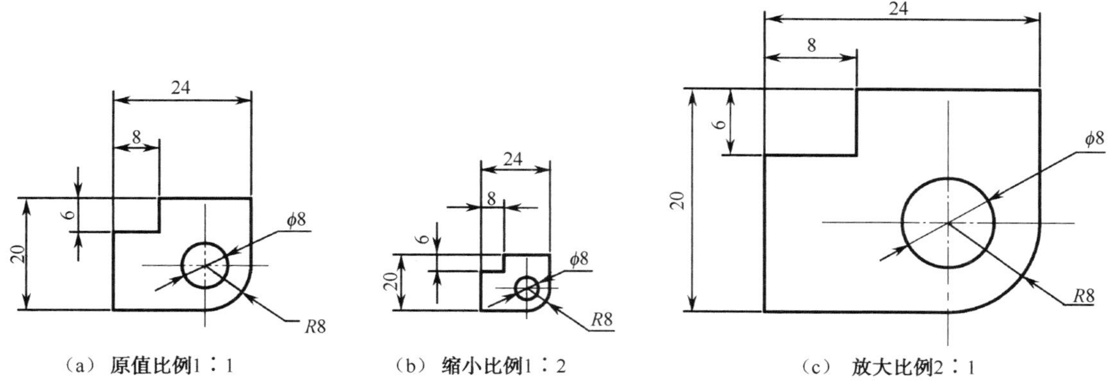

图 1-7　不同比例绘制的同一图形

3. 字体（GB/T 14691—1993）

图样中书写的字体必须做到字体工整、笔画清楚、间隔均匀、排列整齐。

字体高度（用 h 表示）的公称尺寸系列为：1.8mm、2.5mm、3.5mm、5mm、7mm、10mm、

14mm、20mm。如需要书写更大的字，其字体高度应按$\sqrt{2}$的比例递增，字体高度代表字体的号数。

（1）汉字

汉字应写成长仿宋体，并采用国家正式公布的简化字。汉字的高度 h 应不小于 3.5mm，其宽度一般为 $h/\sqrt{2}$，汉字示例如图 1-8 所示。

10号汉字：字体工整　笔画清楚　间隔均匀　排列整齐

7号汉字：横平竖直　注意起落　结构均匀　填满方格

5号汉字：技术　制图　机械　电子　汽车　航空　船舶　土木　建筑　矿石　井坑　港口　纺织

3.5号汉字：螺纹　齿轮　端子　接线　飞行指导　驾驶舱位　挖填施工　引水通风　闸阀坝　棉麻化纤

图 1-8　汉字示例

（2）数字和字母

数字和字母可写成直体或斜体（常用斜体），斜体字字头向右倾斜，与水平基准线约成 75°，如图 1-9 所示。国家标准《CAD 工程制图规则》中所规定的字体与图纸幅面的关系如表 1-4 所示。

I II III IV V VI VII VIII IX X XI XII　　*ABCDEFGHIJKLMNOPQRST*

01234567898765432l0　　*abcdefghijklmnopqrst*

图 1-9　数字和字母示例

表 1-4　字体与图纸幅面的关系

字体 h ＼ 图幅	A0	A1	A2	A3	A4
汉　字	7	7	5	5	5
字母与数字	5	5	3.5	3.5	3.5

4. 图线（GB/T 17450—1998、GB/T 4457.4—2002）

（1）图线型式及应用

国家标准 GB/T 17450—1998《技术制图　图线》中规定了如何绘制各种技术图样的基本线型、基本线型的变形及其相互组合。在机械图样中，国家标准 GB/T 4457.2—2002《机械制图　图样画法　图线》规定只采用粗线和细线两种线宽，它们之间的比例为 2∶1。常见图线宽度和图线组别如表 1-5 所示。制图中优先采用的图线组别为 0.5mm 和 0.7mm。

表 1-5　常见图线宽度和图线组别　　（单位：mm）

图线组别	0.25	0.35	0.5	0.7	1	1.4	2
粗线宽度	0.25	0.35	0.5	0.7	1	1.4	2
细线宽度	0.13	0.18	0.25	0.35	0.5	0.7	1

以下将细虚线、细点画线、细双点画线分别简称为虚线、点画线、双点画线。

机械图样中常用的几种图线的名称、型式、宽度及一般应用如表 1-6 所示。各种线型的应用示例如图 1-10 所示。

表 1-6 常用的几种图线的名称、型式、宽度及一般应用（GB/T 4457.4—2002）

图线名称	图线型式	图线宽度	一般应用举例
粗实线	———————	粗	可见轮廓线、棱边线 相贯线 螺纹牙顶线（圆）、螺纹终止线 齿轮的齿顶圆（线）剖面符号用线
细实线	———————	细	尺寸线及尺寸界线 剖面线 重合断面的轮廓线 过渡线 指引线和基准线 辅助线 螺纹牙底线 表示平面的对角线 齿轮的齿根线
细虚线	— — — — — — — — —	细	不可见轮廓线、棱边线
细点画线	——— - ——— - ———	细	轴线 对称中心线 分度圆（线） 孔系分布的中心线（圆）
粗点画线	—— - —— - —— - ——	粗	限定范围表示线
细双点画线	——— - - ———	细	相邻辅助零件的轮廓线 可动零件的极限位置的轮廓线 成形前轮廓线 剖切面前的结构轮廓线 轨迹线
波浪线	～～～	细	断裂处的边界线 视图与剖视图的分界线
双折线	—\/—\/—	细	同波浪线
粗虚线	— — — — — —	粗	允许表面处理的表示线

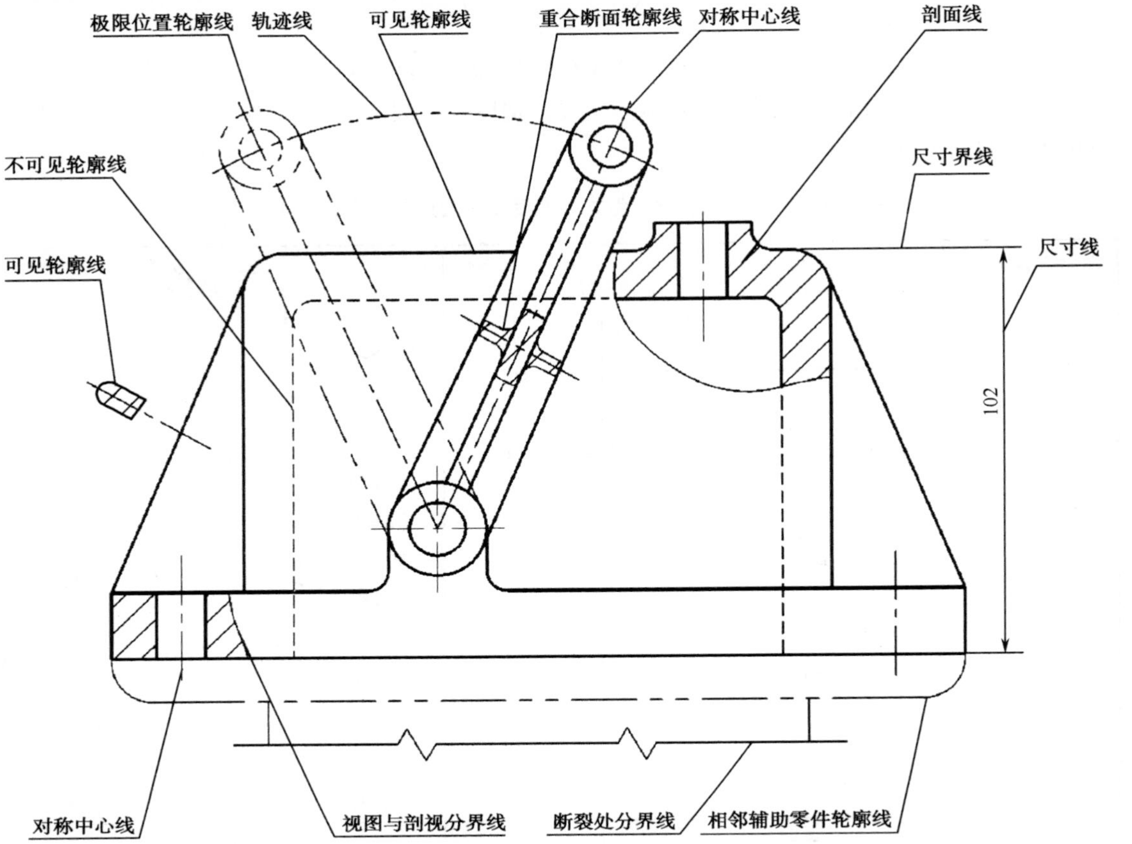

图 1-10　图线应用示例

（2）图线画法

① 在绘制虚线时，线段长度为 4～6mm，间隔为 1mm，虚线和虚线相交处应为线段相交。当虚线在粗实线延长线上时，虚线与粗实线之间应有间隙。

② 在绘制点画线时，长线段长度为 15～20mm，间隔为 3mm，小线段长度为 1mm，超出轮廓线长度约为 3～5mm。点画线与点画线相交时应是线段与线段相交。当要绘制的点画线长度较小时，可用细实线代替。

③ 在绘制双点画线时，长线段长度为 15～20mm，间隔为 5mm，小线段长度为 1mm。

虚线和点画线的画法如图 1-11 所示，正、误对比和样例如图 1-12、图 1-13 所示。

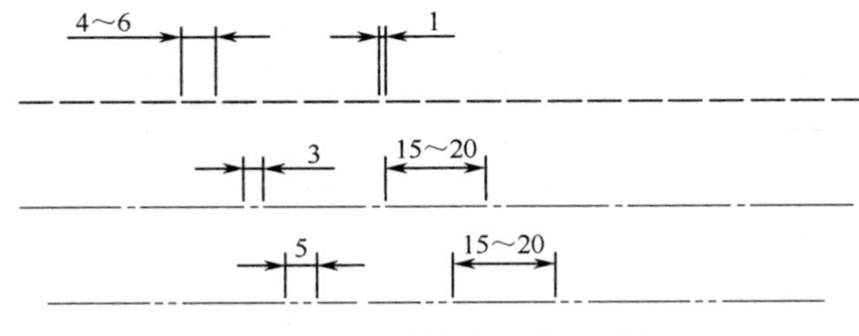

图 1-11　虚线和点画线的画法

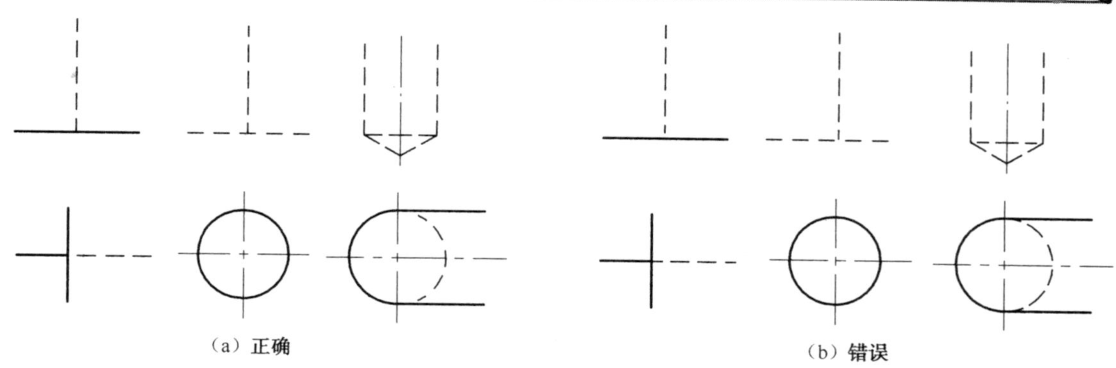

图 1-12 线型画法正、误对比

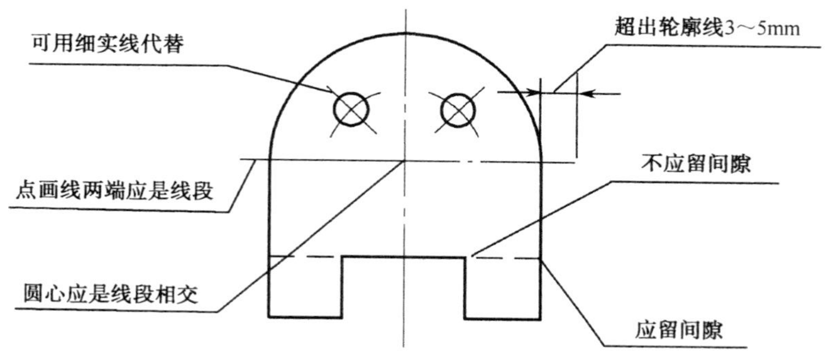

图 1-13 线型画法样例

（3）注意事项

① 各种图线相交时，应在线段处相交，不应在间隔处相交。

② 当虚线弧线和虚线直线相切时，虚线圆弧的线段应画到切点，而虚线直线需要留有空隙。

③ 点画线和双点画线的首末两端应是长画而不是点。

④ 圆的对称中心线应超出圆外 3～5mm。

⑤ 在较小的图形上绘制点画线、双点画线有困难时，可用细实线代替。

⑥ 同一图样中，同类图线的宽度应基本一致。虚线、点画线及双点画线的长度和间隔应一致。

⑦ 两条平行线(包括剖面线)之间的间距应不小于粗实线的2倍宽度，最小距离不小于0.7mm。

5. 尺寸注法（GB/T 4458.4—2003）

尺寸是图样中不可缺少的重要内容之一，是制造零件的直接依据。在标注尺寸时，必须严格遵守国家标准的有关规定，做到正确、完整、清晰、合理。

（1）标注尺寸的基本规则

① 机件的真实大小应以图样上所注的尺寸数值为依据，与图形大小及绘图比例无关。

② 图样中单位为毫米时，不需标注。若采取其他单位，则必须注明。

③ 图样中所注的尺寸为该图样的最后完工尺寸。

④ 机件上的每一个尺寸一般只标注一次，并应标在反映该结构最清晰的图形上。

（2）标注尺寸的要素

标注尺寸由尺寸界线、尺寸线和尺寸数字三个要素组成，如图 1-14 所示。

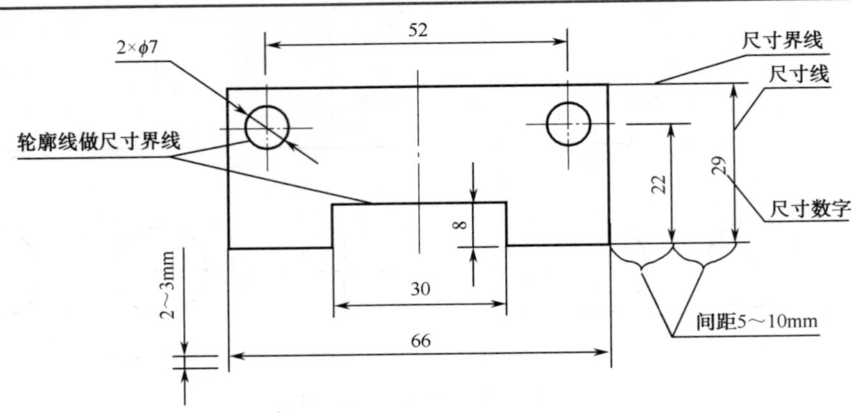

图 1-14　标注尺寸的组成

① 尺寸界线。

尺寸界线表示尺寸的度量范围，一般用细实线绘出，由轮廓线及轴线、中心线引出，也可利用轴线、中心线和轮廓线做尺寸界线。尺寸界线一般应与尺寸线垂直，必要时才允许倾斜。

② 尺寸线。

尺寸线表示所注尺寸的度量方向和长度，必须用细实线单独绘出，不能由其他线代替。尺寸线与轮廓线相距 5～10mm，尺寸界线应超出尺寸线 2～3mm。

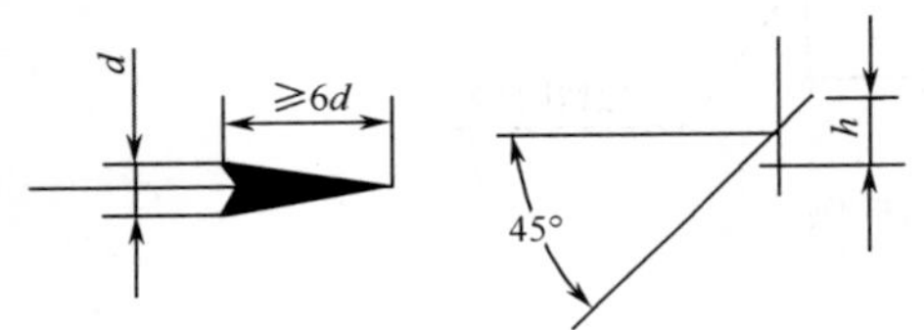

图 1-15　尺寸线的终端形式

尺寸线终端有两种形式：箭头和斜线。在同一张图样上只能采用一种尺寸线终端形式，如图 1-15 所示。机械图样上的尺寸线终端一般为箭头（图中“*d*”为粗实线的宽度），箭头表明尺寸的起、止，其尖端应与尺寸界线接触，尽量画在所注尺寸的区域之内。在同一张图样中，箭头大小应一致。当没有足够的地方画箭头时，可用小圆点代替。采用斜线时，尺寸线与尺寸界线必须互相垂直，斜线用细实线绘制（图中“*h*”为字体高度）。

③ 尺寸数字。

尺寸数字表示机件尺寸的实际大小，一般采用 3.5 号字，且同一张图样上尺寸数字字高应保持一致。

线性尺寸的数字通常注写在尺寸线的上方或中断处，尺寸数字不允许被任何图线所通过，否则需将图线断开，当图中没有足够的地方标注尺寸时，可引出标注，如图 1-14 所示。

尺寸标注中常用的符号如表 1-7 所示，常用的尺寸标注示例如表 1-8 所示。

表 1-7　尺寸标注中常用的符号

名　称	符号或缩写词	名　称	符号或缩写词
直径	*φ*	45° 倒角	*C*
半径	*R*	深度	↧
球面直径	*Sφ*	沉孔或锪平	⌴
球面半径	*SR*	埋头孔	∨
厚度	*t*	均布	EQS
正方形	□	弧长	⌒
斜度	∠	锥度	◁

表 1-8 常用尺寸标注示例

项目	图 例	说 明
线性尺寸	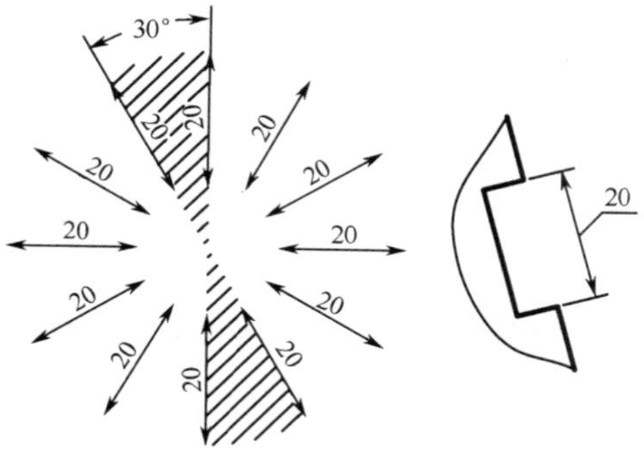	尺寸数字应按左图所示方向注写，并尽可能避免在图示 30° 范围内标注尺寸，当无法避免时，可引出标注
线性尺寸	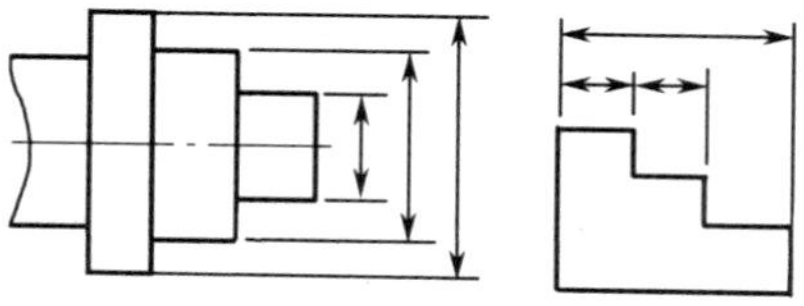	并列尺寸：小尺寸在里，大尺寸在外，尺寸线间隔应保持一致 串列尺寸：箭头应对齐
圆	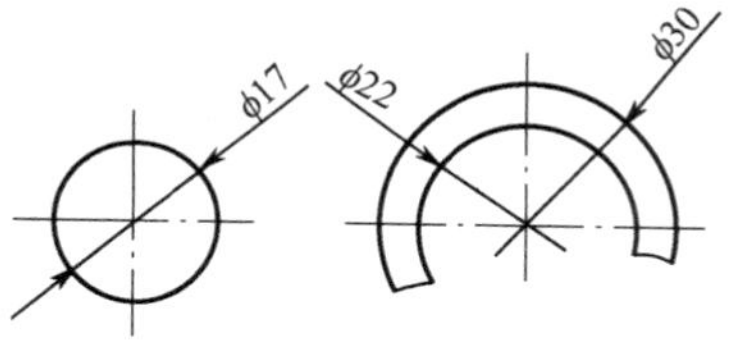	标注整圆或大于半圆的圆弧直径尺寸时，以圆周为尺寸界线，尺寸线通过圆心，并在尺寸数字前加注直径符号“ϕ”。圆弧直径尺寸线应画至略超过圆心，只在尺寸线一端画箭头指向圆弧
圆弧	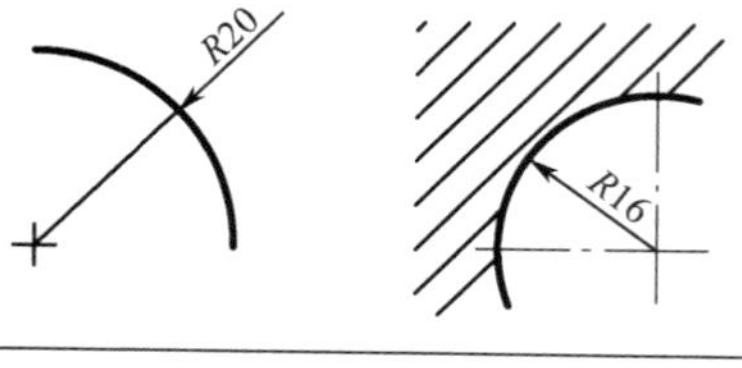	标注小于或等于半圆的圆弧半径尺寸时，尺寸线应从圆心出发引向圆弧，只画一个箭头，并在尺寸数字前加注半径符号“*R*”
	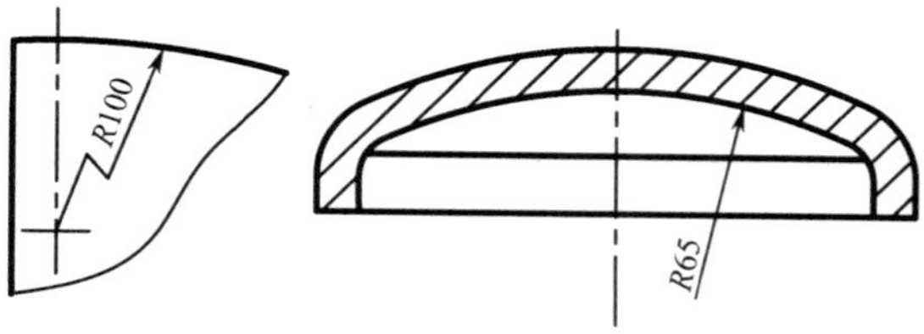	当圆弧的半径过大或在图纸范围内无法标出圆心位置时，可按左图的折线形式标注。不需标出圆心位置时，则尺寸线只画靠近箭头的一段，如右图所示
角度	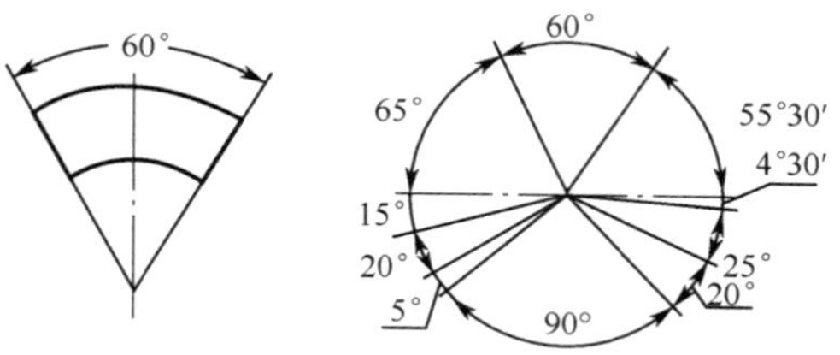	标注角度的尺寸界线应沿径向引出；用尺寸线画出圆弧，其圆心是角的顶点。角度数字一律写成水平方向，一般注写在尺寸线的中断处或尺寸线的上方或外边，也可引出标注

续表

项目	图　　例	说　　明
小尺寸	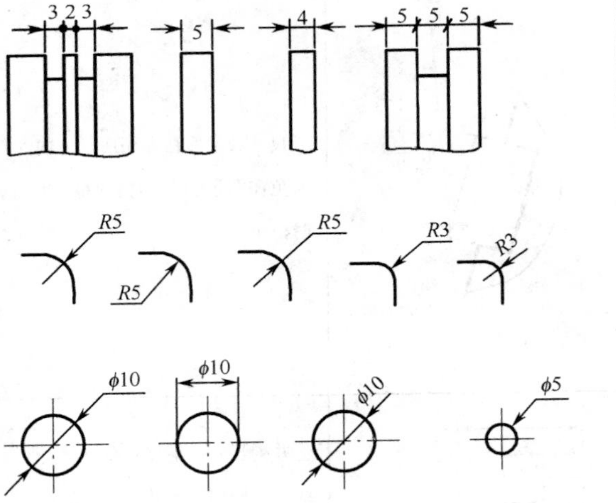 3 2 3　5　4　5 5 5 R5　R5　R5　R3　R3 $\phi10$　$\phi10$　$\phi10$　$\phi5$	在尺寸界线之间没有足够位置画箭头或注写尺寸数字的小尺寸时，可按图示形式进行标注。标注连续尺寸时，代替箭头的圆点大小应与箭头尾部宽度相同
对称	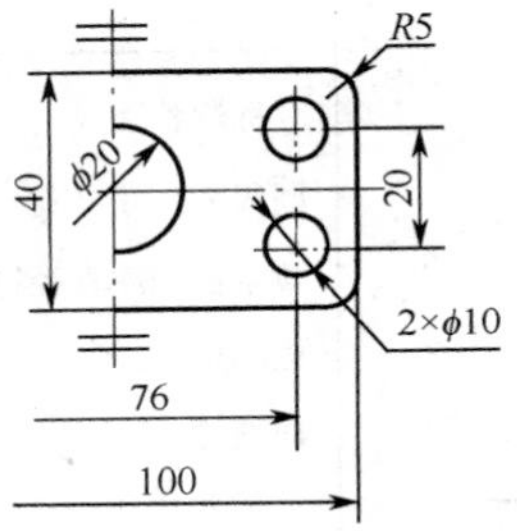 R5　40　$\phi20$　20　2×$\phi10$　76　100	当图形对称时，可只画出一半，在中心线处画出两平行的细实线表示对称
相同结构	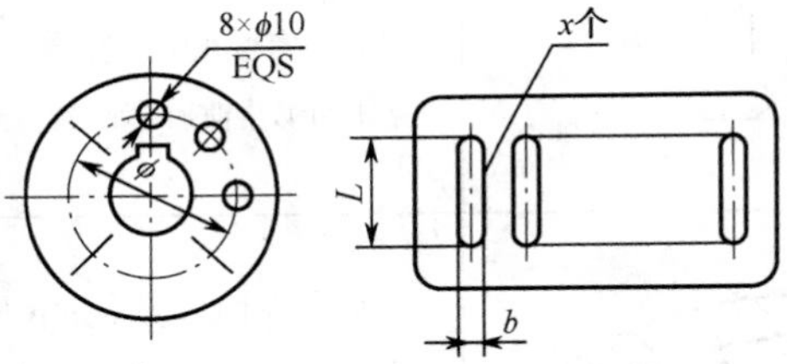 8×$\phi10$ EQS　x个　L　b	在同一图形中，对于尺寸相同的孔、槽等组成要素，可仅在一个要素上标注其数量和尺寸，均匀分布在圆上的孔可在尺寸数字后加注 EQS 表示均匀分布

1.1.2　常用绘图工具的使用

1．图板

图板的规格有 0 号、1 号、2 号，是画图时的垫板，因此要求其表面光洁平整、平坦，用做导边的左侧边必须平直，如图 1-16 所示。

2．丁字尺

丁字尺用于画水平线，由尺头和尺身组成。绘图时尺头内侧靠紧图板的导边，上下移动，

由左至右画水平线。图纸用胶带纸固定在图板上。丁字尺与图板配合使用，它主要用于画水平线和做三角板移动的导边，如图 1-16 所示。

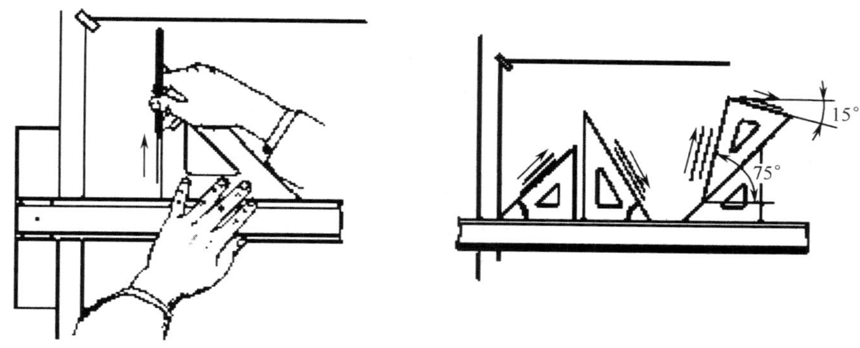

图 1-16　图板、丁字尺、三角板的使用

3. 三角板

两块分别具有 45°及 30°、60°的直角三角形板与丁字尺配合使用，可绘制垂直线、30°、45°、60°及与水平线成 15°倍角的直线，如图 1-16 所示。

4. 分规和圆规

分规是用来量取、等分线段或圆周，以及从尺上量取尺寸的工具，其使用方法如图 1-17 所示。圆规是画圆或圆弧的工具。大圆规配有铅笔（画铅笔图用）、鸭嘴笔（画墨线图用）、刚针（做分规用）、三种插脚和一个延长杆（画大圆用），可根据不同需要选用。画小圆时宜采用弹簧圆规或点圆规。

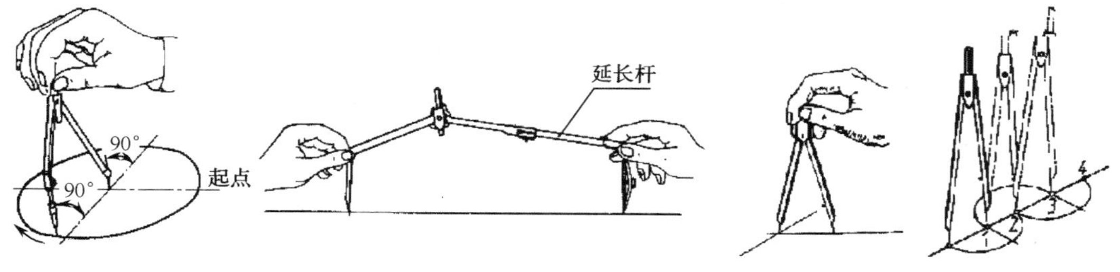

图 1-17　圆规和分规

5. 铅笔

绘图时应采用绘图铅笔，绘图铅笔有软硬两种，用字母 B 和 H 表示，B（或 H）前面的数字越大表示铅芯越软（或越硬）。画粗线常用 B 或 HB 铅笔，画细线常用 H 或 2H 铅笔，写字常用 HB 或 H 铅笔，画底稿时建议用 2H 铅笔。铅笔的磨削及使用如图 1-18 所示。

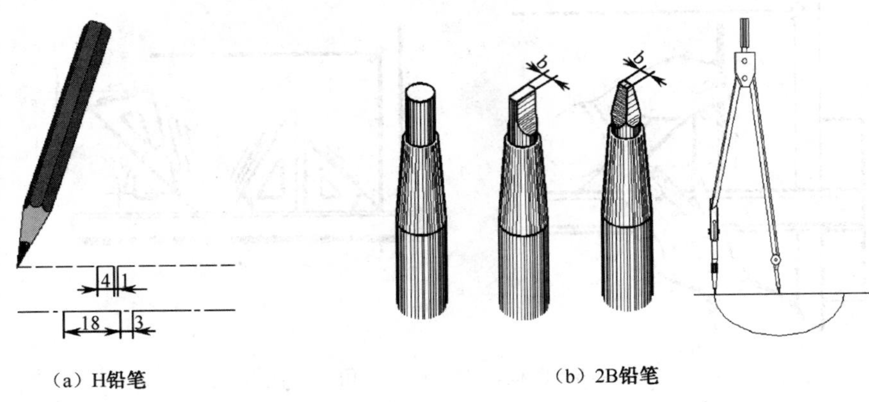

（a）H铅笔　　（b）2B铅笔

图 1-18　铅笔

（1）如图 1-19 所示，在指定位置画出相应的图线。

（2）如图 1-20 所示，找出上图中尺寸注法的错误，在下图正确地注出。

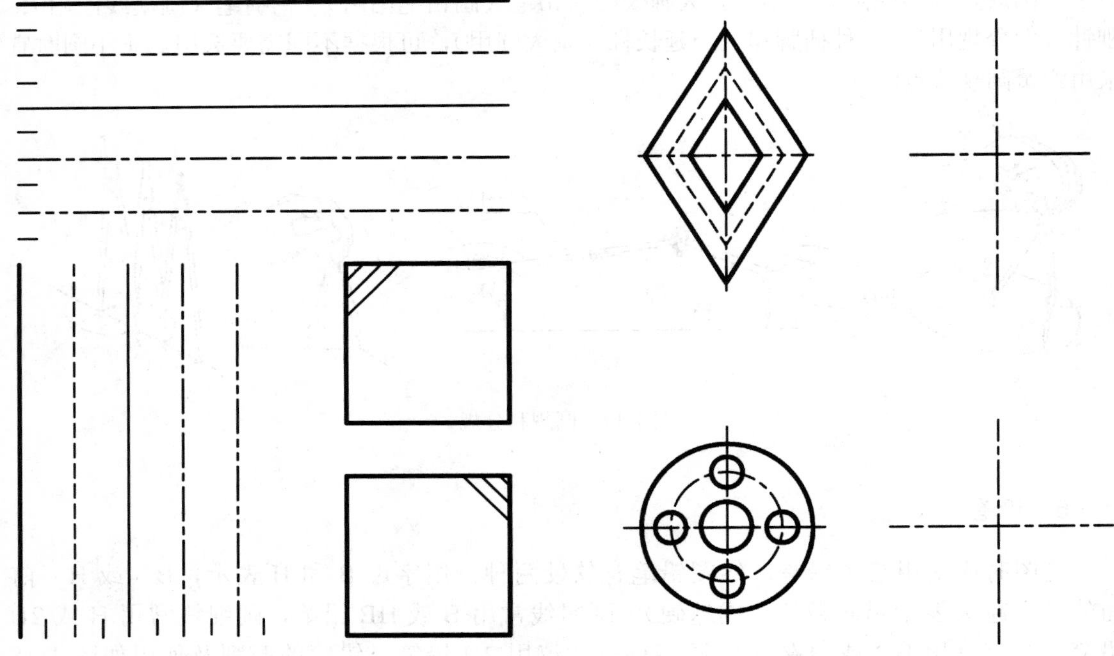

图 1-19　练习题 1 图

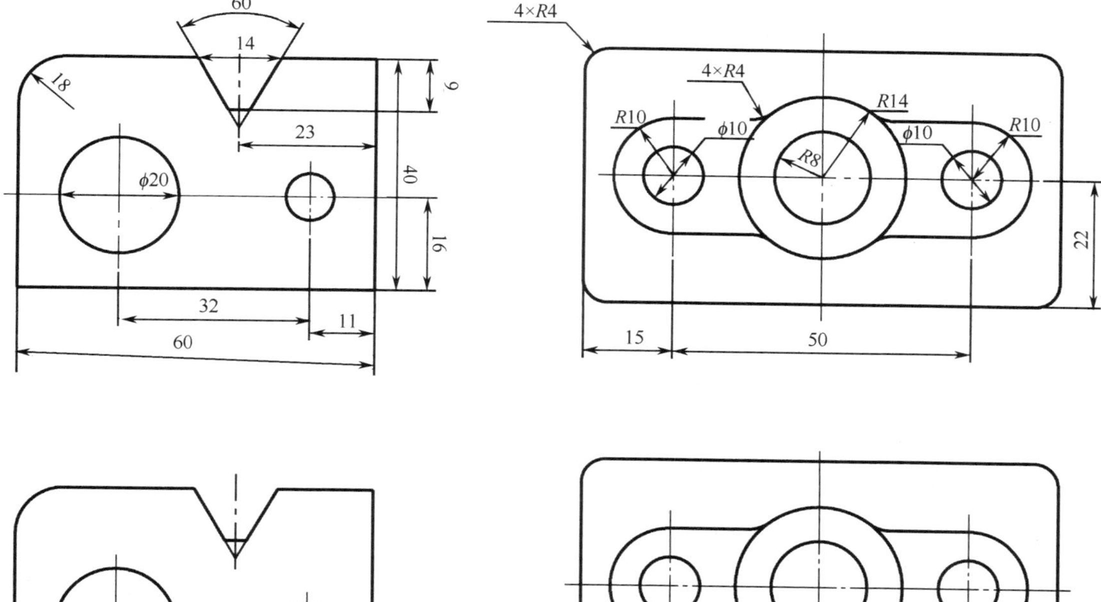

图 1-20　练习题 2 图

任务 1.2　几何作图

任务目标

最终目标：能绘制简单的几何图形。

促成目标：

（1）会画正多边形、锥度和斜度；

（2）会作圆弧连接；

（3）会作圆弧切线。

任务要求

在 A4 图纸上绘制如图 1-21 所示的图形，不标注尺寸，保留作图痕迹。

学习案例

（1）绘制如图 1-22 所示的图形，不标注尺寸，比例为 1∶1，保留作图痕迹。

作图过程如图 1-23 所示。

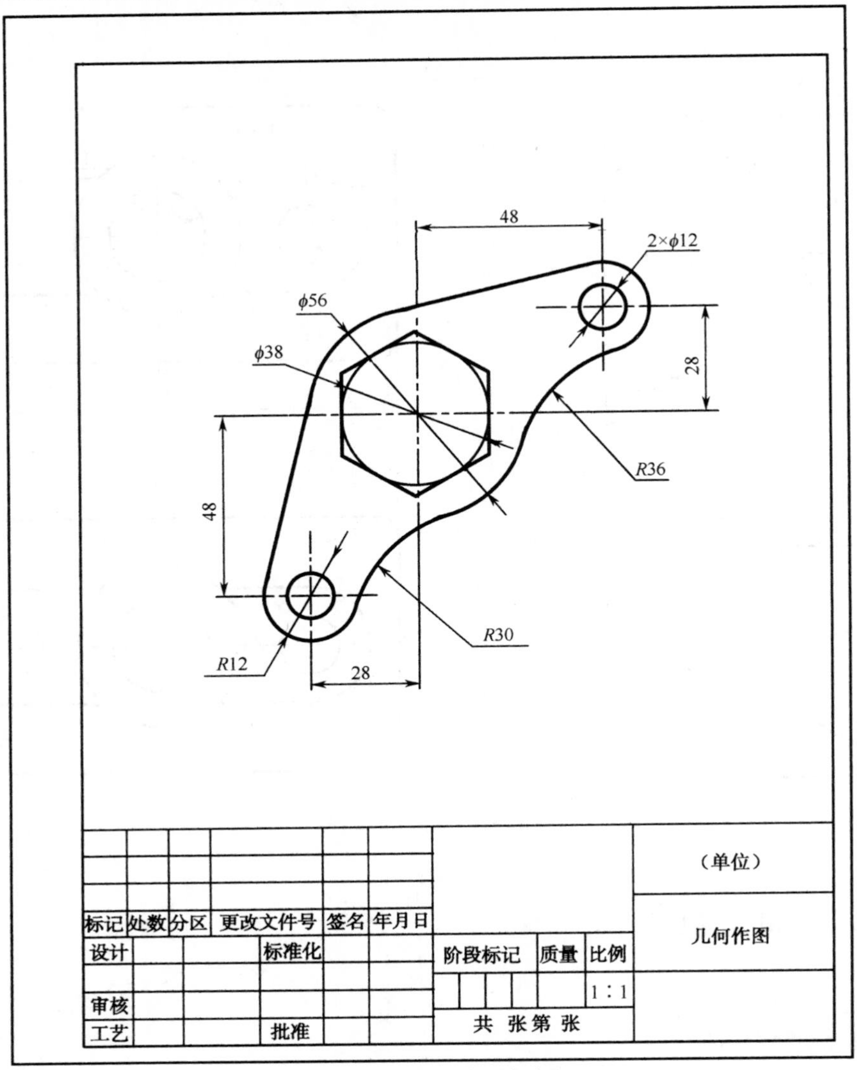

48
2×ϕ12
ϕ56
ϕ38
28
R36
48
R30
R12
28
（单位）
几何作图
标记
处数
分区
更改文件号
签名
年月日
设计
标准化
阶段标记
质量
比例
1∶1
审核
工艺
批准
共 张第 张

图 1-21　几何作图任务

ϕ20
1∶10
C2
ϕ24
60°
25
90

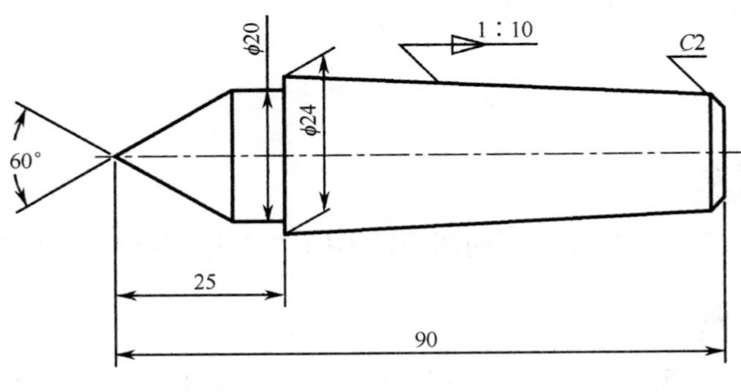

图 1-22　几何作图案例

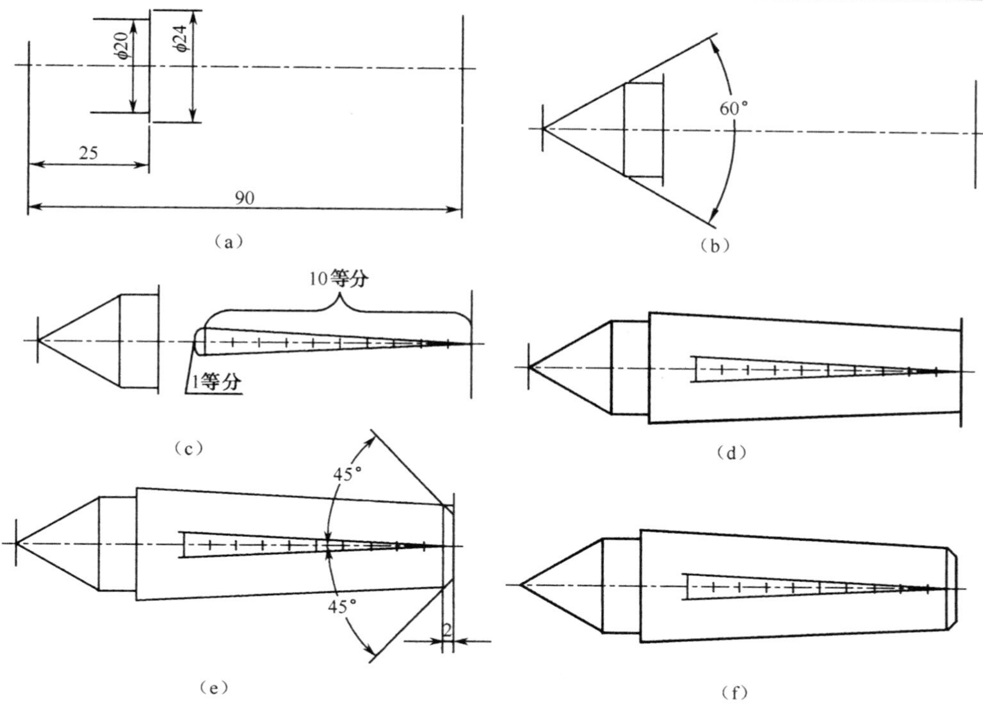

图 1-23 作图过程

说明：1 等分的长度自定。

（2）绘制如图 1-24 所示的图形，不标注尺寸，比例为 1∶1，保留作图痕迹。

作图过程如图 1-25 所示。

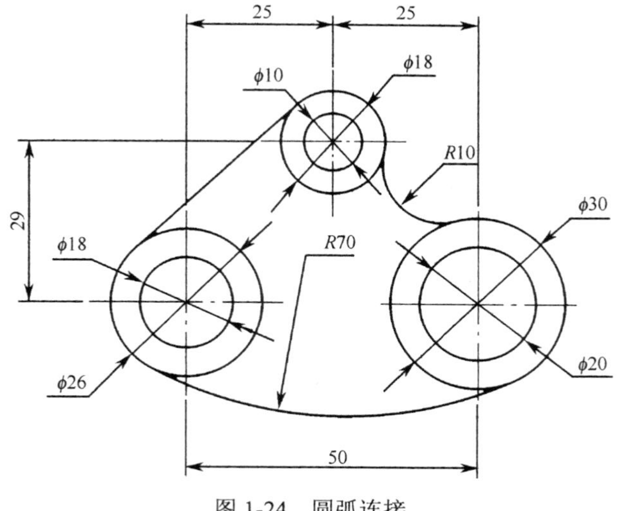

图 1-24 圆弧连接

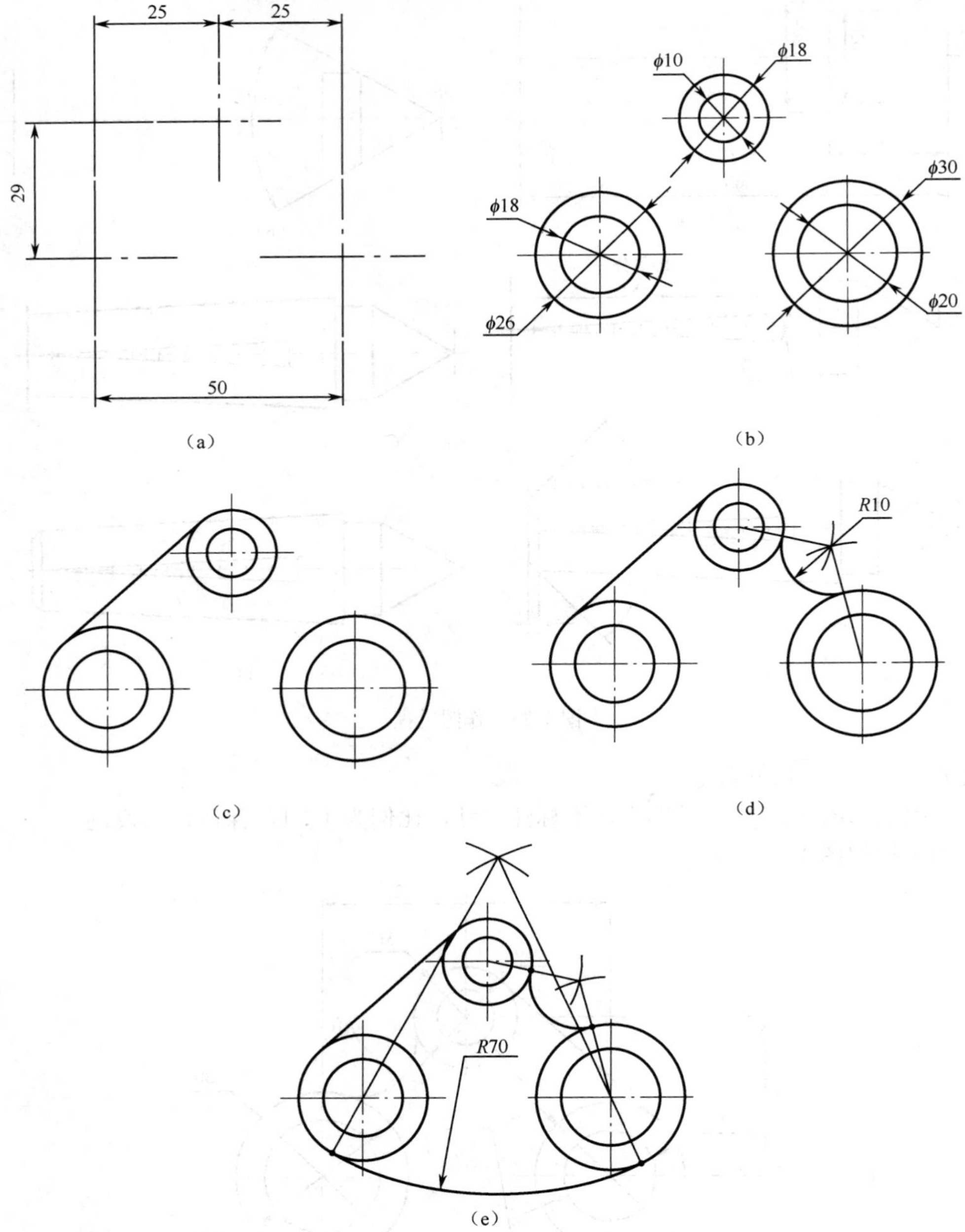

（a）

（b）

（c）

（d）

（e）

图 1-25　作图过程

1.2.1　线段等分

将线段几等分的方法如图 1-26 所示，步骤如下：

（1）过已知直线段 *AB* 的一个端点 *A* 任作一射线 *AC*，由此端点起在射线上以任意长度截取 4 等分；

（2）将射线上的等分终点与已知直线段的另一端点连线，并过射线上各等分点作此连线的平行线与已知直线段相交，交点即为所求。

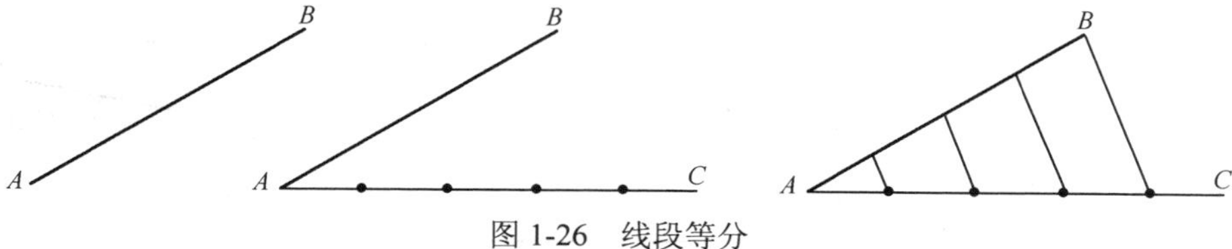

图 1-26 线段等分

1.2.2 圆周等分及作正多边形

（1）将圆周六等分及作正六边形，作法如图 1-27 所示。

（2）将圆周四等分及作正方形，作法如图 1-28 所示。

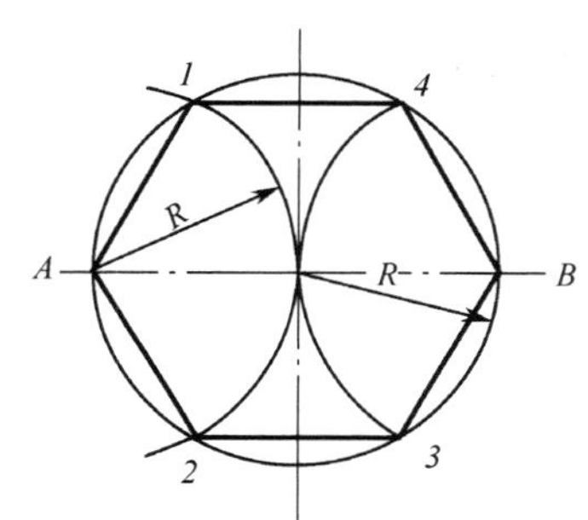

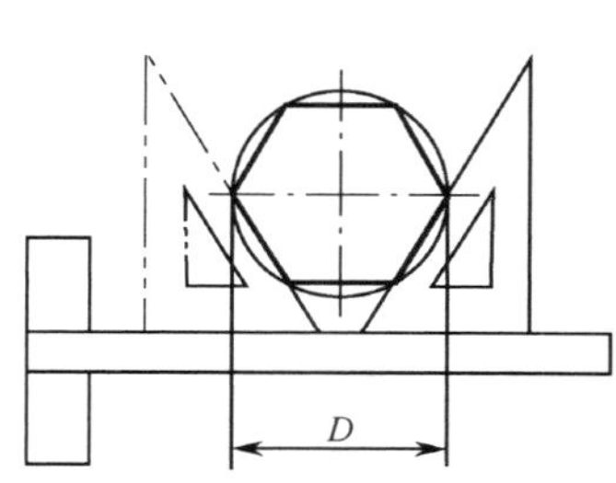

图 1-27 正六边形作法

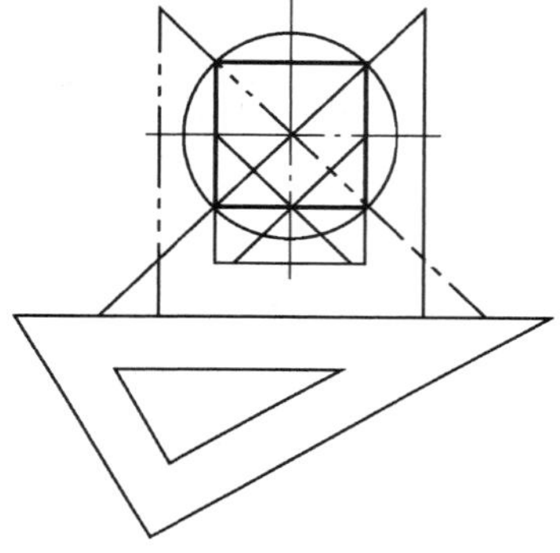

图 1-28 正方形作法

（3）作正五边形，作法如图 1-29 所示。

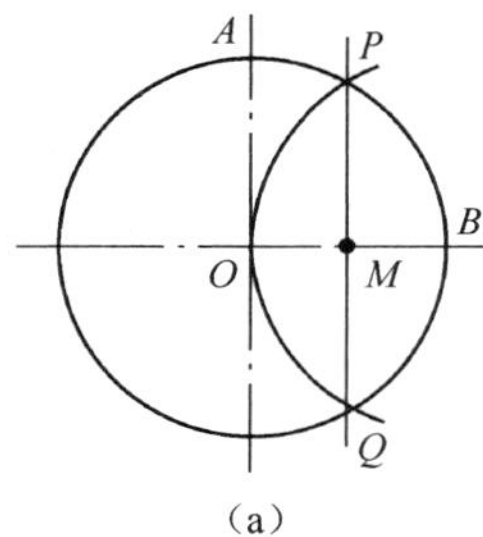

（a）

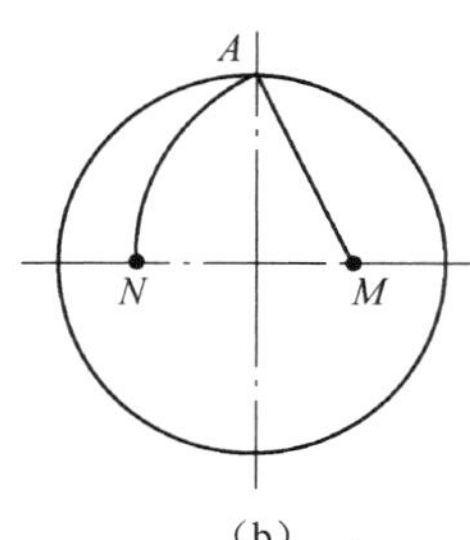

（b）

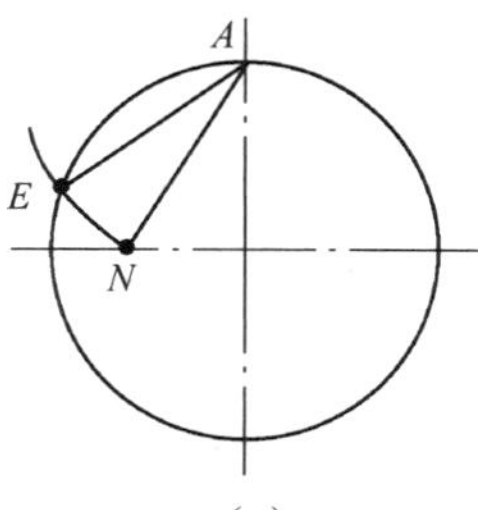

（c）

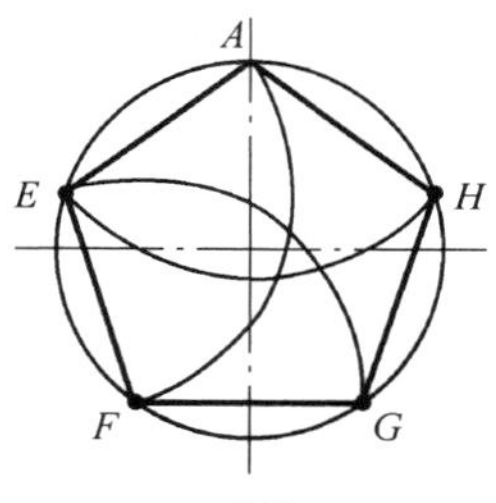

（d）

图 1-29 正五边形作法

① 求 OB 中点 M：以 B 为圆心，R=OB 为半径作弧与已知圆相交得 P、Q 两点，连接 P、Q 与 OB 相交得 M。

② 求五边形边长 AN：以 M 为圆心，AM 为半径作弧与 OB 延长线交于 N。

③ 求五边形其余四点：以 AN 为边长，A 为起点等分圆，并连接各等分点。

1.2.3 斜度和锥度

（1）斜度

斜度是指一直线对另一直线或一平面对另一平面的倾斜程度。斜度=$\tan\alpha$=H∶L=1∶（L/H），在图样中通常以 1∶n 的形式标注。在图样中标注斜度时，在比值前加符号“∠”，并使符号“∠”

的指向与斜度方向一致，如图 1-30 所示。

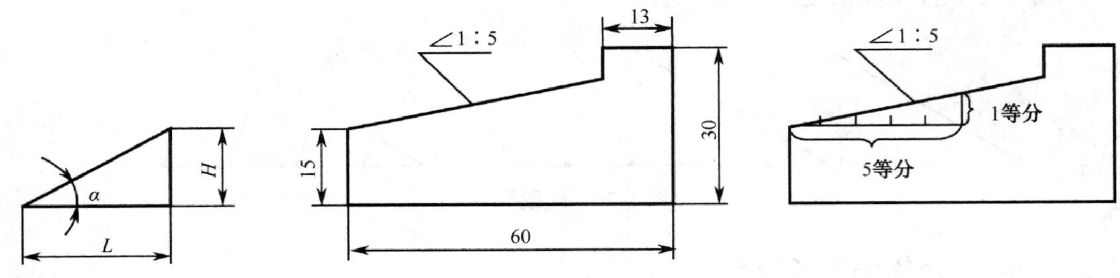

图 1-30　斜度的画法和标注

（2）锥度

锥度是指圆锥的底面直径与锥体高度之比，以 1∶*n* 的形式标注。如果是圆台，则为上、下两底圆的直径差与锥台高度之比值，即锥度=$\frac{D}{L}=\frac{D-d}{l}=2\tan\frac{\alpha}{2}$。锥度的画法和标注如图 1-31 所示。

1.2.4　圆的切线

（1）过圆外一点作圆的切线，如图 1-32 所示。

（2）作两圆的外公切线，如图 1-33（a）所示。

（3）作两圆的内公切线，如图 1-33（b）所示。

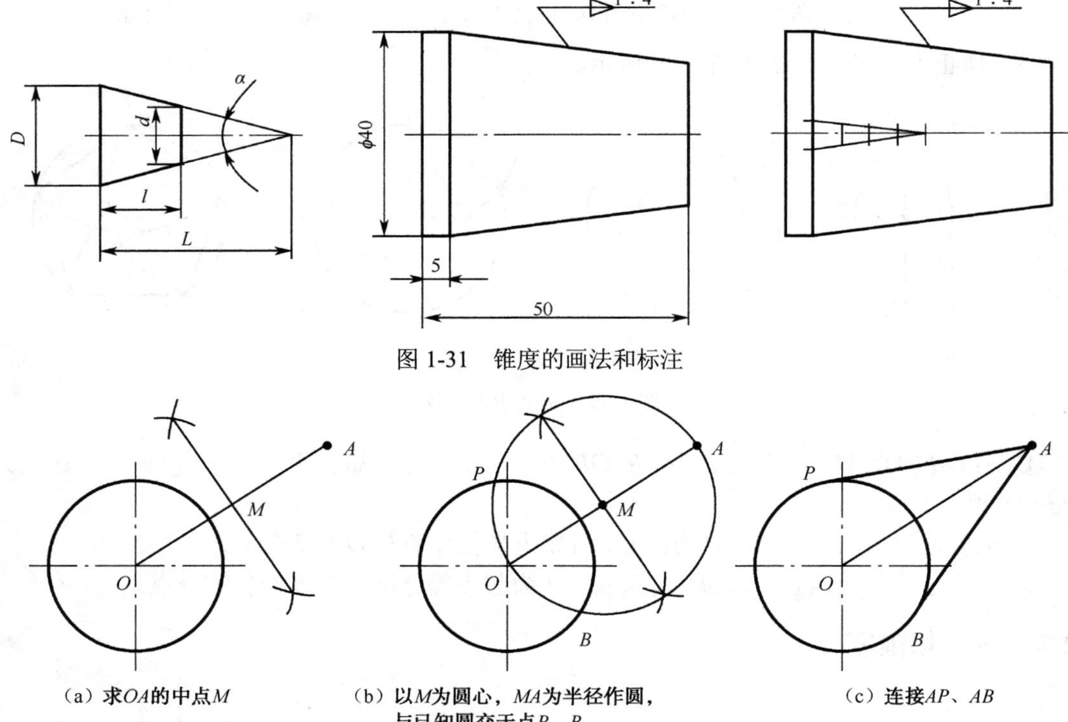

图 1-31　锥度的画法和标注

（a）求*OA*的中点*M*　（b）以*M*为圆心，*MA*为半径作圆，与已知圆交于点*P*、*B*　（c）连接*AP*、*AB*

图 1-32　过点作已知圆的切线

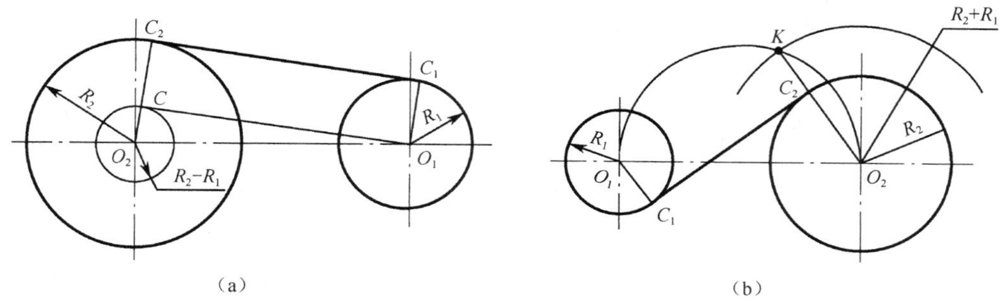

图 1-33　两已知圆的内、外公切线作法

1.2.5　圆弧连接

在绘制图形时，常会遇到从一线段（直线或圆弧）光滑地过渡到另一线段的情况，这种光滑过渡就是两线段相切，在制图中称为连接，切点称为连接点。

1. 弧连接的作图原理

圆弧连接的作图原理如表 1-9 所示。

表 1-9　圆弧连接的作图原理

类别	圆弧与直线相切	圆弧与圆弧外切	圆弧与圆弧内切
图例	R　O　K　圆心轨迹　R　(a)	R　O　$R+R_1$　O_1　K　R_1　圆心轨迹　(b)	R_1-R　O_1　R　R_1　O　K　圆心轨迹　(c)
说明	圆心轨迹为与已知直线平行且距离为 R 的两直线，圆心向已知直线所作垂线的垂足即为切点	圆心轨迹为已知圆弧的同心圆，轨迹圆的半径为两圆弧半径之和，圆心连线与已知圆弧的交点即为切点	圆心轨迹为已知圆弧的同心圆，轨迹圆的半径为两圆弧半径之差，圆心连线与已知圆弧的交点即为切点

2. 圆弧连接的作图

圆弧连接的作图步骤为：

（1）求出连接弧的圆心；

（2）定出切点的位置；

（3）准确画出连接圆弧。

【例 1】 用圆弧连接两直线。

与已知直线相切的圆弧，其圆心的轨迹是一条与已知直线平行的直线，距离为半径 R，从圆心向已知直线作垂线，垂足就是切点，如图 1-34 所示。

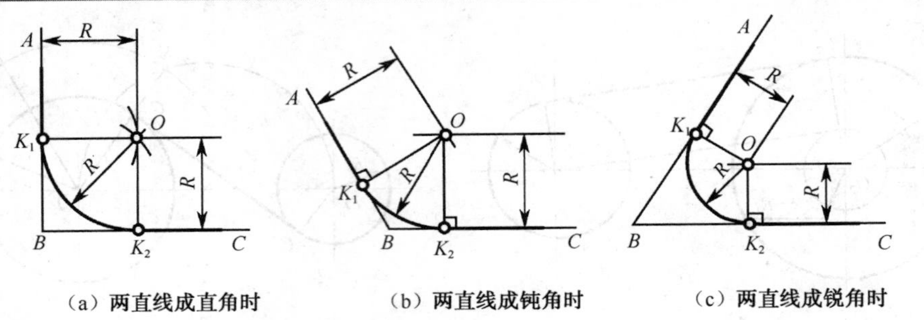

（a）两直线成直角时　（b）两直线成钝角时　（c）两直线成锐角时

图 1-34　用圆弧连接两条直线

① 作两条已知直线的平行线，距离为 R，两平行线交于点 O，O 点即为圆心；

② 过 O 点分别作两条已知直线的垂线，垂足 K_1、K_2 即为切点；

③ 以 O 点为圆心，R 为半径，过 K_1、K_2 点作连接圆弧。

【例 2】 作半径为 R 的圆弧与两已知圆外切。

原理：半径为 R 圆弧的圆心轨迹为已知圆弧的同心圆，该圆的半径为两圆半径之和，切点在两圆心的连线与已知圆弧的交点处，如图 1-35 所示。

① 找圆心：以 O_1 为圆心、R_1+R 为半径作圆弧，以 O_2 为圆心、R_2+R 为半径作圆弧，两圆弧交点 O_3 即为圆心。

② 找切点：分别连线 O_1、O_3 和 O_2、O_3，与两已知圆的交点即为切点。

③ 作圆弧：以 O_3 为圆心，过两切点作半径为 R 的圆弧。

【例 3】 作半径为 R 的圆弧与两已知圆内切。

原理：圆弧 R 圆心的轨迹为已知圆弧的同心圆，该圆的半径为两圆半径之差。切点在两圆心连线的延长线与已知圆弧的交点处，如图 1-36 所示。

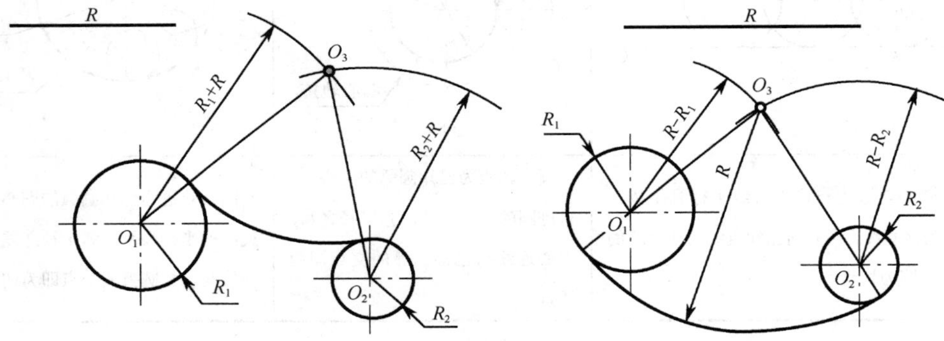

图 1-35　作半径为 R 的圆弧与两已知圆外切　　图 1-36　作半径为 R 的圆弧与两已知圆内切

① 找圆心：以 O_1 为圆心、$R-R_1$ 为半径作圆弧，以 O_2 为圆心、$R-R_2$ 为半径作圆弧，两圆弧交点 O_3 即为圆心。

② 找切点：分别连线 O_1、O_3 和 O_2、O_3 并延长，与两已知圆的交点即为切点。

③ 作圆弧：以 O_3 为圆心，过两切点作半径为 R 的圆弧。

【例 4】 作半径为 R 的圆弧与两已知圆内、外切。

绘制步骤如图 1-37 所示。

【例 5】 用圆弧连接直线与圆弧 R_1（圆心 O_1）。

绘制步骤如图 1-38 所示。

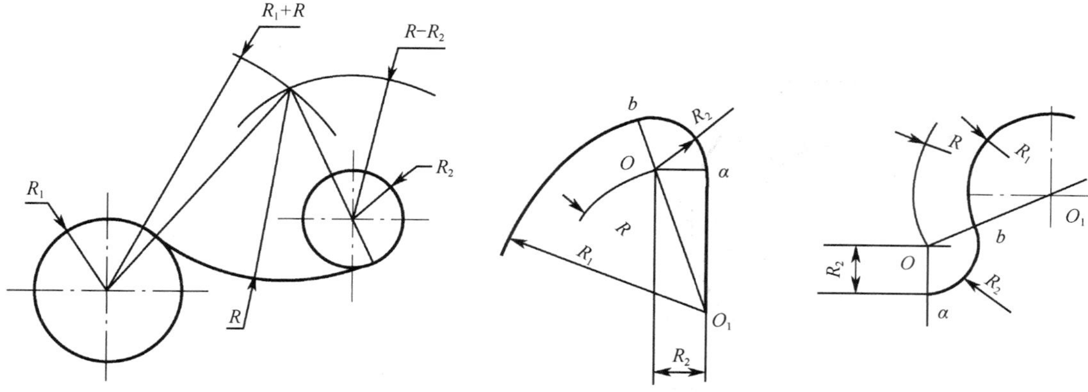

图 1-37　作半径为 R 的圆弧与两已知圆内、外切　　图 1-38　用圆弧连接直线与圆弧 R_1（圆心 O_1）

1.2.6　椭圆

椭圆为非圆曲线，由于一些机件具有椭圆形结构，因此在作图时应掌握椭圆的画法。画椭圆的方法比较多，在实际作图中常用的有同心圆法和四心法，下面介绍四心法。

【例 6】 如图 1-39 所示，已知长轴 AB、短轴 CD，试用四心法作出椭圆。

① 连接 AC，取 $CF=OA-OC$。

② 作 AF 的垂直平分线，交两轴于 1、2 两点，并分别取对称点 3、4。

③ 分别以 2、3 为圆心，$2C$ 长为半径画长弧交 21 和 23 的延长线于 K 和 N 点，交 41 和 43 的延长线于 K_1 和 N_1；K、N、K_1、N_1 为连接点。

④ 分别以 1、3 为圆心，以 $1K$ 为半径画短弧，与前面所画长弧连接，即近似得到所求椭圆。

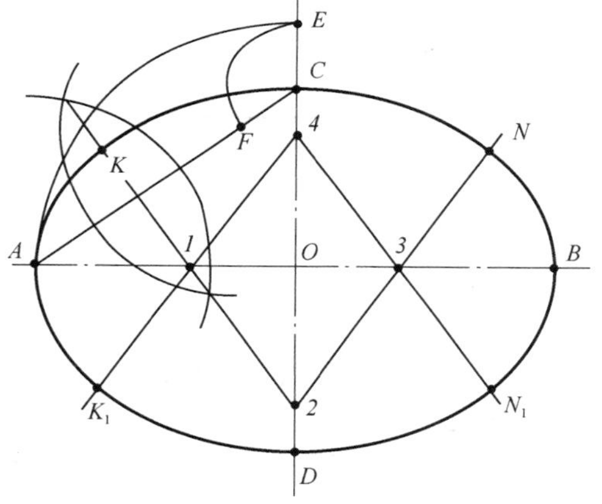

图 1-39　椭圆的作图过程

课外练习

（1）根据图 1-40（a）中给定的尺寸，在图 1-40（b）中按 1∶1 抄画图形，并标注尺寸。

（2）参照图 1-41（a）图例，在图 1-41（b）中按 1∶1 作 1∶6 斜度，保留作图痕迹，并标注斜度。

（3）参照图 1-42（a）图例，在图 1-42（b）中按 1∶1 作 1∶7 锥度，保留作图痕迹，并标注锥度。

（4）根据图 1-43 左图所注尺寸，按 1∶1 完成右图的线段连接，保留作图过程（细线）。

（5）根据图 1-44 左图所注尺寸，按 1∶1 完成右图的线段连接，保留作图过程（细线）。

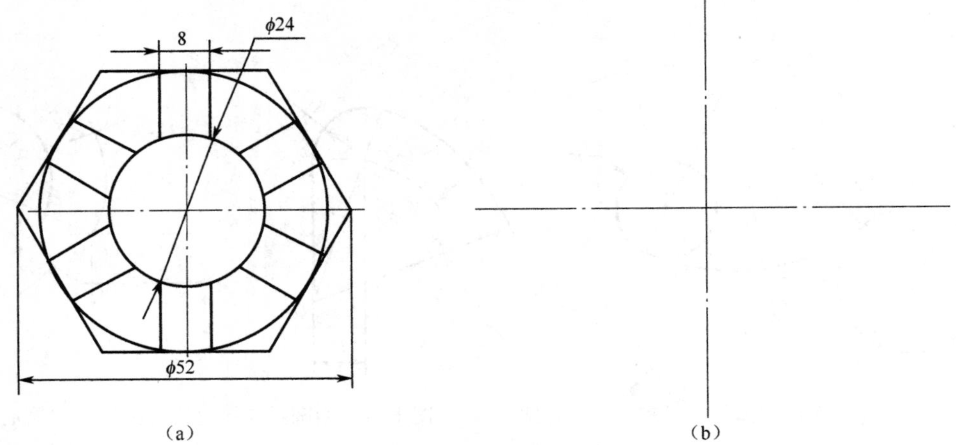

（a）　　（b）

图 1-40　练习题 1 图

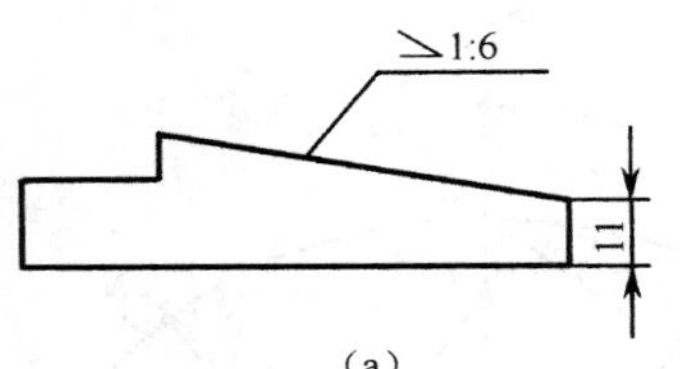

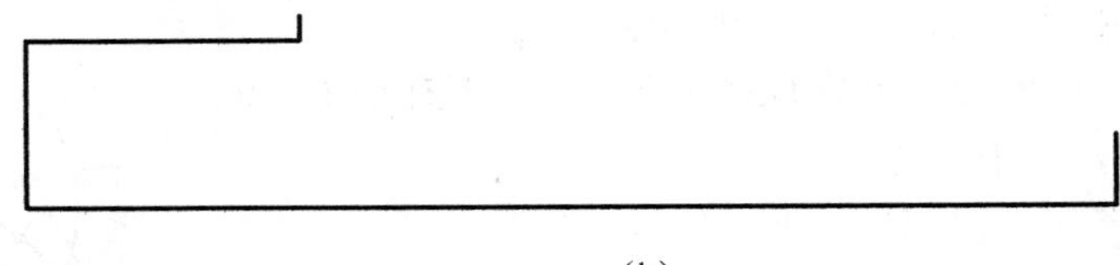

（a）　　（b）

图 1-41　练习题 2 图

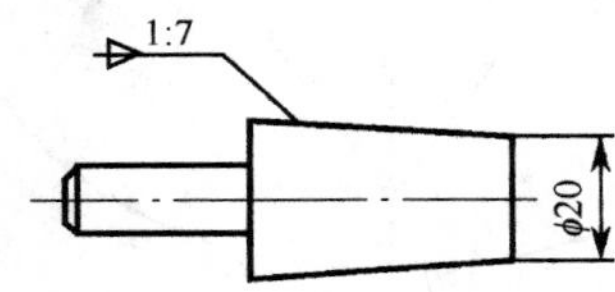

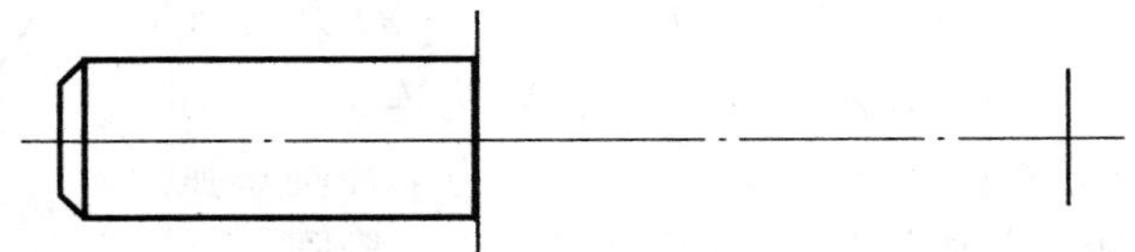

（a）　　（b）

图 1-42　练习题 3 图

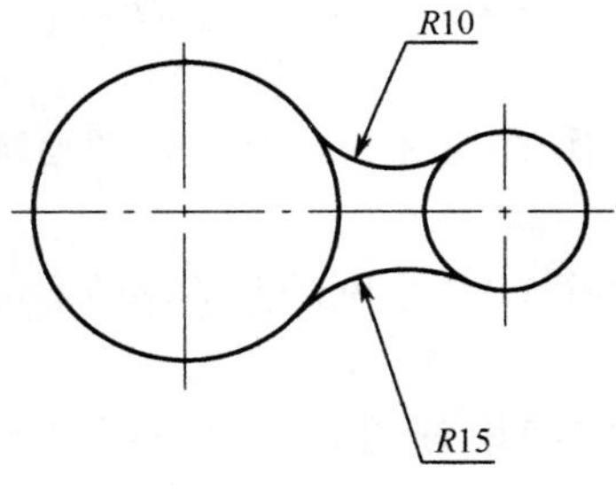

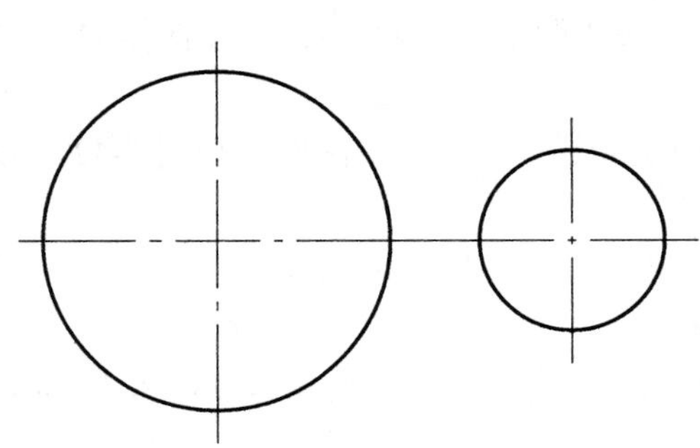

图 1-43　练习题 4 图

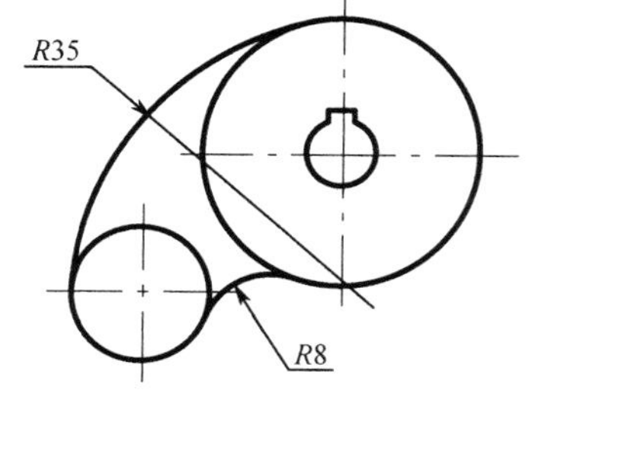

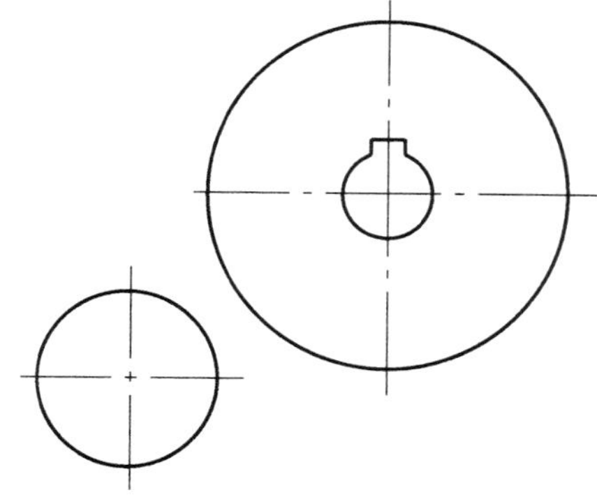

图 1-44　练习题 5 图

（6）根据图 1-45 左图所注尺寸，按 1∶1 完成右图的线段连接，保留作图过程（细线）。

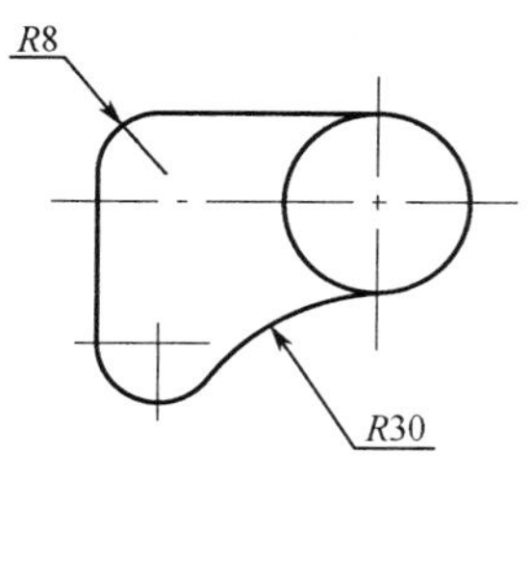

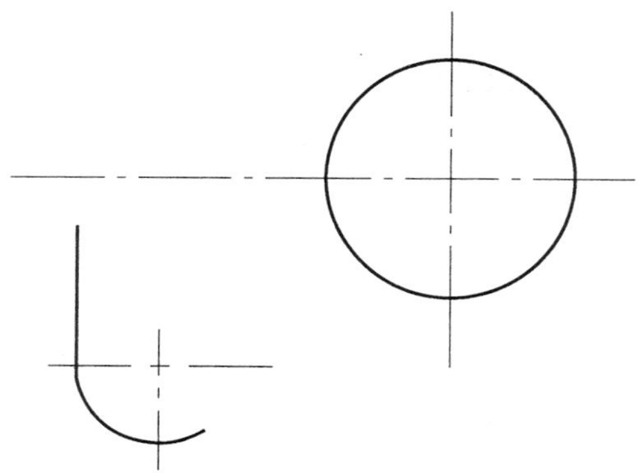

图 1-45　练习题 6 图

（7）根据图 1-46 左图所注尺寸，按 1∶1 完成右图的线段连接，保留作图过程（细线）。

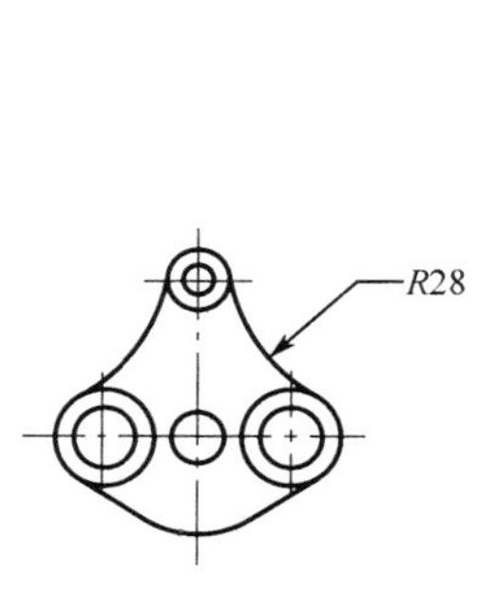

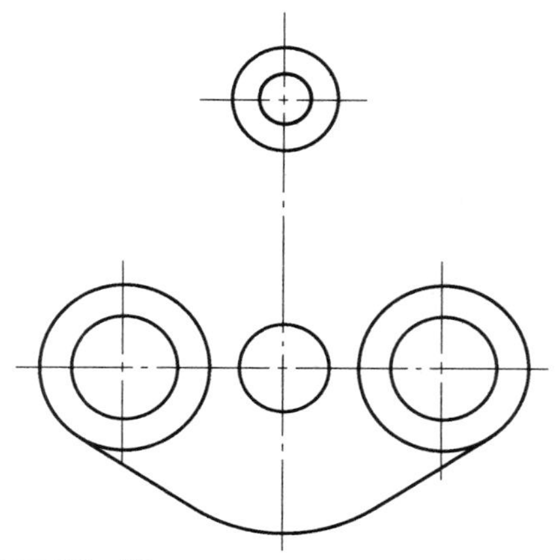

图 1-46　练习题 7 图

任务 1.3　平面图形的绘制

任务目标

最终目标：能绘制较为复杂的平面图形。

促成目标：

（1）能够看懂平面图形；

（2）能够正确分析线段类型；

（3）能按国标要求绘制平面图形；

（4）能进行尺寸标注。

任务要求

根据图 1-47 所示的立体图和平面图形，在 A4 图纸上绘制平面图形并标注尺寸。

学习案例

绘制如图 1-48 所示的手柄平面图形。

1. 平面图形的尺寸分析

（1）定形尺寸：ϕ30、ϕ8、25、*R*25、*R*20、*R*60、*R*15、ϕ50 等。

（2）定位尺寸：12 是确定ϕ 8 小圆位置的定位尺寸；ϕ 50 既是手柄粗细的定形尺寸，又是 *R*60 圆弧的定位尺寸；100 既是手柄长度的定形尺寸，又是 *R*15 圆弧的定位尺寸。

2. 平面图形的线段分析

（1）已知线段：ϕ8、*R*15、*R*25、ϕ30。

（2）中间线段：由ϕ50 确定的圆弧 *R*60 即为中间线段。

（3）连接线段：圆弧 *R*20 分别与圆弧 *R*60 和 *R*25 相外切。

3. 平面图形的绘图方法和步骤

如图 1-49 所示为平面图形的作图步骤。

知识链接

1.3.1　平面图形的尺寸分析

尺寸决定了平面图形各组成部分的形状、大小和相对位置。尺寸分为两类（按作用）：定形尺寸和定位尺寸，确定定位尺寸的起点称为基准。

（1）尺寸基准

尺寸基准是确定尺寸位置的几何元素，平面图形有水平和垂直两个方向的尺寸基准。在平面图形中，通常将尺寸基准选取为图形的对称中心线、图形的轮廓线、圆心等。基准选择的不同，其定位尺寸的标注也就不同。

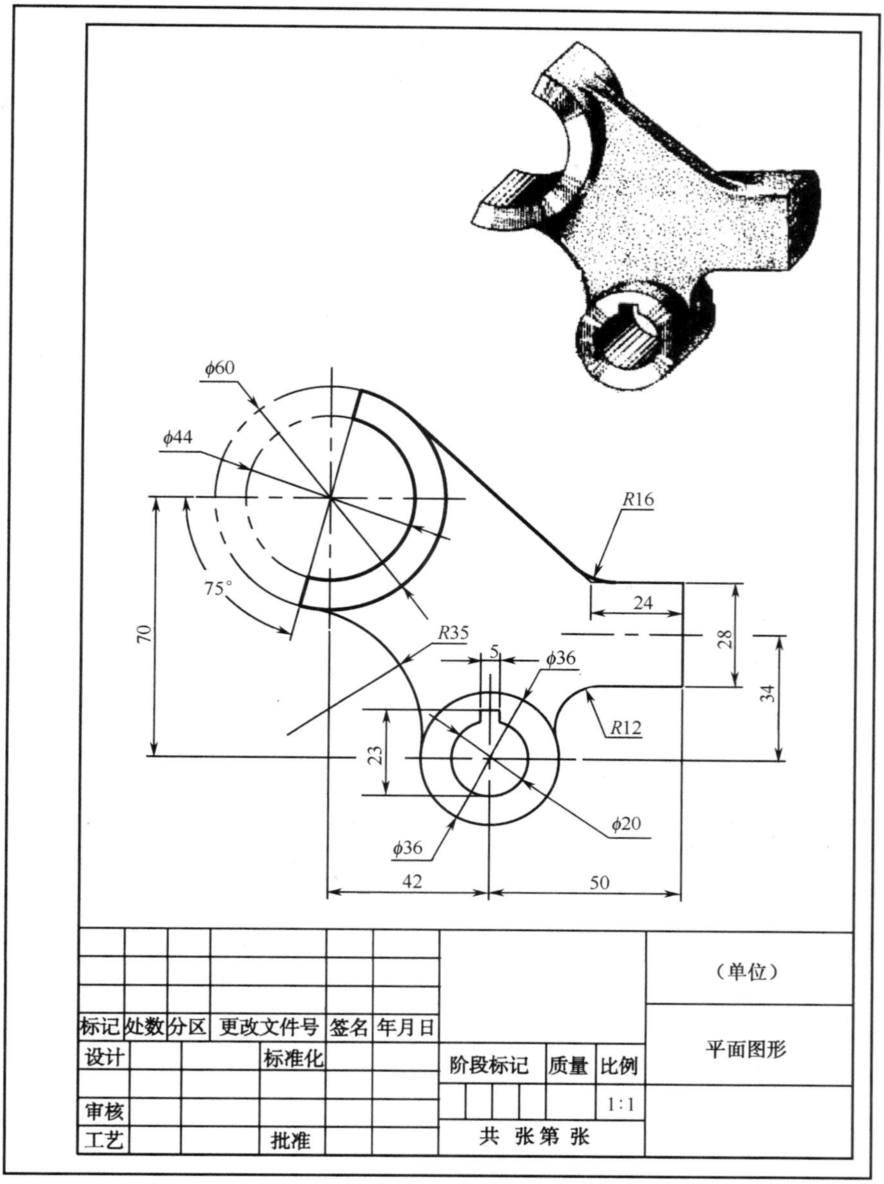

									(单位)
标记	处数	分区	更改文件号	签名	年月日				
设计			标准化			阶段标记	质量	比例	平面图形
								1:1	
审核									
工艺			批准			共　张第　张			

图 1-47　立体图和平面图形

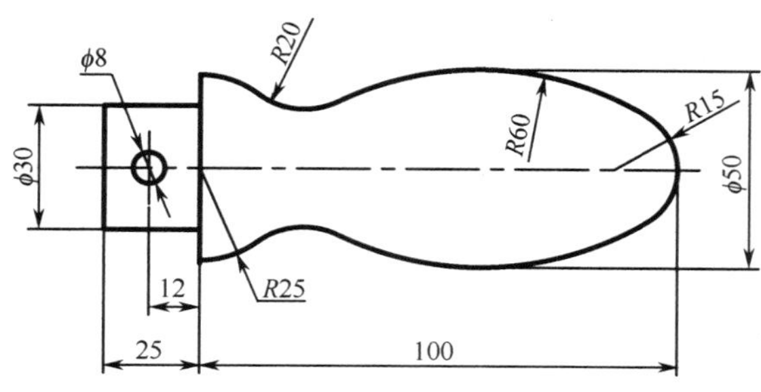

图 1-48　手柄平面图形

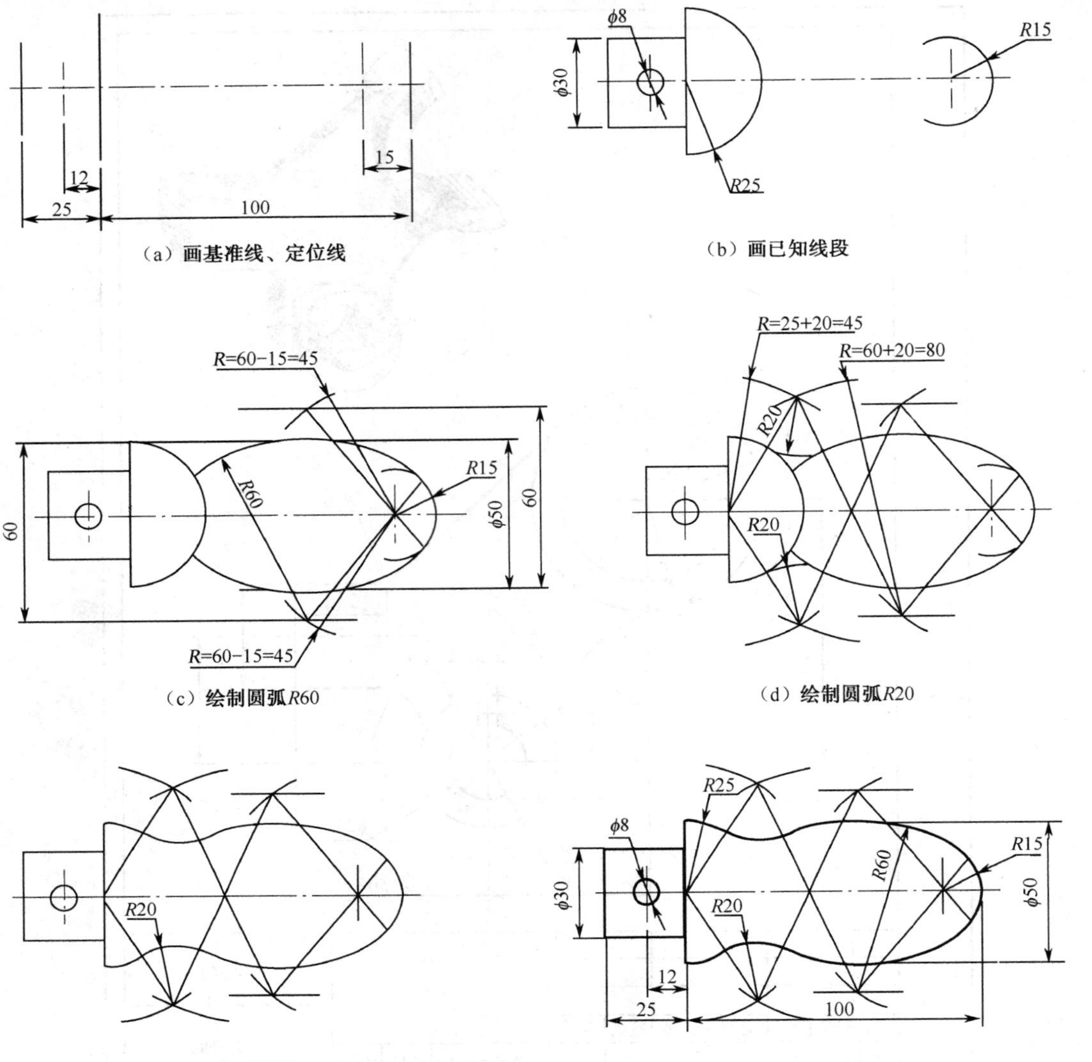

（a）画基准线、定位线

（b）画已知线段

（c）绘制圆弧$R60$

（d）绘制圆弧$R20$

（e）整理图线

（f）加深粗实线，标注尺寸

图 1-49　平面图形的作图步骤

（2）定形尺寸

定形尺寸是确定图形中各线段形状、大小的尺寸，一般情况下确定几何图形所需定形尺寸的个数是一定的，如矩形的定形尺寸是长和宽，圆和圆弧的定形尺寸是直径和半径等。如图 1-48 中ϕ30、ϕ8、25、R25、R20、R60、R15、ϕ50 等为定形尺寸。

（3）定位尺寸

定位尺寸是确定图形中各线段间相对位置的尺寸。必须注意，有时一个尺寸既是定形尺寸，也是定位尺寸。如图 1-48 中，尺寸 12 是确定ϕ8 小圆位置的定位尺寸；ϕ50 既是手柄粗细的定形尺寸，又是 R60 圆弧的定位尺寸。

1.3.2　平面图形的线段分析

绘制平面图形时，首先要对组成平面图形的各线段的形状和位置进行分析，找出连接关

系，明确哪些线段可以直接画出，哪些线段需要通过几何作图才能画出，即对平面图形进行分析，以确定平面图形的画法和尺寸标注。

在平面图形中，线段可分为三种类型。

（1）已知线段

已注有齐全的定形尺寸和定位尺寸的线段为已知线段，不依靠与其他线段的连接关系即可画出。注有圆弧半径（直径）或圆心两个定位尺寸的圆弧为已知圆弧，如图 1-48 中的ϕ8 圆、*R*15 圆弧、*R*25 圆弧、ϕ30 线段等。

（2）中间线段

已注出定形尺寸和一个方向的定位尺寸，必须依靠相邻线段间的连接关系才能画出的线段为中间线段。具有圆弧半径（直径）或圆心一个定位尺寸的圆弧即为中间圆弧，如图 1-48 中的 *R*60 圆弧。

（3）连接线段

只注出定形尺寸，未注出定位尺寸的线段为连接线段，其定位尺寸需根据该线段与相邻两线段的连接关系，通过几何作图方法求出。作图时需要根据其与已知线段和中间线段之间的几何关系来确定线段的定位尺寸，从而作出连接线段，如图 1-48 中的 *R*20 圆弧。

课外练习

（1）在 A4 图纸上绘制如图 1-50 所示的平面图形，比例自定。

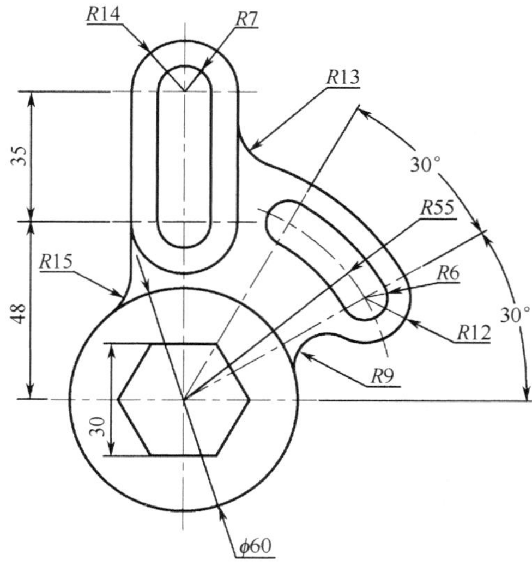

图 1-50　练习题 1 图

（2）在 A4 图纸上绘制如图 1-51 所示的平面图形，比例自定。

（3）在 A4 图纸上绘制如图 1-52 所示的平面图形，比例自定。

（4）在 A4 图纸上绘制如图 1-53 所示的平面图形，比例自定。

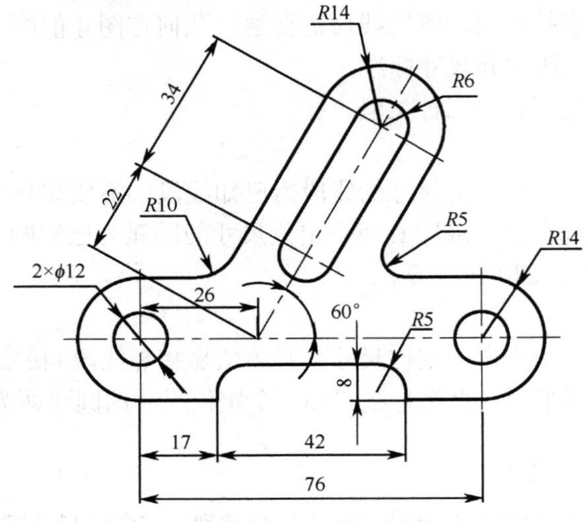

图 1-51 练习题 2 图

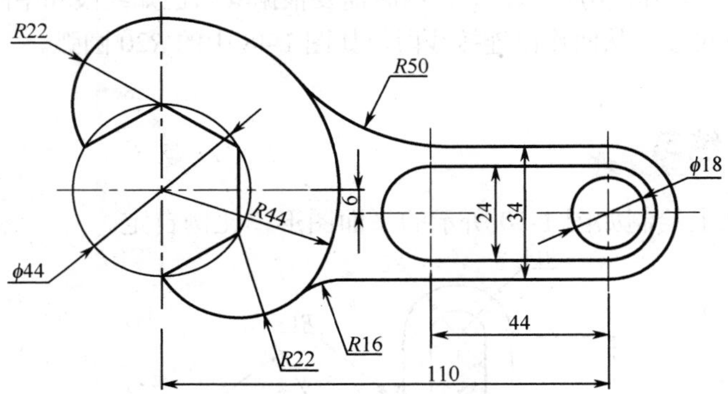

图 1-52 练习题 3 图

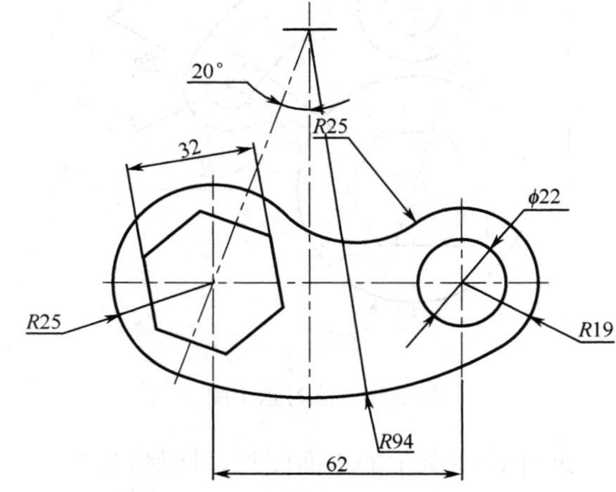

图 1-53 练习题 4 图

项目 2　简 单 形 体

任务 2.1　平面体

任务目标

最终目标：能绘制平面体的三视图。

促成目标：

（1）能够看懂立体图；

（2）能够对形体进行形体分析；

（3）能绘制形体的三视图；

（4）能对形体的三视图进行尺寸标注。

任务要求

根据如图 2-1 所示立体图，在 A4 图纸上画平面体三视图，并标注尺寸。

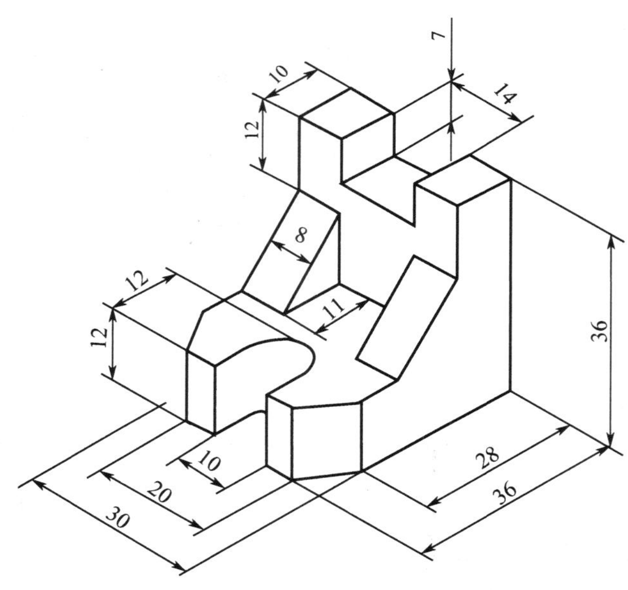

图 2-1　平面体立体图

学习案例

根据如图 2-2 所示立体图，画平面体的三视图，使用 A4 图纸，比例自定。

（1）形体分析

对平面体的形体分析如图 2-3 所示。

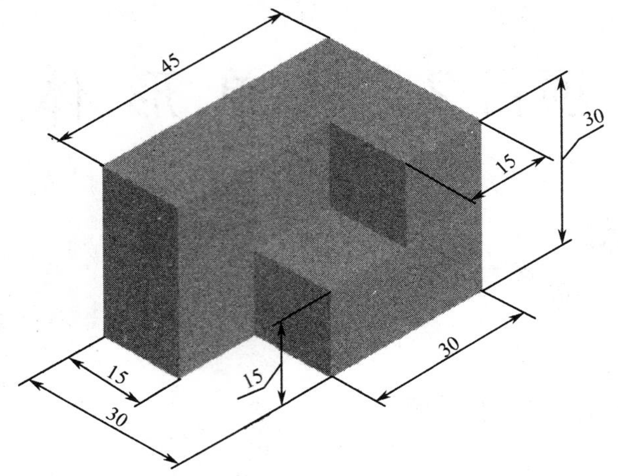

图 2-2 平面体立体图

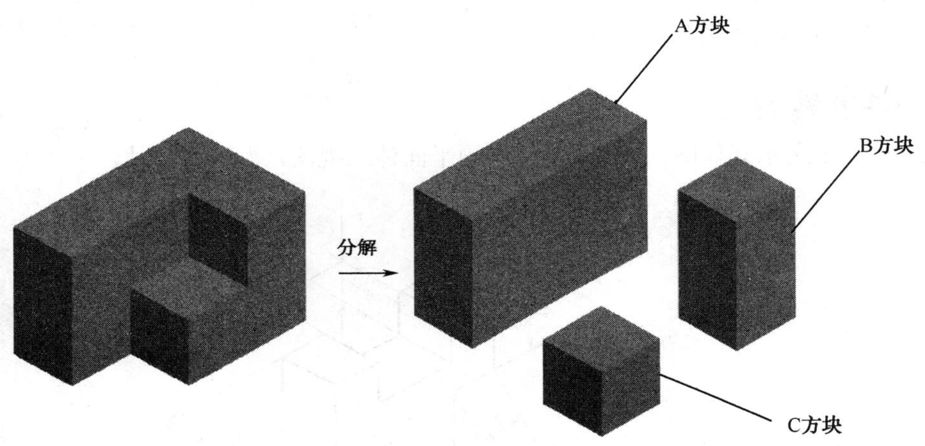

图 2-3 平面体的形体分析

（2）绘图步骤

绘图步骤如图 2-4 所示。

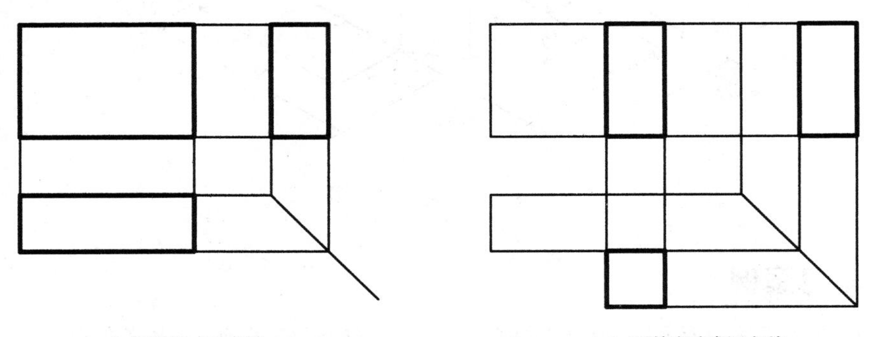

图 2-4 绘图步骤

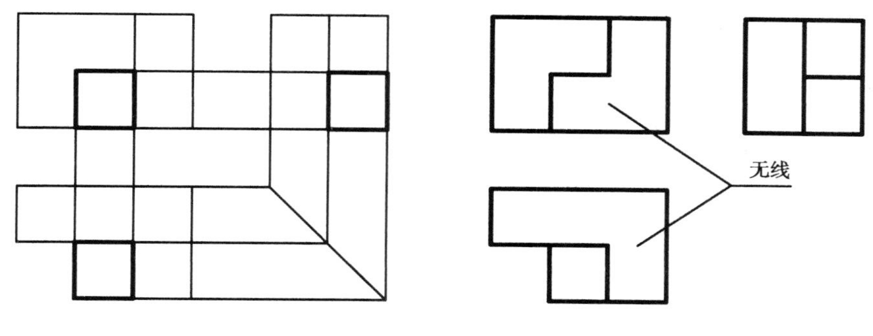

（c）画前方中间C方块　　（d）完成全图

图 2-4　绘图步骤（续）

知识链接

2.1.1　投影法的基本知识

正投影法能准确表达物体的形状，而且度量性好，作图方便，在工程上得到了广泛应用。机械图样是以正投影法为基础绘制的，因此，正投影法的基本原理是学习机械制图的理论基础，也是核心内容。

1. 概述

投影法是指投射线通过物体向选定的面投射，并在该面上得到图形的方法。

如图 2-5 所示，设平面 *P* 为投影面，不属于投影面的定点 *S* 为投射中心。过空间点 *A* 由投射中心可引直线 *SA*，*SA* 称为投射线。投射线 *SA* 与投影面 *P* 的交点 *a*，称做空间点 *A* 在投影面 *P* 上的投影。同理，点 *b* 是空间点 *B* 在投影面 *P* 上的投影（注：空间点以大写字母表示，如 *A*、*B*、*C*，其投影用相应的小写字母表示，如 *a*、*b*、*c*）。

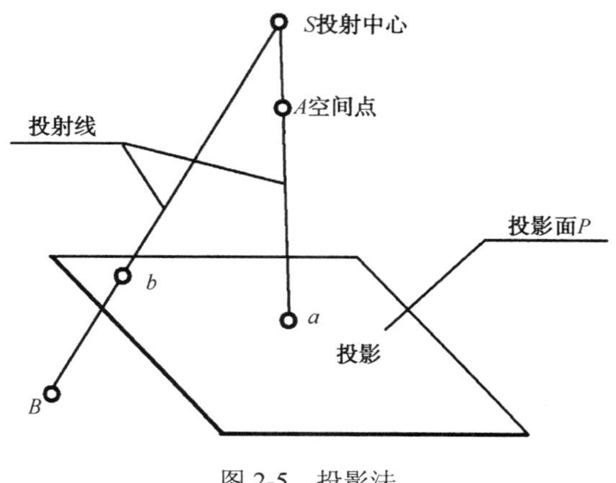

图 2-5　投影法

2. 投影法的分类

（1）中心投影法

投射线均从投射中心出发的投影法称为中心投影法，所得到的投影称为中心投影。

（2）平行投影法

投射线相互平行的投影法称为平行投影法，所得到的投影称为平行投影。根据投射线与投影面的相对位置，平行投影法分为以下几种。

① 斜投影法：投射线倾斜于投影面。由斜投影法得到的投影称为斜投影。

② 正投影法：投射线垂直于投影面。由正投影法得到的投影称为正投影。

正投影法用来绘制工程图样，所以机械制图的基础是正投影法。

3. 正投影法的投影特性

（1）真实性

当直线或平面图形平行于投影面时，其投影反映直线的实长或平面图形的实形，如图 2-6（a）所示。

（2）积聚性

当直线或平面图形垂直于投影面时，直线投影积聚成一点，平面图形的投影积聚成一直线，如图 2-6（b）所示。

（3）类似性

当直线或平面图形倾斜于投影面时，直线的投影仍为直线，但小于实长。平面图形的投影小于真实形状，但类似于平面图形，图形的基本特征不变，如多边形的投影仍为多边形，如图 2-6（c）所示。

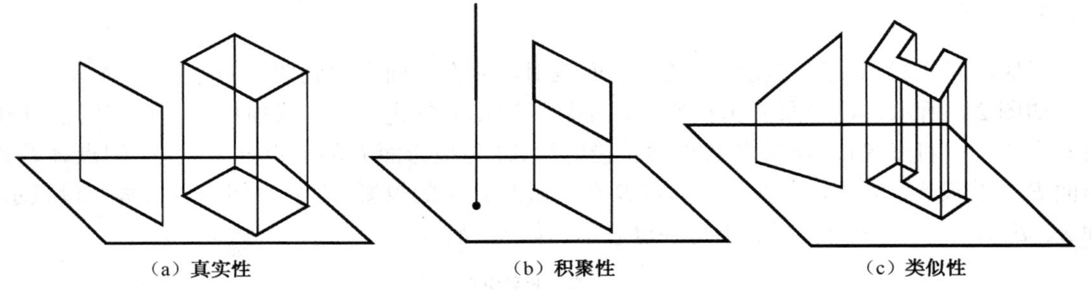

图 2-6　正投影法的投影特性

2.1.2　三视图的形成及其投影规律

1. 三投影面体系的建立及三视图的形成

一般工程图样采用正投影法绘制，用正投影法绘制出物体的图形称为视图。通常一个视图不能确定物体的形状，如图 2-7 所示。要反映物体的真实形状，必须增加不同方向的投影面，所得到的几个视图相互补充，完整表达物体形状。

工程上常用三面视图，如图 2-8 所示。设三个互相垂直的投影面，分别为正立投影面 *V*（简称正面）、水平投影面 *H*（简称水平面）、侧立投影面 *W*（简称侧面）。三个投影面的交线 *OX*、*OY*、*OZ* 也互相垂直，分别代表长、宽、高三个方向，称为投影轴。把物体放在观察者与投影面之间，按正投影法向各投影面投射，即可分别得到正面投影、水平投影和侧面投影。

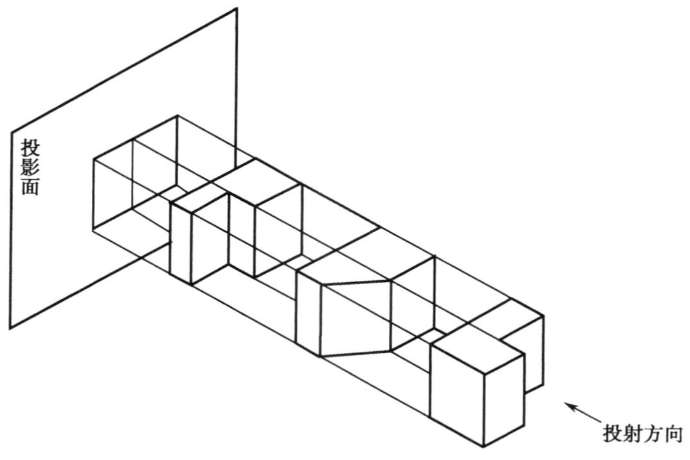

图 2-7 视图

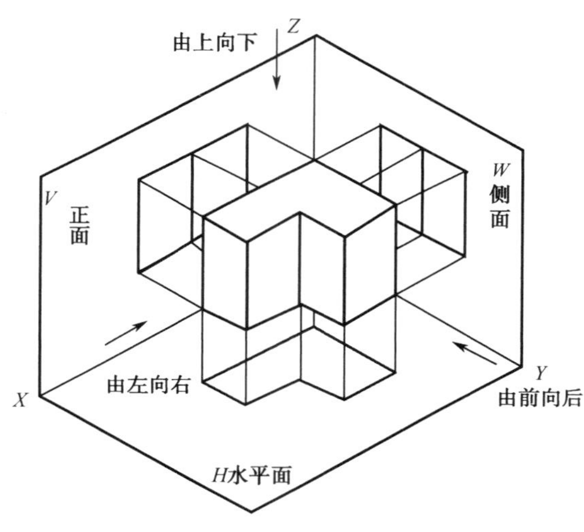

图 2-8 三面视图

为了使所得到的三个投影处于同一平面上，保持 *V* 面不动，将 *H* 面绕 *OX* 轴向下旋转 90°，*W* 面绕 *OZ* 轴向右旋转 90°，与 *V* 面处于同一平面上，如图 2-9（a）、（b）所示。*V* 面上的视图称为主视图，*H* 面上的视图称为俯视图，*W* 面上的视图称为左视图。在画视图时，投影面的边框及投影轴不必画出，三个视图的相对位置不能变动，即俯视图在主视图的下边，左视图在主视图的右边。三个视图的配置如图 2-9（c）所示，称为按投影关系配置，三个视图的名称不必标注。

2. 三视图的投影规律

物体有长、宽、高三个方向的尺寸。物体左右间的距离为长度（*X*），前后间的距离为宽度（*Y*），上下间的距离为高度（*Z*），如图 2-10（a）所示。一个视图只能反映两个方向的尺寸，如图 2-10（b）、（c）所示。主视图反映物体的长和高，俯视图反映物体的长和宽，左视图反映物体的宽和高。由此可归纳出三视图间的投影规律：主视图和俯视图长对正，主视图和左视图高平齐，俯视图和左视图宽相等。这是三视图的投影规律，也是画图和看图的主要依据。

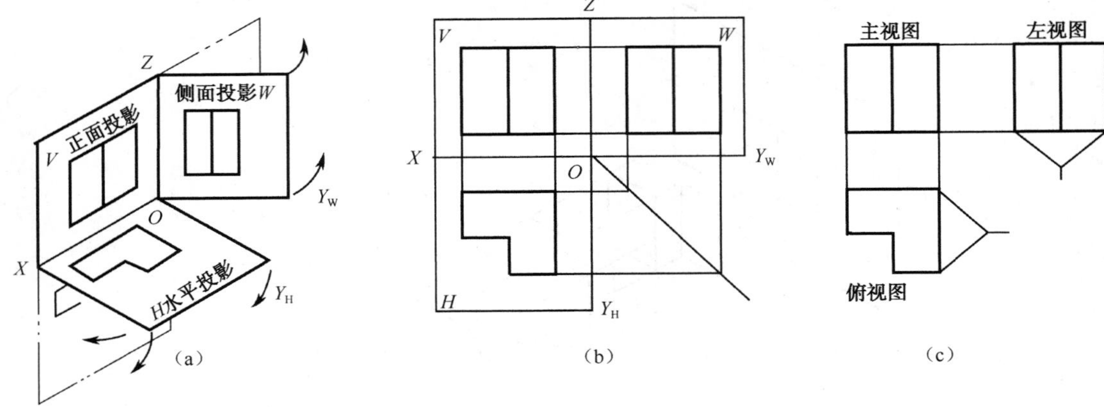

图 2-9 三面视图的形成

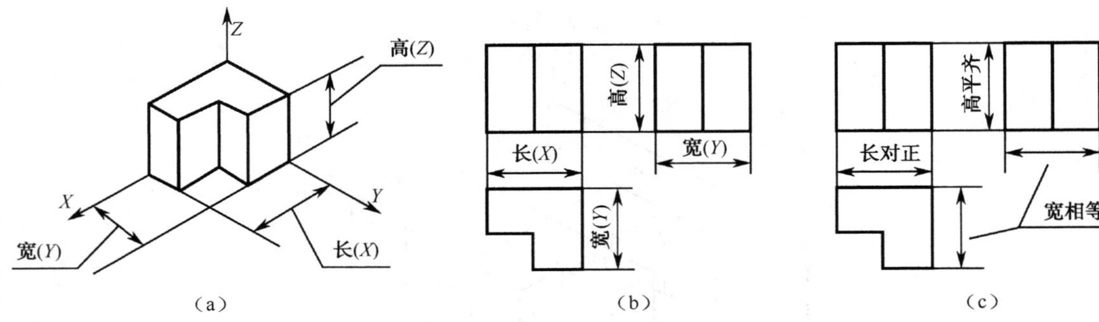

图 2-10 三面视图的投影关系

3. 方位关系

物体有上、下、左、右、前、后六个方位，如图 2-11（a）所示。由图 2-11（b）可知：

（1）主视图反映物体的上、下和左、右相对位置关系；

（2）俯视图反映物体的前、后和左、右相对位置关系；

（3）左视图反映物体的前、后和上、下相对位置关系。

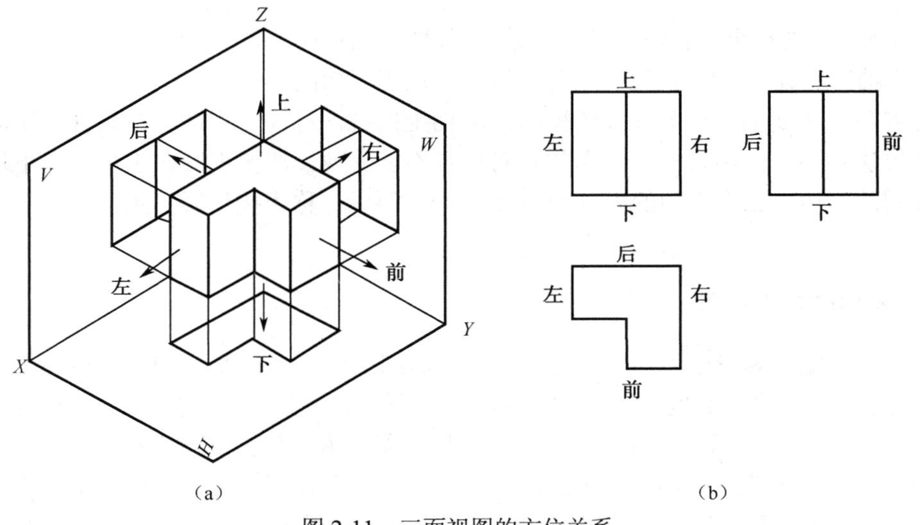

图 2-11 三面视图的方位关系

在进行画图和读图时，要把其中两个视图联系起来，才能表明物体的六个方位关系，特别要注意俯视图和左视图之间的前后对应关系，及其保持宽相等的方法。

【例 1】 根据图 2-12（a）所示物体，绘制三视图。

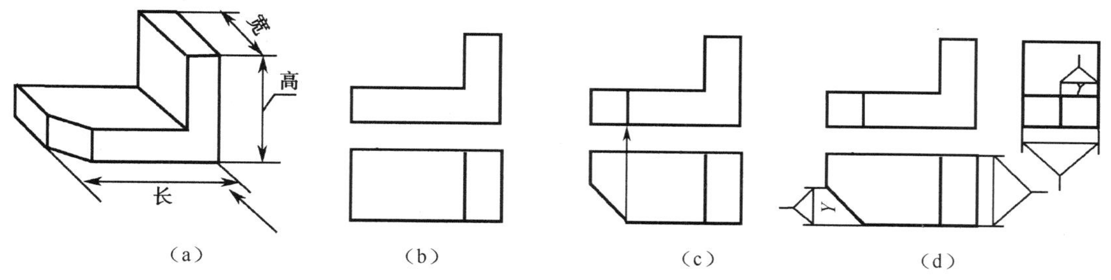

图 2-12 三视图作图步骤

画物体的三视图，首先要根据物体的形状特征选择主视图的投射方向，并使物体的主要表面与相应的投影面平行。图中所示物体是底板左前方切角的直角弯板，画三视图时，应先画反映物体形状特征的视图，然后再按投影规律画出其他视图。

作图步骤：

① 量取弯板的长度和高度，画出反映特征轮廓的主视图，根据长对正关系，量取宽度画出俯视图，如图 2-12（b）所示。

② 在俯视图上画出底板左前方的切角，再根据长对正关系在主视图上画出切角的图线，如图 2-12（c）所示。

③ 按主、左视图高平齐，俯、左视图宽相等的关系，画出左视图。注意俯、左视图上“Y”的前后对应关系，如图 2-12（d）所示。

④ 检查无误，擦去多余作图线，描深加粗三视图的图线，如图 2-12（d）所示。

2.1.3 平面立体

1. 棱柱

棱柱的棱线互相平行，常见的棱柱有三棱柱、四棱柱、五棱柱和六棱柱等。下面以图 2-13 所示的正六棱柱为例，分析其投影特性和作图方法。

（1）形状和位置

正六棱柱的顶面和底面是两个相互平行的正六边形，六个侧棱面均为矩形，各侧棱面均与顶面和底面垂直。为了便于作图，选择六棱柱的顶面、底面平行于水平面，并使其中的两个侧棱面与 V 面平行。

（2）投影分析

画平面立体的投影就是要画出各棱面、棱线和顶点的投影。图中 H 面投影是一个正六边形，它反映了正六棱柱顶面和底面的实形，六条边分别是六个棱面的积聚投影。在 V 面投影中，上、下两横线是顶面和底面的积聚投影，四条竖线是六条棱线的投影，三个封闭的线框是棱面的投影，中间的线框反映了棱面的实形。在 W 面的投影中，上、下两横线是顶面和底面的积聚投影，三条竖线中，左、右两条分别是前、后棱面的积聚投影，中间一条是六棱柱左、右棱线的投影。

（3）作图步骤

用对称中心线或基准线确定各视图的位置后，首先用细线画六棱柱的 *H* 面投影——正六边形；再根据长对正的投影关系和六棱柱的高度画出 *V* 面投影；然后由高平齐以及宽相等的投影关系画出其 *W* 面投影；最后检查并描粗，即得正六棱柱的三视图。

（4）表面上取点

如点 *A* 在右前方的侧棱柱面上，已知它的 *V* 面投影 a'，要求出 *a* 和 a'' 时，可根据侧棱面 *H* 面投影的积聚性求出 *a*，再根据高平齐、宽相等的关系求出 a''，如图 2-13（b）所示。宽相等可以不用投影轴与45° 分角线的关系，而用分规量出点 *A* 至前后对称面的距离来确定，如图 2-13（c）所示。点 *A* 所在平面的 *V* 面投影是可见的，因此 a' 是可见的。该平面的 *W* 面投影是不可见的，故 a'' 是不可见的。

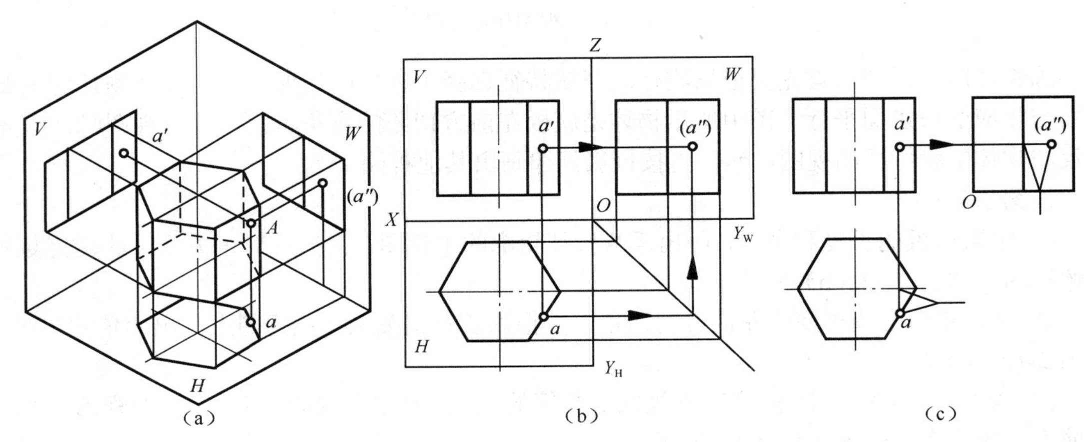

图 2-13　六棱柱的投影

2. 棱锥

棱锥的棱线交于一点，常见的棱锥有三棱锥、四棱锥、五棱锥等。下面以图 2-14（a）所示的正三棱锥为例，分析其投影特性和作图方法。

（1）形状和位置

图 2-14（a）所示是一个正三棱锥的投影。该三棱锥的底面为等边三角形，三个侧面为全等的等腰三角形，将其放置成底面平行于水平面，并有一个侧面垂直于 *W* 面。

（2）投影分析

由于锥底面△*ABC* 为水平面，所以它的 *H* 面投影△*abc* 反映了底面的实形，*V* 面和 *W* 面投影分别积聚成平行 *X* 轴和 *Y* 轴的直线段 $a'b'c'$和 $a''(c'')b''$。锥体的△*SAC* 后侧面为侧垂面，它的 *W* 面投影积聚为一段斜线 $s''a''(c'')$，它的 *V* 面和 *H* 面投影为类似形△$s'a'c'$ 和△*sac*，前者为不可见，后者为可见。左、右两个侧面为一般位置面，它在三个投影面上的投影均是类似形。

（3）作图步骤

画三棱锥三视图时，一般先画底面的各个投影，然后确定锥顶 *S* 的各个投影，同时将它与底面各顶点的同名投影连接起来，即可完成三视图。

（4）表面上取点

凡特殊位置表面上的点，可利用投影的积聚性直接求得；而属于一般位置表面上的点，可通过在该面上作辅助线的方法求得。

如图 2-14（b）所示，已知棱面△*SAB* 上 *M* 点的 *V* 面投影 *m*′和棱面△*SAC* 上 *N* 点的 *H* 面投影 *n*，求作 *M*、*N* 两点的其余投影。

由于 *N* 点所在的棱面△*SAC* 为侧垂面，可利用该平面在 *W* 面上的积聚投影求得 *n*″，再由 *n* 和 *n*″ 求得（*n*′）。由于 *N* 点所属棱面△*SAC* 的 *V* 面投影看不见，所以（*n*′）为不可见。

M 点所在平面△*SAB* 为一般位置面，可按图 2-14（a）所示，过锥顶 *S* 和 *M* 引一直线 *S Ⅰ*，作出 *SⅠ* 的有关投影，就可根据点与直线的从属性质求得点的相应投影。具体作图时，过 *m*′ 引 *s*′*1*′，由 *s*′*1*′ 求作 *H* 面投影 *s1*，再由 *m*′引投影连线交于 *s1* 上 *m* 点，最后由 *m*′ 和 *m* 求得 *m*″。

由于 *M* 点所属棱面△*SAB* 在 *H* 面和 *W* 面上的投影都是可见的，所以 *m* 和 *m*″也是可见的。

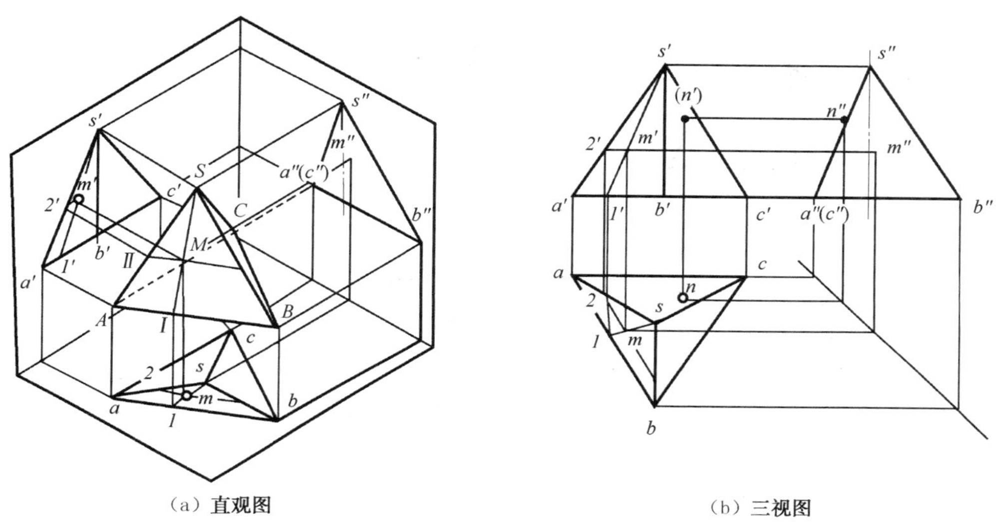

（a）直观图　　　　（b）三视图

图 2-14　正三棱锥的投影

2.1.4　平面与平面体相交

平面与立体表面相交而产生的交线称为截交线。

求平面体的截交线就是要找出平面体上被截棱线的截断点，然后依次连接这些截断点就可得到该平面体的截交线。

（1）图 2-15 表示四棱锥被一正垂面 *P* 截断，作截交线的方法。

四棱锥被正垂面 *P* 斜切，截交线为四边形，其四个顶点分别是四条侧棱与截平面的交点。因此，只要求出截交线四个顶点在各投影面上的投影，然后依次连接各点的同名投影，即得截交线的投影。

作图步骤：

① 因截断面的正面投影积聚成直线，可直接求出截交线各点的正面投影（*1*′）、*2*′、*3*′、（*4*′）。

② 再根据直线上点的投影规律，求出各顶点的水平投影 *1*、*2*、*3*、*4* 和侧面投影 *1*″、*2*″、*3*″、*4*″。

③ 依次连接各顶点的同名投影，即得截交线的投影。

（2）如图 2-16（a）所示为 *L* 形六棱柱被正垂面 *P* 切割，求作切割后六棱柱的三视图。

正垂面 *P* 切割 *L* 形六棱柱，与六棱柱的六个棱面都相交，所以交线为六边形。如图 2-16（b）所示，平面 *P* 垂直于正面，交线的正面投影积聚在 *P*′上。因为六棱柱六个棱面的侧面投

影都有积聚性，所以交线的正面和侧面投影均为已知，仅需作交线的水平投影。

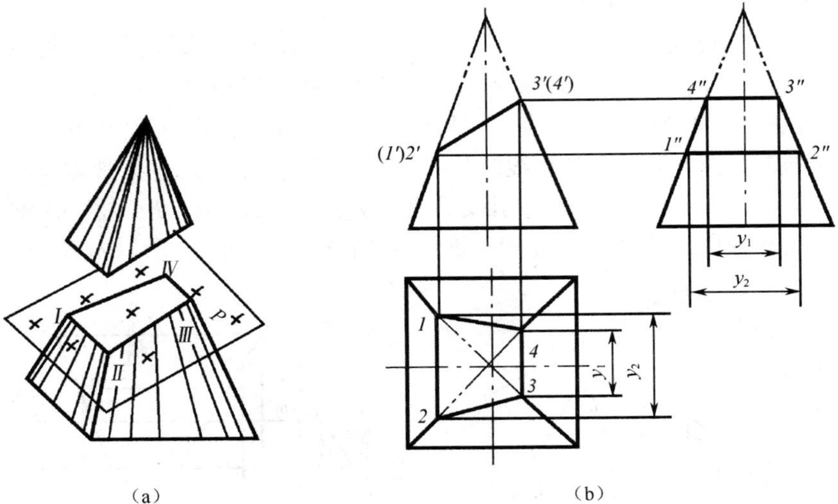

图 2-15　四棱锥的投影

① 参照立体图，在主、左视图上标注已知各点的正面和侧面投影（图 2-16（b））。

② 由已知各点的正面和侧面投影作水平投影 a、b、c、d、e、f（图 2-16（c））。

③ 擦去作图线，描深六棱柱被切割后的图线。值得注意的是，交线的水平投影和侧面投影为六边形的类似形（L 形），如图 2-16（d）所示。

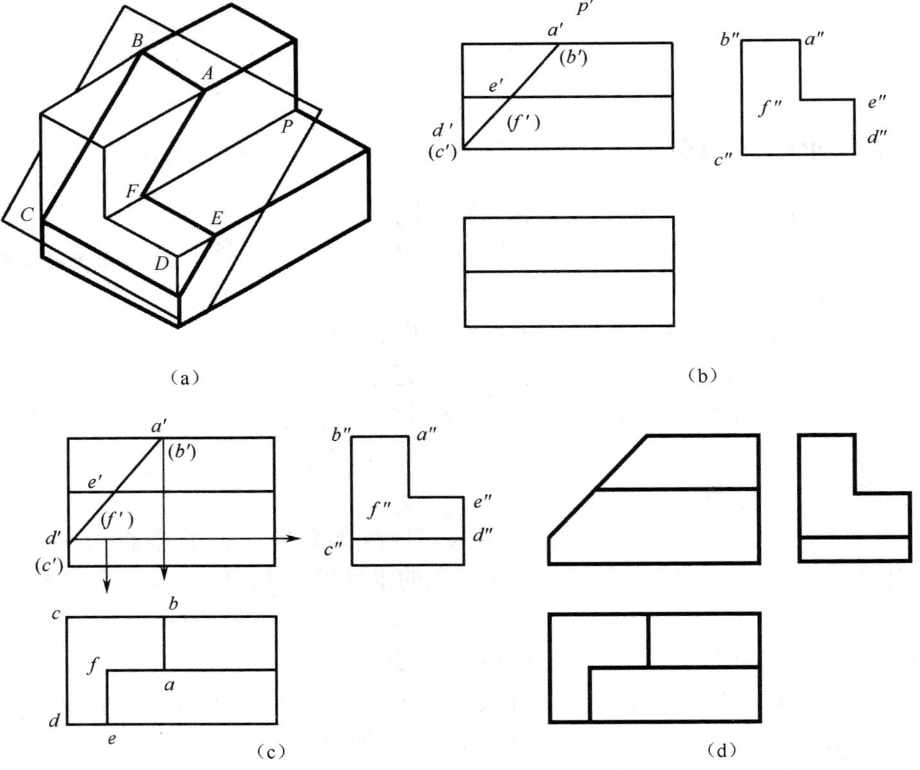

图 2-16　正垂面切割六棱柱

2.1.5 基本体尺寸标注

视图只能表示物体的形状，物体的大小则由标注尺寸来确定。组合体尺寸标注的要求是正确、完整、清晰、合理。

（1）正确。所注尺寸应符合国家标准有关尺寸注法的基本规定，注写的尺寸数字要正确无误。

（2）完整。将确定组合体各部分形状大小及相对位置的尺寸标注齐全，不遗漏，不重复。

（3）清晰。尺寸标注要布置匀称、清楚、整齐，便于阅读。

（4）合理。所注尺寸应符合形体构成规律与要求，便于加工和测量。这是一个很大的课题，这里暂不加以叙述。

要掌握组合体的尺寸标注，必须先了解基本体的尺寸标注方法。常见基本体尺寸注法如图 2-17 所示。需要注意的是，有些基本体的尺寸中有互相关联的尺寸，如图 2-13 中正六棱柱底的对边距和对角距相关联，因此底面尺寸只标注对边距（或对角距）。

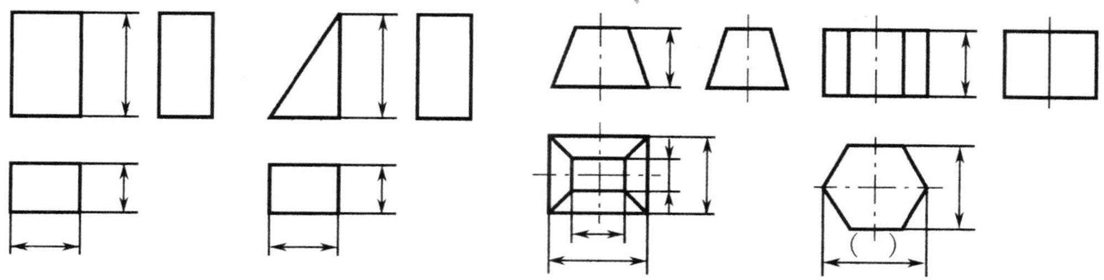

图 2-17　常见基本体的尺寸标注

课外练习

（1）根据如图 2-18 所示形体立体图，绘制其三视图。

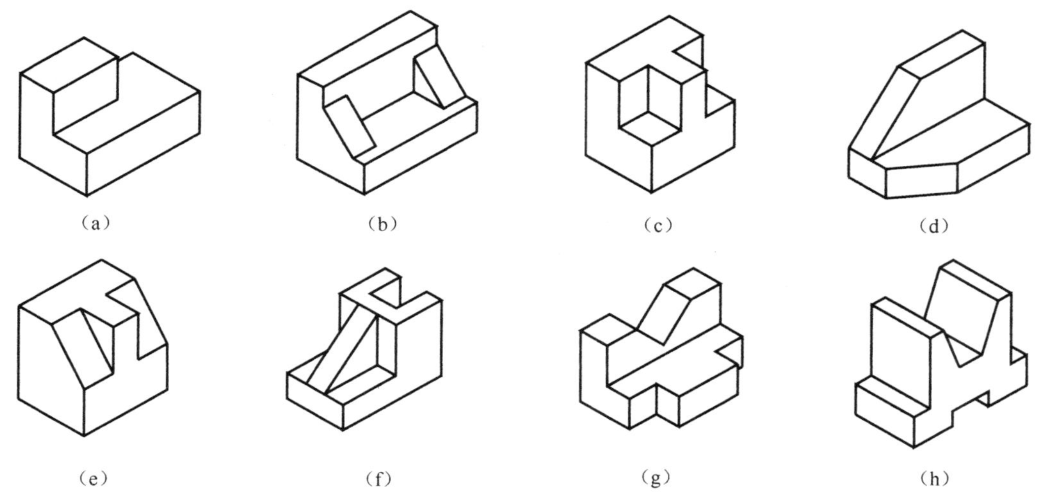

图 2-18　练习题 1 图

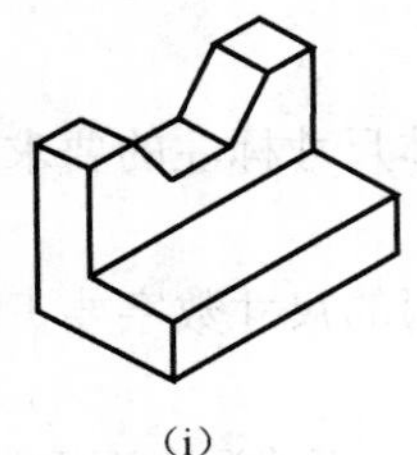
(i)

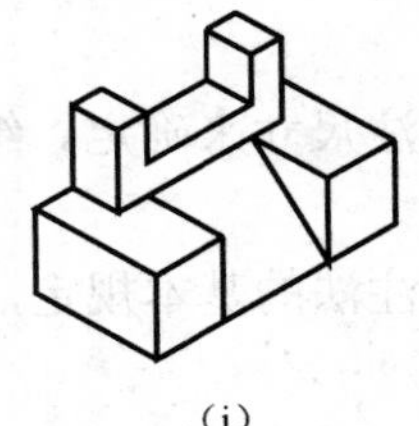
(j)

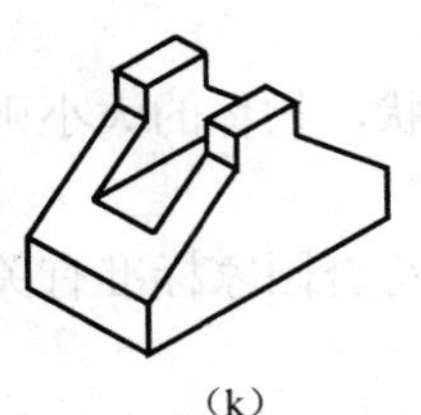
(k)

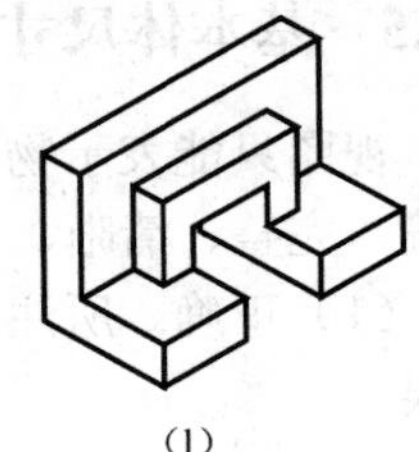
(l)

图 2-18　练习题 1 图（续）

（2）完成如图 2-19 所示平面体的三视图。

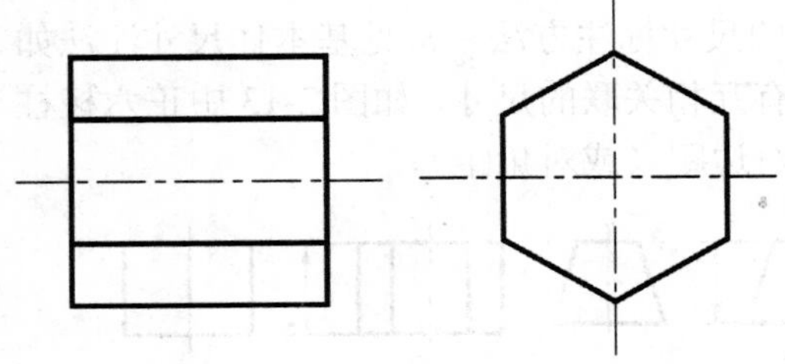
(a)

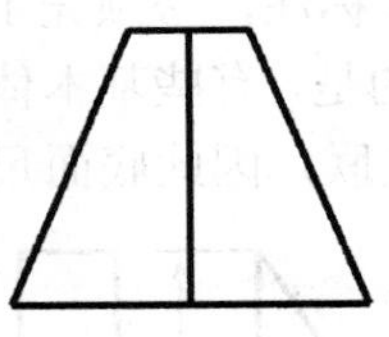

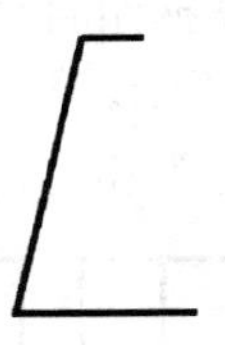

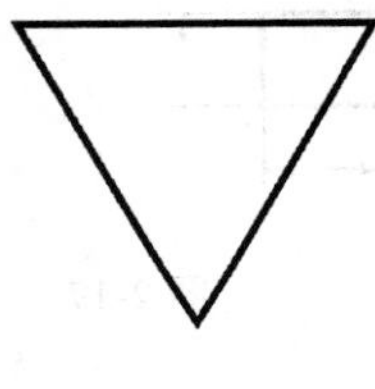
(b)

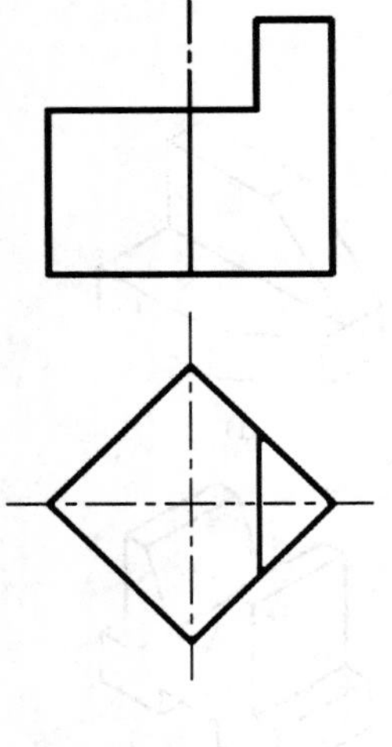
(c)

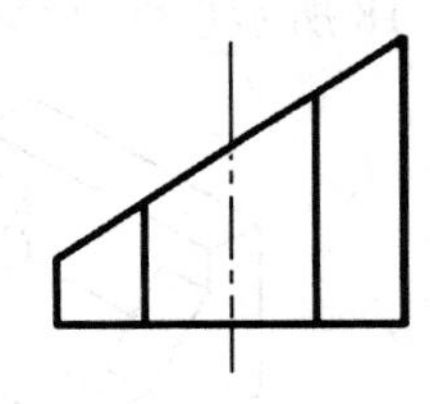

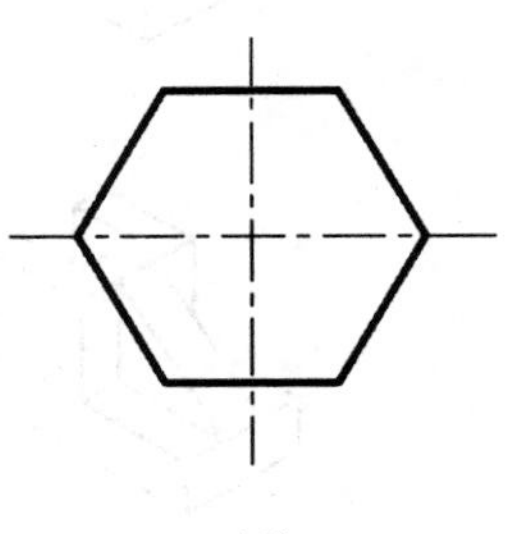
(d)

图 2-19　练习题 2 图

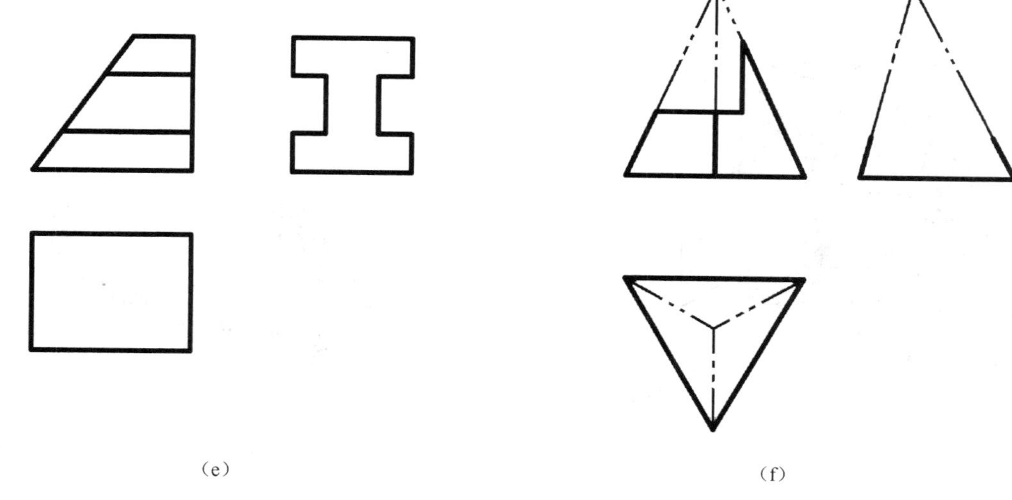

（e） （f）

图 2-19 练习题 2 图（续）

任务 2.2 回转体

任务目标

最终目标：能绘制回转体的三视图。

促成目标：

（1）能够看懂立体图；

（2）能够对形体进行形体分析；

（3）能绘制形体的三视图；

（4）能对形体的三视图进行尺寸标注。

任务要求

根据如图 2-20 所示立体图，在 A4 图纸上画回转体的三视图，并标注尺寸。

学习案例

绘制如图 2-21 所示圆柱被平面切割以后的三视图。

（1）分析

图 2-21 是一个圆柱体由左端开槽（中间被两个正平面和一个侧平面切割），右端切肩（上、下被水平面和侧平面对称地切去两块）而形成的，所产生的截交线为直线和平行于侧面的圆。

（2）作图

① 作槽口的侧面投影（两条竖线），再按投影关系作槽口的正面投影。

② 作切肩的侧面投影（两条虚线），再按投影关系作切肩的水平投影。

③ 擦去多余的图线，描深。图 2-22（d）为完整的切割体的三视图。

作图步骤如图 2-22 所示。

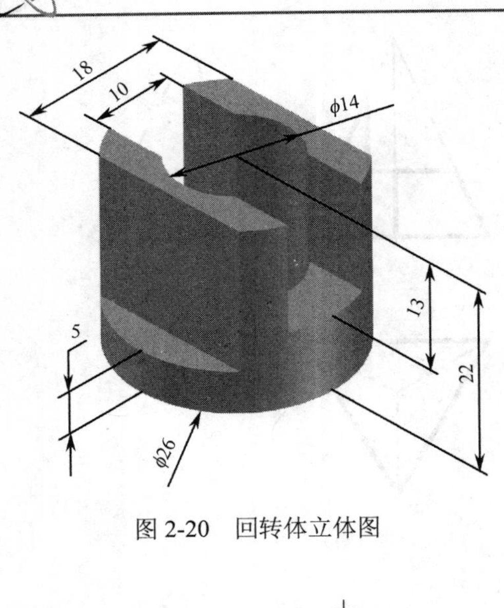

图 2-20 回转体立体图

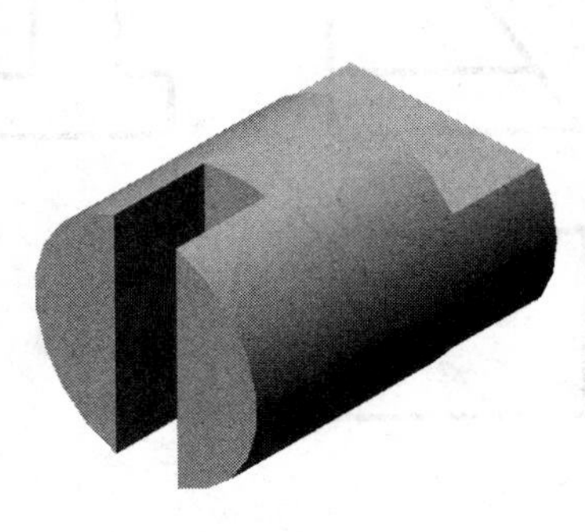

图 2-21 圆柱被平面切割立体图

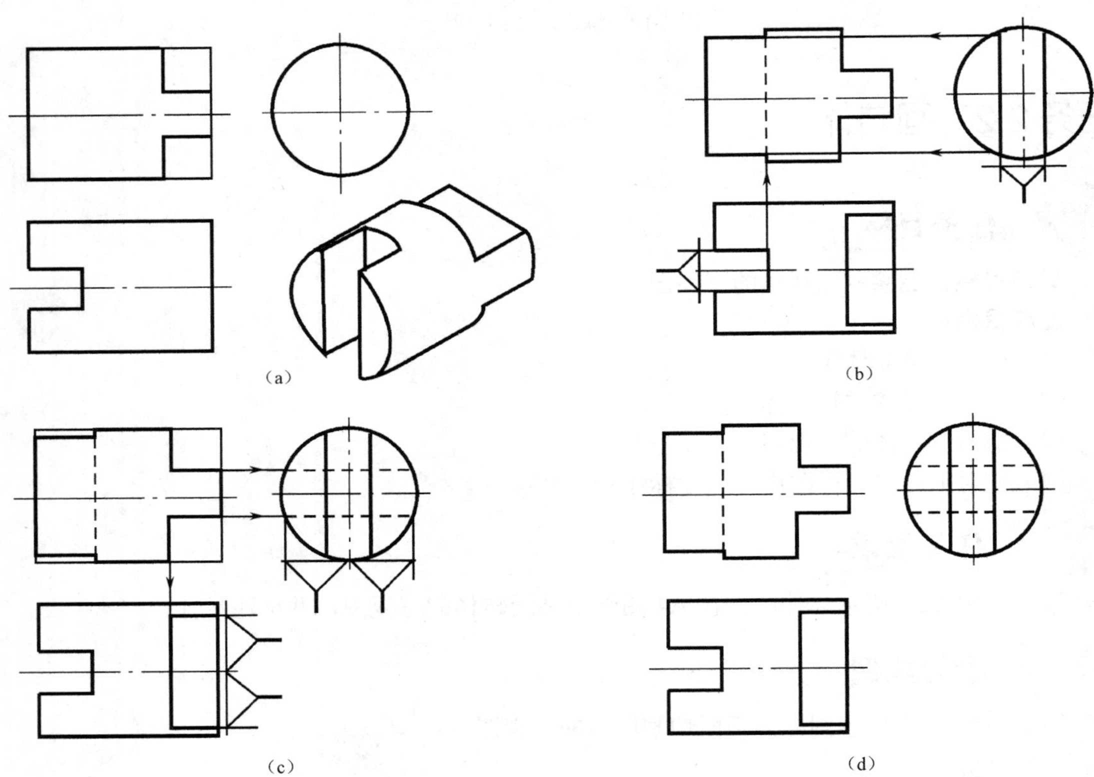

图 2-22 圆柱被平面切割作图步骤

2.2.1 圆柱

（1）圆柱面的形成

圆柱是由顶面、底面和圆柱面所组成的。圆柱面可看成由一条母线绕与它平行的轴线回

转而成，如图 2-23（a）所示。圆柱面上任意一条平行于轴线的直线，称为圆柱面的素线。

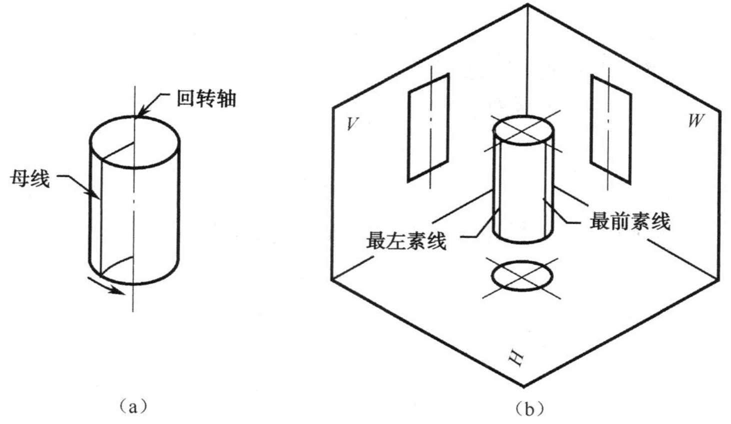

图 2-23 圆柱的形成

（2）投影分析

如图 2-23（b）所示，当圆柱轴线垂直于水平面时，圆柱上、下底面的水平投影反映实形，正面和侧面投影积聚成直线。圆柱面的水平投影积聚为一圆周，与两底面的水平投影重合。在正面投影中，前、后两半圆柱面的投影重合为一矩形，矩形的两条竖线分别是圆柱面最左、最右素线的投影，也是圆柱面前、后分界的转向轮廓线，中心线可以看做是最前、最后两条素线的重合投影。在侧面投影中，左、右两半圆柱面的投影重合为一矩形，矩形的两条竖线分别是圆柱面最前、最后素线的投影，也是圆柱面左、右分界的转向轮廓线，中心线可看做是最左、最右两条素线的重合投影。

（3）作图步骤

画圆柱体的三视图时，先画各投影的中心线，再画圆柱面投影具有积聚性圆的俯视图，然后根据圆柱体的高度画出另外两个视图，如图 2-24（a）所示。

（4）表面上取点

圆柱面上点的投影，均可用柱面投影的积聚性来作图，如图 2-24（b）所示。

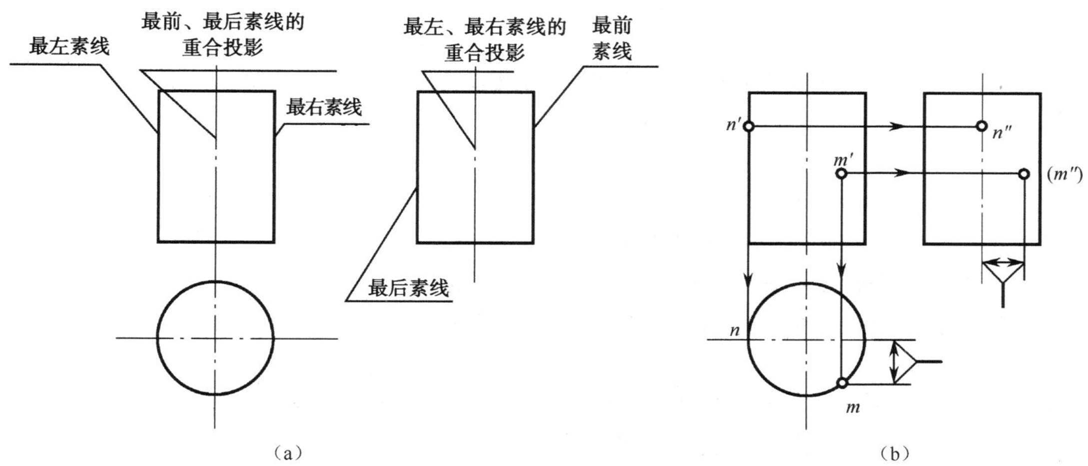

图 2-24 圆柱体的三视图

2.2.2 圆锥

（1）圆锥面的形成

如图 2-25（a）所示，圆锥面可看成是以一直线做母线围绕与其相交成一定角度的轴线回转而成的。在圆锥面上通过锥顶的任一直线称为圆锥面的素线。

（2）投影分析

如图 2-25（b）所示为轴线垂直于水平面的正圆锥的三视图。锥顶面平行于水平面，水平投影反映实形，正面和侧面投影积聚成直线。圆锥面的三个投影都没有积聚性，其水平投影与底面的水平投影重合，全部可见。正面投影由前、后两个半圆锥面的投影重合为一等腰三角形，三角形的两腰分别是圆锥面最左、最右素线的投影，也是圆锥面前、后分界的转向轮廓线，中心线可看成是最前、最后素线的重合投影。侧面投影由左、右两半圆锥面的投影重合为一等腰三角形，三角形的两腰分别是圆锥最前、最后素线的投影，也是圆锥面左、右分界的转向轮廓线，中心线可看成是最左、最右素线的重合投影。

（3）作图步骤

画圆锥的三视图时，先画各投影的中心线，再画底面圆的各投影，然后画出锥顶的投影和等腰三角形，完成圆锥的三视图（图 2-25（c））。

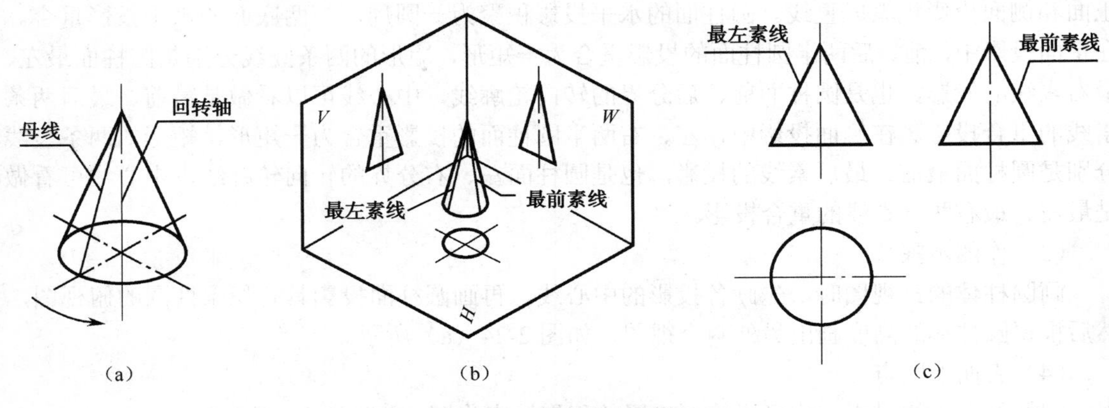

图 2-25　圆锥的三视图

（4）圆锥表面上取点

如图 2-26 所示，已知圆锥表面上点 *M* 的正面投影，求作其 *H* 面投影和 *V* 面投影。作图方法有两种：

① 辅助素线法。

如图 2-26（a）所示，过锥顶 *S* 和锥面上 *M* 点引一素线 *SA*，作其 *H* 面投影，就可求出 *M* 点的 *H* 面投影，然后再根据 *m* 和 *m'*求得 *m"*。

由于锥面的 *H* 面投影均是可见的，故 *m* 点也是可见的。又因 *M* 点在左半部的锥面上，而左半部锥面的 *W* 面投影是可见的，所以 *m"* 也是可见的（如图 2-26（b）所示）。

② 辅助纬圆法。

如图 2-26（a）所示，可在锥面上过 *M* 点作一纬圆，这个圆过 *M* 点垂直于圆锥轴线（平行于底面），*M* 点的各个投影必在此纬圆的相应投影上。

作图时，按图 2-26（c）所示，在主视图上过点 *m'* 作水平线交圆锥轮廓线素线于 *a'b'*，即为纬圆的 *V* 面投影。在俯视图中作纬圆的 *H* 面投影（以 *s* 为圆心，*a'b'*/2 为半径画圆），然后

过点 m' 作 X 轴垂线交于该圆的下半个圆周上得点 m。最后由 m' 和 m 求得 m''，并判断可见性，即为所求。

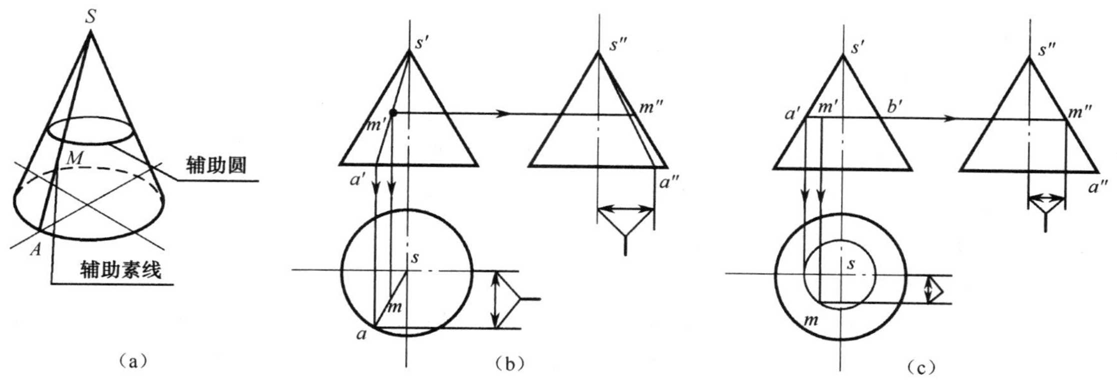

图 2-26　圆锥表面上取点

2.2.3　圆球

（1）圆球面的形成

如图 2-27（a）所示，圆球面是以一个圆为母线，以其直径为轴线旋转而成的。母线上任一点的运动轨迹均是一个圆，点在母线上位置不同，其圆的直径也不相同。球面上这些圆称为纬圆，最大纬圆称为赤道圆。

（2）投影分析

如图 2-27（b）所示，圆球的三个视图都是等径圆，并且是圆球上平行于相应投影面的三个不同位置的最大轮廓圆。正面投影的轮廓圆是前、后两半球面可见与不可见的分界线；水平投影的轮廓圆是上、下两半球面可见与不可见的分界线；侧面投影的轮廓圆是左、右两半球面可见与不可见的分界线。

（3）作图步骤

如图 2-27（c）所示，先确定球心的三面投影，过球心分别画出圆球轴线的三面投影，再画出与球等直径的圆。

（4）圆球表面上点的投影

圆球表面上点的投影作法如图 2-27（c）所示。

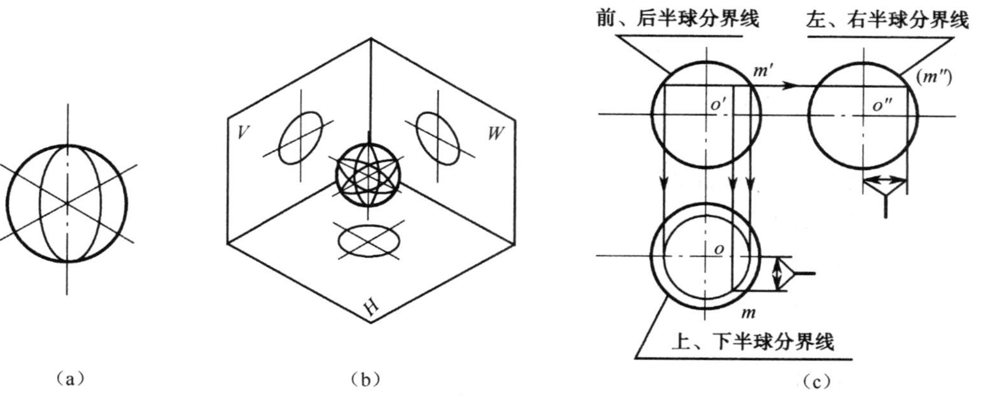

图 2-27　圆球的三视图

2.2.4 圆环

圆环的表面可看成是以一个圆的母线绕不通过圆心，但在同一平面上的轴线回转而成的（图 2-28（a））。

（1）投影分析

如图 2-28（b）所示，俯视图中的两个同心圆分别是圆环上最大和最小两个纬圆的水平投影，也是上半圆环面与下半圆环面可见与不可见的分界线；点画线圆是母线圆心轨迹的投影。主视图中的两个小圆是平行于正面的最左、最右两素线圆的投影，两个粗实线半圆及上、下两条公切线为外环面正面投影的转向轮廓线，内环面在主视图上是不可见的，画虚线。

（2）作图方法

按母线圆的大小及位置，先画出圆环的轴线和中心线，再作反映母线圆实形的正面投影以及上、下两条公切线。然后按主视图上外环面和内环面的直径，作俯视图上最大、最小轮廓圆（图 2-28（b））。左视图与主视图相同。

（3）圆环表面上点的投影

圆环表面上点的投影作法如图 2-28 所示。

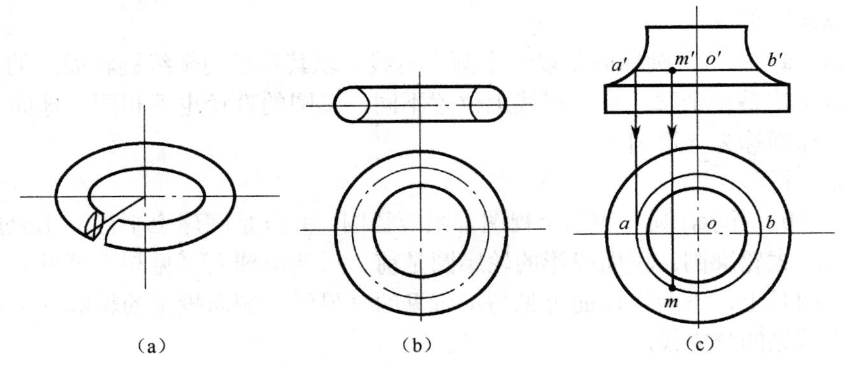

图 2-28　圆环三视图

2.2.5 平面与回转体相交

回转体的截交线形状，取决于回转体表面形状及截平面与回转体的相对位置。

求回转体的截交线的一般步骤如下：

① 判断截交线的空间形状，确定截交线在视图中的特殊点（如最高、最低、最左、最右、最前、最后等点以及可见性的分界点等）。

② 求截交线的一般点。在回转体表面上取直素线或纬圆，求这些素线或纬圆与截平面的交点。

③ 将这些交点光滑连成曲线。

④ 判断截交线的可见性。

（1）圆柱的截交线

根据截平面对圆柱轴线的相对位置不同，圆柱的截交线可以有圆、矩形和椭圆三种情况，如图 2-29 所示。

① 当平面与圆柱轴线平行时，交线为矩形（图 2-29（a））。

② 当平面与圆柱轴线垂直时，交线为圆（图 2-29（b））。

③ 当平面与圆柱轴线倾斜时，交线为椭圆（图 2-29（c））。

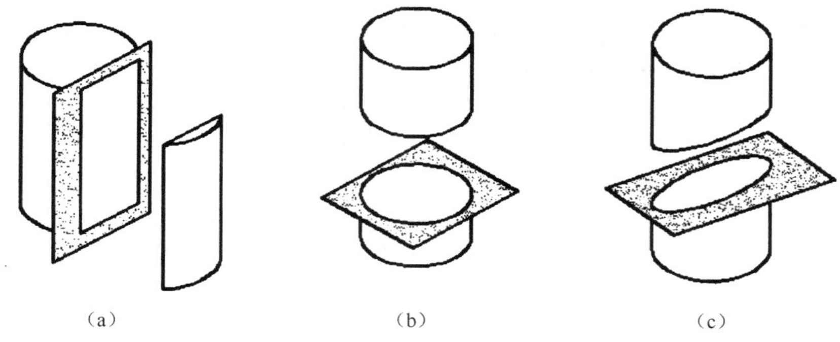

图 2-29 平面与圆柱相交

（2）圆锥的截交线

根据截平面的位置不同，圆锥截交线有圆、椭圆、抛物线、双曲线和三角形五种情形，如图 2-30 所示。

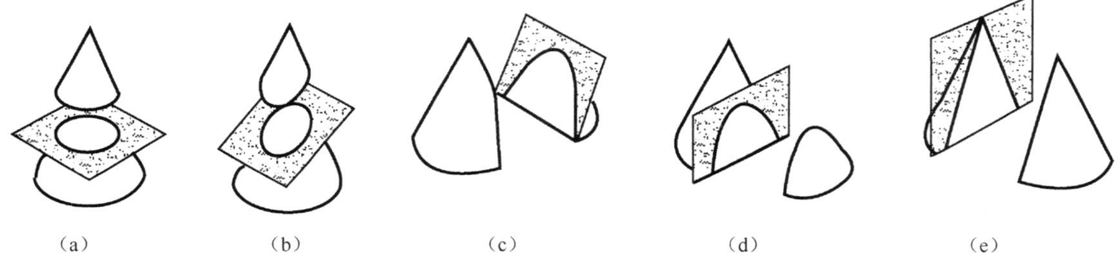

图 2-30 平面与圆锥相交

① 当平面与圆锥轴线垂直时，交线为圆（图 2-30（a））。

② 当平面与圆锥轴线倾斜时，交线为椭圆（图 2-30（b））。

③ 当平面平行于圆锥面上一条素线时，交线为抛物线加直线（图 2-30（c））。

④ 当平面平行于圆锥轴线时，交线为双曲线加直线（图 2-30（d））。

⑤ 当平面过锥顶时，交线为三角形（图 2-30（e））。

【例 2】 如图 2-31 所示为正平面切割圆锥，求截交线的作图方法。

分析： 正平面 *P* 与圆锥轴线平行，交线为双曲线加直线，其正面投影反映实形，水平投影和侧面投影积聚成直线。可用辅助纬圆法或辅助素线法求作交线的正面投影。

① 求特殊点（图 2-31（b））。最高点 *C* 是圆锥最前素线与 *P* 面的交点，利用积聚性直接作侧面投影 *c″* 和水平投影 *c*，由 *c″* 和 *c* 作正面投影 *c′*；最低点 *A*、*E* 是圆锥底面圆与 *P* 面的交点，直接作 *a*、*e* 和 *a″*、*e″*，再作出 *a′* 和 *e′*。

② 求中间点（图 2-31（c））。在适当位置作水平纬圆，该圆的水平投影与 *P* 面的水平投影的交点 *b*、*d* 即为交线上两点的水平投影，再作 *b′*、*d′* 和 *b″*、*d″*。

③ 依次光滑连接 *a′*、*b′*、*c′*、*d′*、*e′* 即为交线的正面投影（图 2-31（d））。

（3）球的截交线

平面截圆球时，截交线的空间形状总是圆。根据截平面对投影面的位置的不同，圆球的截交线投影可能是反映其实形的圆，也可能是椭圆，或积聚为直线（图 2-32）。

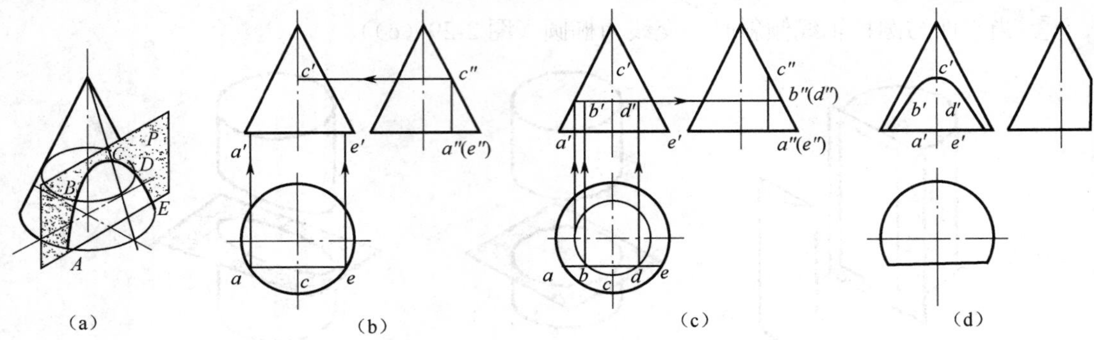

图 2-31　平面切割圆锥

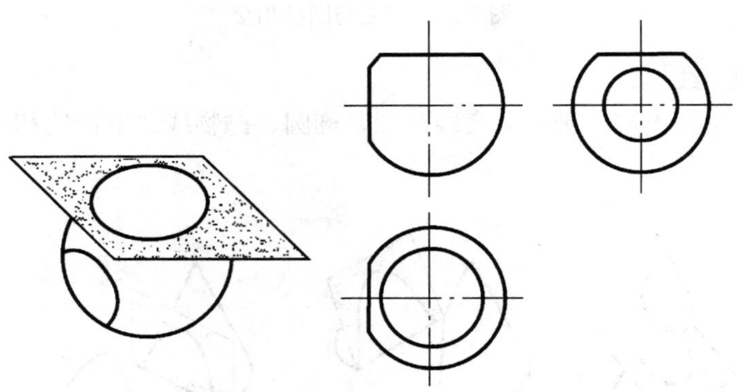

图 2-32　球的截交线

【例 3】 画出如图 2-33 所示半圆球被截切的截交线。

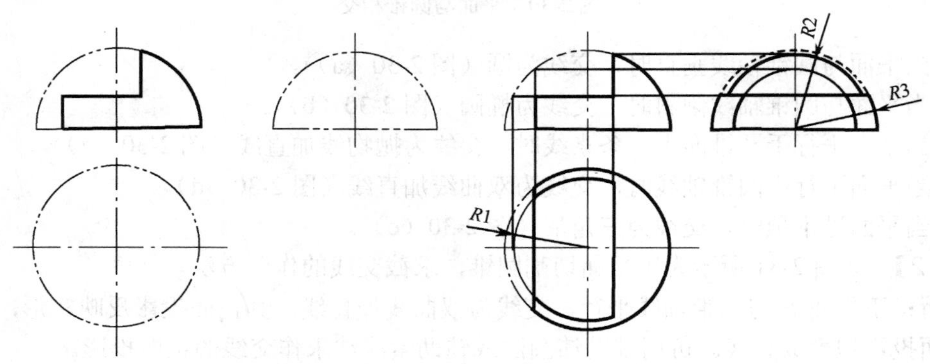

图 2-33　半圆球被截切

半球的切口是由一个水平面和两个侧平面切割球面而形成的。两个侧平面与球面的交线各为一段平行于侧面的圆弧（半径分别为 $R2$、$R3$），而水平面与球面的交线为两段水平的圆弧（半径为 $R1$）。

① 作切口的水平投影。切口底面的水平投影为两段半径相同的圆弧和两段积聚性直线组成，圆弧的半径为 $R1$，如图 2-33 所示。

② 作切口的侧面投影。切口的两侧面为侧平面，其侧面投影为圆弧，半径分别为 $R2$、$R3$，左边的侧面是保留下部的圆弧，右边的圆弧是保留上部的圆弧。底面为水平面，侧面投

影积聚为一条直线。

（4）同轴回转体的截交线

【例 4】 绘制如图 2-34 所示的顶尖的截交线。

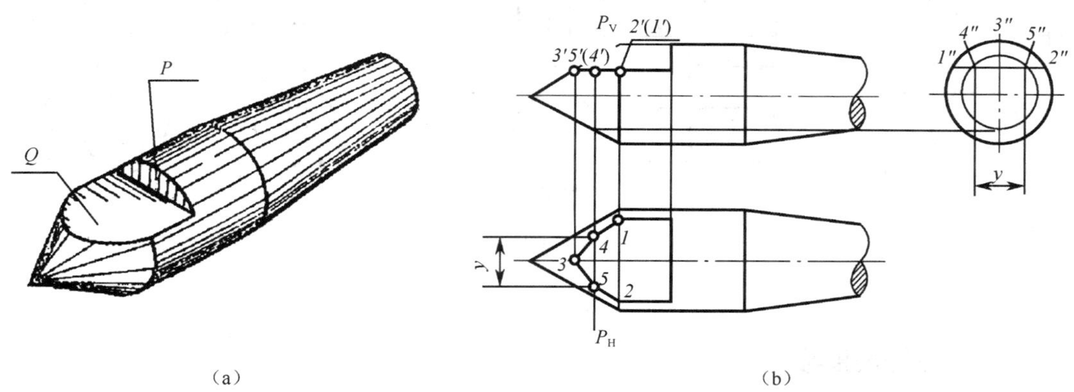

图 2-34 顶尖的截交线

顶尖头部由同轴（侧垂线）的圆锥和圆柱组成，被 *P*、*Q* 两平面切去一部分。*Q* 平面为平行于轴线的水平面，与圆锥面的交线为双曲线，与圆柱面的交线为两条侧垂线。*P* 平面为侧平面，与圆柱面的交线为矩形。

① 截交线的正面投影都积聚为直线，截交线的侧面投影是 *P* 平面反映实形的部分圆，*Q* 平面积聚为直线，都可直接画出。

② 根据截交线的正面投影和侧面投影画截交线的水平投影。首先求出双曲线上的三个特殊点 *1*、*2*、*3*，再用辅助圆法求出双曲线上一般位置点 *4*、*5*。

③ 最后将 *1*、*4*、*3*、*5*、*2* 各点光滑连成双曲线并和圆柱截交线组成一个封闭的平面图形，即得截交线的水平投影。

2.2.6 回转体尺寸标注

圆柱、圆锥（台）的尺寸一般标注在非圆视图上，在标注底面直径时，应在数字前面加注“ϕ”，用这种标注形式，有时只用一个视图就能确定其形状和大小，其他视图即可省略；圆球在直径数字前加注“$S\phi$”，也可只用一个视图表达，如图 2-35 所示。

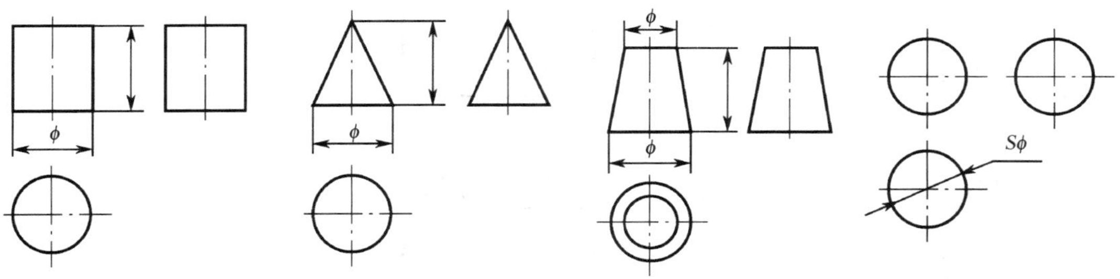

图 2-35 回转体尺寸标注

当基本体被平面截切时，除标注基本体的尺寸大小外，还应标注截平面的位置尺寸，不允许直接标注截交线的尺寸大小。因为截平面与基本体的相对位置确定之后，截交线的形状和大小就唯一确定了，如图 2-36 中打“×”的即是错误标注。

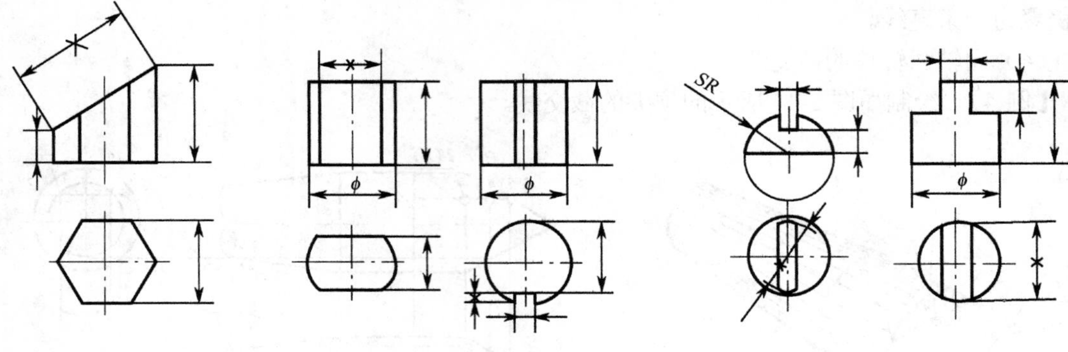

图 2-36　切割体的尺寸标注

课外练习

（1）画出如图 2-37 所示被截切圆柱的第三视图。

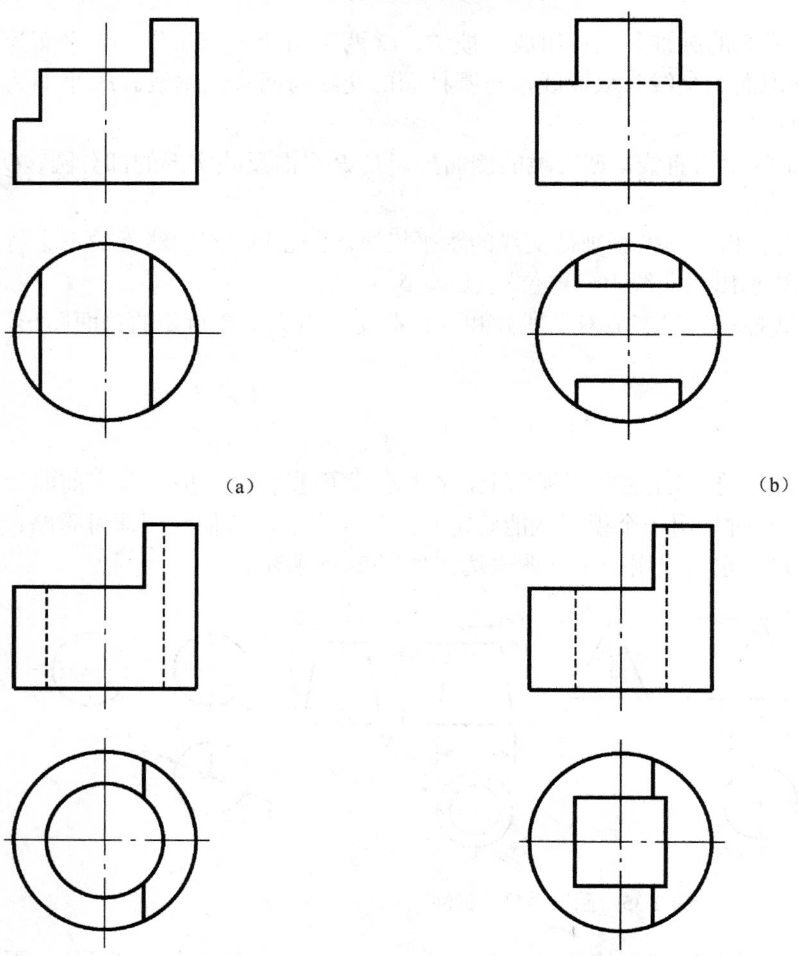

图 2-37　练习题 1 图

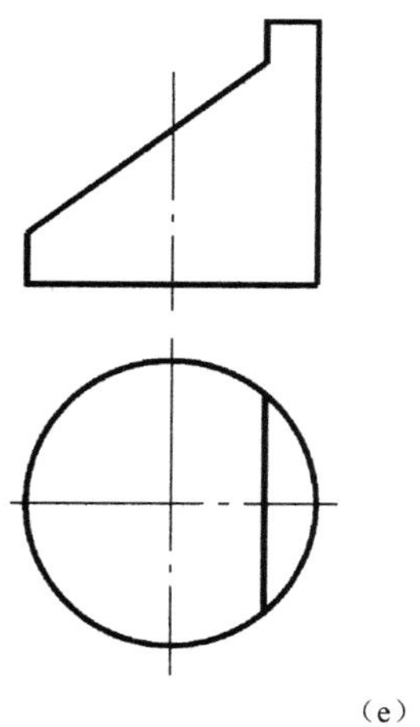

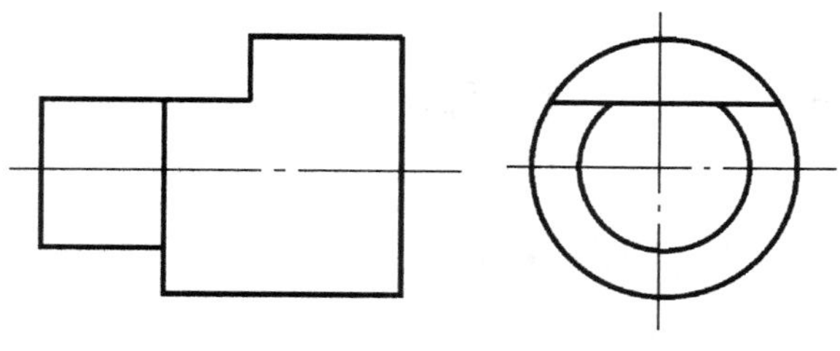

（e）

（f）

图 2-37 练习题 1 图（续）

（2）完成如图 2-38 所示被截切回转体的三视图。

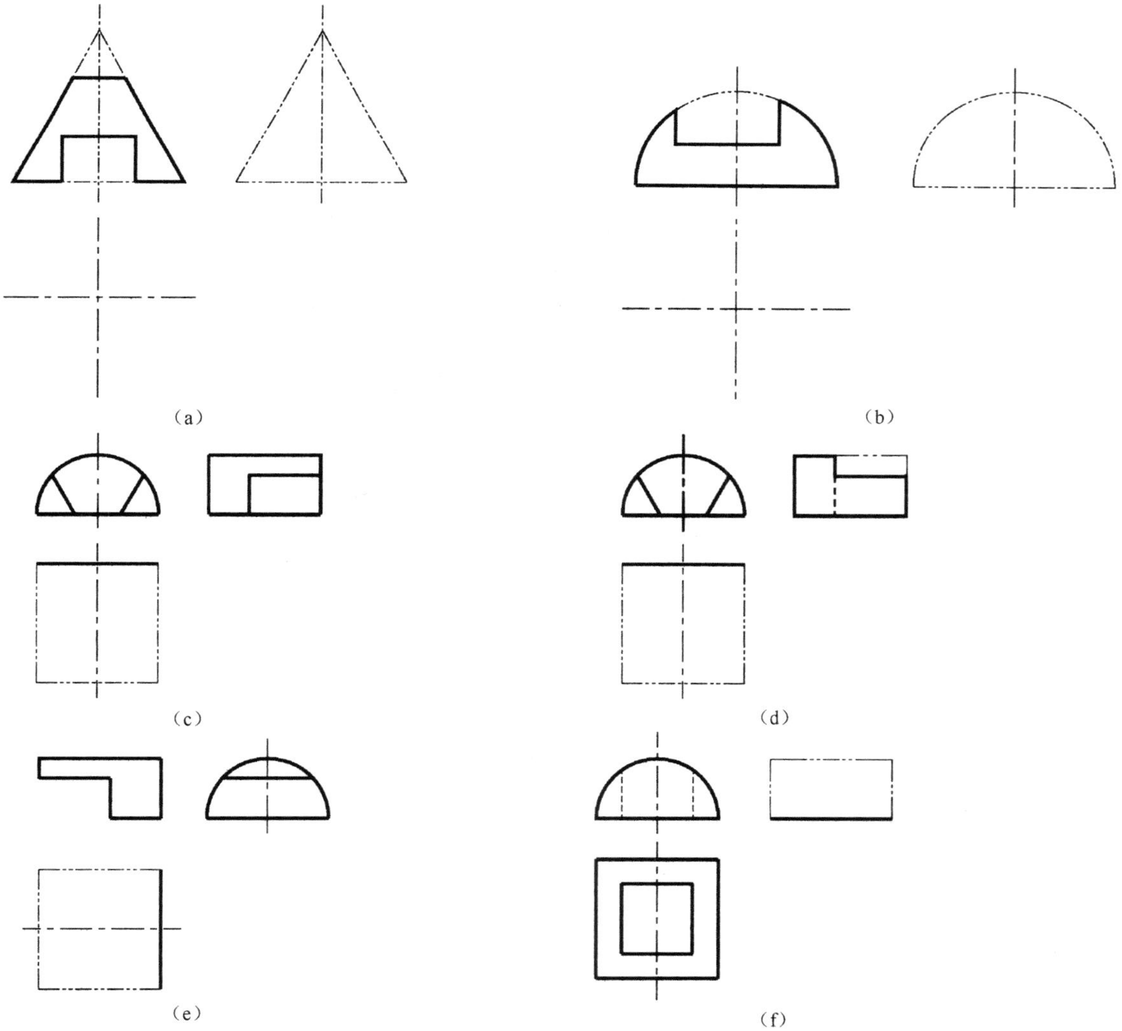

（a）

（b）

（c）

（d）

（e）

（f）

图 2-38 练习题 2 图

任务 2.3　相贯体

任务目标

最终目标：能绘制相贯体的三视图。

促成目标：

（1）能够看懂立体图；

（2）能够对形体进行形体分析；

（3）能绘制形体的三视图；

（4）能对形体的三视图进行尺寸标注。

任务要求

如图 2-39 所示，根据立体图在 A4 图纸上画相贯体的三视图，并标注尺寸。

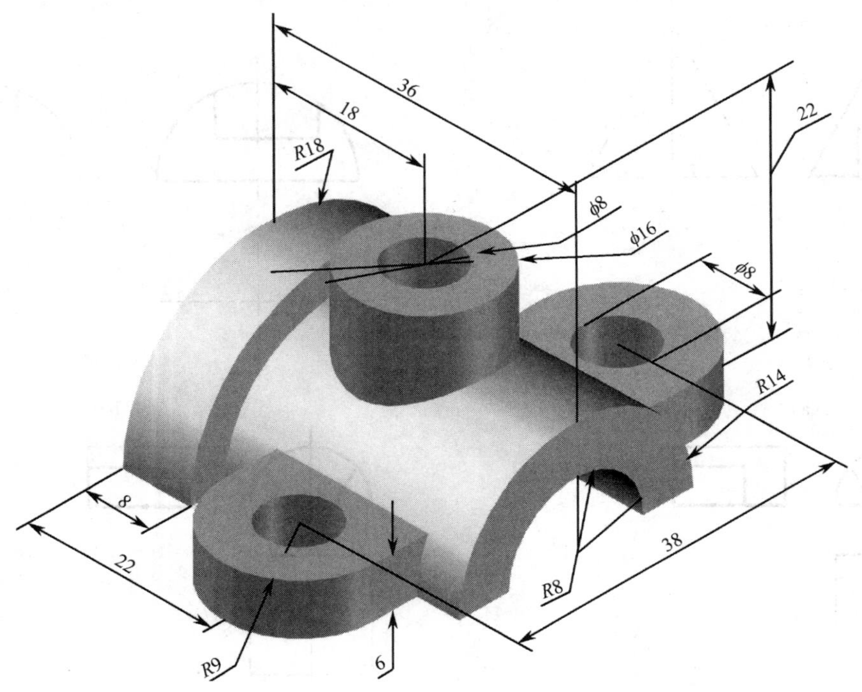

图 2-39　相贯体立体图

学习案例

绘制如图 2-40 所示形体的三视图缺少的图线。

（1）形体分析

对相贯体的形体分析如图 2-41 所示。

（2）作图

相贯体三视图作图步骤如图 2-42 所示。

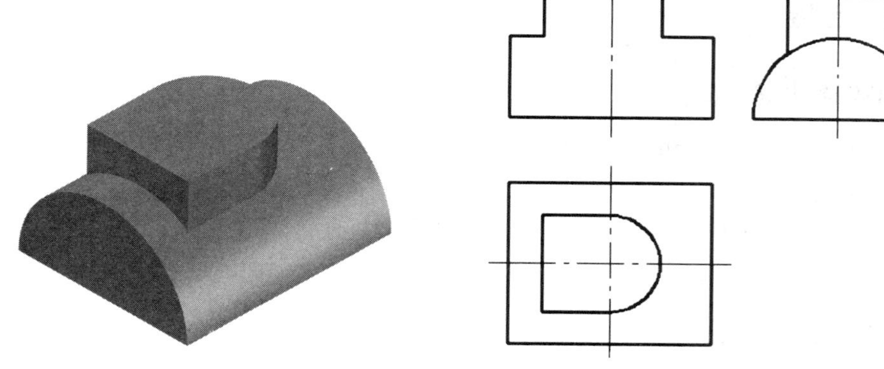

图 2-40 相贯体

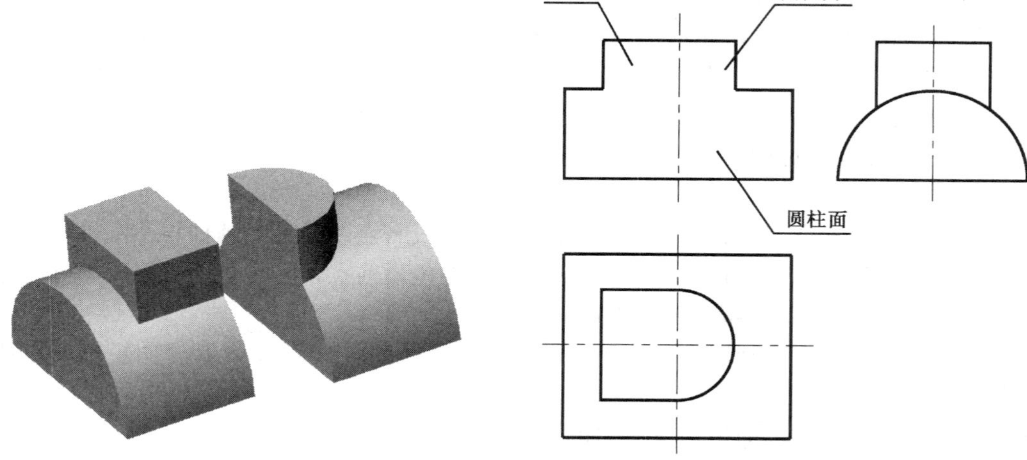

图 2-41 相贯体形体分析

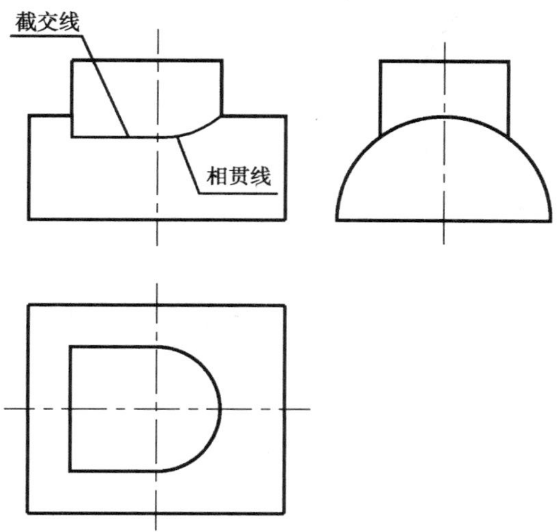

图 2-42 相贯体三视图作图步骤

知识链接

2.3.1 两回转体正交

两回转体相交，表面产生的交线通常称为相贯线。

相贯线的性质：

① 相贯线是相贯的两立体表面的共有线，相贯线上的点是两立体表面的共有点。

② 相贯线一般是封闭的空间曲线，特殊情况下可能是平面曲线或直线。

1. 两圆柱正交

（1）分析作图

如图 2-43（a）所示，两圆柱轴线垂直相交，直立圆柱的直径小于水平圆柱的直径，其相贯线为封闭的空间曲线，且前后、左右对称。

由于直立圆柱的水平投影和水平圆柱的侧面投影都有积聚性，所以相贯线的水平投影和侧面投影分别积聚在它们有积聚性的投影圆上，因此，只需作出相贯线的正面投影。

由于相贯线的前后、左右对称，因此，在其正面投影中，可见的前半部和不可见的后半部重合，左、右部分则对称。

作图步骤：

① 先求特殊位置点。最高点 *A*、*E*（也是最左、最右点，又是大圆柱与小圆柱轮廓线上的点）的正面投影 *a*′、*e*′ 可直接定出。最低点 *C*（也是最前点，又是侧面投影中小圆柱轮廓线上的点）的正面投影 *c*′ 可根据侧面投影 *c*″ 求出。

② 再求一般位置点。利用积聚性和投影关系，根据水平投影 *b*、*d* 和侧面投影 *b*″（*d*″）求出正面投影。

③ 将各点光滑连接，即得相贯线的正面投影，如图 2-43（b）所示。

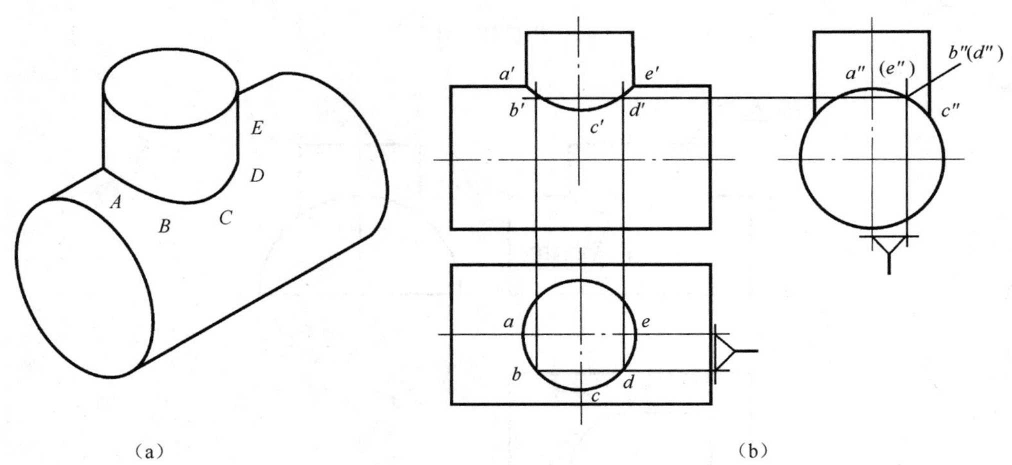

图 2-43 两圆柱正交

（2）相贯线的简化画法

当两圆柱正交且直径不相等时，相贯线的投影可采用简化画法。如图 2-44 所示，相贯线的正面投影以大圆柱的半径为半径，以轮廓线的交点为圆心向大圆柱的外侧作圆弧，与小圆

柱的中心线相交，再以该交点为圆心，以大圆柱的半径为半径作圆弧即为相贯线的投影，该投影向大圆柱内弯曲。

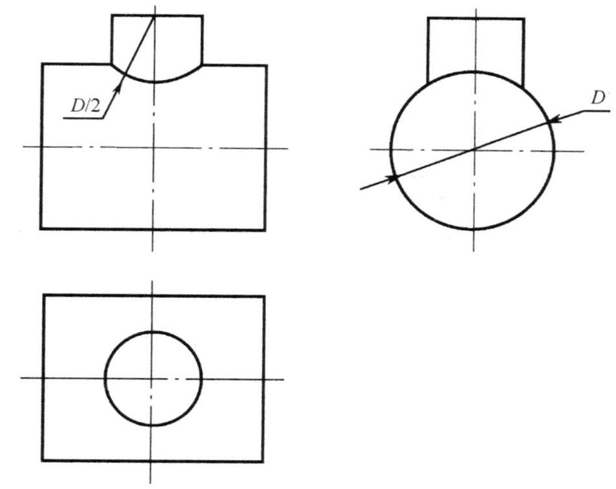

图 2-44 两圆柱正交简化画法

（3）两圆柱直径的相对大小对相贯线形状和位置的影响

设竖直圆柱直径为 $D1$，水平圆柱直径为 D，则：

当 $D>D_1$ 时，相贯线正面投影为上下对称的曲线，如图 2-45（a）所示。

当 $D=D_1$ 时，相贯线为两个相交的椭圆，其正面投影为正交的两条直线，如图 2-45（b）所示。

当 $D<D_1$ 时，相贯线正面投影为左右对称的曲线，如图 2-45（c）所示。

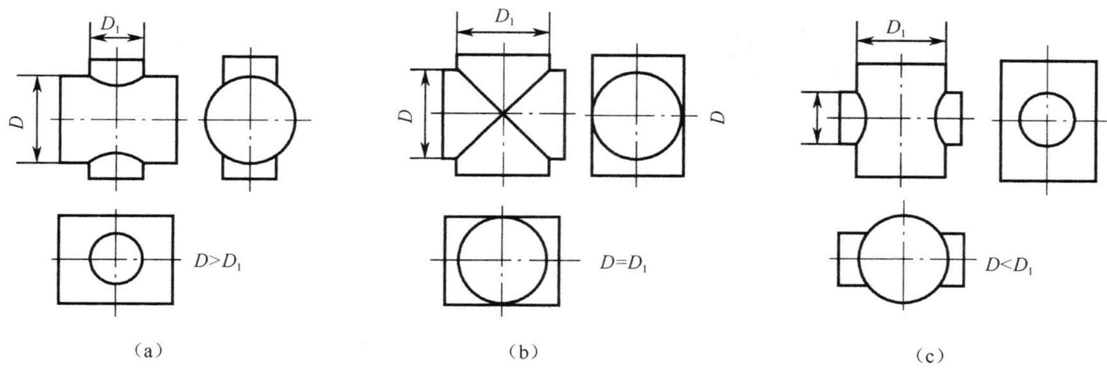

图 2-45 两圆柱直径的相对大小对相贯线形状和位置的影响

（4）内、外圆柱表面相交的情况

圆柱孔与外圆柱面相交时，在孔口会形成相贯线；两圆柱孔相交时，在表面处也会产生相贯线。这两种情况相贯线的形状和作图方法与图 2-44 所示两外圆柱面相交时相同，如图 2-46 所示。

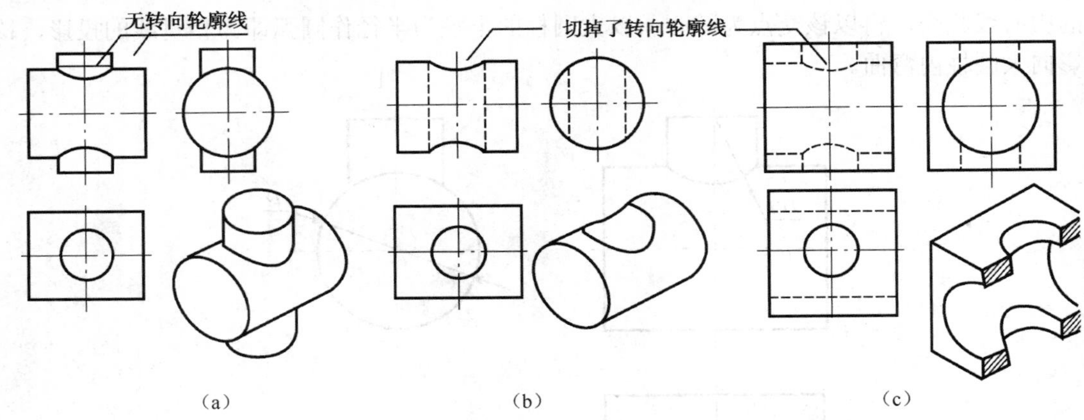

图 2-46　内、外圆柱表面相交

2. 圆柱与圆锥正交

（1）分析

如图 2-47 所示为水平圆柱与直立圆锥台相交。由于水平圆柱的轴线垂直于侧面，相贯线的侧面投影在圆柱积聚性的圆周上。而圆锥台在主视图和俯视图中没有积聚性，所以要作相贯线在主、俯视图中的投影。

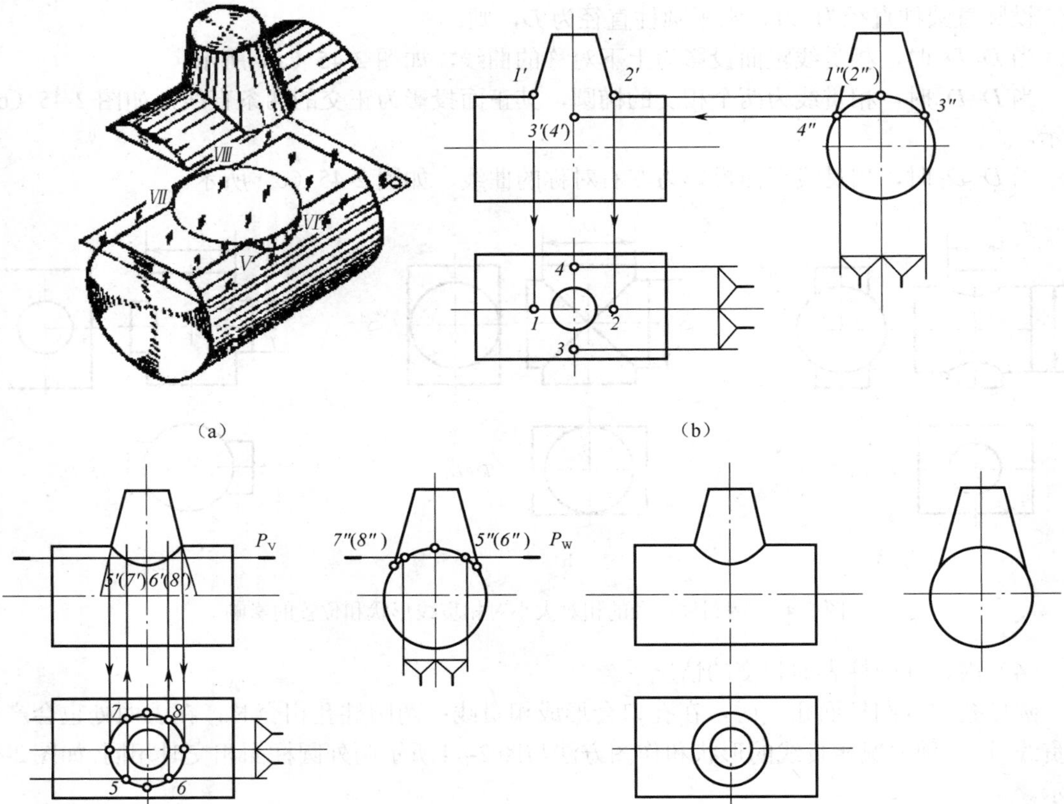

（a）　（b）

（c）　（d）

图 2-47　水平圆柱与直立圆锥相交

（2）作图

① 先求特殊位置点。根据相贯线最高点 *I*、*II*（也是最左、最右点）和最低点*III*、*IV*（也是最前、最后点）的侧面投影 *1″*、*2″*、*3″*、*4″*，可求出正面投影 *1′*、*2′*、*3′*、*4′* 和水平投影 *1*、*2*、*3*、*4*。

② 再求一般位置点。在适当位置选用水平面 *P* 作为辅助平面，圆锥截交线的水平投影为圆，圆柱截交线的水平投影为两条平行直线，截交线的交点 *5*、*6*、*7*、*8* 即为相贯线上的点。再根据水平投影 *5*、*6*、*7*、*8* 求出正面投影 *5′*、*6′*、*7′*、*8′* 各点。

③ 判断可见性，通过各点光滑连线。因相贯体前后对称，相贯线正面投影的前半部分与后半部分重合为一段曲线。光滑连接各点的同名投影，即得相贯线的正面投影和水平投影。

2.3.2 相贯线的特殊情况

1. 两回转体共轴线相交

如图 2-48 所示，两回转体有一个公共轴线相交时，它们的相贯线都是平面曲线——圆。因为两回转体的轴线都平行于正立投影面，所以它们相贯线的正面投影为直线，其水平投影为圆或椭圆。

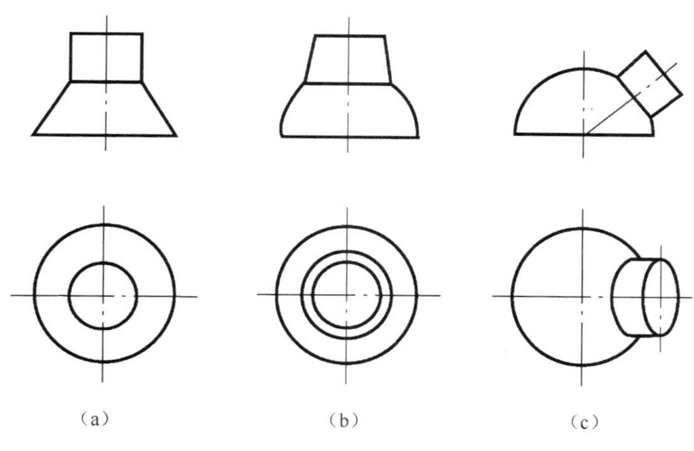

图 2-48 同轴回转体

2. 两回转体共切于球

如图 2-49（a）、（b）所示，圆柱与圆柱相交，并共切于球；或如图 2-49（c）所示，圆柱与圆锥相交也共切于球，即都属于两回转体相交，并共切于球，则它们的相贯线都是平面曲线——椭圆。因为两回转体的轴线都平行于正立投影面，所以它们相贯线的正面投影为直线，其水平投影为圆或椭圆。

3. 两圆柱面的轴线平行或两圆锥面共锥顶

当两圆柱面的轴线平行或两圆锥面共锥顶时，表面交线为直线，如图 2-50 所示。

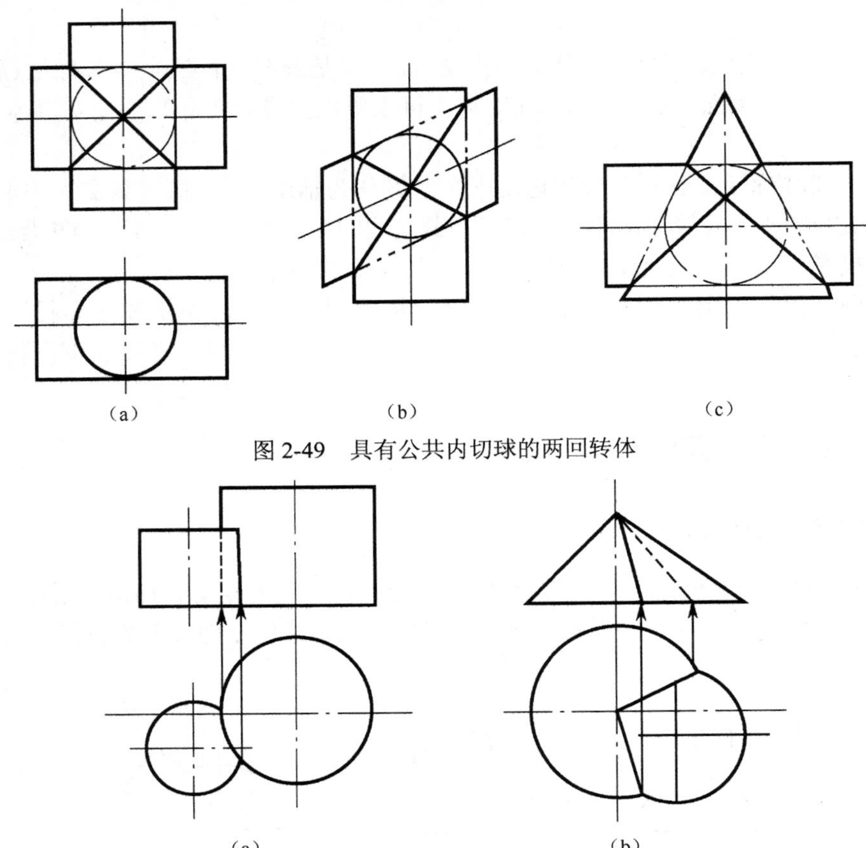

（a）　　（b）　　（c）

图 2-49　具有公共内切球的两回转体

（a）　　（b）

图 2-50　交线为直线的两回转体

2.3.3　相贯体的尺寸标注

当基本体表面相贯时，应标注出两基本体的形状、大小和相对位置尺寸，而不允许直接在相贯线上标注尺寸，如图 2-51 所示。

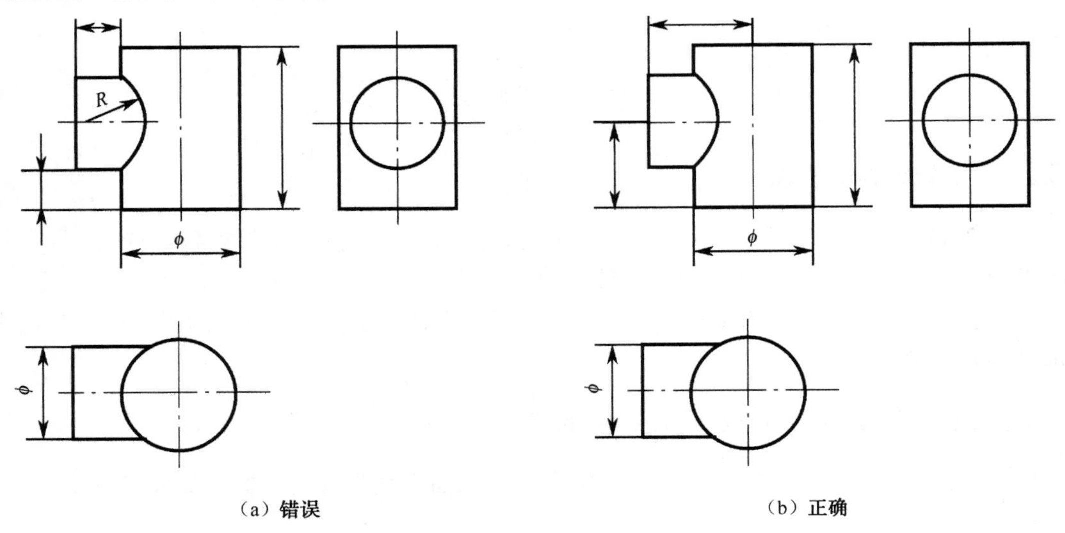

（a）错误　　（b）正确

图 2-51　相贯体的尺寸标注

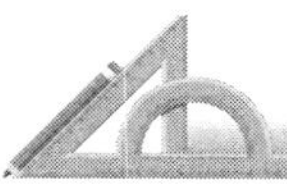

课外练习

如图 2-52 所示，求作表面交线的投影，完成三视图。

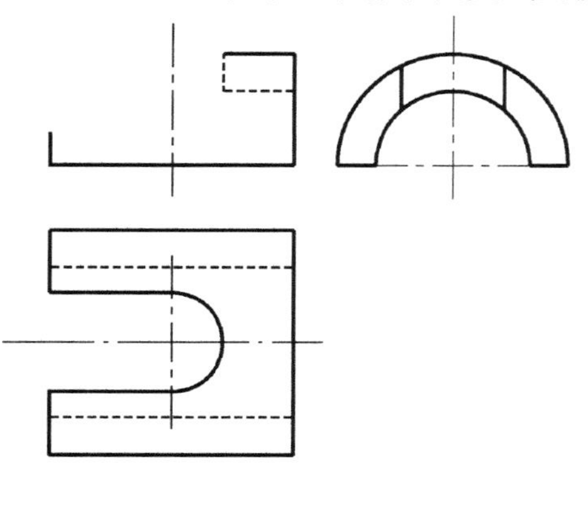

（a）

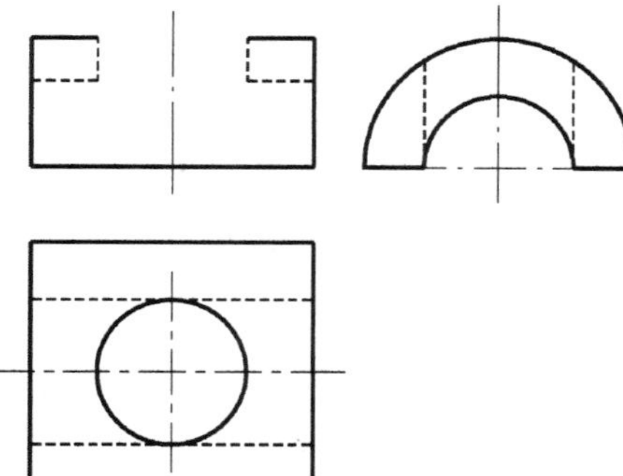

（b）

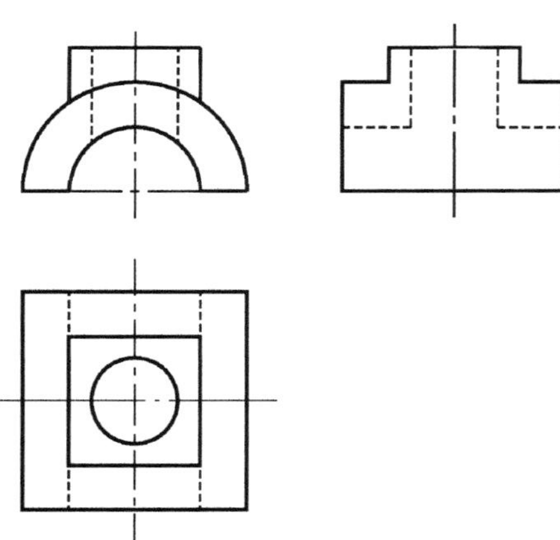

（c）

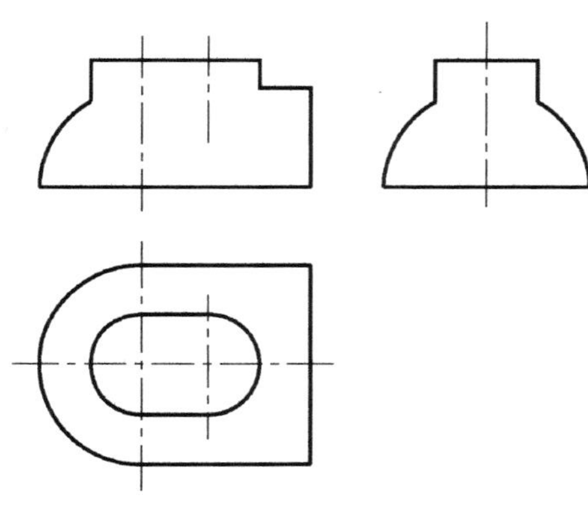

（d）

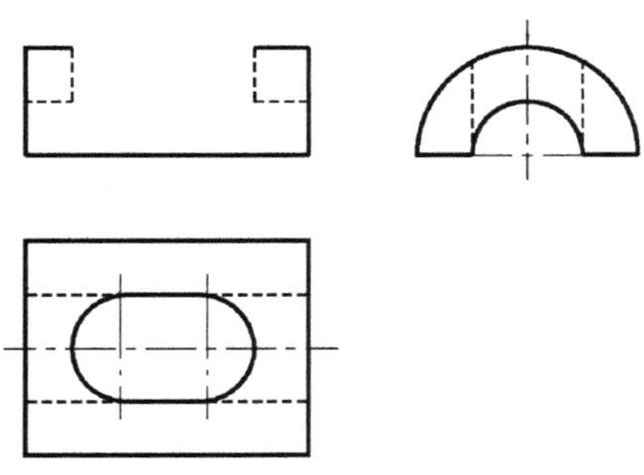

（e）

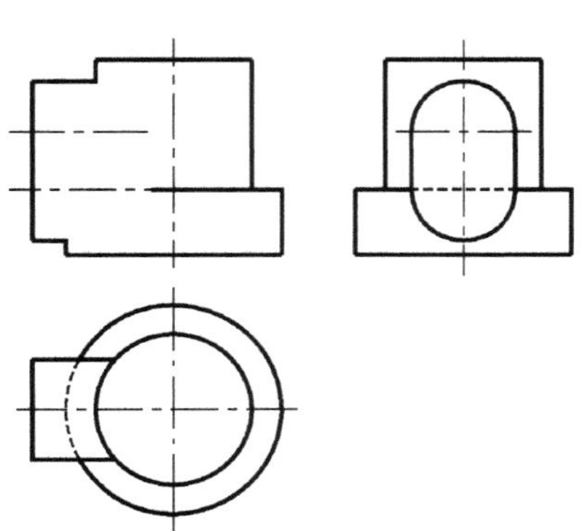

（f）

图 2-52 练习题 1 图

任务 2.4　组合体

任务目标

最终目标： 能绘制组合体的三视图。

促成目标：

（1）能够看懂立体图；

（2）能够对组合体进行形体分析；

（3）能绘制组合体的三视图；

（4）能对组合体的三视图进行尺寸标注。

任务要求

根据如图 2-53 所示立体图，在 A4 图纸上画组合体的三视图，并标注尺寸。

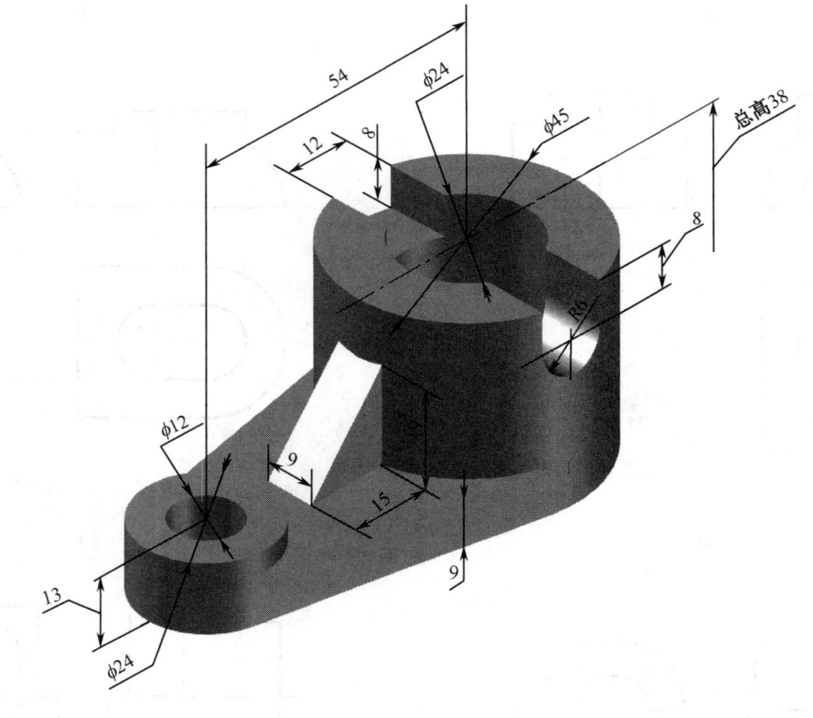

图 2-53　组合体立体图

学习案例

根据如图 2-54 所示立体图，画组合体的三视图。使用 A4 图纸，比例自定。

（1）形体分析

组合体形体分析如图 2-55 所示。

图 2-54 组合体立体图

图 2-55 组合体形体分析

（2）作图

组合体作图步骤如图 2-56 所示。

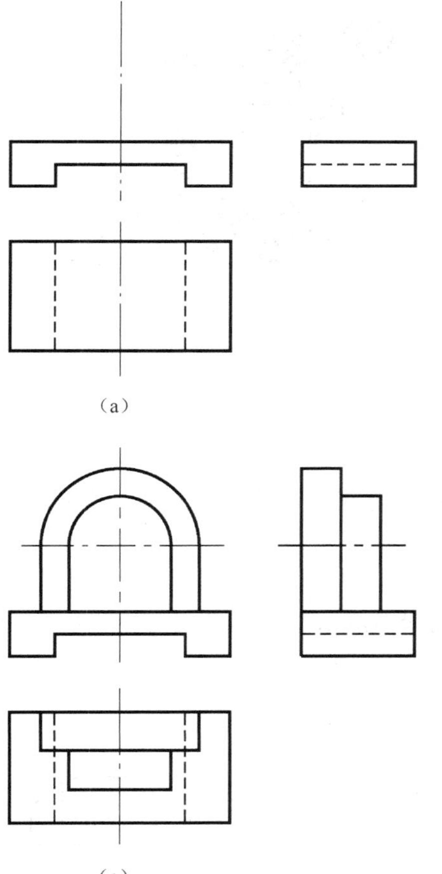

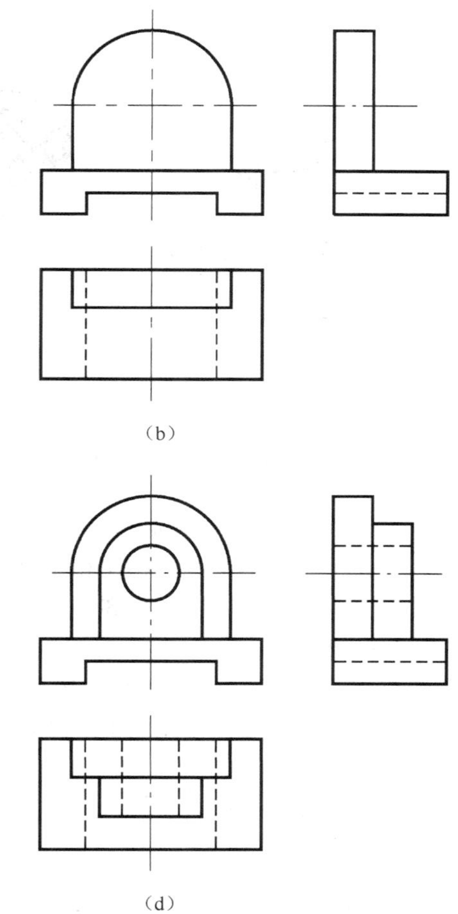

（a） （b） （c） （d）

图 2-56 组合体作图步骤

知识链接

2.4.1 组合体的形体分析

任何复杂的物体（或零件），从形体的角度都可以看成是由一些基本的形体（柱、锥、球、环等）按照一定的连接方式组合而成的。这种由两个或两个以上的基本形体所组成的复杂物体称为组合体。

1. 组合体的组合方式

组合体的组合方式有叠加和切割两种形式，常见的组合体则是这两种方式的综合。

图 2-57（a）是由圆柱和四棱柱堆积而成的组合体，属于叠加型。

图 2-57（b）是由原始的四棱柱切去两个三棱柱和一个圆柱后形成的组合体，属于切割型。

图 2-57（c）是既有叠加又有切割的综合组合形式。

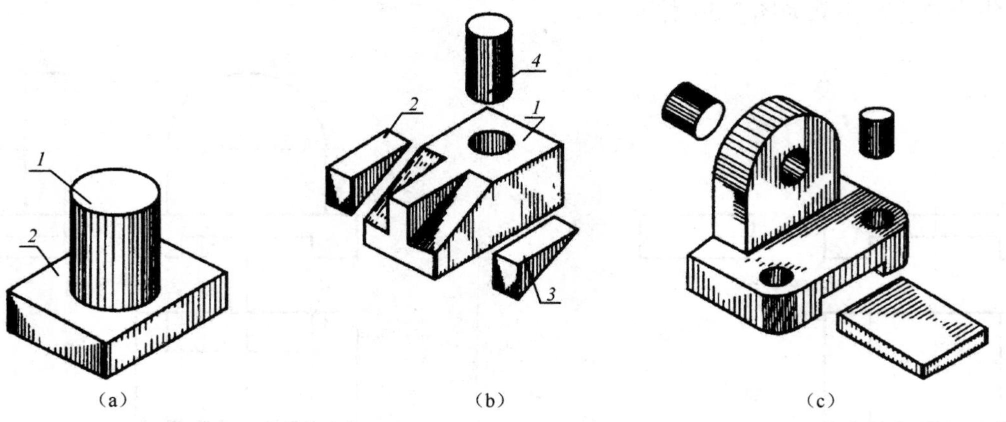

图 2-57 组合体的组合形式

2. 组合体表面的连接关系

无论以何种方式构成组合体，其基本形体的相邻表面都存在一定的连接关系。其形式一般可分为平齐、不平齐、相切和相交等情况。

（1）两表面平齐或不平齐

当相邻两个基本体的表面没有公共的表面时，在视图中两个基本体之间有分界线，如图 2-58（a）所示。当相邻两个基本体的表面互相平齐连接成一个面（共平面或共曲面）时，结合处没有分界线，在视图上不应画出两表面的分界线，如图 2-58（b）、（c）所示。

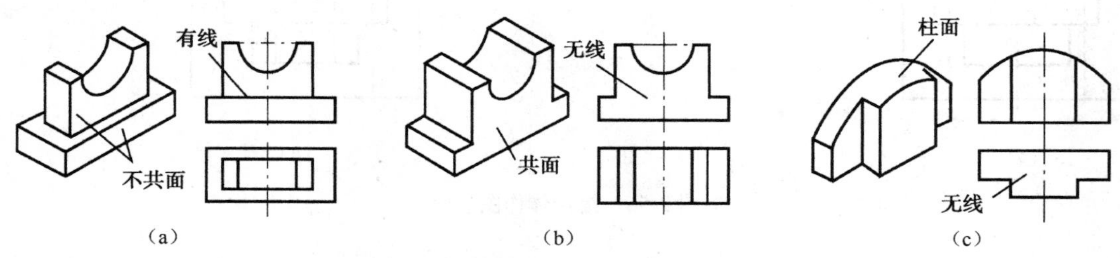

图 2-58 两表面平齐或不平齐的画法

（2）两表面相切

当两基本体表面相切时，两表面在相切处光滑过渡，不存在明显的轮廓线，所以在视图上相切处不应画出分界线，如图 2-59 所示。

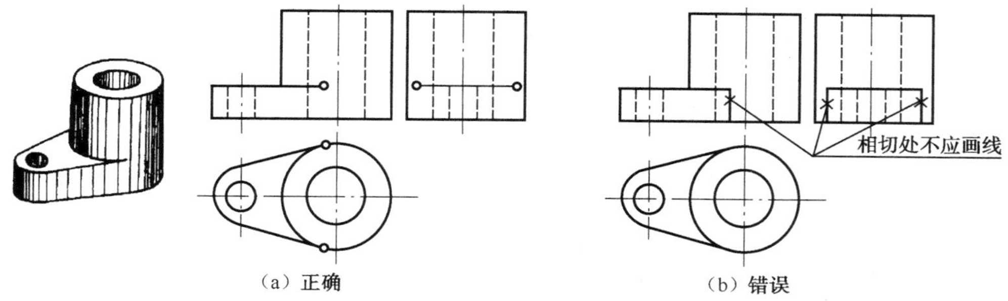

图 2-59 两表面相切时的画法

当两曲面相切时，则要看两曲面的公切面是否垂直于投影面。如果公切面与投影面垂直，则在该投影面相切处画线，否则不画线，如图 2-60 所示。

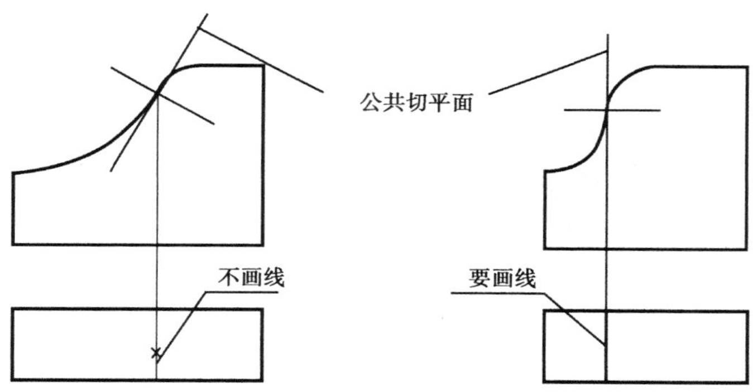

图 2-60 两曲面相切时的画法

（3）两表面相交

当两基本体表面相交时，相交处会产生不同形式的交线，在视图中应画出这些交线（截交线或相贯线）的投影，如图 2-61 所示。

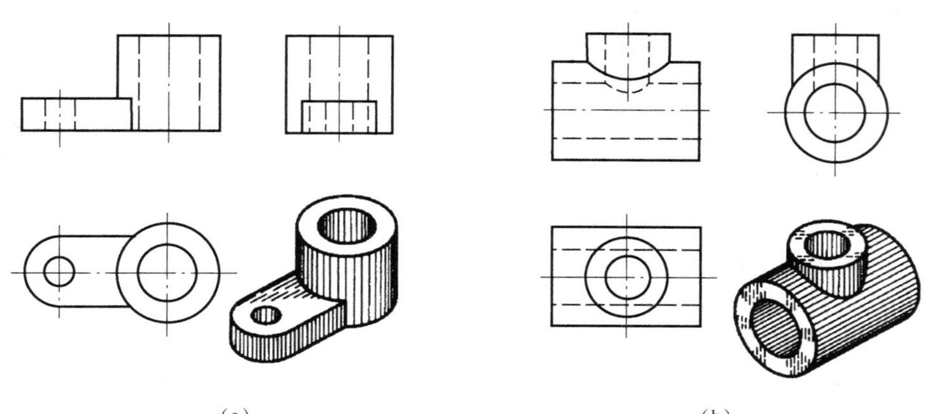

图 2-61 两表面相交时的画法

3. 形体分析法

所谓形体分析法就是通过假想将组合体按照其组合方式分解为若干基本形体，弄清楚各基本体的形状、它们之间的相对位置和表面间的连接关系，这种方法称为形体分析法。形体分析法是解决组合体画图、读图和尺寸标注问题的基本方法。

2.4.2 组合体的三视图画法

下面以图 2-62 所示轴承座为例，介绍画组合体三视图的一般步骤和方法。

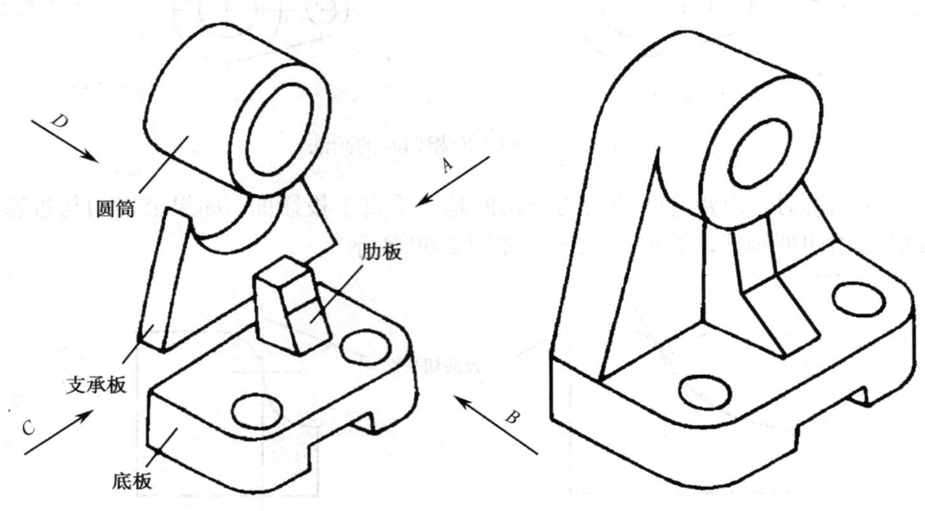

图 2-62 轴承座

1. 形体分析

画图之前，首先对组合体进行形体分析，分析组合体由哪几部分组成、各部分之间的相对位置、相邻两基本体的组合形式、是否产生交线等。图中轴承座由圆筒、支承板、底板及肋板组成。支承板的左、右侧面都与圆筒的外圆柱面相切，肋板的左、右侧面与圆筒的外圆柱面相交，底板的顶面与支承板、肋板的底面相互重合。

2. 选择主视图

首先确定主视图。一般应选能较明显反映出组合体形状的主要特征，即把能较多反映组合体形状和位置特征的某一面作为主视图的投影方向，并尽可能将组合体的主要表面或主要轴线放置在与投影面平行或垂直的位置，同时考虑组合体的自然安放位置，还要兼顾其他两个视图表达的清晰性。

当轴承座按如图 2-62 所示自然位置放置后，对如图 2-63 所示的 *A*、*B*、*C*、*D* 四个方向投射所得的视图进行比较，选出最能反映轴承座各部分形状特征和相对位置的方向作为主视图的投射方向。投射方向 *B* 向与 *D* 向比较，*D* 向视图的虚线多，不如 *B* 向视图清晰；*A* 向视图与 *C* 向视图同等清晰，但如以 *C* 向视图作为主视图，则在左视图上会出现较多的虚线，所以不如 *A* 向视图好；再以 *A*、*B* 两向视图进行比较，*B* 向视图能反映空心圆柱体、支承板的形状特征，以及肋板、底板的厚度和各部分上、下、左、右的位置关系，*A* 向视图能反映肋

板的形状特征、空心圆柱体的长度和支承板的厚度，以及各部分的上、下、左、右的位置关系。

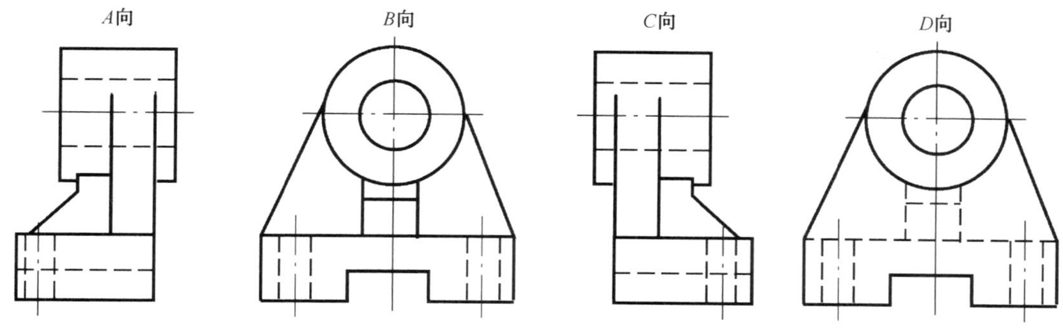

图 2-63 轴承座主视图的选择

由 A 向与 B 向视图的比较不难看出，两者对反映各部分的形状特征和相对位置来说各有特点，差别不大，均符合选为主视图的条件。在此前提下，要尽量使画出的三视图长大于宽，因此选用 B 向视图作为主视图。主视图一经确定，其他视图也随之确定。

3. 选比例、定图幅

视图确定后，便要根据实物的大小和其形体的复杂程度，按制图标准规定选择适当的作图比例和图幅。

4. 布置视图，画出作图基准线

布图时，根据各视图每个方向的最大尺寸和视图间有足够的地方注全所需尺寸，以确定每个视图的位置，将各视图均匀地布置在图框内。

根据各视图的位置，画出基准线。一般常用底面、对称中心面、较大的端面或过重要轴线的平面等作为作图基准，如图 2-64（a）所示。

5. 绘制底稿

为了迅速而正确地画出组合体的三视图，画底稿时应注意：

（1）画图顺序按照形体分析法，先画主要部分，后画次要部分；先画可见的部分，后画不可见部分。如先画底板和空心圆柱体，后画支承板、肋板，如图 2-64（b）、（c）所示。

（2）每个形体应先画反映形状特征的视图，再按投影关系画其他视图（如图中底板先画俯视图，空心圆柱体先画主视图等）；画图时，每个形体的三个视图最好配合起来画。画完一个形体的视图，再画另一个形体的视图，以便利用投影的对应关系，使作图既快又正确。

（3）形体之间的相对位置要正确。

（4）形体间的表面过渡关系要正确。

（5）要注意各形体间内部融为整体。由于套筒、支承板、肋板融合成整体，原来的轮廓线也发生变化，如图 2-64（d）中左视图和俯视图上套筒的轮廓线，图 2-64（e）中俯视图上支承板和肋板的分界线的变化。

6. 检查描深

用细实线画完底稿后，应按形体逐个进行认真仔细地检查，确认无误后，按机械制图的线型标准描深全图，如图 2-64（f）所示。

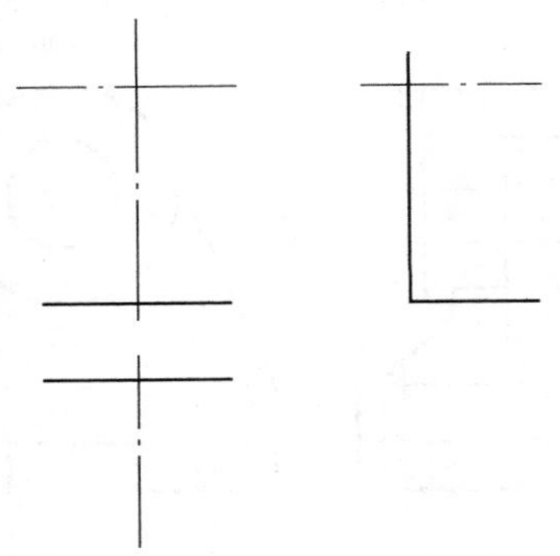

（a）画出各视图作图基准线、对称轴线、大圆孔中心线及其对应的轴线、底面和背面的位置线

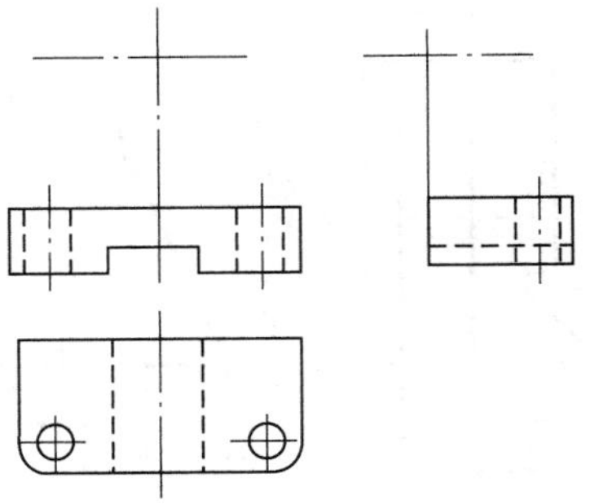

（b）画底板：先画俯视图，凹槽则先从主视图画起

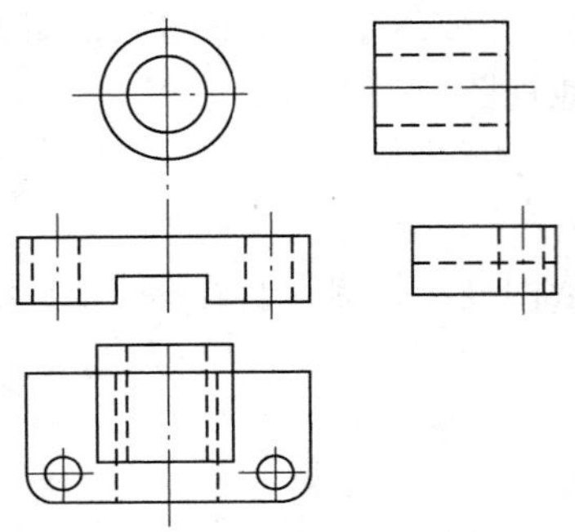

（c）画圆筒：先画反映圆筒特征的主视图

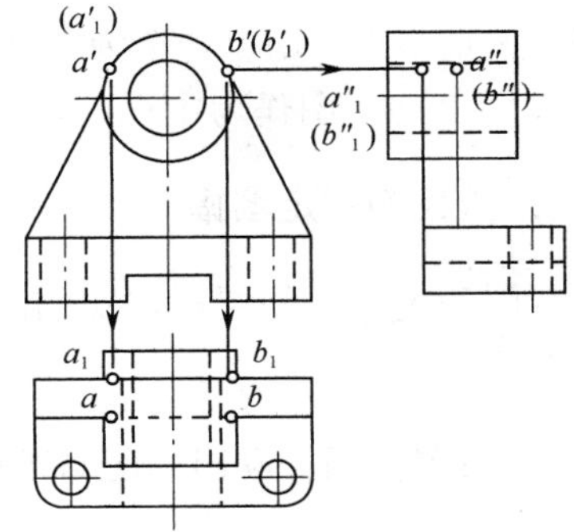

（d）画支承板：先画反映支承板特征的主视图，在画俯左视图时应注意支承板侧面与圆筒相切处无界线，要准确定出切点的投影

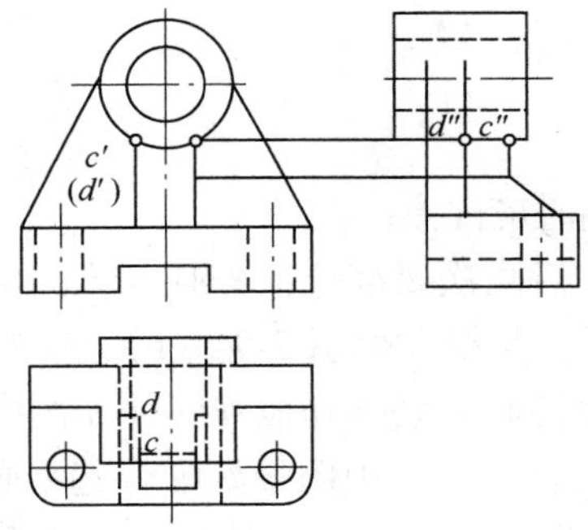

（e）画肋板：主、左视图配合先画，左视图$c''d''$交线，取代圆柱上的一段轮廓素线

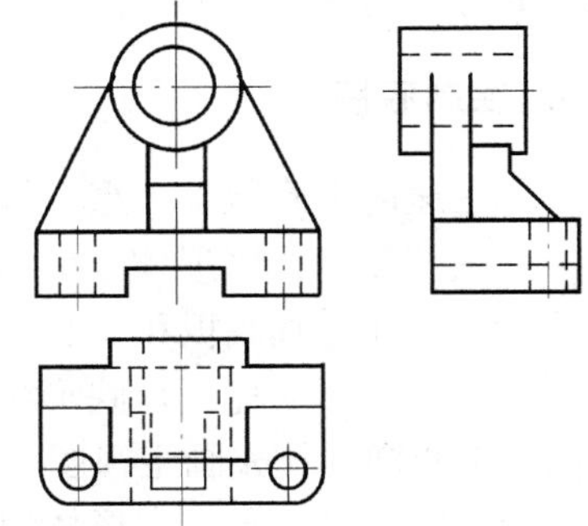

（f）检查确认无误后、按标准线型描深

图 2-64　画轴承座三视图的步骤

2.4.3　组合体的尺寸标注

视图只能表示物体的形状，物体的大小则由标注尺寸来确定。组合体尺寸标注的要求是正确、完整、清晰、合理。

① 正确。所注尺寸应符合国家标准有关尺寸注法的基本规定，注写的尺寸数字要正确无误。

② 完整。将确定组合体各部分形状、大小及相对位置的尺寸标注齐全，不遗漏，不重复。

③ 清晰。尺寸标注要布置匀称、清楚、整齐，便于阅读。

④ 合理。所注尺寸应符合形体构成规律与要求，便于加工和测量。

1. 组合体的尺寸种类

（1）定形尺寸：确定组合体各组成部分形状、大小的尺寸称为定形尺寸，如图 2-65（a）所示。

（2）定位尺寸：确定组合体各组成部分相对位置的尺寸称为定位尺寸，如图 2-65（b）所示。

（3）总体尺寸：确定组合体外形的总长、总宽和总高的尺寸称为总体尺寸，如图 2-65（c）中组合体总长 50、总宽 30、总高 27。组合体一般应注出长、宽、高三个方向的总体尺寸。

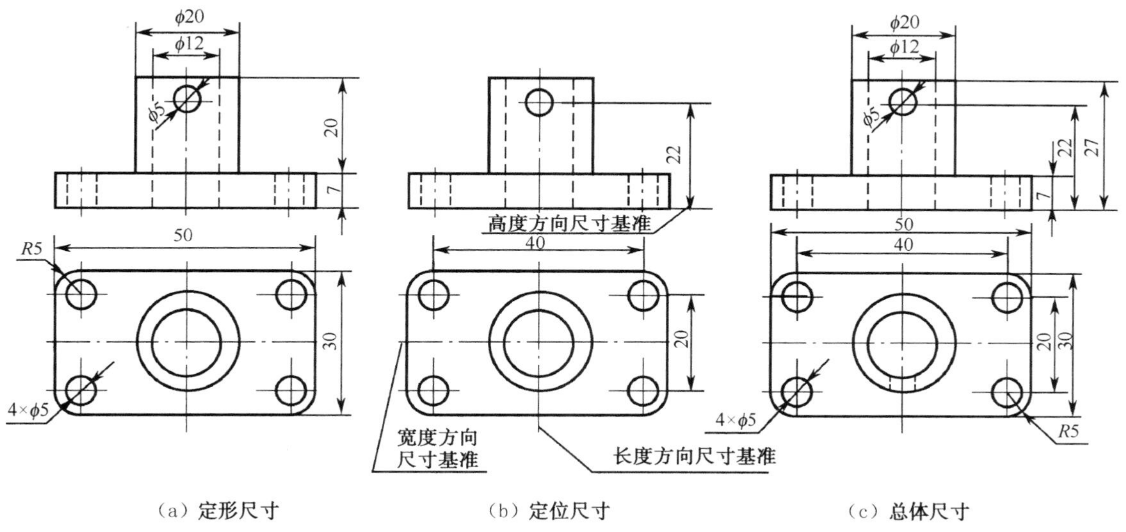

图 2-65 组合体的尺寸标注

注意：

① 如果组合体定形、定位尺寸已标注完整，再加注总体尺寸就会出现尺寸多余或重复。因此加注总体尺寸的同时，应减去一个同方向的定形尺寸。

② 当组合体的某一方向具有回转面结构时，一般只标注回转面轴线的定位尺寸和外端圆柱面的半径，不标注总体尺寸，如图 2-66 所示。

2. 组合体的尺寸基准

所谓尺寸基准是指标注尺寸的起点。标注定位尺寸时，必须考虑尺寸以哪里为起点去定位的问题。如图 2-65 中高度方向以底面为尺寸基准，长度方向选用左右对称平面作为尺寸基准，宽度方向以前后对称平面为尺寸基准。在选择尺寸基准和标注尺寸时应注意：

（1）物体有长、宽、高三个方向的尺寸，每个方向至少要有一个尺寸基准。通常画图时的三条基准线就是组合体三个方向上的尺寸基准，也可称做主要基准。在一个方向上有时根据需要允许有 2 个或 2 个以上的尺寸基准，除主要基准外，其余皆为辅助基准。辅助基准与主要基准之间必须有尺寸相连。

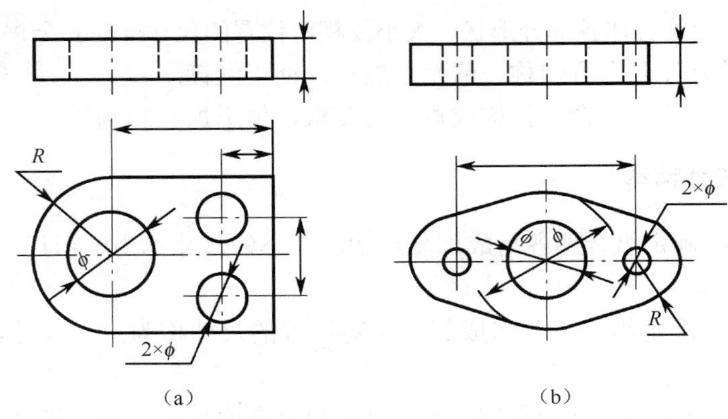

图 2-66　不标注总体尺寸的结构示例

（2）通常以组合体的底面、重要的端面、对称面、回转体的轴线以及圆的中心线等作为尺寸基准。

（3）在标注回转体的定位尺寸时，一般都标注它们的轴线的位置。如图 2-65（b）中用尺寸 40 和 20 确定 4×ϕ5 孔的轴线位置。

（4）以对称平面为基准标注对称尺寸时，不能只注一半，如图 2-67 所示。

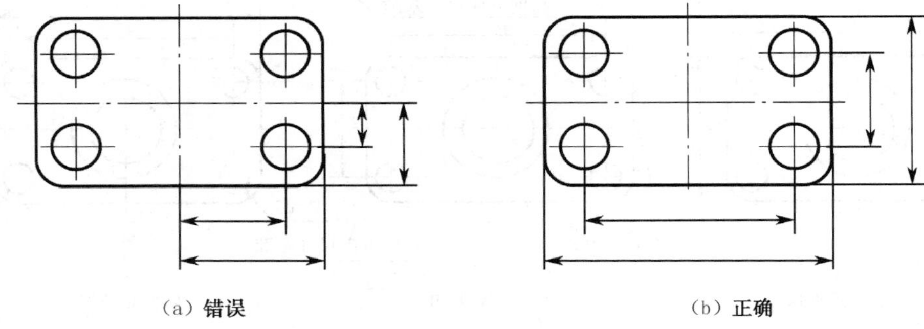

图 2-67　对称结构的尺寸标注

3. 组合体的尺寸标注方法

（1）对轴承座进行形体分析，如图 2-62 所示。

（2）标注各形体的定形尺寸，如图 2-68（a）所示。

（3）选择长、宽、高三个方向的尺寸基准，标注各形体的定位尺寸，如图 2-68（b）、（c）所示。

（4）标注总体尺寸，如图 2-68（d）所示。总长与底板的长度一致，不能重复；高度方向因上端面是回转体，因此只标注圆筒高度方向的定位尺寸和定形尺寸，不再标注总高；总宽由底板宽度方向的定形尺寸和圆筒宽度方向的定位尺寸确定，不再标注。

4. 尺寸配置的要求

为了便于看图，尺寸的布置必须整齐、清晰，应注意如下几点：

（1）尺寸应尽量标注在形状特征最明显的视图上，如图 2-69 所示。

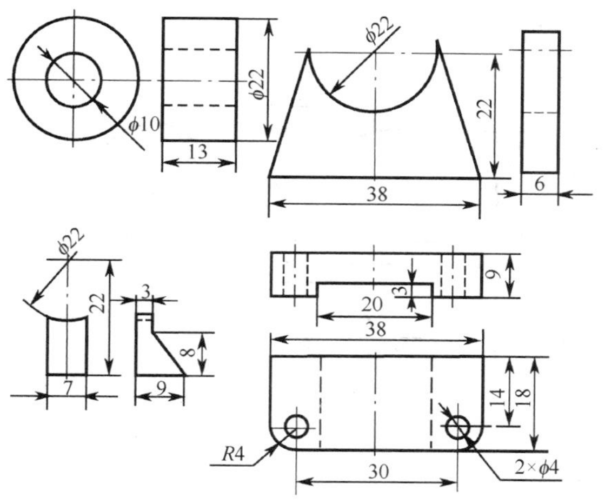

（a）轴承座分解为底板、支承板、圆筒和肋板四个部分，标注出这四部分的定形尺寸

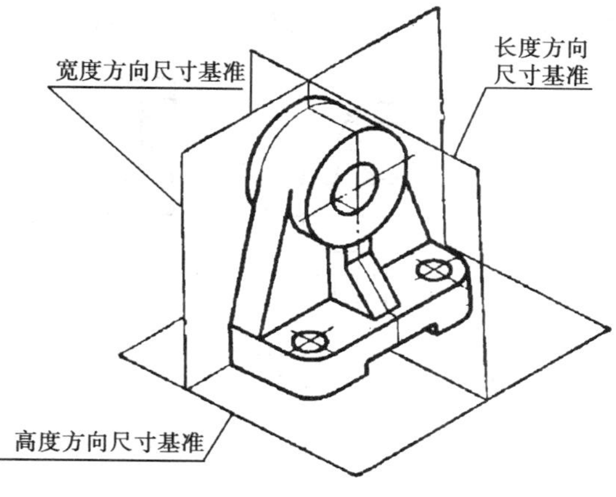

（b）选择尺寸基准：根据轴承座结构特点，长度方向以左右对称面为基准，高度方向以底面为基准，宽度方向以背面为基准

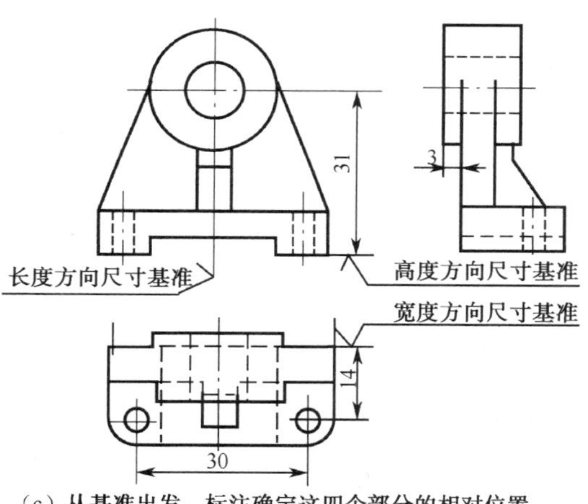

（c）从基准出发，标注确定这四个部分的相对位置尺寸

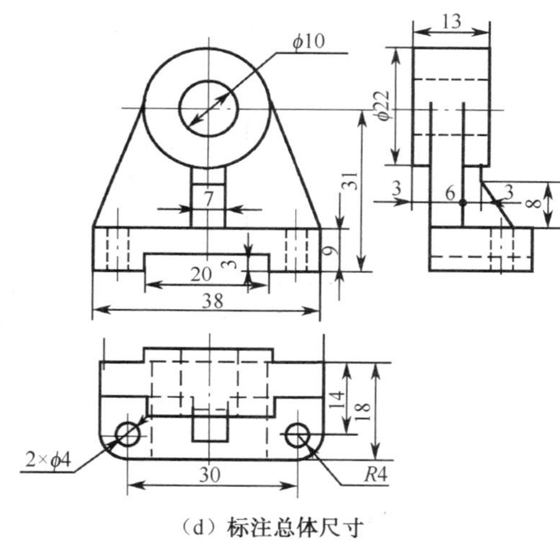

（d）标注总体尺寸

图 2-68 轴承座的尺寸标注

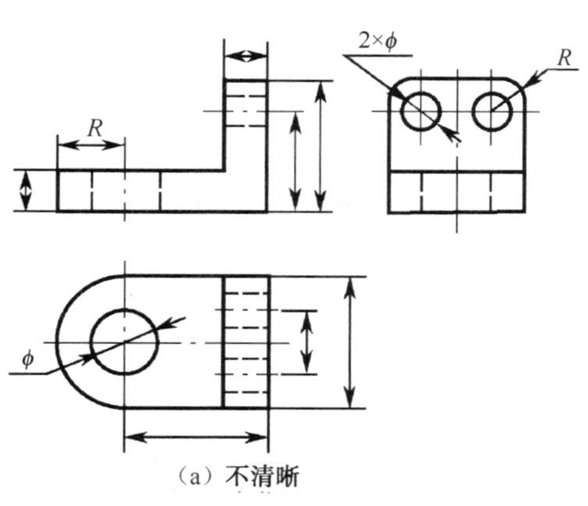

（a）不清晰

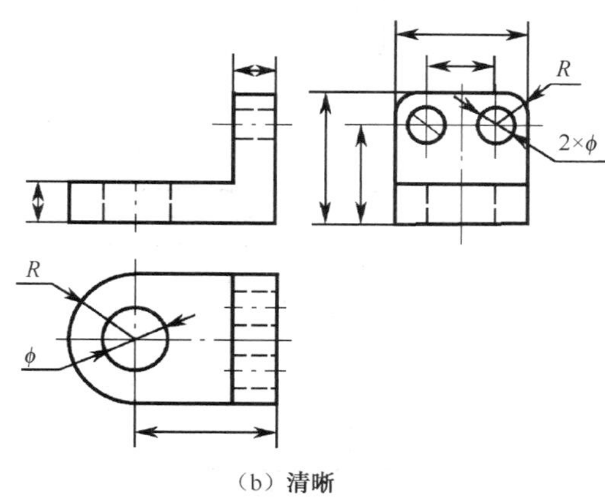

（b）清晰

图 2-69 尺寸清晰标注 1

（2）同一形体的尺寸应尽量集中标注，如图 2-70 所示。

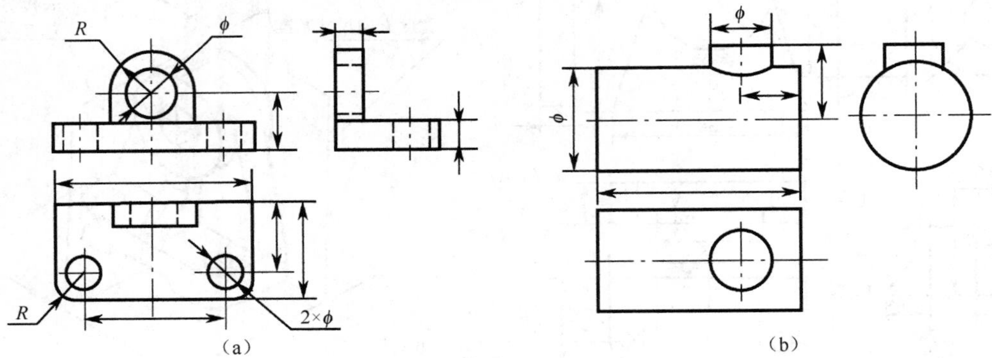

图 2-70　尺寸清晰标注 2

（3）尺寸排列要整齐。同方向串联的尺寸，箭头应互相对齐，排在一条直线上；同方向并联的尺寸，小尺寸在内（靠近视图），大尺寸在外，依次向外分布，间隔要均匀，避免尺寸线与尺寸界线相交，如图 2-71 所示。

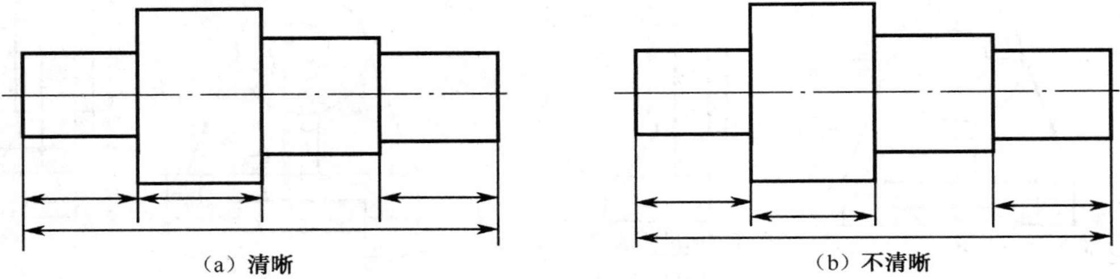

图 2-71　尺寸清晰标注 3

（4）尽量将尺寸布置在图形外面，必要时也可标注在图形内，如图 2-72 所示。

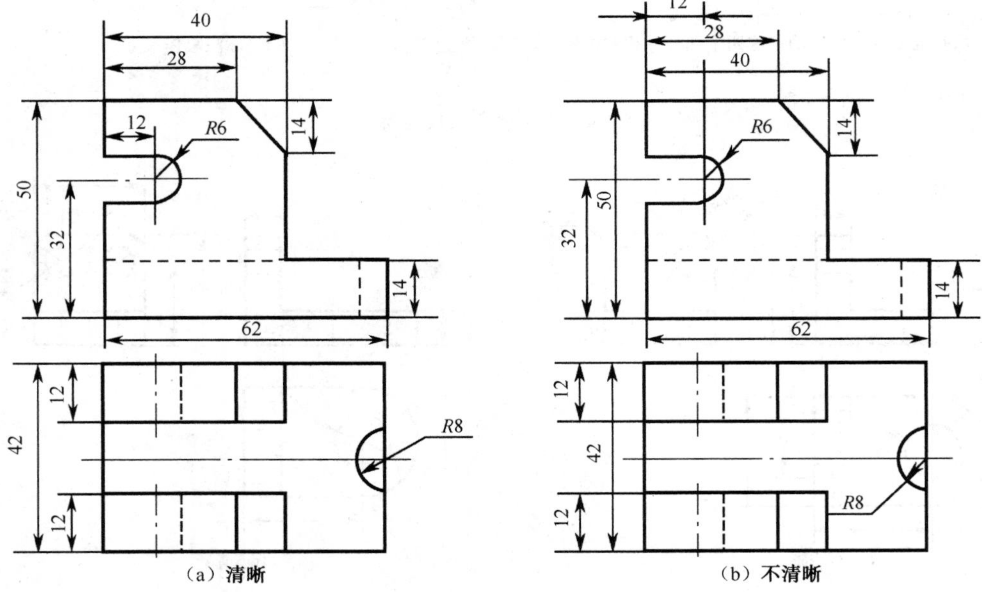

图 2-72　尺寸清晰标注 4

（5）同轴的圆柱、圆锥的径向尺寸，一般注在非圆视图上，圆弧半径应标注在投影为圆弧的视图上，如图 2-73 所示。

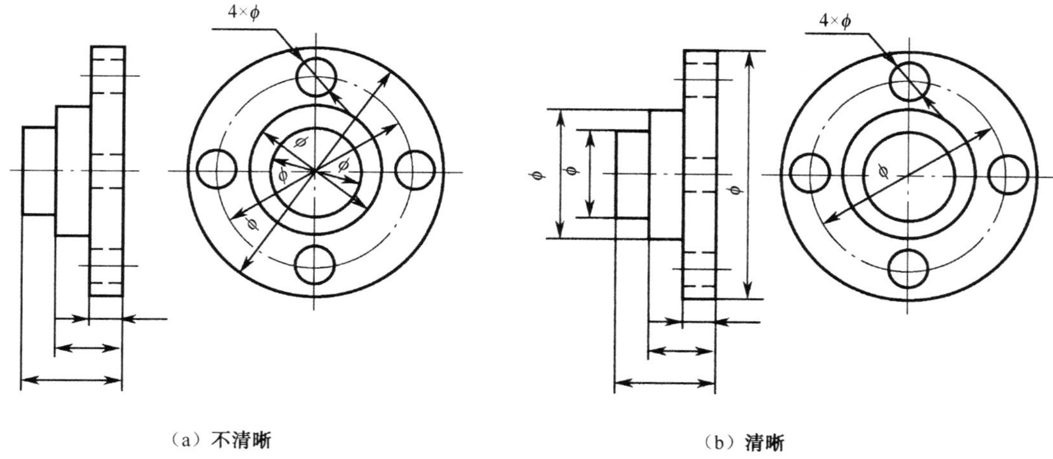

图 2-73　尺寸清晰标注 5

（6）应避免在虚线上标注尺寸。

2.4.4　组合体视图的识读

1. 读图的基本要领

（1）几个视图联系起来看

一般情况下，一个或两个视图往往不能唯一确定物体的形状。看图时，必须几个视图联系起来进行分析、构思、设想、判断，才能想象出物体的形状。

（2）善于抓住形状特征和位置特征视图

① 最能清晰表达物体形状特征的视图称为形状特征视图。

② 最能清晰表达组合体各形体之间相互位置关系的视图称为位置特征视图。抓住特征视图，再配合其他视图，就能较快地想象出物体的形状。

（3）了解视图中的点、线、线框的空间含义

分析视图中点、线和线框的含义是读图的基础。

① 视图中的一个点。

- 表示形体上的某一个点，一般表示形体上棱线、素线或其他线之间交点的投影。
- 表示形体上的某一直线，这个点是投影面垂直线的积聚性投影。

② 视图中的一条线。

视图是由图线组成的，图中的实线和虚线有三种含义：

- 表示形体上两个面交线的投影。
- 表示形体上投影面平行面或投影面垂直面的积聚性投影。
- 表示形体上回转面（圆柱面、圆锥面等）的轮廓素线的投影。

③ 视图中的一个线框。

视图中每一个封闭线框，一般表示物体上不同位置的一个面（平面、曲面或平面与曲面相切连接）的投影，或者是一个孔的投影，如图 2-74 所示。

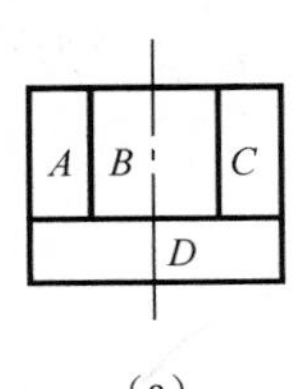

（a）

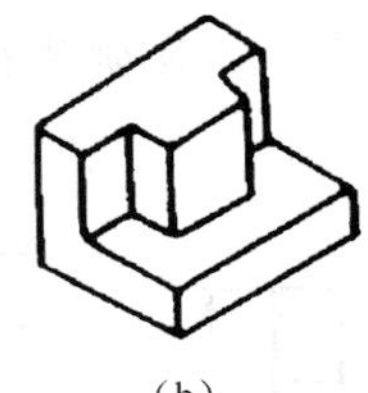
（b）

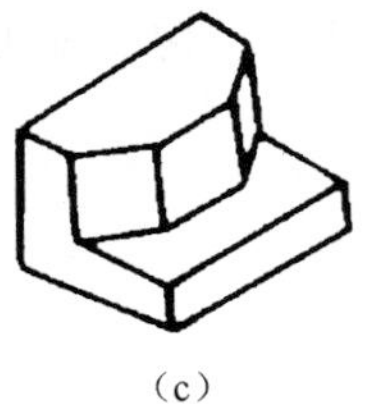
（c）

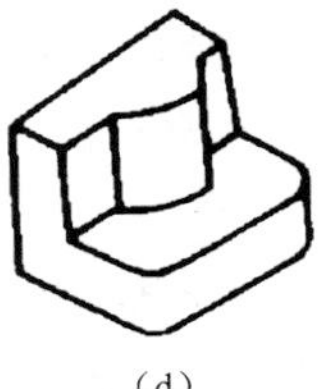
（d）

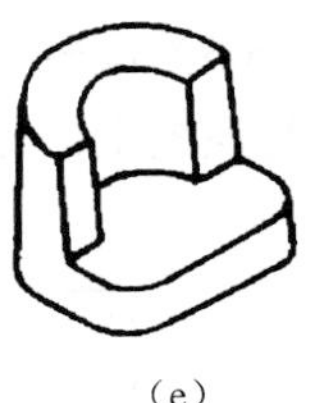
（e）

图 2-74　视图中线框的含义

④ 视图中相邻的线框。

视图上任何两个相邻的封闭线框，一定是物体上相交的或是同向错位的两个面的投影。如图 2-74（c）、（d）、（e）中线框 *A* 和 *B*、*B* 和 *C* 表示相交的两个面，图 2-74（b）中 *A* 和 *B*、*B* 和 *C* 表示前后的两个面。

（4）用图中虚、实线的变化区分各部分的相对位置关系

（5）善于构思空间形体

要想正确、迅速地想象出视图所表达的物体的空间形状，必须多看、多构思。读图的过程是不断地把想象中的物体与给定的视图进行对照的过程，也是不断修正想象中的物体的形状的思维过程，要始终把空间想象和投影分析结合起来。

2. 读图的基本方法

组合体读图的基本方法是形体分析法和线面分析法。

（1）形体分析法

首先用“分线框、对投影”的方法分析出构成组合体的基本形体有几个，找出每个形体的形状特征视图，对照其他视图，想象出各基本体的形状，然后分析各基本体的相对位置、组合方式、表面关系，最后综合想象出整体形状。

下面以图 2-75 所示组合体视图为例，说明形体分析法读图的方法步骤。

① 抓住特征，合理分解。首先从主视图着手，将其线框分为 *I*、*II*、*III*、*IV* 四个部分，如图 2-75（a）所示。

② 根据投影的“三等”规律，在其他视图中找出每个线框对应的两个投影，判断其是否符合基本体的图示特征，构思各基本体的空间形状，如图 2-75（b）、（c）、（d）、（e）所示。

③ 综合起来想整体。在看懂各部分形体的基础上，抓住位置特征视图，分析确定各形体间相对位置和表面连接关系，最后综合起来想象物体整体形状，如图 2-75（f）所示。

（2）线、面分析法

首先用“分线框、对投影”的方法分析出其原始基本体的形状，找出切割平面的位置及切割后断面的特征视图，从而分析出形体的表面特征，最后综合想象出整体形状。

① 分析整体形状。

② 分析局部形状。

③ 利用视图上线、面的投影规律，进行线、面分析。

④ 综合起来想整体。

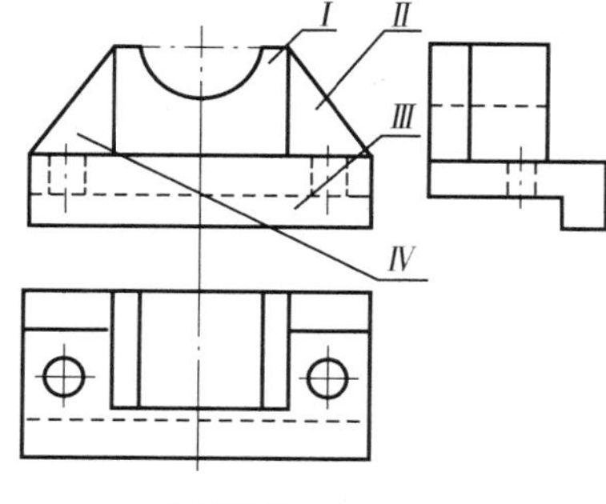

（a）合理分块

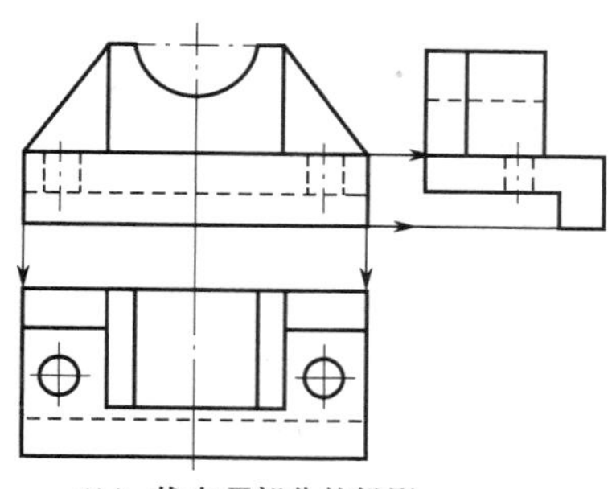

（b）找出Ⅲ部分的投影

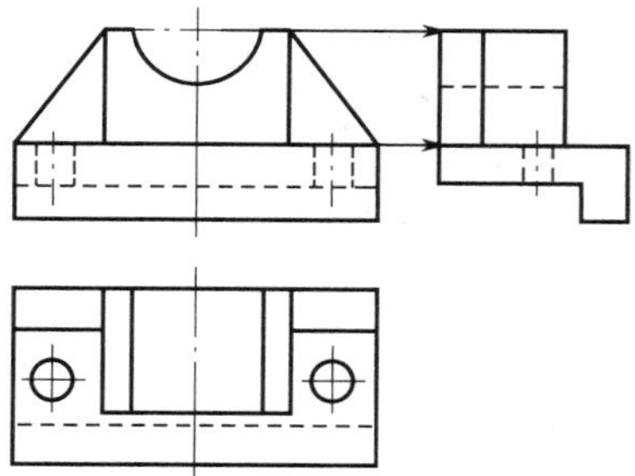

（c）找出Ⅰ部分的投影

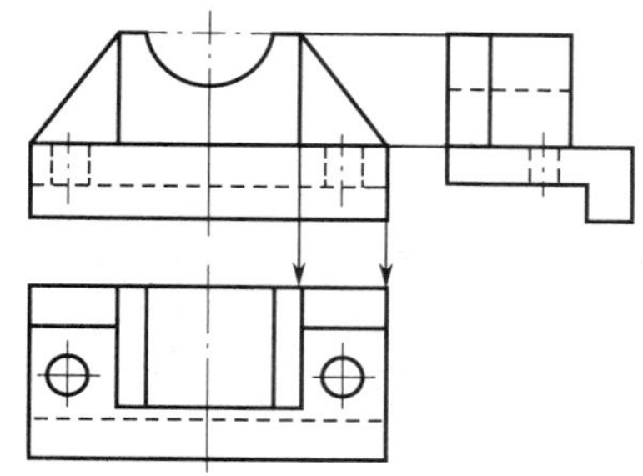

（c）找出Ⅱ、Ⅳ部分的投影

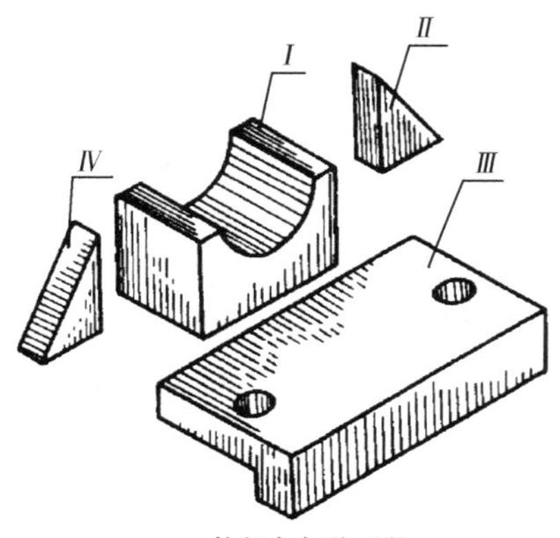

（e）构想各部分形状

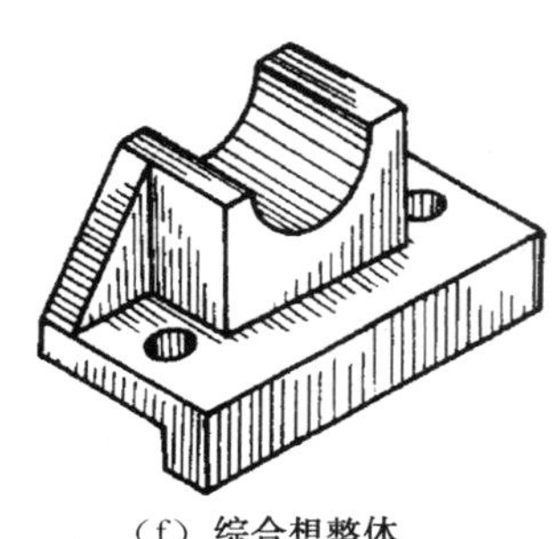

（f）综合想整体

图 2-75　形体分析法读图

如图 2-76 所示为用线、面分析法读图。

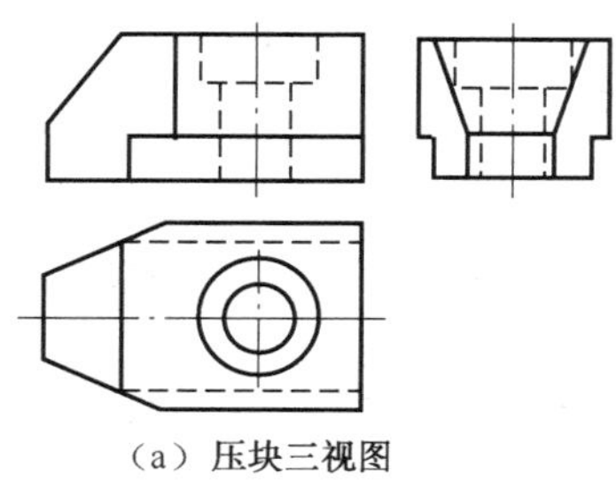

（a）压块三视图

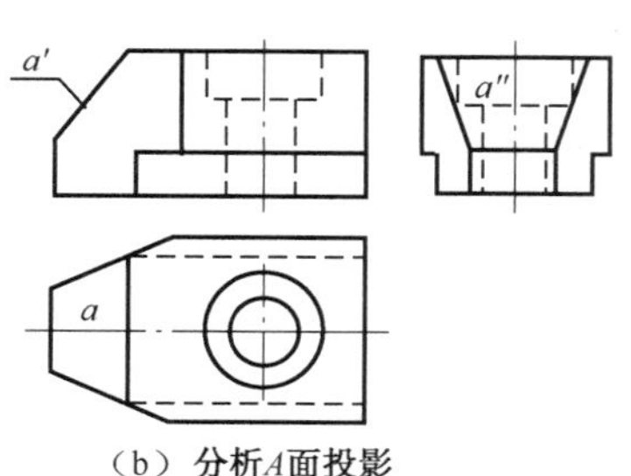

（b）分析A面投影

图 2-76　线、面分析法读图

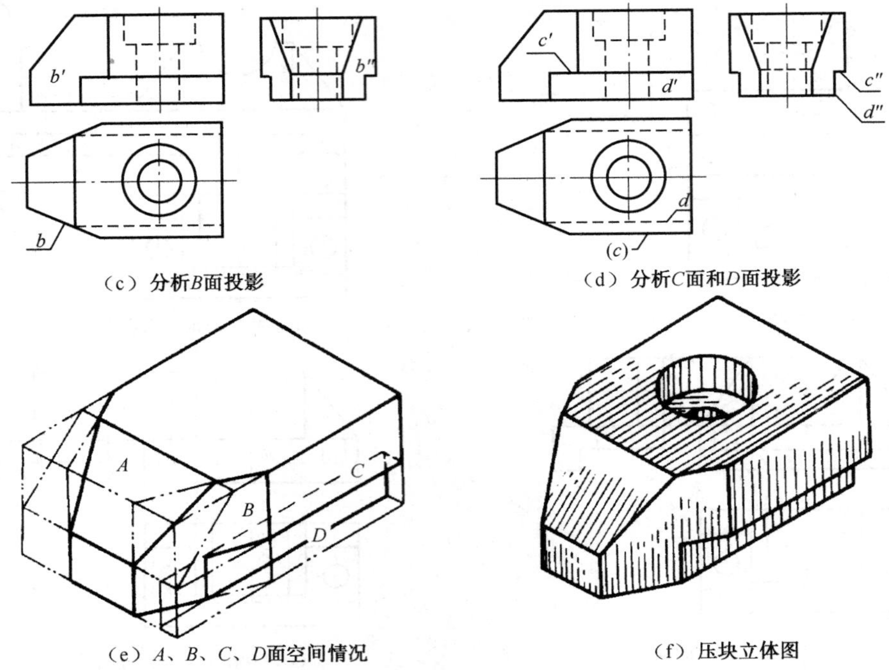

（c）分析B面投影　（d）分析C面和D面投影

（e）A、B、C、D面空间情况　（f）压块立体图

图 2-76　线、面分析法读图（续）

3. 读图举例

【例 5】 已知支承架的主视图和俯视图，求作左视图（图 2-77（a））。

① 形体分析：在主视图上将支承架分成三个线框，按投影关系找出各线框在俯视图上的对应投影：线框 I 是长方形立板，其后部自上而下开一通槽，通槽大小与底板后部缺口大小一致，中部有一圆孔；线框 II 是一个带通孔的 U 型柱体；线框 III 是带圆角的长方形底板，后部有矩形缺口，底部有槽。

② 补画左视图。根据以上分析可想象出该物体是由三部分简单叠加而成的，依次画出这些形体的主视图，如图 2-77（b）、（c）、（d）所示，最后检查加深，完成全图，如图 2-77（f）所示。

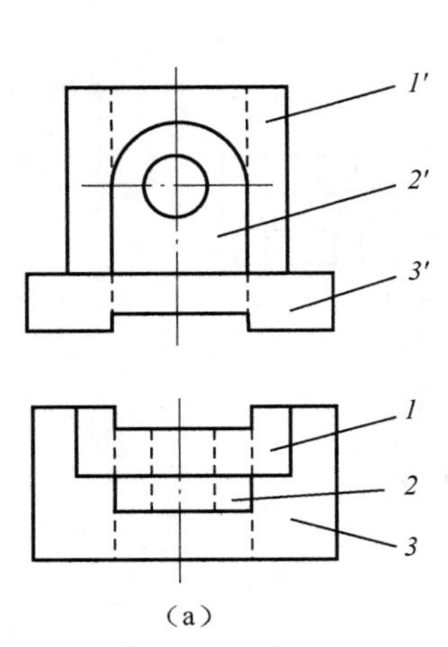

（a）

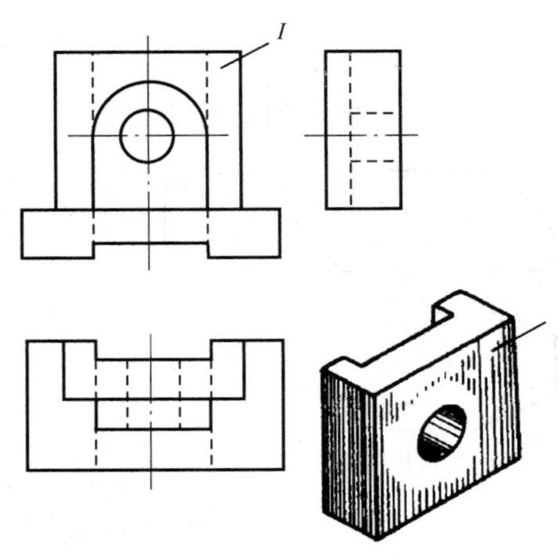

（b）想立板 I 的形状

图 2-77　例 5 图

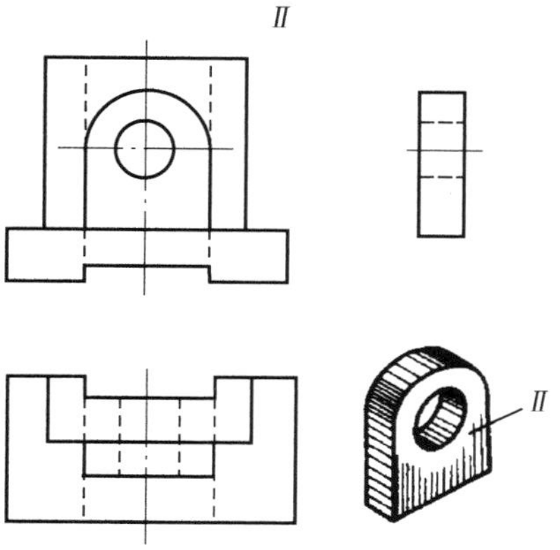

（c）想凸台Ⅱ的形状

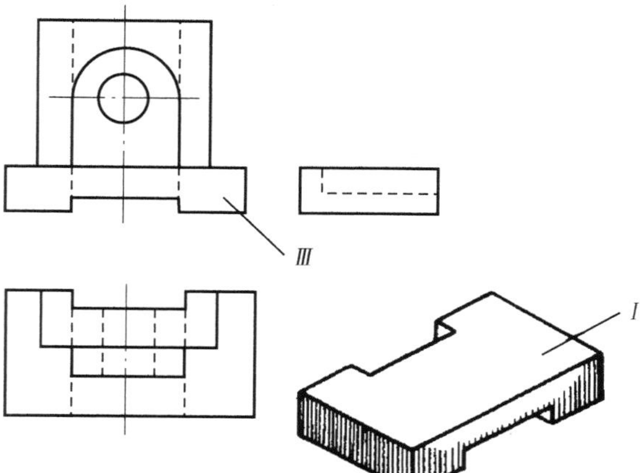

（d）想底板Ⅲ的形状

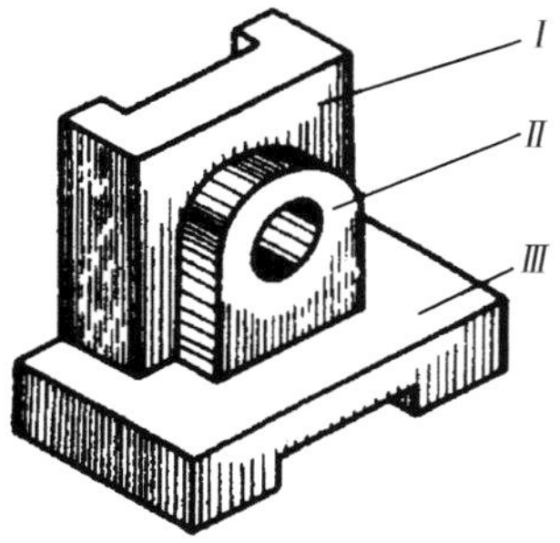

（e）综合想象支承架的整体形状

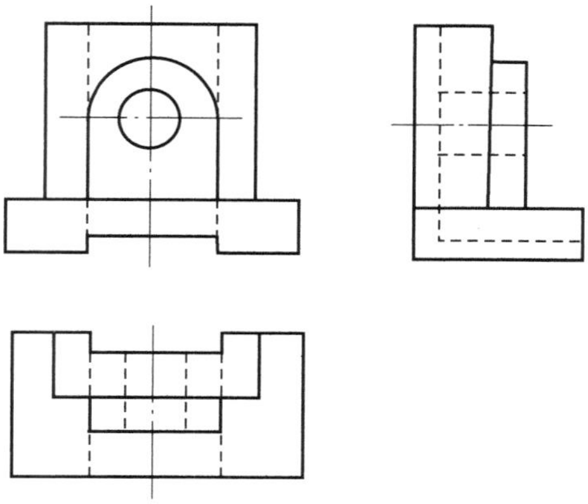

（f）补全左视图

图 2-77 例 5 图（续）

【例 6】 如图 2-78 所示，已知支座的主视图和俯视图，求作左视图。

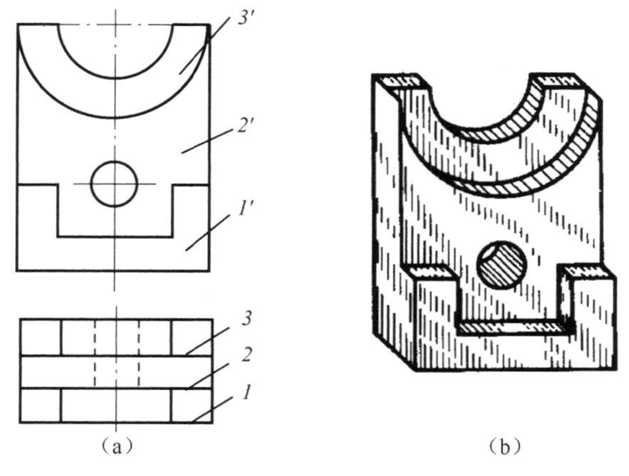

图 2-78 支座

如前所述，视图中的封闭线框表示物体上一个面的投影，而视图上任何两个相邻的封闭线框，一定是物体上相交的或是同向错位的两个面的投影。在一个视图中，要确定面与面之间的相对位置，必须通过其他视图来分析。看懂三个线框的层次关系后，再用形体分析法对构成支座的各个形体进行分析，想象出整体形状，逐步补画出左视图，如图 2-79 所示。

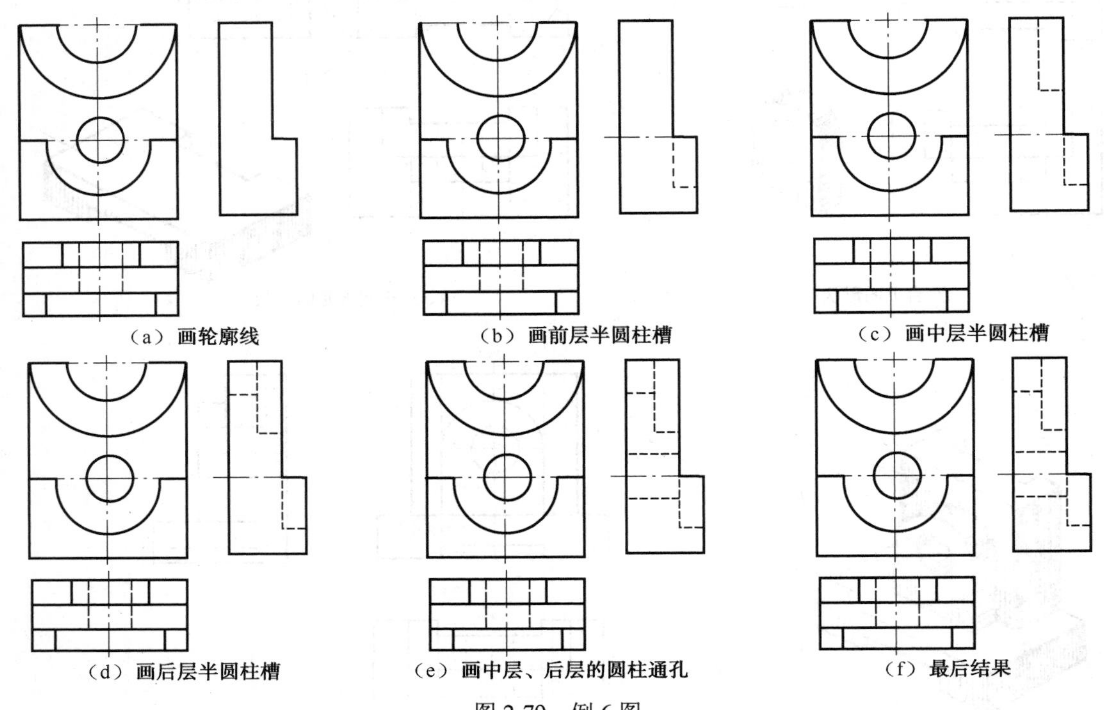

图 2-79　例 6 图

课外练习

（1）如图 2-80 所示，根据立体图画组合体三视图。

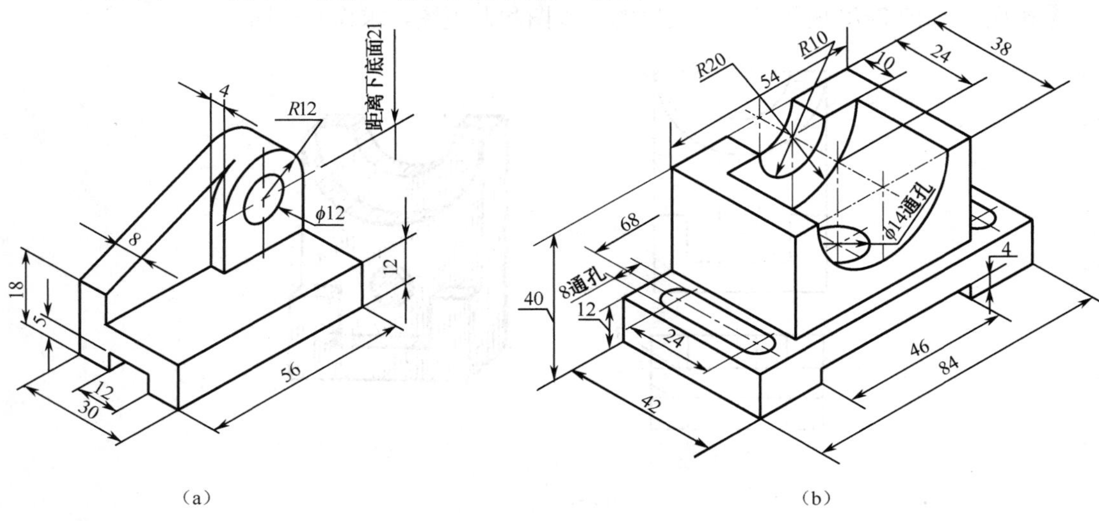

图 2-80　练习题 1 图

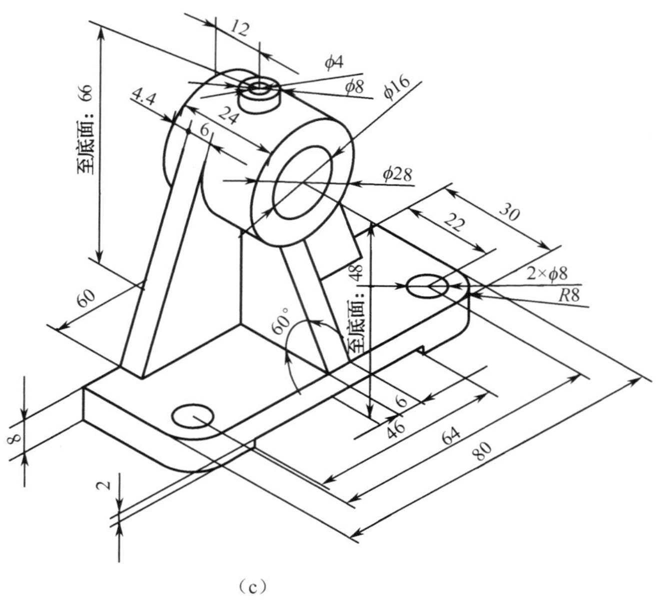

(c)

图 2-80 练习题 1 图（续）

（2）如图 2-81 所示，已知组合体两视图，补画第三视图。

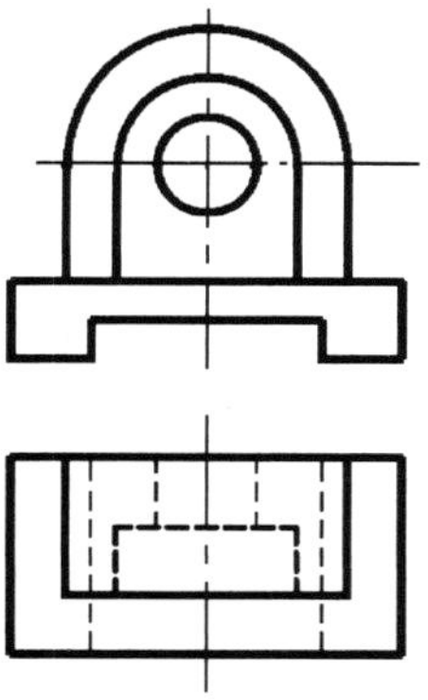

(a)

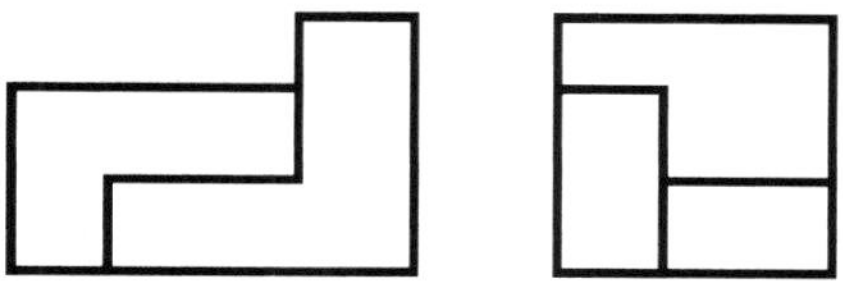

(b)

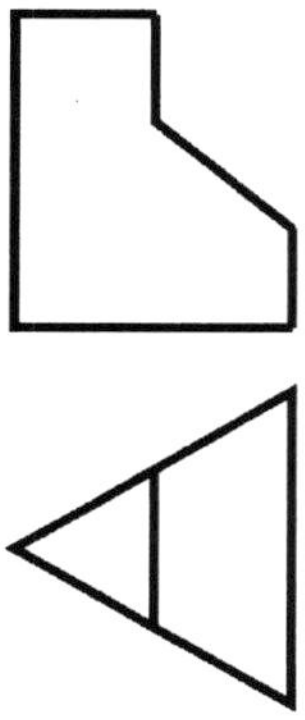

(c)

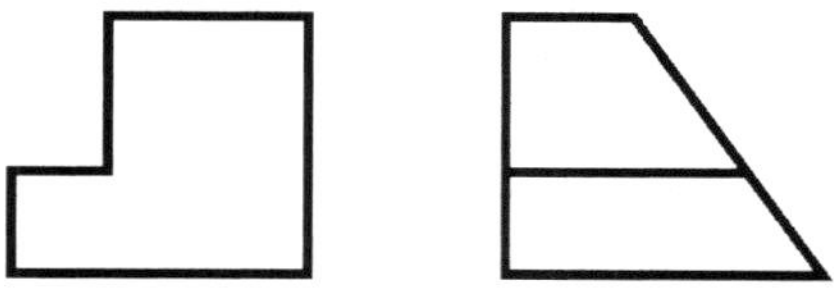

(d)

图 2-81 练习题 2 图

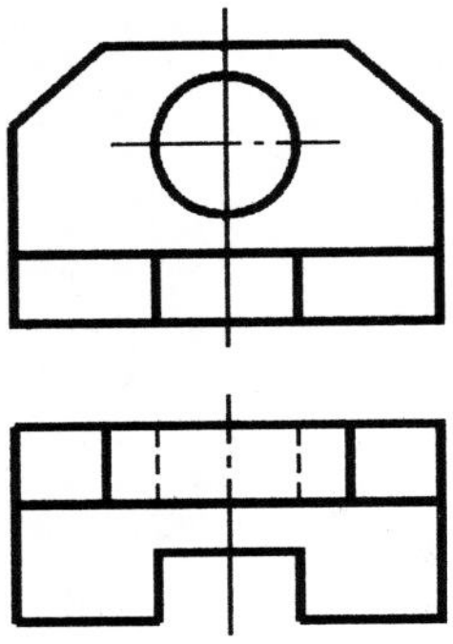

（e）

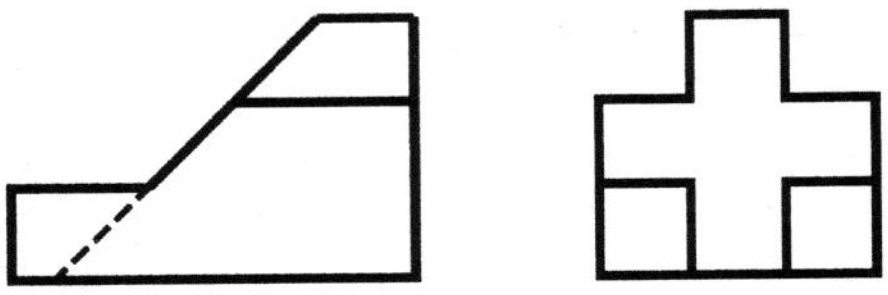

（f）

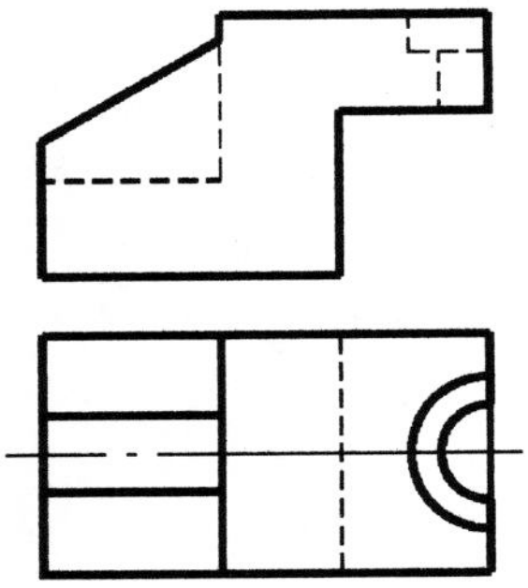

（g）

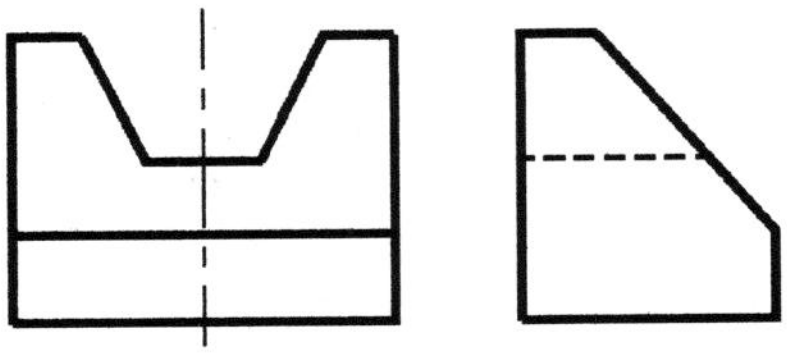

（h）

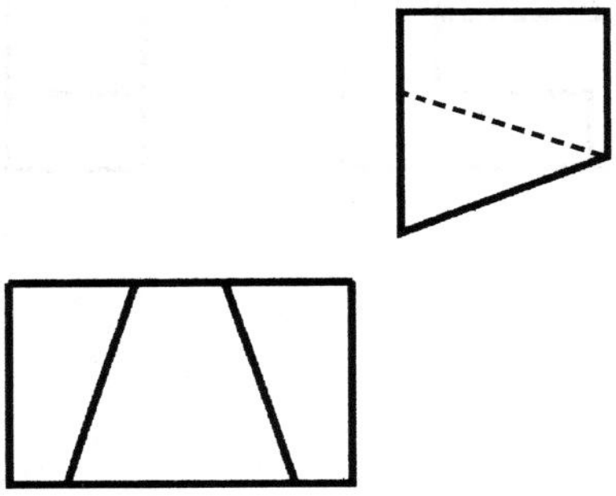

（i）

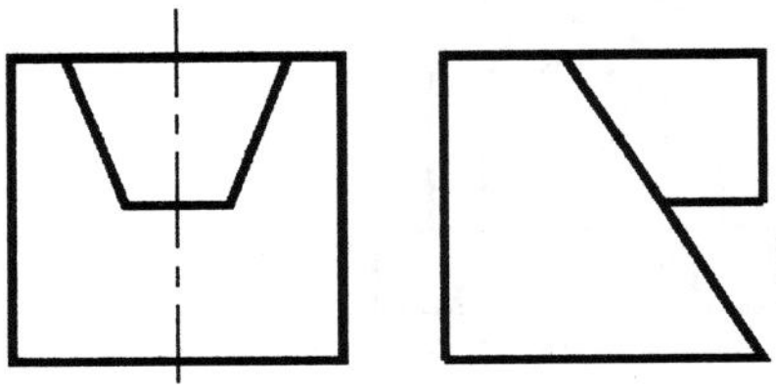

（j）

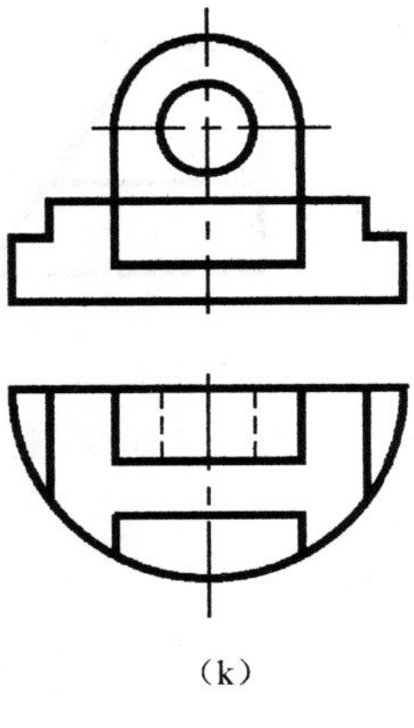

（k）

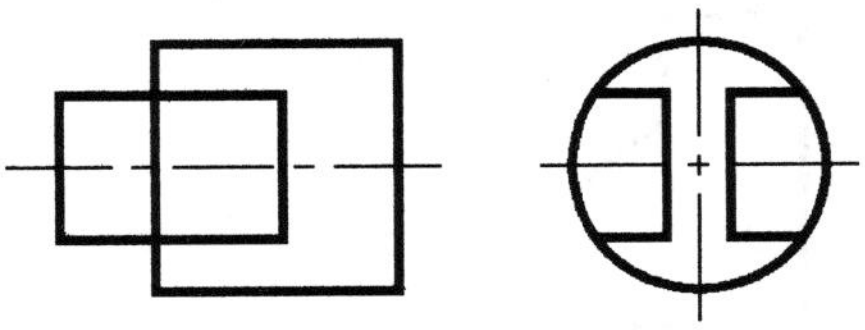

（l）

图 2-81　练习题 2 图（续）

项目3　轴套类零件

任务3.1　衬套

任务目标

最终目标：能用适当的图样表示方法绘制衬套的零件图。

促成目标：

（1）掌握各种视图（基本视图、向视图、局部视图、斜视图）的种类、表达及画法；

（2）了解第三角画法；

（3）掌握剖视图的概念、画法、配置与标注；

（4）能恰当表达衬套零件图。

任务要求

如图3-1所示，观察衬套零件结构，看懂其形状，了解零件的功用。选择合理的表达方案，绘制零件图。

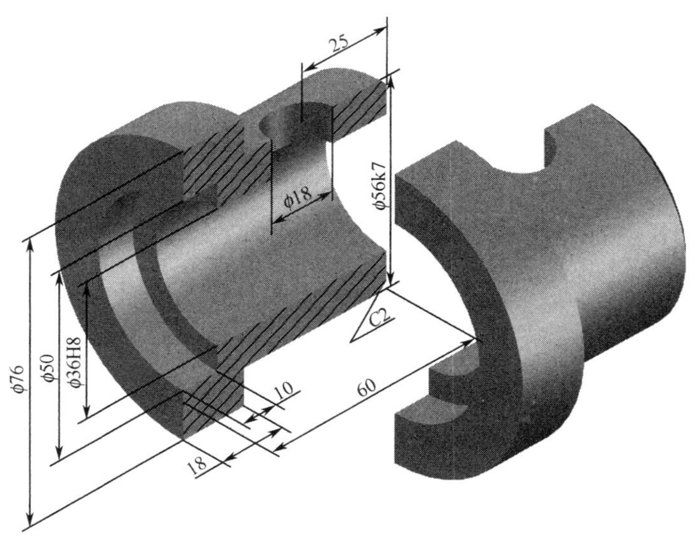

图3-1　衬套

学习案例

如图3-2所示，观察零件结构，看懂其形状，了解零件的功用。选择合理的表达方案，将零件表达清楚。

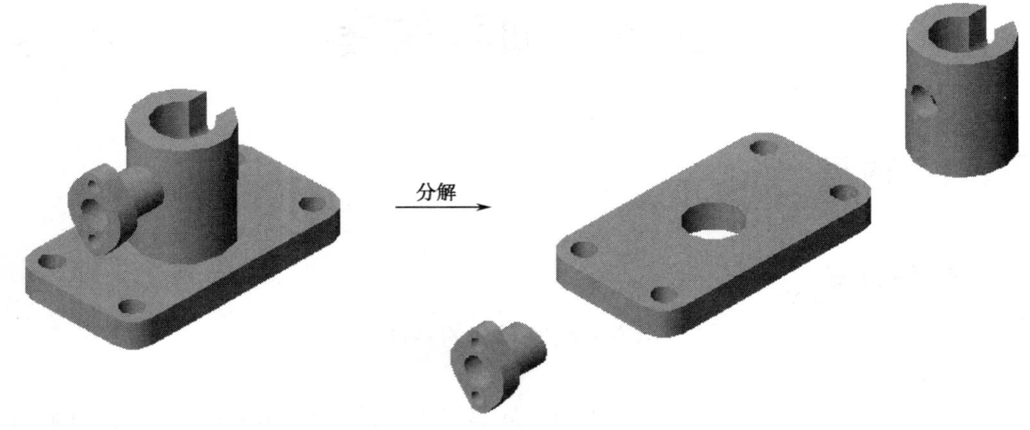

图 3-2　三通管

运用形体分析法分析三通管，可把它分解成：方形底板、中间圆管、左边细管和带圆角的棱形板，其上还有局部小结构。如果采用方案 1（图 3-3），对此零件的表达效果很差，结构重叠且重复；若采用方案 2（图 3-4，主视图表达整体形象，俯视图表达方形底板形状特征，用 *A* 向和 *B* 向局部视图表达局部结构）效果好很多。

比较方案 1 和方案 2，显然方案 2 比方案 1 表达得更加清晰，各视图重点突出，看图简单明了。

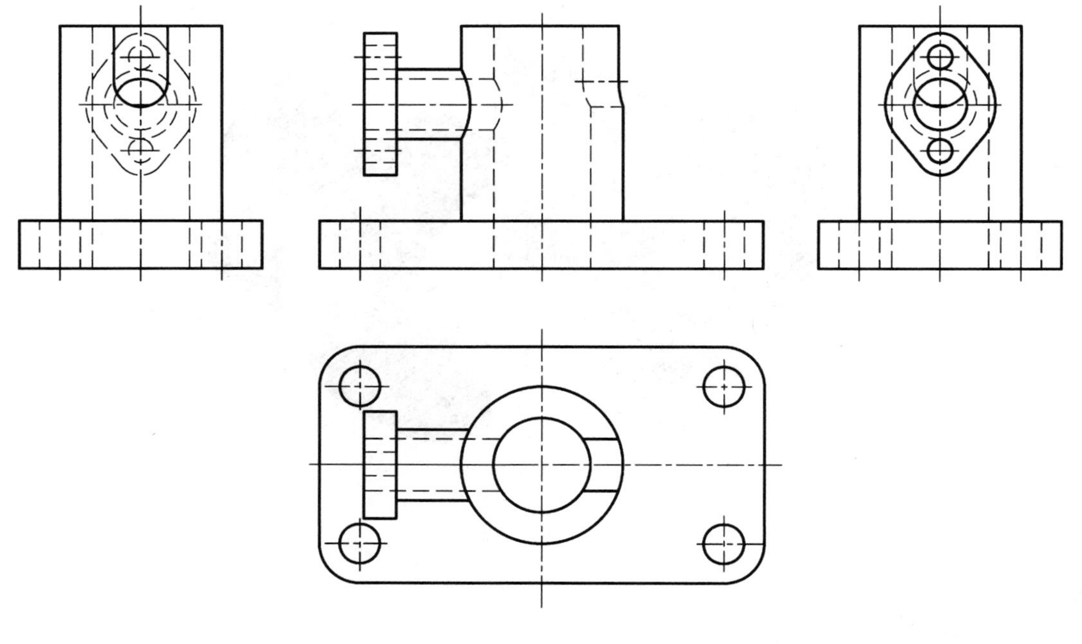

图 3-3　方案 1

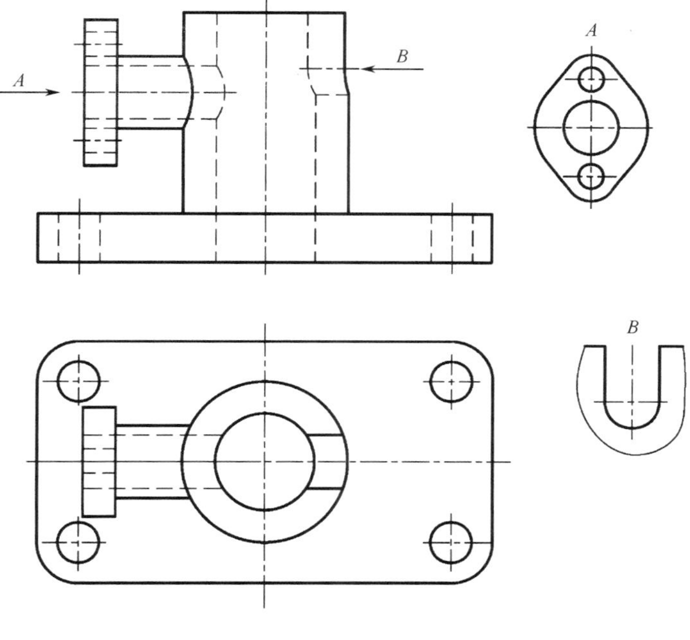

图 3-4　方案 2

知识链接

3.1.1　常见轴套类零件

轴套类零件主体为回转类结构，径向尺寸小，轴向尺寸大，如图 3-5 所示。轴是机器某一部分的回转核心零件，以实心零件居多；也有空心轴，如机床主轴常常是空心零件。套是空心零件。

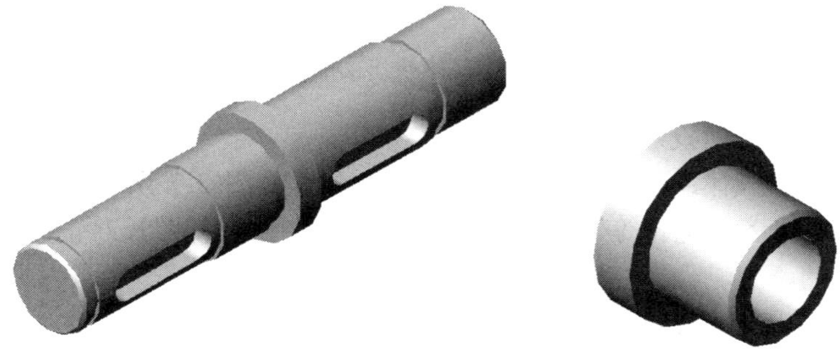

图 3-5　轴套类零件

3.1.2　视图

视图是用正投影法将机件向投影面投射所得的图形，主要用来表达机件的外部结构形状，一般仅画出机件的可见部分，必要时用虚线画出不可见部分。

视图分为基本视图、向视图、局部视图和斜视图四种。视图画法要遵循 GB/T 17451—1998 和 GB/T 4458.1—2002 的规定。

1. 基本视图

当机件的外形复杂时，为了清晰地表示出它们的上、下、左、右、前、后的不同形状，根据实际需要，除了已学的三个视图外，还可再加三个视图。

右视图：从右向左投射所得的视图。

后视图：从后向前投射所得的视图。

仰视图：从下向上投射所得的视图。

（1）定义

国家标准规定：正六面体的六个面为基本投影面。将物体放在六面体中，然后向六个基本投影面进行投影所得的视图称为基本视图。

（2）基本投影面的展开方法

基本投影面的展开方法：V 面不动，其他各投影面按图中箭头所指方向转至与 V 面共面位置，如图 3-6 所示。

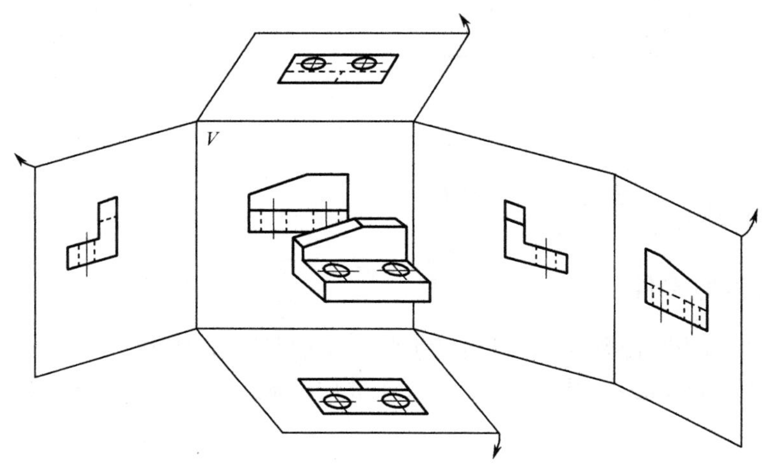

图 3-6　基本投影面的展开

（3）六个基本视图的投影规律

基本视图的投影规律：经过展开后，基本视图配置如图 3-7 所示。六个基本视图之间仍符合“长对正、高平齐、宽相等”，即：主、俯、后、仰四个视图长对正；主、左、后、右四个视图高平齐；俯、左、仰、右四个视图宽相等。

（4）六个基本视图的方位对应关系及其配置

六个基本视图中，除了后视图以外，其他视图中靠近主视图的一边表示物体的后面，远离主视图的一边表示物体的前面，如图 3-8 所示。

按照基本视图配置的视图，可以不标注视图名称。

（5）基本视图的应用

在表达机件的形状时，不是任何机件都需要画出六个基本视图，应根据机件的结构特点，按需要选用必要的几个基本视图。

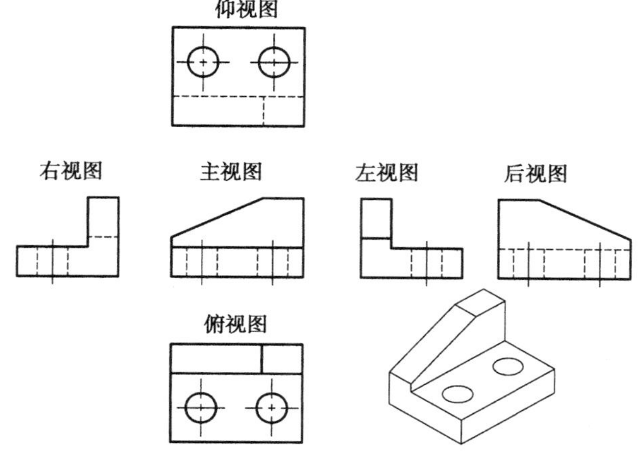

图 3-7　基本视图配置

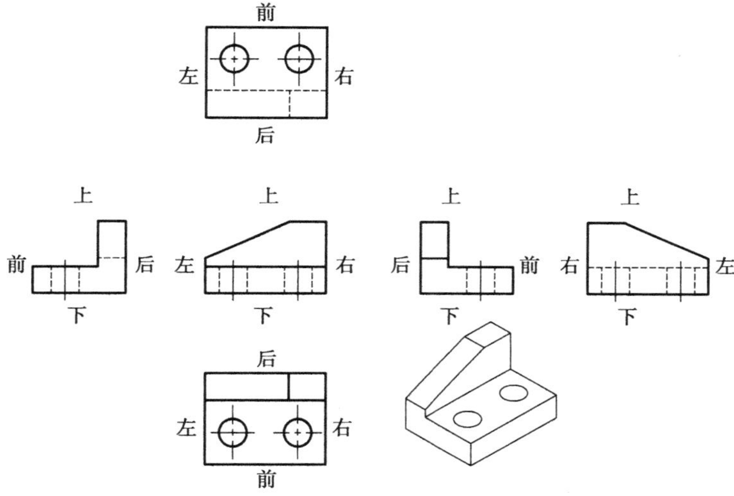

图 3-8　基本视图方位关系

2. 向视图

（1）定义

可以自由配置的基本视图称为向视图。

（2）配置及标注

① 在向视图的上方标出视图的名称“×”（“×”一般为大写拉丁字母）。

② 在相应视图附近用箭头指明投影方向，并注上同样字母，如图 3-9 所示。

3. 局部视图

（1）定义

将零件的某一部分向基本投影面投影所得的图形称为局部视图。如图 3-10 所示物体，对于其左边的 U 型槽以及右边的凸台，用 *A* 向和 *B* 向局部视图表达，如图 3-11 所示。

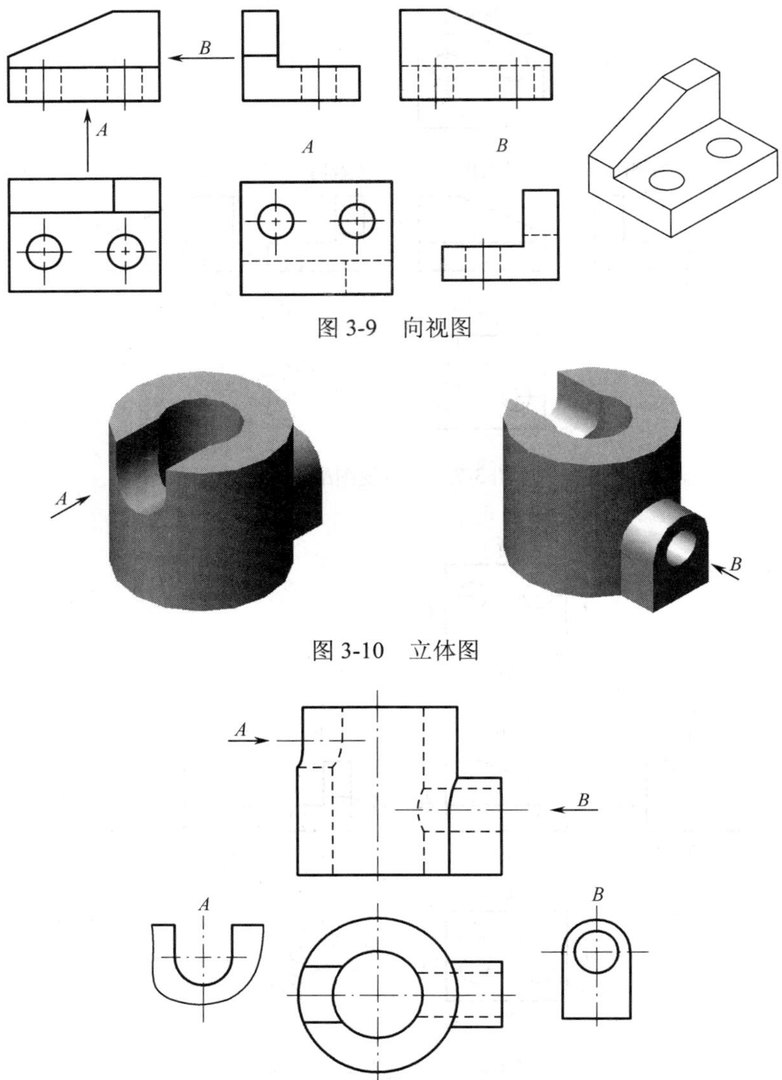

图 3-9　向视图

图 3-10　立体图

图 3-11　局部视图

（2）局部视图的标注

① 投影方向：用箭头指明投影方向。

② 投影名称：用大写拉丁字母水平书写在投影方向的箭头附近。

③ 局部视图名称：在局部视图上方水平书写相同的字母。

（3）局部视图的配置

局部视图可放置在任何位置，只要正确标注即可，一般取投影关系位置或就近配置。

画局部视图时应注意其断裂边界画波浪线，如图 3-11 中 *A* 向局部视图；当所表达的局部结构层次独立，外轮廓线自行封闭时，就不必画波浪线，如图 3-11 中 *B* 向局部视图。

4. 斜视图

（1）定义

将物体向不平行于基本投影面的平面投射所得的视图为斜视图，如图 3-12（a）所示。

（2）配置及标注

① 斜视图只要求表达倾斜部分的局部形状，其余部分不必全部画出，可用波浪线断开，如图 3-12（b）所示。

② 绘图时，必须在斜视图的上方标出视图的名称“×”，在相应的视图附近用箭头指明投射方向，并注上同样的大写拉丁字母。

③ 通常斜视图按投影关系配置，如图 3-12（b）所示，必要时也可画在其他适当的位置。

在不致引起误解时，允许将图形旋转，“×”应靠近旋转字符的箭头端，如图 3-12（c）所示。也允许将旋转角度注写在字母的后面，如图 3-12（d）所示。

注意：此时应标注旋转符号，图示为顺时针方向旋转。

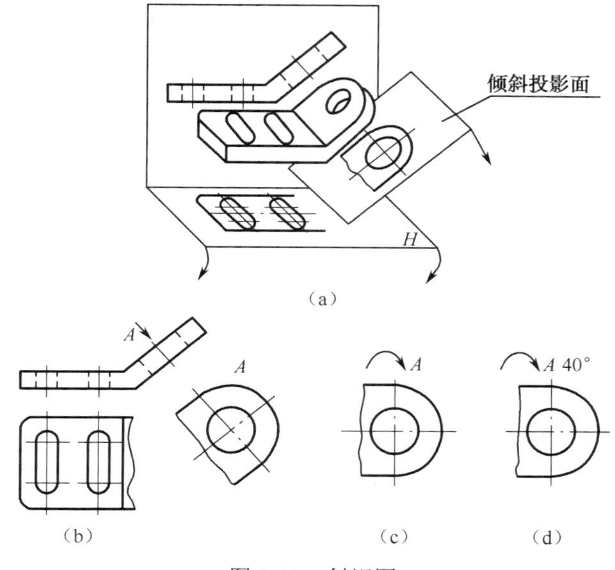

图 3-12　斜视图

5. 第三角画法

ISO 标准规定，在表示物体结构形状的正投影中，第一角画法与第三角画法等效实用。中国及其他一些国家采用第一角画法，而美国、日本等国家采用第三角画法。为了更好地进行国际间的技术交流，下面对第三角画法（GB/T 16948—97）简介如下。

（1）第三角画法的形成

三个互相垂直的投影面，可将空间划分为八个分角，如图 3-13 所示。

① 概念。

将物体置于第三分角内（*V* 面之后，*H* 面之下），并使投影面处于观察者与物体之间得到多面正投影的方法称为第三角画法，如图 3-14 所示。

② 第三角投影的六个基本视图。

在第三角画法中，假设各投影面均为透明的，按照观察者—投影面—物体的相对位置关系进行投射，所得投影图均与观察者的平行视线所见图形一致，如图 3-15（a）所示，然后展开各投影面，得到第三角画法的六个基本视图，如图 3-15（b）所示。

第三角画法的六个基本视图的名称和投射方向与第一角画法相同，只是配置不同。这六个视图分别是：

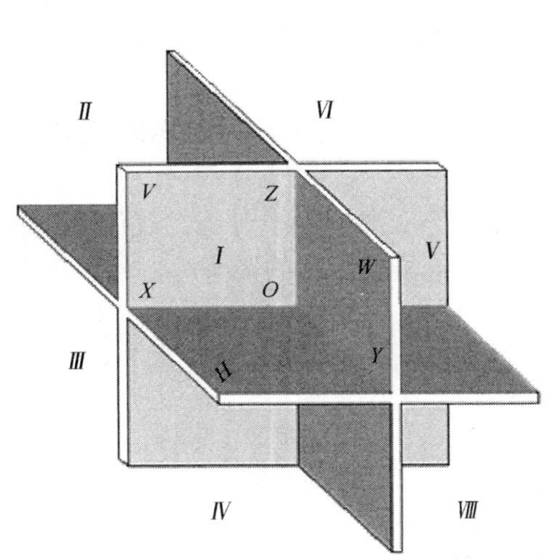

图 3-13 八个分角

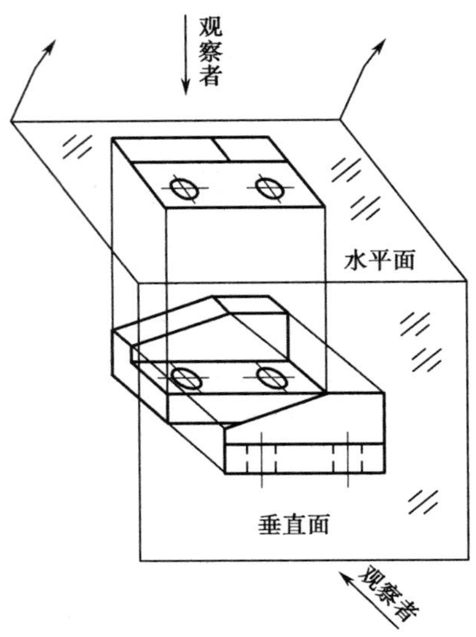

图 3-14 第三角画法中三视图的形成

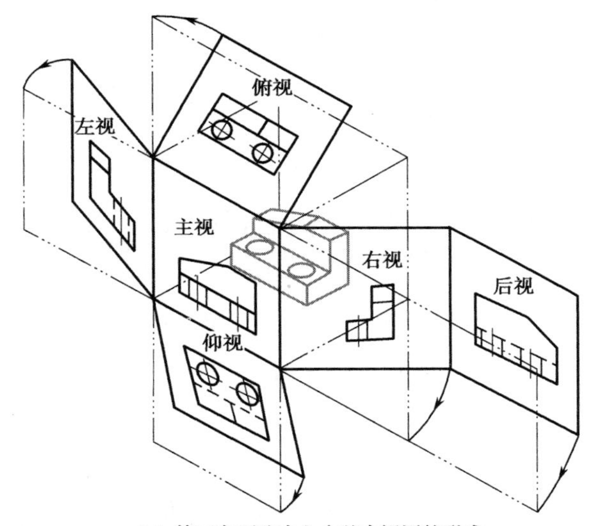

（a）第三角画法中六个基本视图的形成

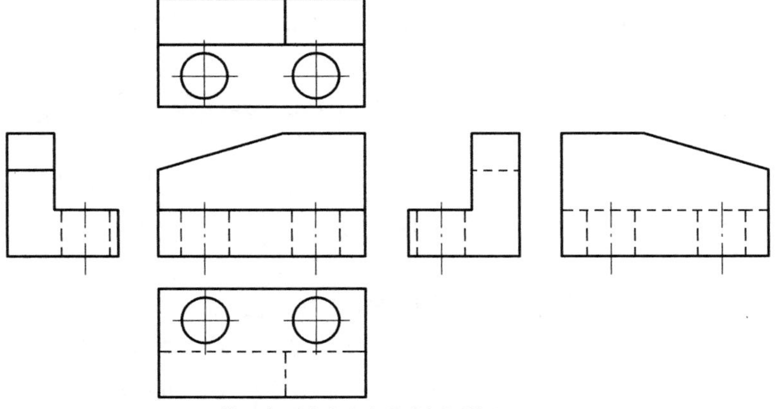
（b）第三角画法中六个基本视图的配置

图 3-15 第三角画法的六个基本视图

➢ 主视图，即由前向后投射所得到的视图；
➢ 俯视图，即由上向下投射所得到的视图，置于主视图的上方；
➢ 左视图，即由左向右投射所得到的视图，置于主视图的左方；
➢ 右视图，即由右向左投射所得到的视图，置于主视图的右方；
➢ 仰视图，即由下向上投射所得到的视图，置于主视图的下方；
➢ 后视图，即由后向前投射所得到的视图，置于右视图的右方。

第三角画法的六个基本视图的配置如图3-15（b）所示，当按此形式配置时，不需注写视图名称。

（2）第一角画法和第三角画法的异同

第一角画法和第三角画法一样，都采用正投影法，视图名称相同。

第一角画法是将物体放置在第一分角内，保持着观察者—物体—投影面的位置关系；而第三角画法则是将物体放置在第三分角内，保持着观察者—投影面—物体的位置关系，两者的物体放置位置不同，投影面展开方向不同，因此视图的配置位置也不同。在第三角画法中，左、右、俯、仰视图靠近主视图的一边是物体的前面，远离主视图的一边是物体的后面，与第一角画法各视图所反映的物体上、下、左、右、前、后的方位关系不同。

（3）第一角画法和第三角画法的标记

采用第三角画法时，必须在图样中画出第三角画法的识别符号，如图3-16所示。识别符号画在标题栏中专设的格内或标题栏附近。由于我国采用第一角画法，因此采用第一角画法时无须画出识别符号，采用第三角画法时必须画出识别符号。

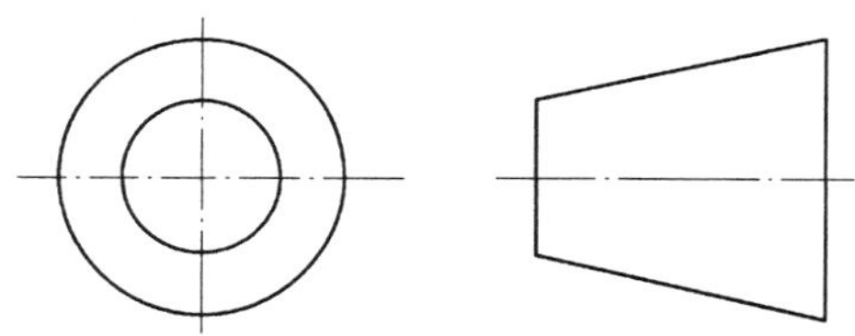

图3-16　第三角画法的识别符号

【例1】 用第三角画法画出轴承架（图3-17（a））的三视图（主视图、俯视图和右视图）。

① 分析：首先用形体分析法将轴承架的立体图读懂，将箭头所示方向选为主视图的方向。

② 画图：确定主视图后，按投影规律画出右视图和俯视图，如图3-17（b）所示。

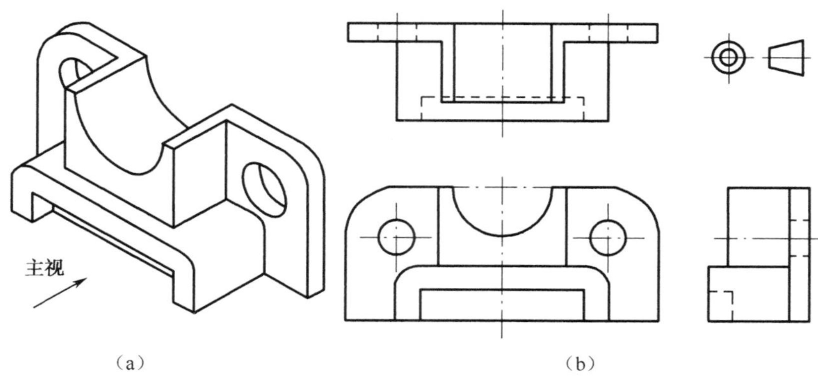

图3-17　轴承架及其三视图

【例 2】 用第三角画法画出图 3-18（a）所示组合体的三视图，其中主视图画半剖视图，右视图画全剖视图。

作图方法同例 1，分析、绘制如图 3-18（b）所示组合体的三视图。

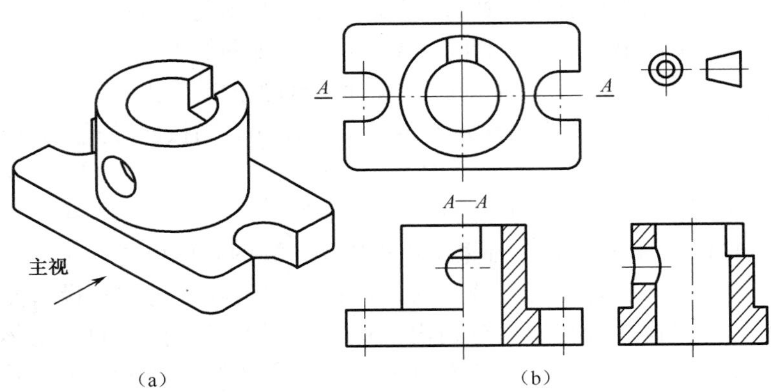

图 3-18 组合体及其三视图

3.1.3 剖视图的概念与画法

1. 剖视图的概念

表达空心零件套类时，因为其内腔不可见，三视图显然不是理想的表达方法，如图 3-19 所示的内腔结构用虚线表达时，其与实线重叠，既不便于画图及看图，又不利于尺寸标注。要找到一种方法剖开零件，使其内腔成为可见结构，这就是剖视图。

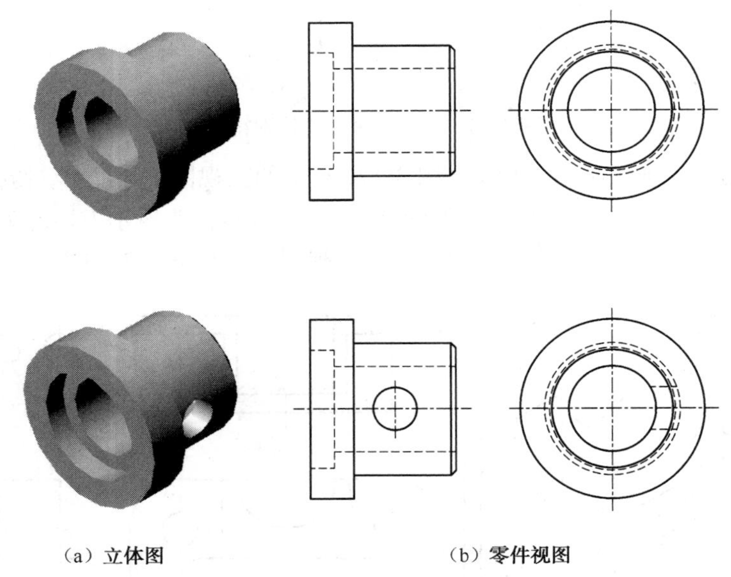

图 3-19 内腔结构用虚线画出时的效果

2. 剖视图的形成

剖视图主要用于表达机件看不见的内部结构形状。

假想用剖切平面在适当的部位剖开机件，把处于观察者和剖切面之间的部分形体移去，而将余下的部分形体向基本投影面投射，这样所得的图形称为剖视图，简称剖视，如图 3-20 所示为剖切的完整过程。

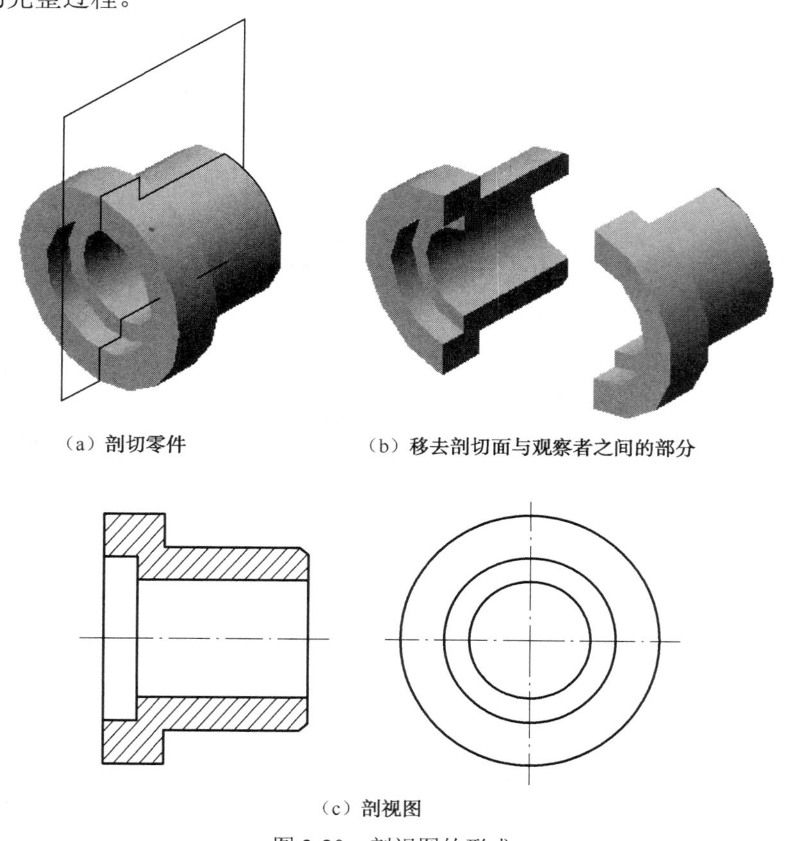

（a）剖切零件　　（b）移去剖切面与观察者之间的部分

（c）剖视图

图 3-20　剖视图的形成

3. 剖视图的画法

（1）剖切面一般应平行于投影面并通过内部孔、槽的对称中心平面或轴线。

（2）剖切面后面的可见部分应全部画出，不得遗漏，如图 3-21 所示。

（3）在剖视图中已经表达清楚的结构，其虚线一般省略不画，如图 3-22 所示。但对尚未表达清楚的结构，如在剖视图中画出很少的几条虚线，就能将其表达清楚，那应保留虚线，如图 3-23 所示。

（4）剖切平面与机件内、外表面的交线所围成的图形称为剖面。在剖面上应画上剖面符号。因此，画剖视图时，在机件与剖切面相接触的剖面区域内应画上剖面符号，以区别机件的实体与空心部分。金属材料的剖面符号用与图形主要轮廓线或剖面区域的对称线成 45° 且互相平行的细实线绘制。

在同一金属零件的零件图中，剖视图、断面图的剖面线应间隔相等、方向相同，如图 3-24 所示。

若图形中主要轮廓线与水平成 45°，则应将该图形的剖面线画成与水平成 30° 或 60° 的平行线，其倾斜方向仍与其他图形的剖面线一致，如图 3-25 所示。

（5）剖切是假想的，在非剖视图中应按完整物体画出。

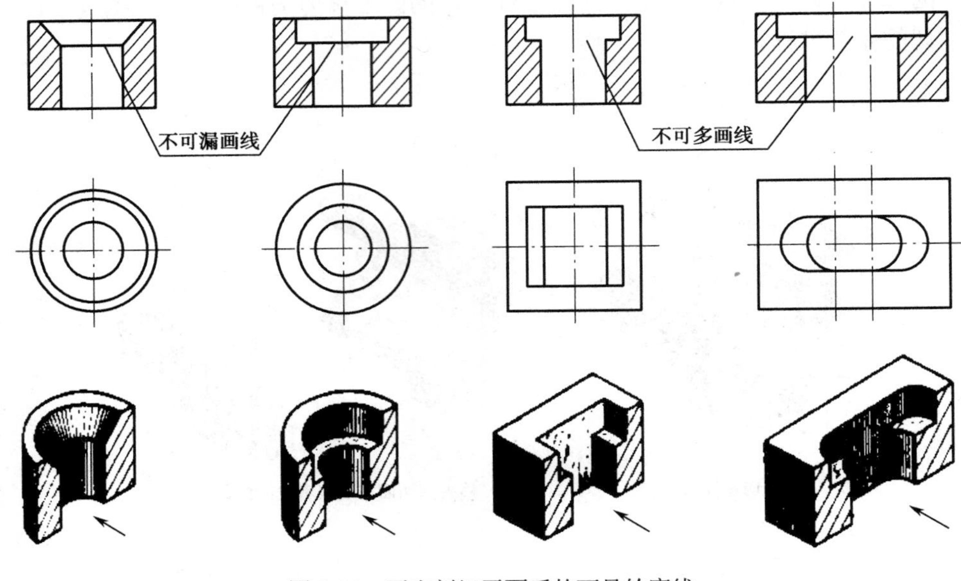

图 3-21 画出剖切平面后的可见轮廓线

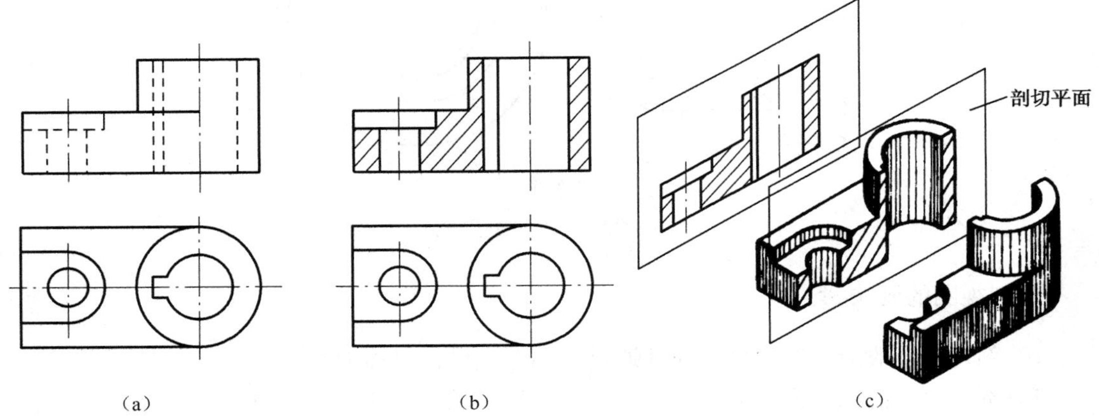

图 3-22 剖视图中虚线应省略

4. 剖视图的配置与标注

为了便于看图，应将剖切的位置、投射的方向、剖视图的名称标注在相应的视图上。

（1）剖切符号：表示剖切平面的位置，在剖切面的起、止和转折处画上短的粗实线（粗实线段长约 5～10mm），应尽可能不与视图的轮廓线相交。

（2）箭头：表示剖切后的投射方向，画在起、止剖切符号两端外侧。

（3）剖视图的名称：在剖视图的上方中间位置用大写字母标注出“×—×”，并在起、止处写上同样字母。

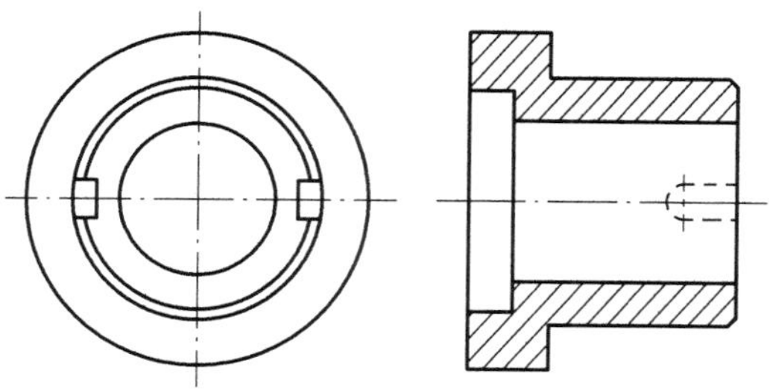

图 3-23　全剖视图中应保留虚线

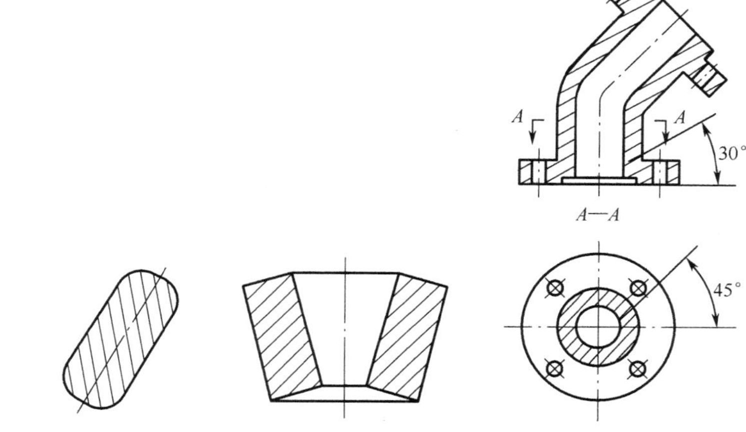

图 3-24　剖面线的方向

图 3-25　剖面线画成与水平成 30°

课外练习

（1）如图 3-26 所示，根据主、俯、左视图，补画出右、后、仰视图。

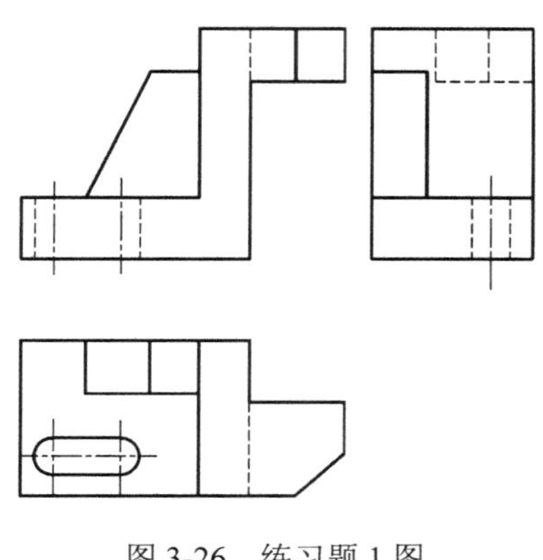

图 3-26　练习题 1 图

（2）如图 3-27 所示，补画 *A* 向斜视图和 *B* 向局部视图。

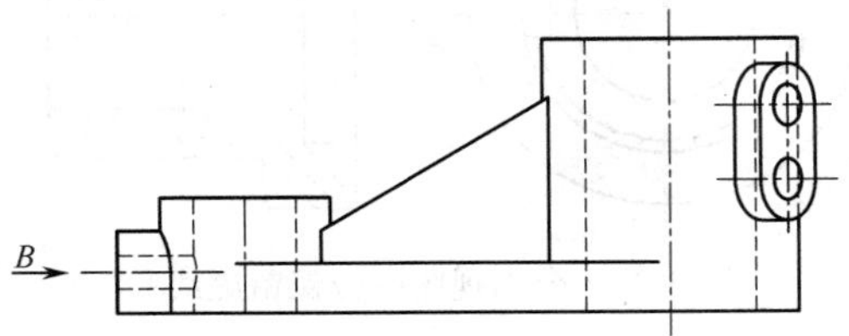

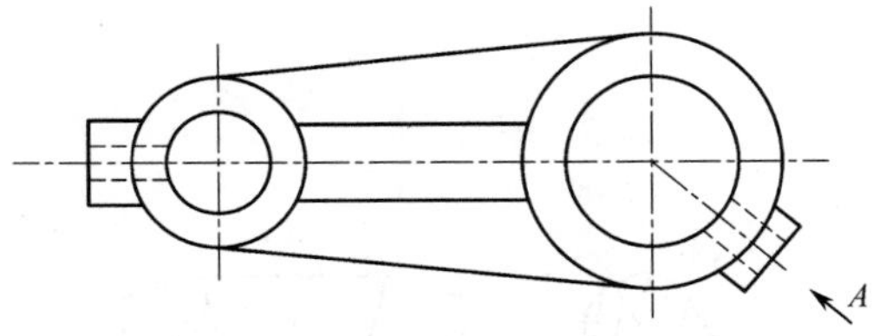

图 3-27 练习题 2 图

（3）如图 3-28 所示，补画 A 向斜视图。

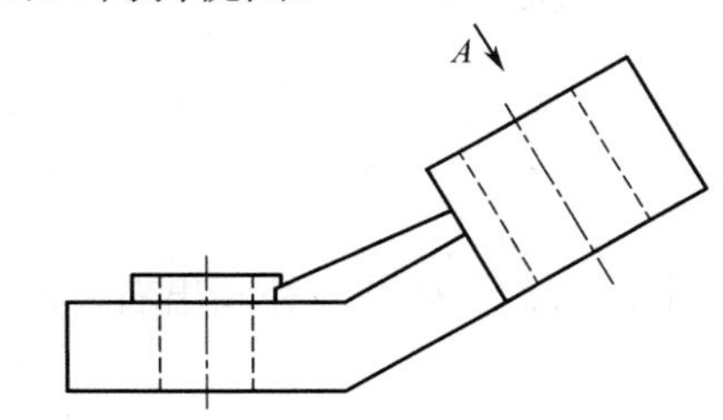

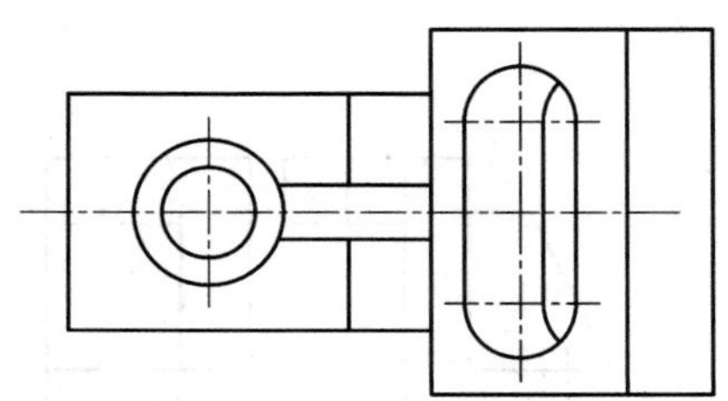

图 3-28 练习题 3 图

（4）如图 3-29 所示，已知第三角的主、俯视图，求作右视图。

（5）如图 3-30 所示，补画剖视图中所缺的图线。

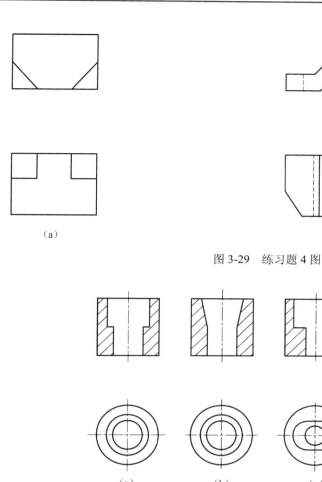

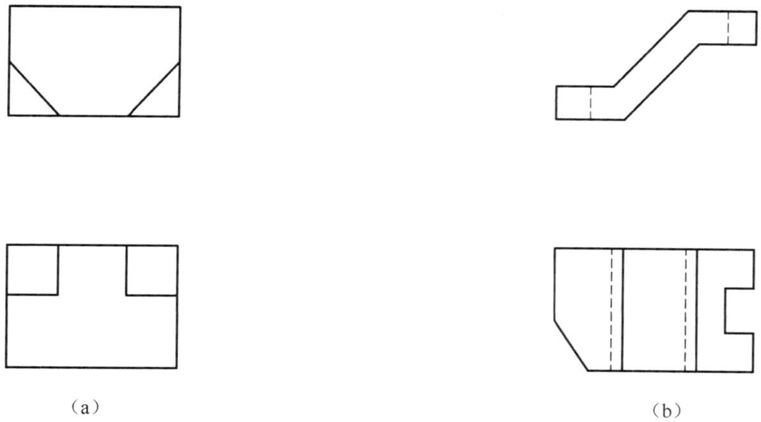

(a)　　　　　　(b)

图 3-29　练习题 4 图

(a)　(b)　(c)　(d)

(e)　(f)　(g)　(h)

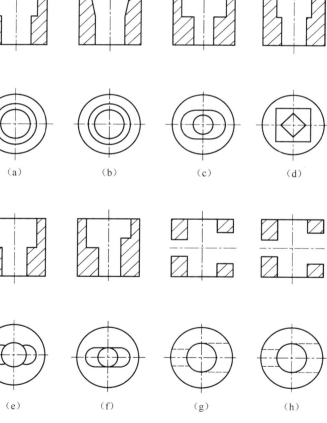

图 3-30　练习题 5 图

任务 3.2　主轴

任务目标

最终目标：用适当的图样表示方法绘制主轴零件图。

促成目标：

（1）掌握剖视图的种类、表示方法及其应用场合；

（2）掌握断面图表示方法及其应用场合；

（3）能恰当表达锥形塞零件图。

任务要求

如图 3-31 所示，观察零件结构，看懂其形状，了解零件的功用。选择合理的表达方案，绘制零件图。

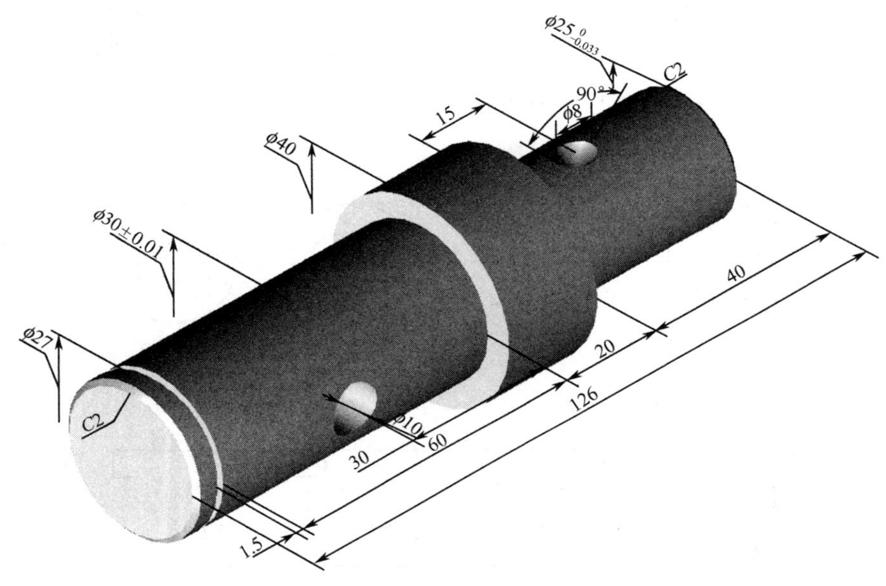

图 3-31　立体图

学习案例(1)

如图 3-32 所示，观察零件结构，看懂其形状，了解其功用。选择合理的表达方案，将零件表达清楚。

形体分析：如图 3-33（a）所示的锥形塞可以分解为图 3-33（b）所示三个部分，把这三个部分叠加起来就是图 3-33（c）所示锥形塞。

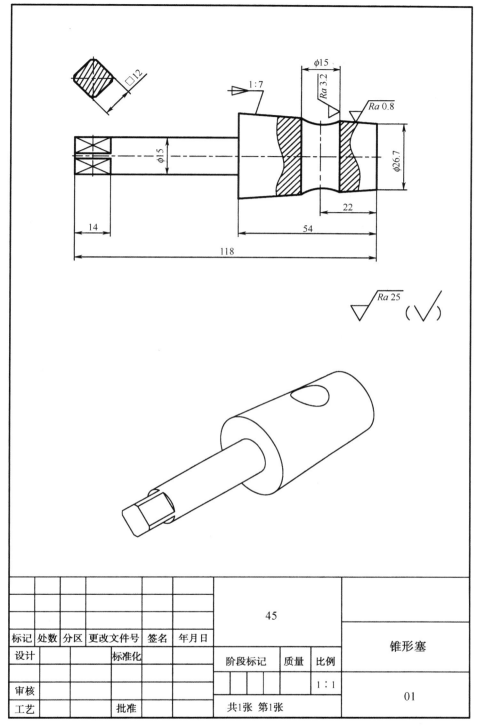

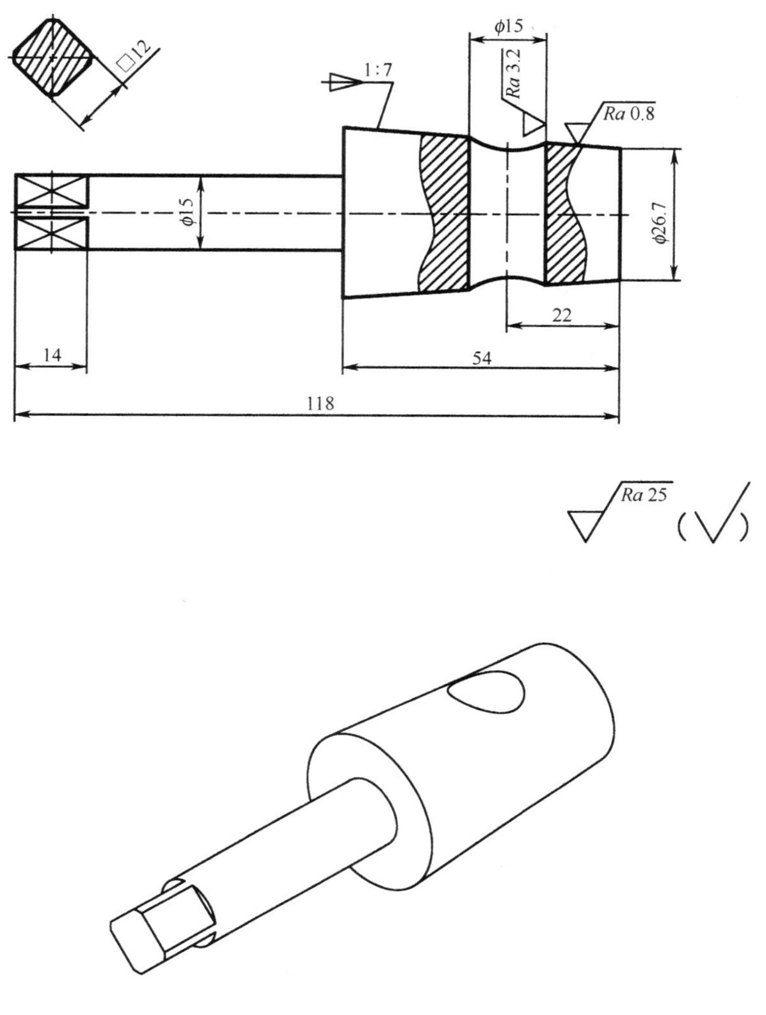

						45	
							锥形塞
标记	处数	分区	更改文件号	签名	年月日		
设计			标准化			阶段标记 | 质量 | 比例	
						1∶1	01
审核							
工艺			批准			共1张 第1张	

图 3-32　锥形塞

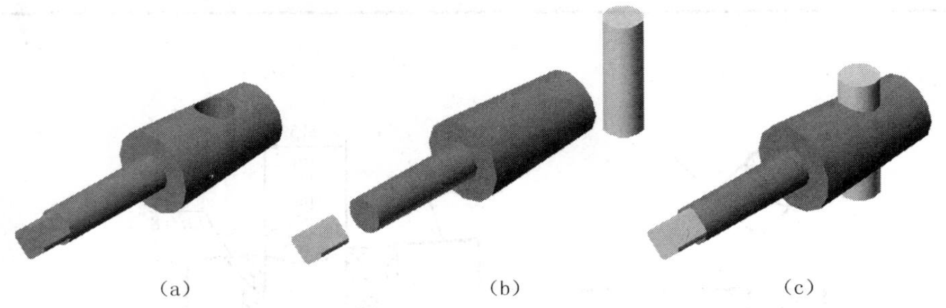

图 3-33　锥形塞形体分析

学习案例(2)

画出如图 3-34（a）所示视图的移出断面。其中键槽深 3mm，左端为双键，右端为单键，中间圆柱孔为通孔，立体图如图 3-34（b）所示。

断面图答案如图 3-34（c）所示。

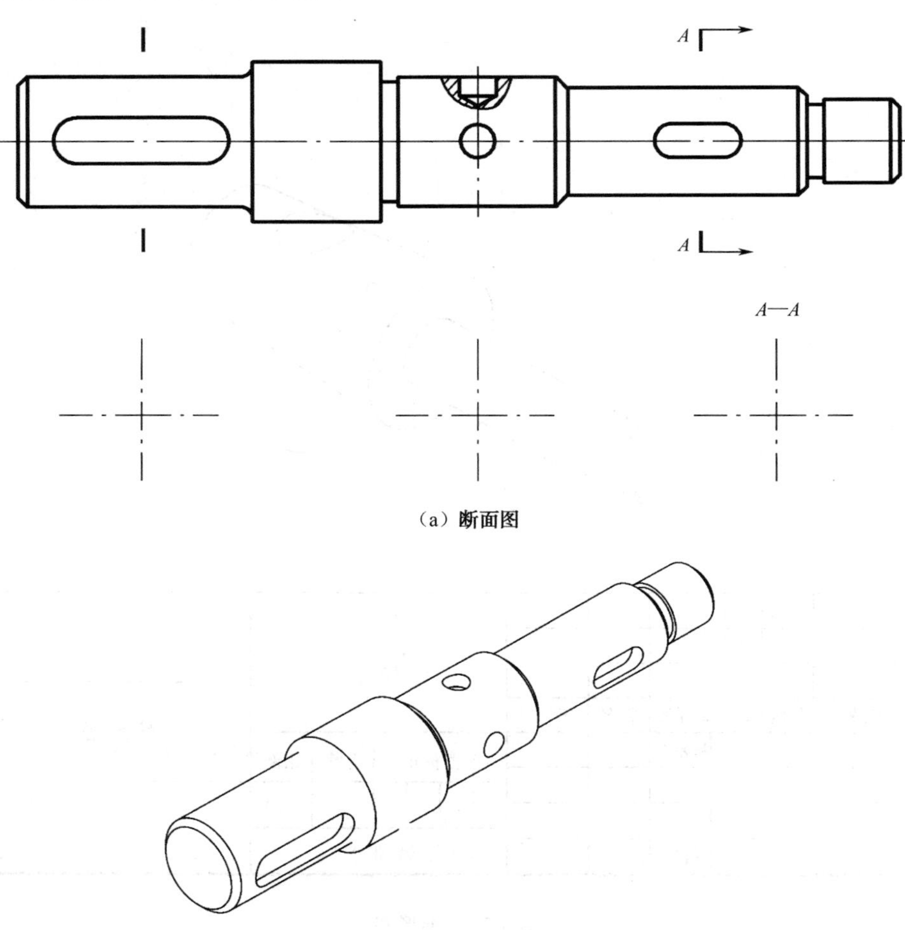

（a）断面图

（b）传动轴立体图

图 3-34　传动轴断面图

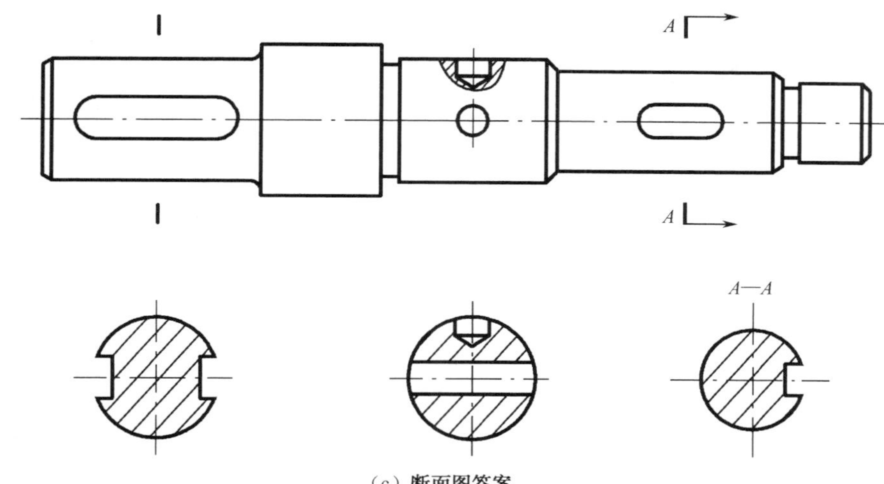

（c）断面图答案

图 3-34　传动轴断面图（续）

知识链接

3.2.1　剖视图的种类及应用

剖视图按剖切范围的大小可分为全剖视图、半剖视图和局部剖视图三种，如图 3-35（b）、（c）、（d）所示为衬套的三种剖视图。

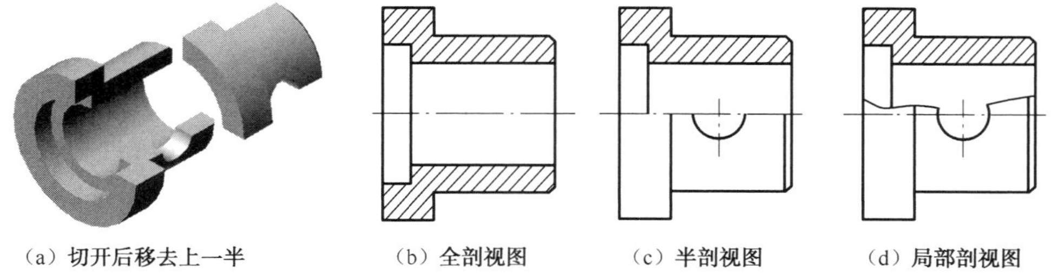

（a）切开后移去上一半　（b）全剖视图　（c）半剖视图　（d）局部剖视图

图 3-35　衬套的三种剖视图

（1）全剖视图

① 定义：用剖切面完全剖开物体所得的剖视图称为全剖视图。

② 适用范围：对于外形简单的对称机件，为了图形的清晰和便于标注尺寸，常采用全剖视图。显然如图 3-35 所示带小孔的衬套不适合用全剖视图表达，但是不带小孔的衬套适合用全剖视图表达（图 3-20）。

（2）半剖视图

① 定义：当物体具有对称平面时，在对称平面垂直的投影面上的投影，可以对称中心线为界线，一半画成剖视图，另一半画成视图，这种组合的图形称为半剖视图。

② 适用范围：半剖视图主要适用于内外形状都需要表示的对称机件，如图 3-36（a）所示。若物体的形状接近对称，且其不对称部分已在其他视图上表示清楚时，也可以画成半剖视图，如图 3-36（b）所示。

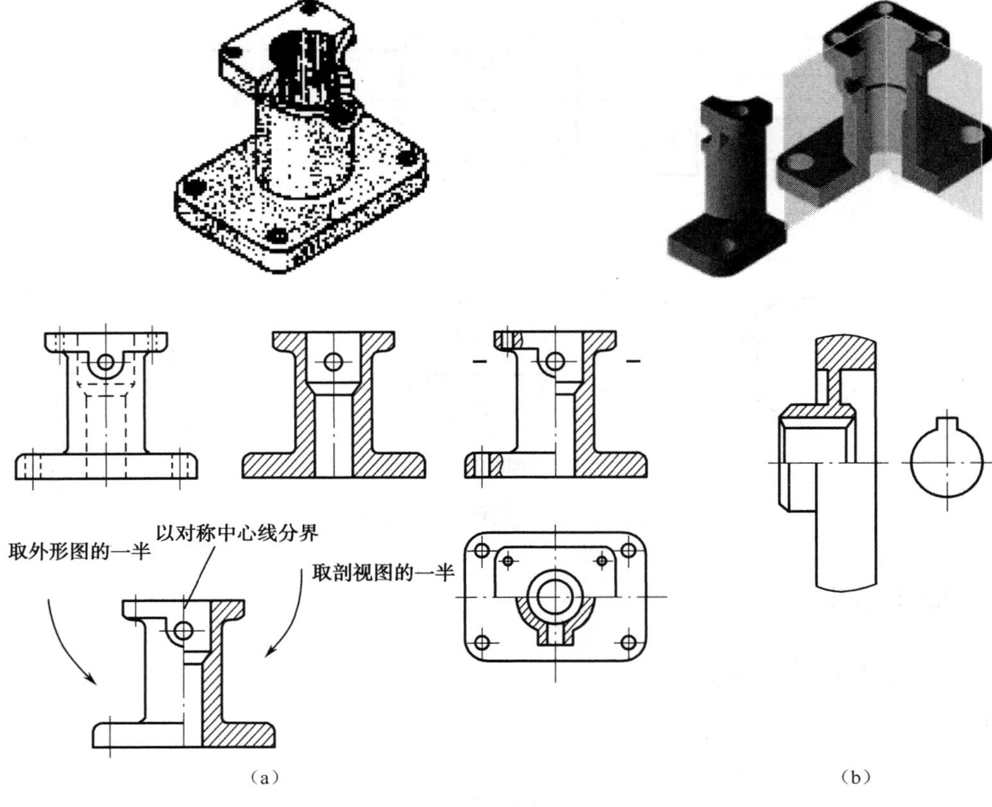

图 3-36　半剖视图

③ 画半剖视图时的注意点：

➢ 半剖视图与半个视图之间的分界线应是点画线，不能画成粗实线。

➢ 物体的内部结构在半剖视图中已经表示清楚后，在半个视图中就不应再画出虚线。

➢ 半剖视图的标注方法与全剖视图相同。

（3）局部剖视图

① 定义：用剖切面局部剖切开物体所得到的剖视图称为局部剖视图，如图 3-37 所示。

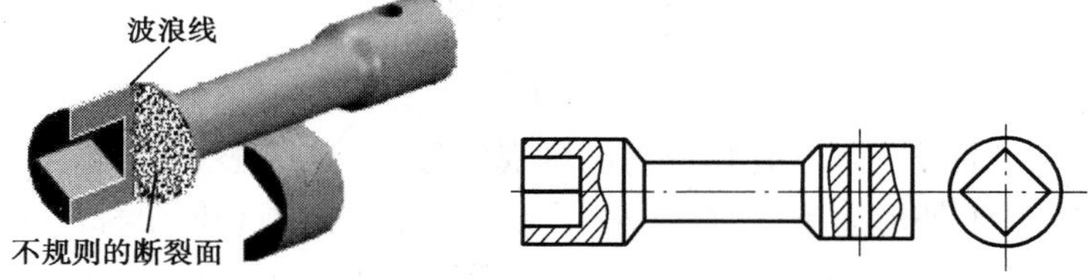

图 3-37　局部剖视图

② 适用范围：

不对称机件：

➢ 其内、外形状需要在同一视图上表达时，常用局部剖视图。

➢ 表达机件上的孔、槽、缺口等局部的内部形状时，常用局部剖视图。

对称机件：当其视图中对称面正好与轮廓重合而不宜采用半剖视图时，可以采用局部剖视图，如图 3-38 所示。

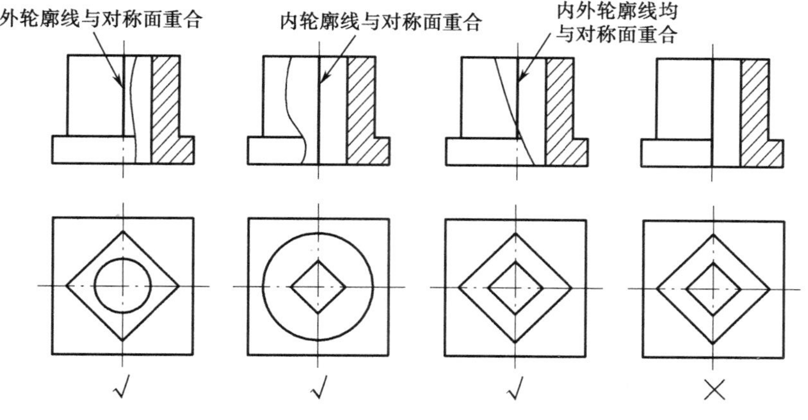

图 3-38　局部剖视图

③ 画局部剖视图注意点：

- 波浪线应画在机件的实体部分，不能与视图中的轮廓线重合，也不能超出视图中被剖切部分的轮廓线，如遇孔、槽时，波浪线必须断开，不能穿孔而过，如图 3-39 所示。
- 局部剖视图是一种比较灵活的表达方法，如运用得当，可使视图简明、清晰。但在同一个视图中局部剖视的数量不宜过多，过多反而影响图形清晰。

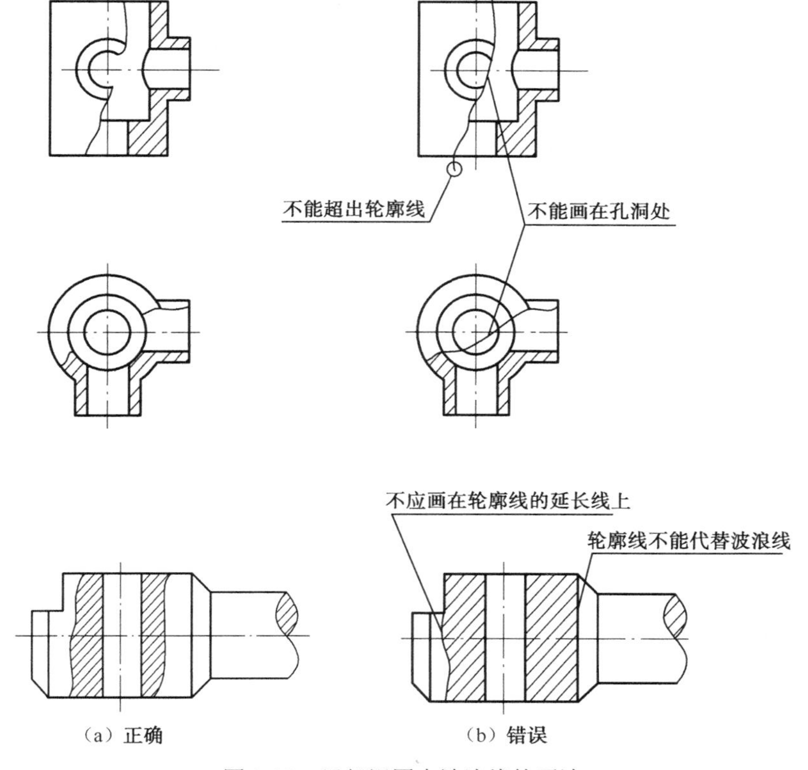

图 3-39　局部视图中波浪线的画法

3.2.2 断面图

（1）断面图的形成

假想用剖切面将机件的某处切断，仅画出剖切面与机件接触部分的图形，称为断面图，简称断面，如图 3-40（c）所示。

断面图与剖视图的区别：断面图仅画出机件被剖切后断面的形状，而剖视图除画出剖切处断面的形状外，剖切平面后面的其他可见轮廓也要画出，如图 3-40（b）所示。

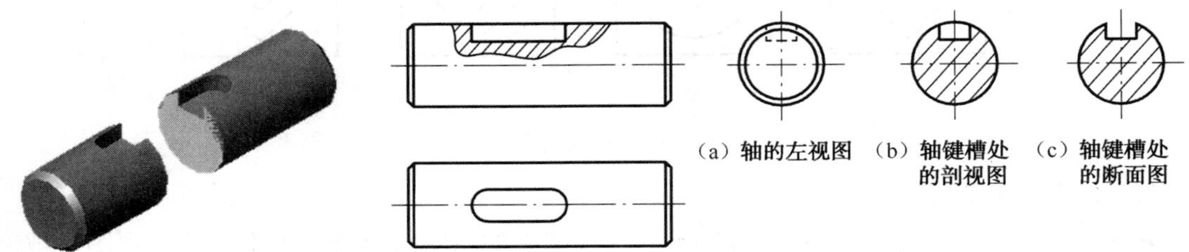

图 3-40 轴的左视图、轴键槽处的剖视图与断面图

（2）断面图的种类

根据断面图在绘制时所配置的位置不同，断面图可分为移出断面图和重合断面图。

移出断面图：画在视图轮廓之外的断面图，轮廓线用粗实线绘制，如图 3-40（c）所示。

重合断面图：画在视图轮廓线之间的断面图，轮廓线用细实线绘制，如图 3-41 所示。

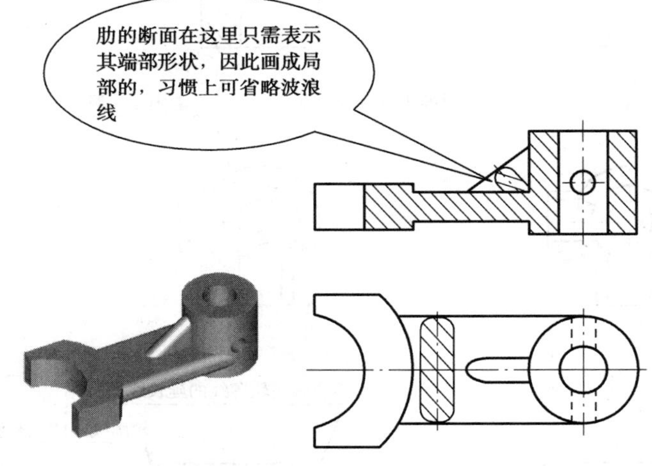

肋的断面在这里只需表示其端部形状，因此画成局部的，习惯上可省略波浪线

图 3-41 重合断面图

（3）断面图的画法

① 当剖切平面通过由回转面形成的孔或凹坑的轴线时，应按剖视绘出这些结构在剖切面后面的投影线，如图 3-42（a）、（b）所示。

② 当剖切面通过非圆孔会导致完全分离的两个断面图时，也应按剖视绘出这些结构在剖切面后面的投影线，如图 3-42（c）所示。

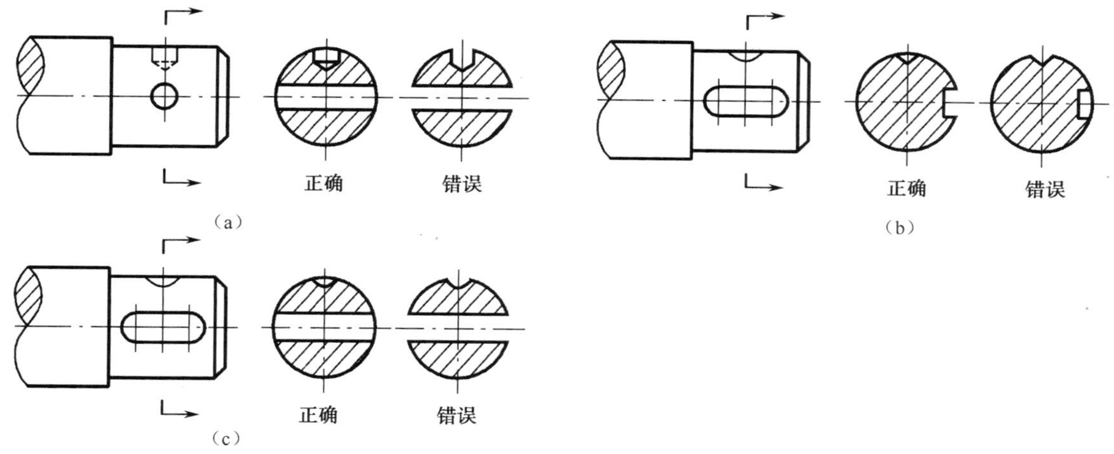

图 3-42　断面图按剖视绘制的情况

③ 为了表达断面的实形，剖切平面应与机件的主要轮廓线垂直，必要时可采用两个（或多个）相交的剖切面剖开机件，这种移出断面图中间应断开，如图 3-43 所示。

（4）断面图的配置与标注

① 移出断面图的配置与标注。

移出断面一般配置在剖切符号的延长线上，也可按投影关系配置，必要时也允许将移出断面配置在其他适当位置，当断面图形对称时，也可画在视图的中断处，如图 3-44 所示。

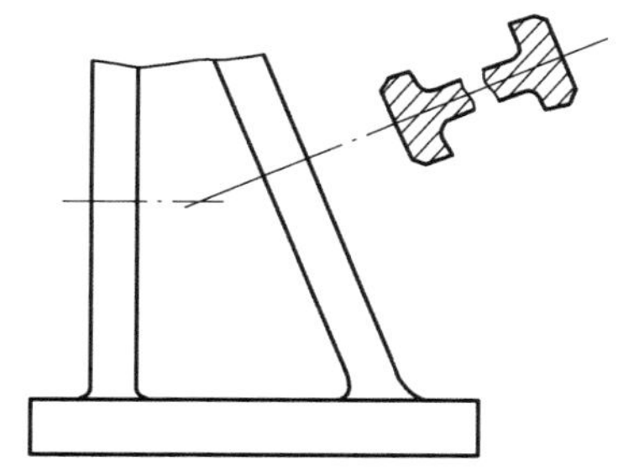

图 3-43　两个相交的剖切平面剖切的移出断面图

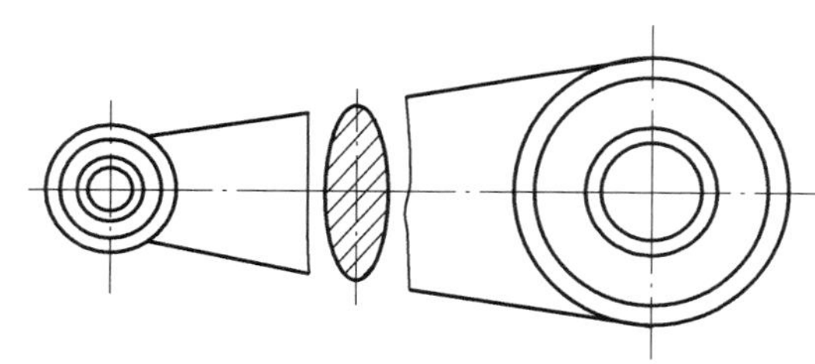

图 3-44　移出断面配置在视图中断处

移出断面的配置和标注如表 3-1 所示。

表 3-1　移出断面的配置和标注

配　　置	移出断面图	标　　注
配置在剖切符号延长线上对称的移出断面		省略标注

续表

配　　置	移出断面图	标　　注
配置在剖切符号延长线上不对称的移出断面		省略字母
按投影关系配置的移出断面	A　A—A　A	省略箭头
配置在其他位置对称的移出断面	A　A—A　A	省略箭头
配置在其他位置不对称的移出断面	A　A—A　A	标注完整

② 重合断面图的配置与标注。

对称的重合断面图不必标注（图 3-41），不对称的重合断面图需画出剖切符号和箭头，字母可省略（图 3-45）。

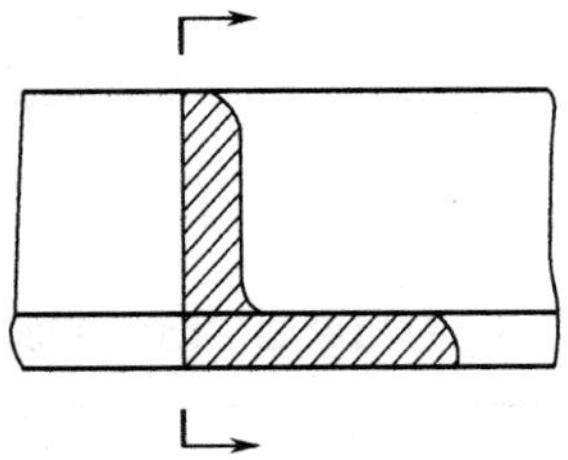

图 3-45　重合断面图

（1）如图 3-46 所示，将主视图改画成剖视图。

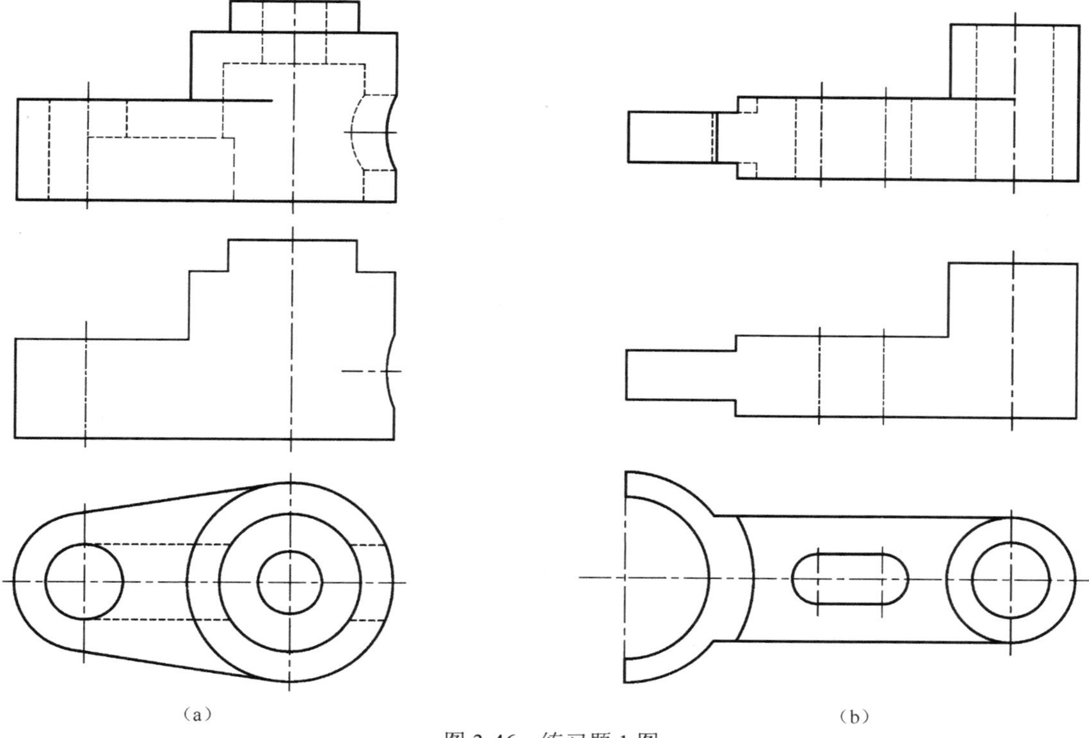

图 3-46　练习题 1 图

（2）如图 3-47 所示，将主视图改画成半剖视图。

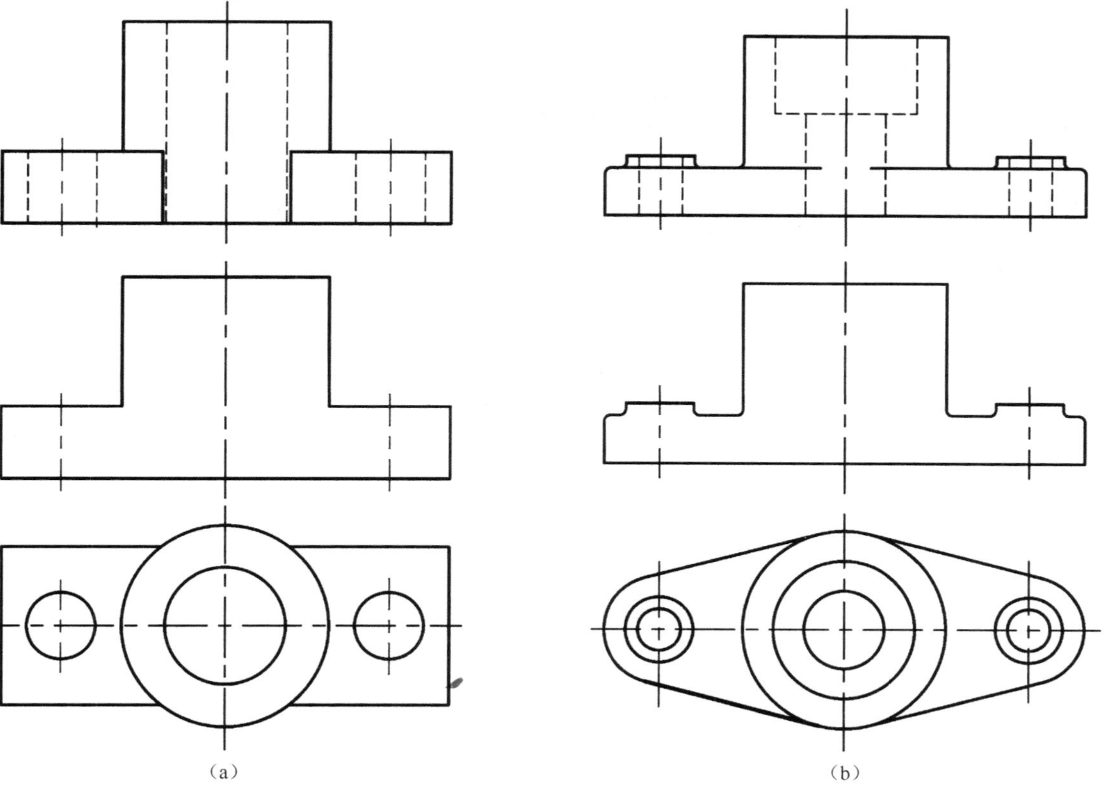

图 3-47　练习题 2 图

（3）如图 3-48 所示，分析图中波浪线画法的错误，在空白处画出正确的局部剖视图（剖切位置和范围不变）。

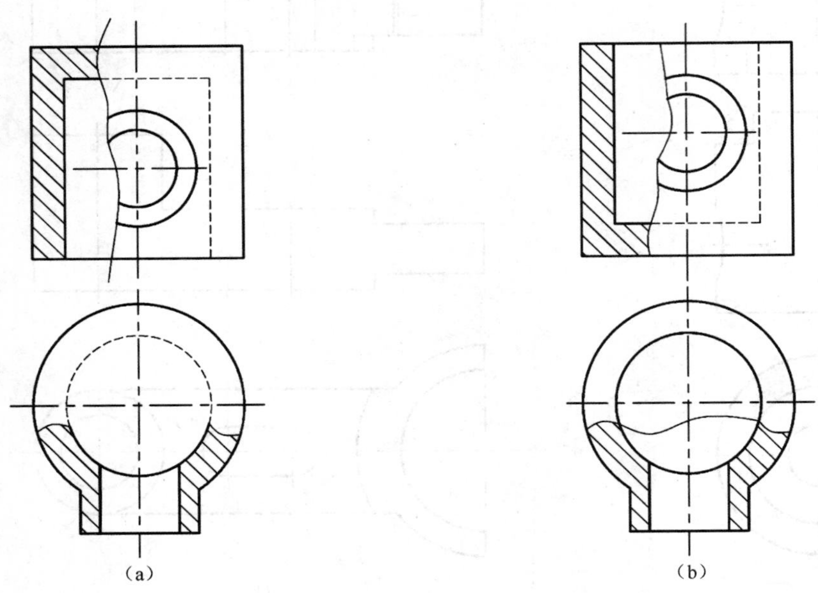

图 3-48 练习题 3 图

（4）如图 3-49 所示，画出下面视图的移出断面（键槽深 3mm，为单键）。

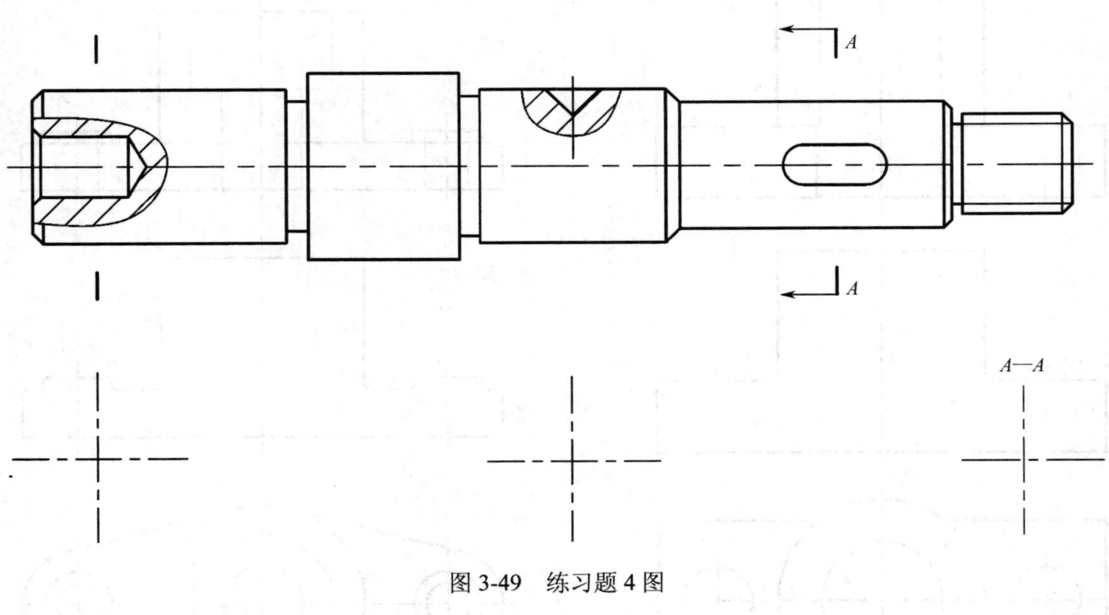

图 3-49 练习题 4 图

（5）如图 3-50 所示，画出轴上键槽、小圆孔和平槽的断面图（键槽深 3 毫米，小圆孔为通孔）。

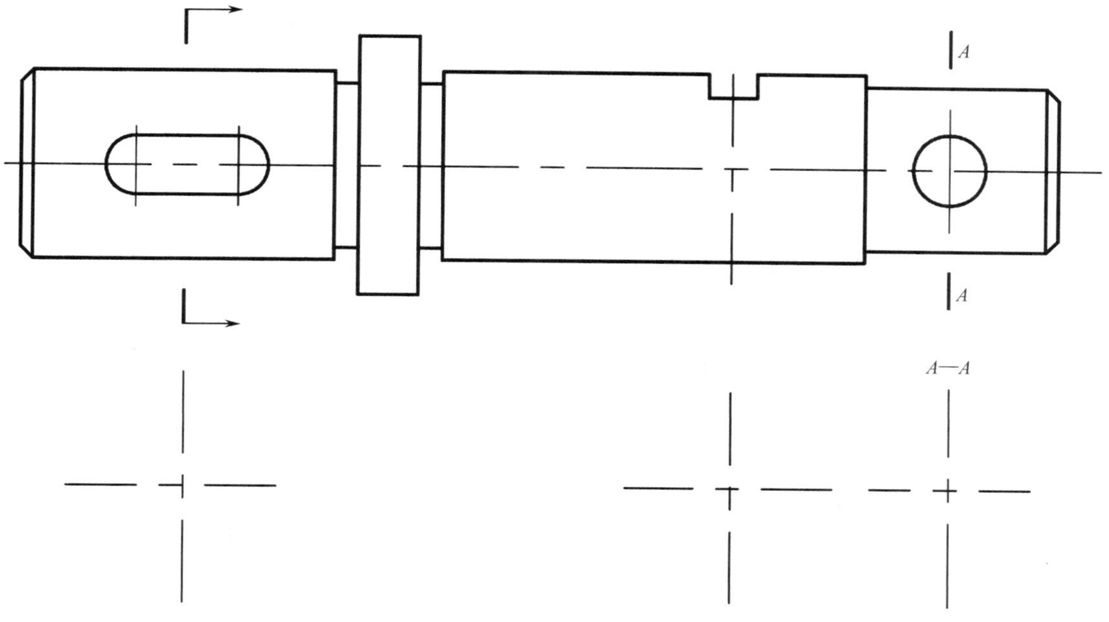

图 3-50　练习题 5 图

任务 3.3　铣刀头刀轴

任务目标

最终目标：能用适当的图样表示方法绘制铣刀头刀轴零件图。

促成目标：

（1）掌握轴套类零件的尺寸分析与标注的方法；

（2）能在零件图上标注技术要求（表面结构）；

（3）能恰当表达轴零件图的表达方法。

任务要求

如图 3-51（a）所示，观察零件结构，看懂其形状，了解零件的功用，绘制如图 3-51（b）所示零件图。

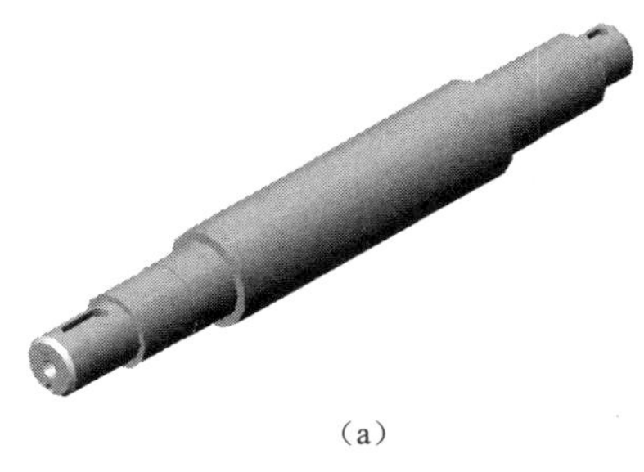

（a）

图 3-51　轴

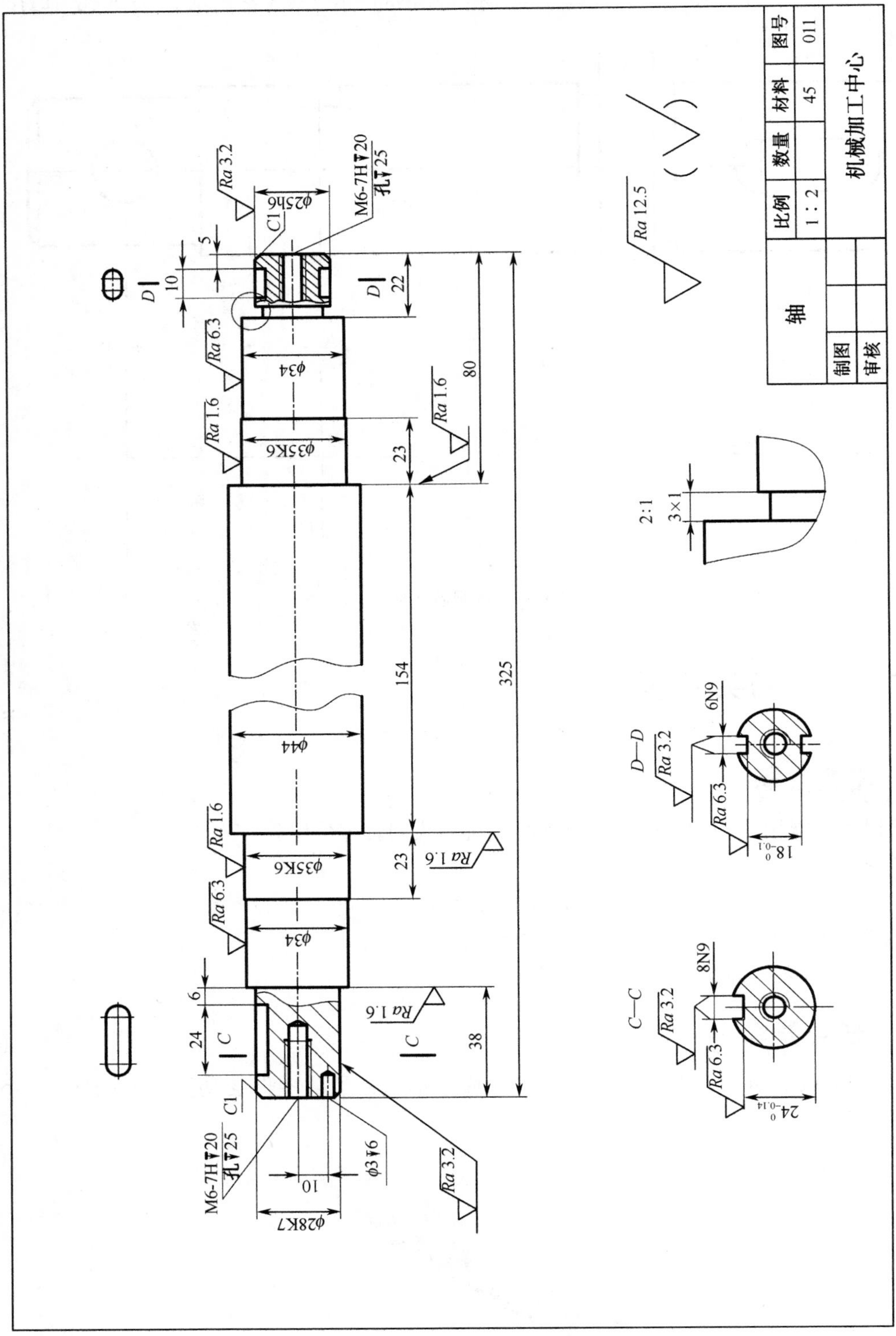

轴			比例	数量	材料	图号
			1：2		45	011
制图			机械加工中心			
审核						

（b）

图3-51 轴（续）

学习案例(2)

如图 3-52 所示，观察零件结构，看懂其形状，了解零件的功用。选择合理的表达方案，将零件表达清楚。

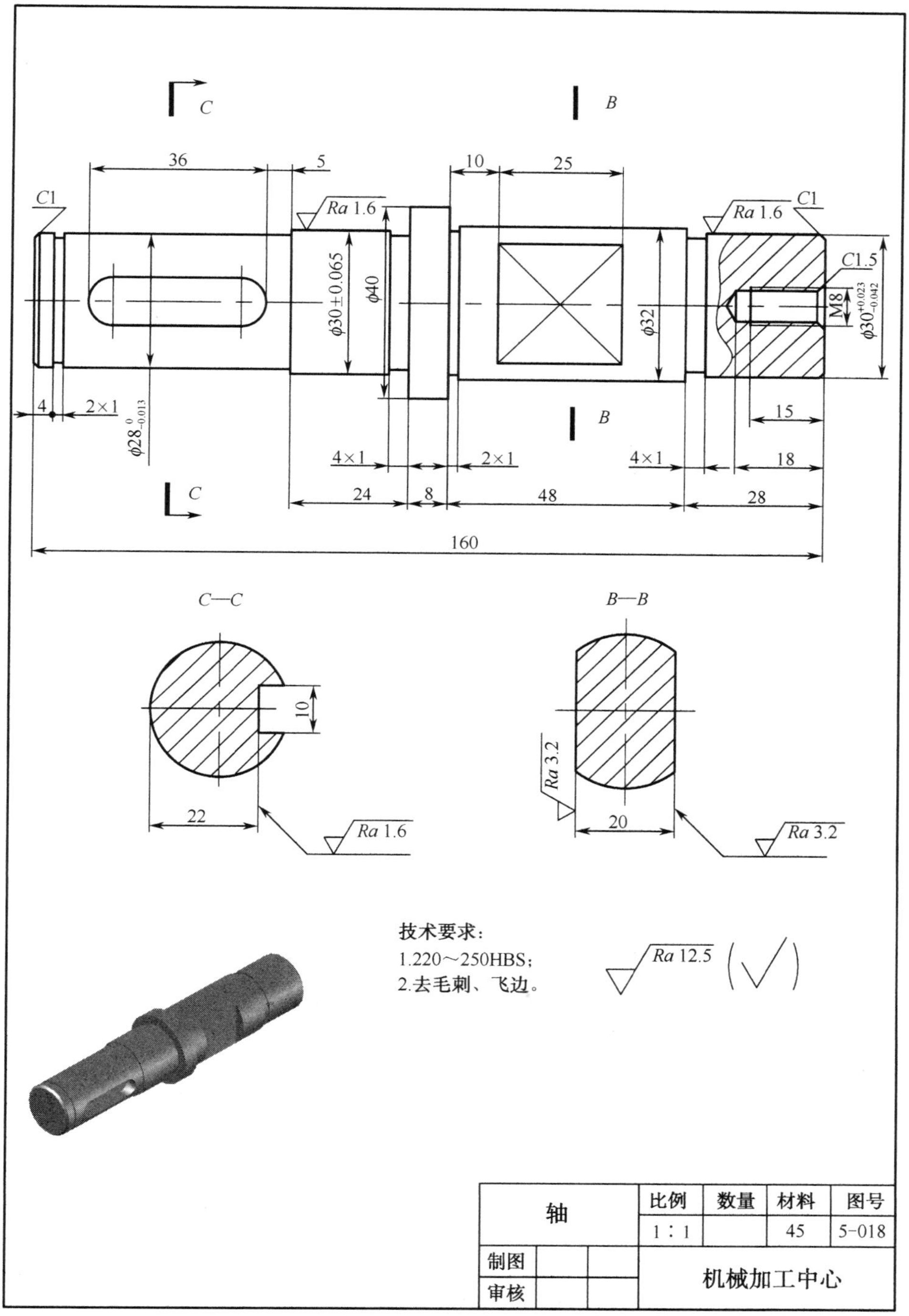

技术要求：

1.220～250HBS；

2.去毛刺、飞边。

轴	比例	数量	材料	图号
	1∶1		45	5-018
制图		机械加工中心		
审核				

图 3-52　轴

知识链接

3.3.1 轴套类零件的尺寸分析与标注

视图只能表达零件的形状，而各部分形状的大小及其相对位置，则要通过尺寸来确定。分析零件的尺寸一般是先将零件分成几部分，然后考察各个部分的尺寸，最后协调总体的尺寸。零件的尺寸主要有三类：

1. 定形尺寸

定形尺寸指确定零件形状大小的尺寸，如图 3-53 中轴上各段回转体的直径（ϕ22、ϕ15、M10）与长度尺寸（27、53）、图 3-54 中键槽的长（14）、宽（5N9）、深（10）等尺寸。

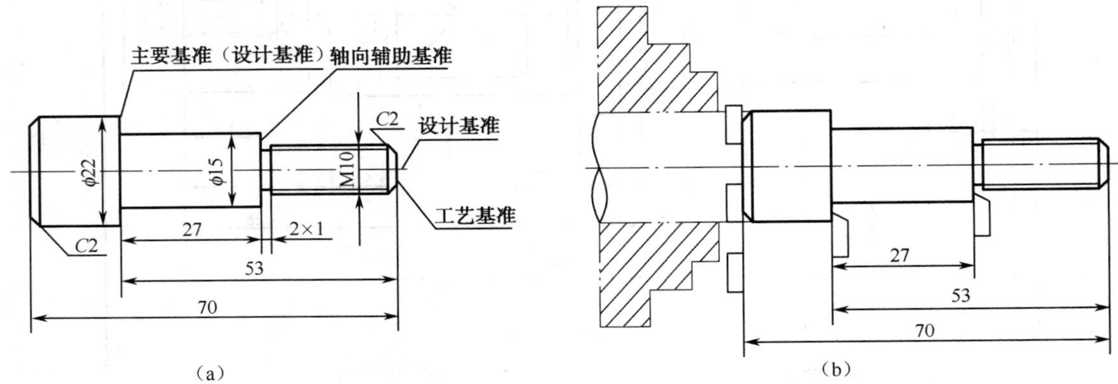

图 3-53 阶梯轴的加工方法与基准的选择

2. 定位尺寸

定位尺寸指确定零件上各部分的相对位置的尺寸。

（1）定位方向。零件上的一结构与另一结构的相对位置应从左右、前后、上下的三个方向考察，如图 3-54 中的前后、上下两个方向（这两个方向合起来统称径向）。一般只需要考虑各轴段之间轴向的定位，而某段轴的定位尺寸又常常和这段轴的轴向长度尺寸是一个尺寸。

对轴上的键槽考察其三个方向的位置时发现其前后方向上与轴对中，上下方向上键槽加工在轴的最上部，因此这两个方向也不需要定位尺寸，所以键槽的定位尺寸即为其轴向定位尺寸，如图 3-54 中的尺寸 10。

（2）定位基准。在具体确定某结构某方向上的相对位置时首先需要选定尺寸基准，即测量及标注尺寸的起点。零件有三个方向的尺寸，每个方向至少要有一个尺寸基准，基准选定后，各方向的主要尺寸就应从相应的尺寸基准进行标注。当零件结构比较复杂时，同一方向上尺寸基准可能有几个，其中决定零件主要尺寸的基准称为主要基准，主要基准通常又是设计基准。为加工和测量方便而附加的基准称辅助基准（又称工艺基准）。如图 3-53 所示阶梯轴，尺寸ϕ22 的右端面是设计基准又是轴向（长度方向）的主要基准，由此注出重要的设计尺寸 27；整个阶梯轴的右端面是轴向工艺基准，尺寸 70、53 均由此注出；尺寸 27 右端的轴肩也是该轴的轴向辅助基准，由此注出退刀槽的宽度尺寸 2。辅助基准与主要基准要具有直

接的联系尺寸，53 即为阶梯轴的主要基准与辅助基准之间的联系尺寸。

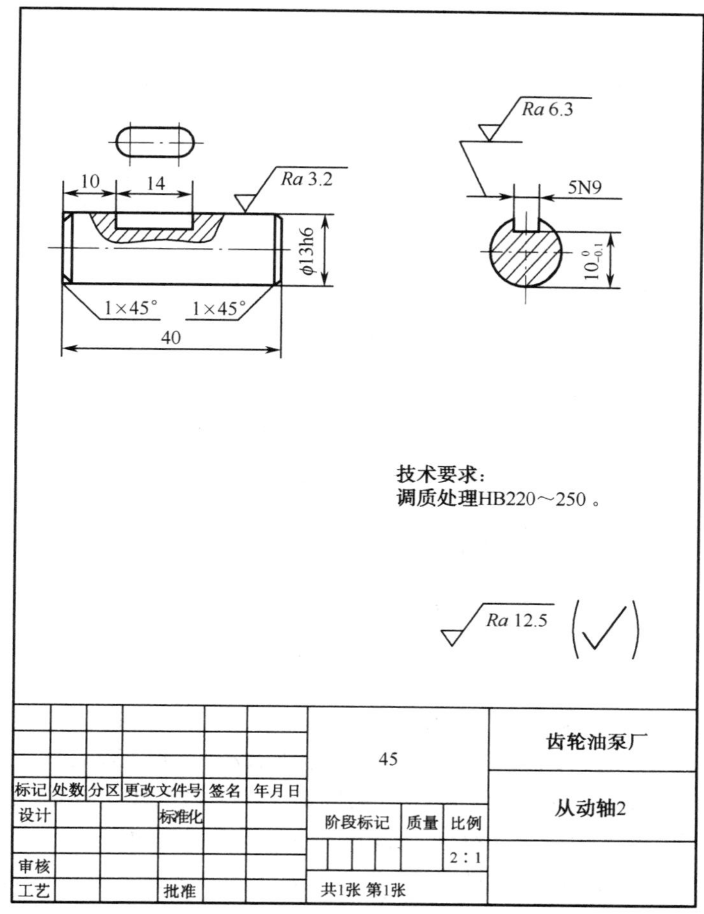

图 3-54　齿轮油泵从动轴 2 的零件图

3. 总体尺寸

总体尺寸是表示零件外形大小的总长、总宽、总高的尺寸。

轴类零件一般需要其轴线方向的总长尺寸，而总高尺寸和总宽尺寸在数值上与轴上最大直径段的直径尺寸相同，因此，有了轴上每段轴的直径尺寸后就不需要考虑其径向的总体尺寸。

总之，要分析一个轴套类零件的尺寸先要撇开轴上的细节结构，如孔、键槽、退刀槽等，以回转轴线作为径向的尺寸基准，考虑阶梯轴各段的直径尺寸；再以某段轴的端面（有设计要求的重要表面）作为轴向尺寸基准考虑各段轴向长度尺寸，最后一一考察各细节结构的定形尺寸与定位尺寸，最后协调总体尺寸。

4. 标注轴套类零件尺寸的注意点

将确定轴类零件的全部尺寸分析清楚后，还需要将这些尺寸标注在轴的视图上，标注轴类零件尺寸的注意点有：

（1）回转体的直径尺寸最好注在其投影不是圆的视图中，如图 3-53 所示阶梯轴。

（2）为了避免尺寸界线过长及与其他图线相交过多，使标注出的尺寸排列整齐有序，在标注同方向的尺寸时，应将小尺寸注在内，大尺寸注在外，如图 3-53 阶梯轴上的 27、53、70 等尺寸。

（3）避免标注封闭尺寸链。如图 3-55 所示阶梯轴长度方向的尺寸 L_1、L_2、L_3，一般只注出其中两个尺寸为合理。若三个尺寸均注出，如图 3-55（c）所示，形成首尾相接并封闭的一组尺寸即封闭尺寸链，意指 L_1 尺寸是 L_2、L_3 之和，L_1 尺寸有一定的加工精度要求，而在实际加工中，尺寸 L_2、L_3 的误差均会累积到尺寸 L_1 中，要保证 L_1 尺寸精度实际上提高了尺寸 L_2、L_3 的加工精度。所以应当根据尺寸的重要性，对其中重要的尺寸直接注出，选其中一个不重要的尺寸空出不注，如图 3-55（a）、（b）所示。但也允许将 L_3 加上括号注出，表示此尺寸是参考尺寸，不作为加工、检验的依据，如图 3-55（d）所示。

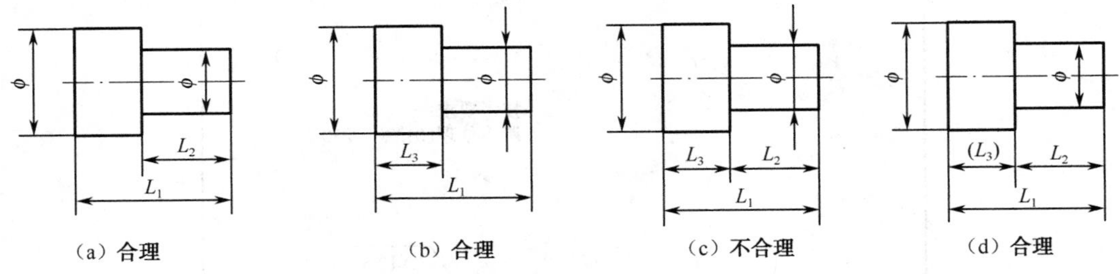

图 3-55　不应注成封闭尺寸链

（4）标注的尺寸要符合加工顺序的要求。如图 3-53 所示的阶梯轴，加工的第一道工序为下料、车端面，此时需要总长 70；第二道工序为车外圆 ϕ15，长 53，倒角 C2；第三道工序为加工退刀槽 2×1；加工螺纹 M10，保证 27；第四道工序为截断轴，保证长 70，倒角 C2。将轴向尺寸 70、53、27 等直接注出就符合了加工顺序，从下料到每一加工工序，均可由图中直接看出所需尺寸，如图 3-56 所示（图中 27 为设计要求的重要尺寸，故需直接标注出）。

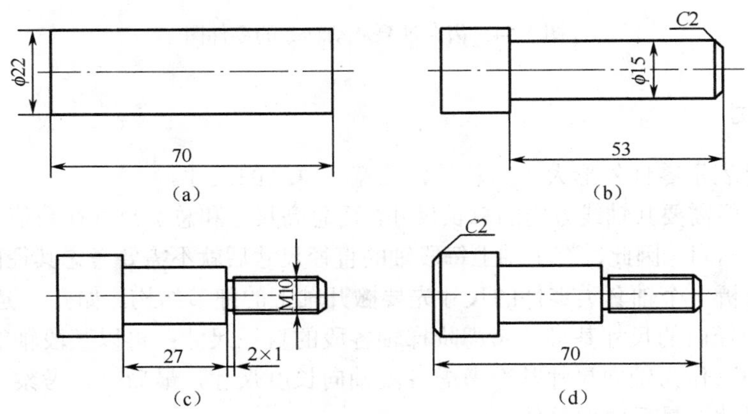

图 3-56　轴的加工顺序

（5）考虑测量方便的要求。如图 3-57 所示分别是轴和轮的断面图，显然图（b）中标注的尺寸比图（a）的标注便于测量。在图 3-58 所示的套筒中，尺寸 l_1 测量困难，在图中改注尺寸 l_3，测量就方便了。

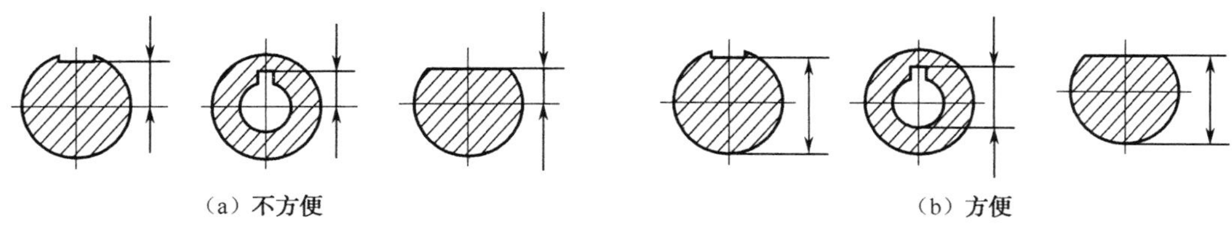

图 3-57　标注尺寸要考虑测量方便 1

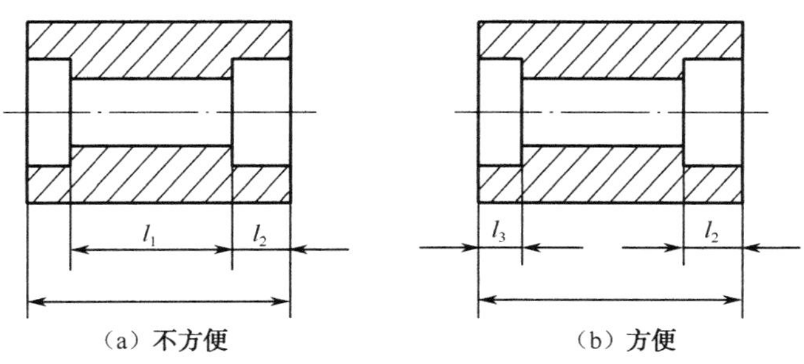

图 3-58　标注尺寸要考虑测量方便 2

5. 轴套类零件上常见结构的尺寸标注

（1）倒角

为便于零件的装配和去毛刺保证安全，阶梯的轴和孔的端面上一般加工成 45°或其他度数的倒角。轴、孔的标准倒角尺寸可由 GB/T 6403.4—2008 查得，其尺寸标注方法如图 3-59 所示。零件上倒角尺寸全部相同且为 45°时，可在图样右上角注明“全部倒角 *C*×（×为倒角的轴向尺寸)”。

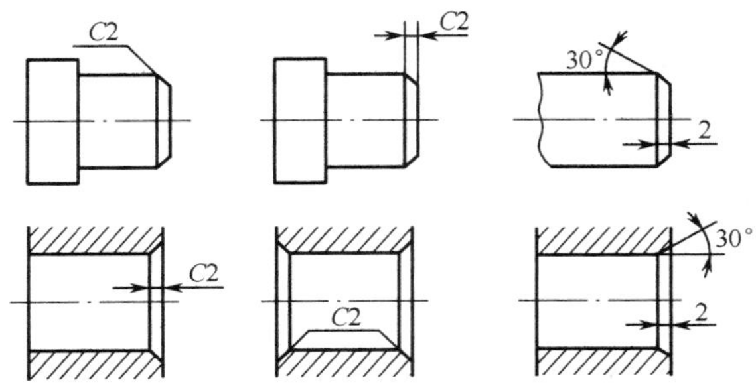

图 3-59　倒角的尺寸标注

（2）退刀槽与砂轮越程槽

在切削加工中，为保护加工刀具和方便刀具退出，以及装配时两零件表面能紧密接触，一般在零件加工表面的台肩处先加工出退刀槽或越程槽，如图 3-60 所示，图中的数据可从标准手册中查取。退刀槽的尺寸标注形式，一般可按“槽宽×直径”或“槽宽×槽深”标注。砂轮越程槽一般用局部放大图画出，尺寸标注如图 3-60 所示。

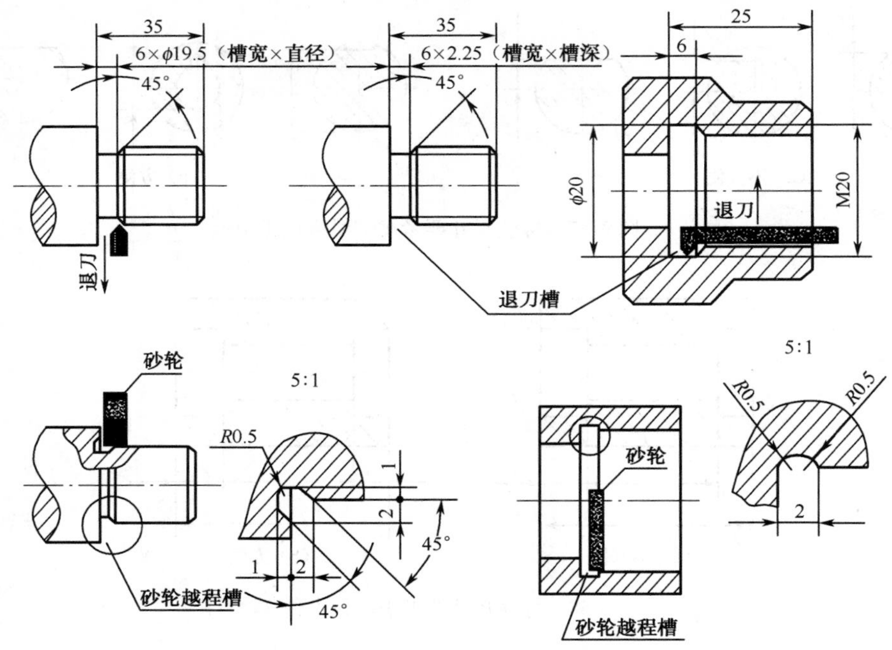

图 3-60 退刀槽与砂轮越程槽

（3）常见孔的尺寸标注

常见孔的简化画法及尺寸标注如表 3-2 所示。

表 3-2 常见孔的简化画法及尺寸标注

类　型	旁 注 法		普 通 注 法
光孔	4×φ4↧10	4×φ4↧10	4×φ4 10
	4×φ4H7↧10 ⌴↧12	4×φ4H7↧10 ⌴↧12	10 12
	锥销孔φ4 配作	锥销孔φ4 配作	锥销孔φ4 配作

续表

类　型	旁 注 法		普 通 注 法
螺孔	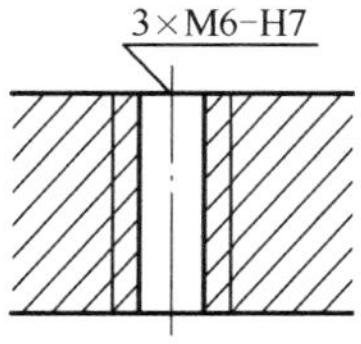 3×M6-H7	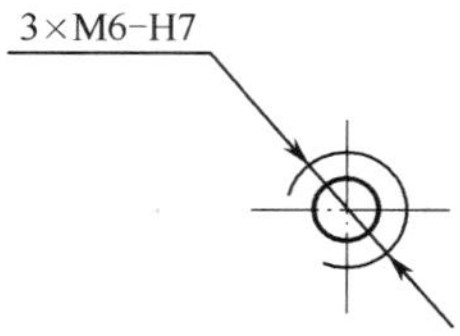 3×M6-H7	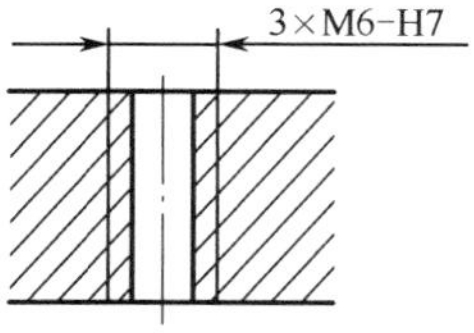 3×M6-H7
	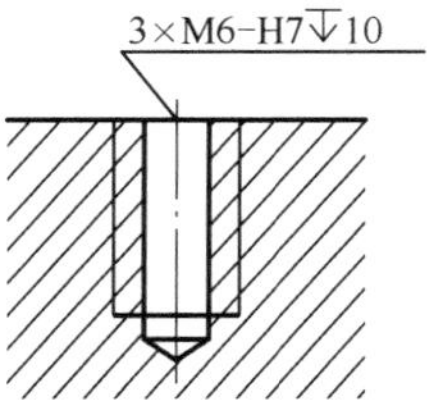 3×M6-H7↧10	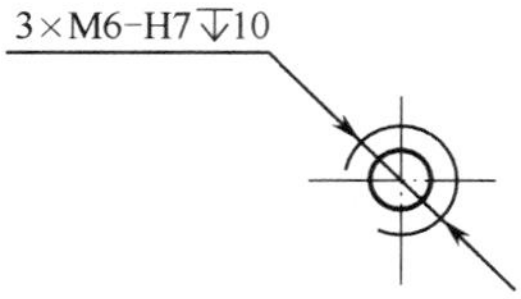 3×M6-H7↧10	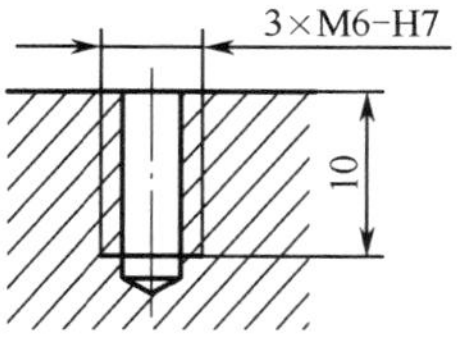 3×M6-H7 10
	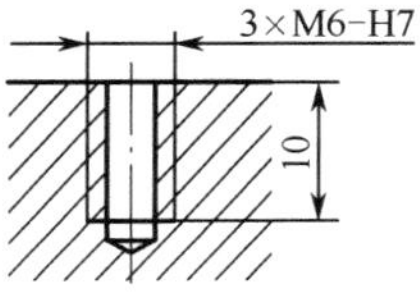 3×M6-H7 10	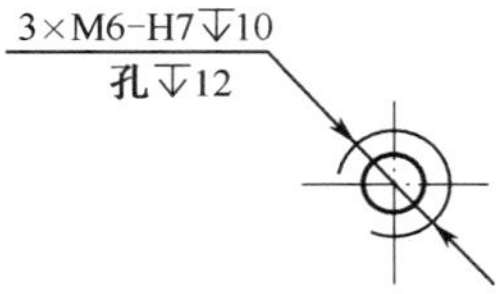 3×M6-H7↧10 孔↧12	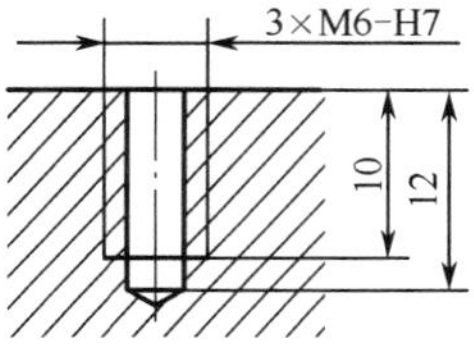 3×M6-H7 10 12
沉孔	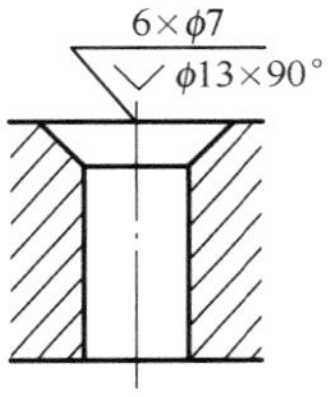 6×ϕ7 ⌵ϕ13×90°	6×ϕ7 ⌵ϕ13×90°	90° ϕ13 6×ϕ7
	4×ϕ6.4 ⌴ϕ12↧4.5	4×ϕ6.4 ⌴ϕ12↧4.5	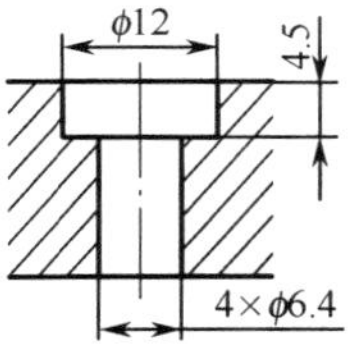 ϕ12 4.5 4×ϕ6.4
	4×ϕ9 ⌴ϕ20	4×ϕ9 ⌴ϕ20	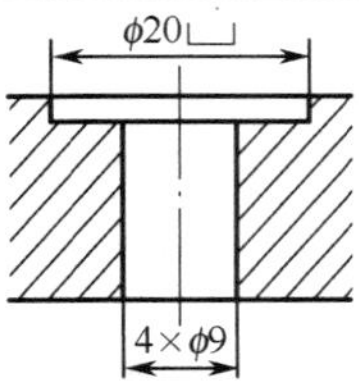 ϕ20⌴ 4×ϕ9

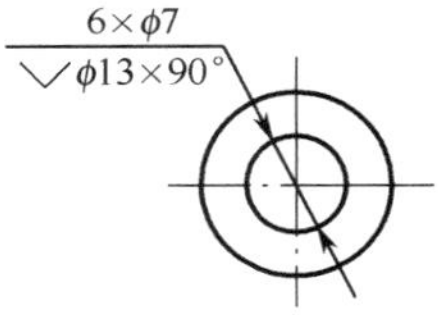

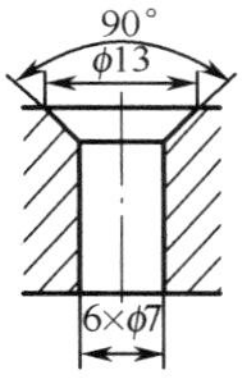

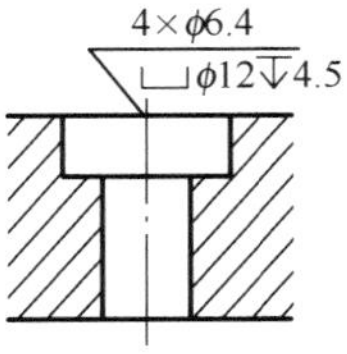

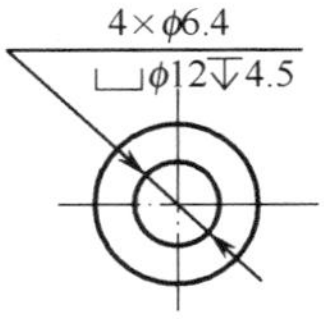

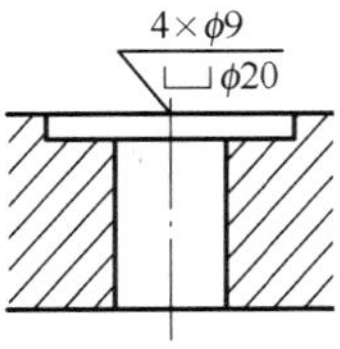

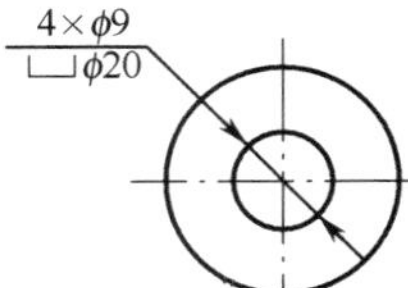

3.3.2　零件图上的表面结构

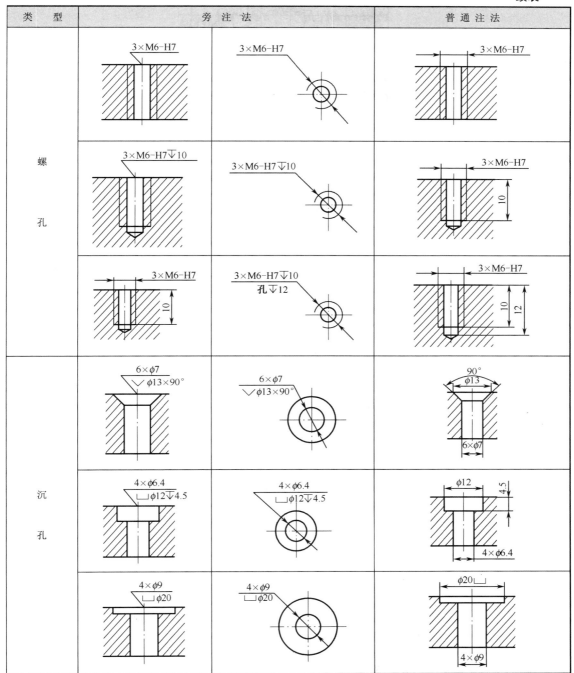

零件的表面结构是零件表面的微观几何形貌，如图 3-61 所示为零件表面结构的几何意义。

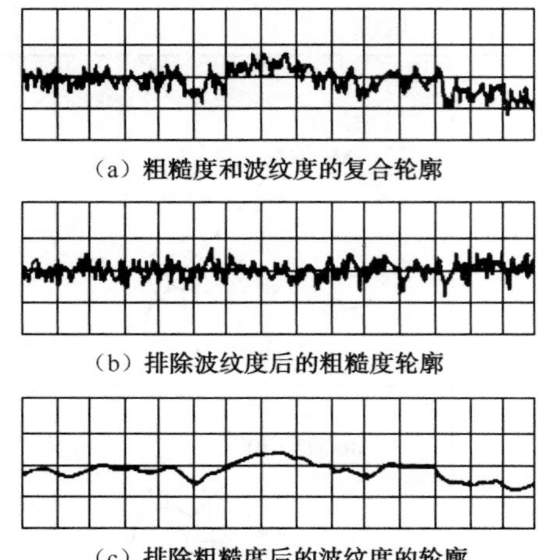
（a）粗糙度和波纹度的复合轮廓

（b）排除波纹度后的粗糙度轮廓

（c）排除粗糙度后的波纹度的轮廓

图 3-61 零件表面结构的几何意义

国家标准对这些表面结构都给出了相应的指标评定标准。这些轮廓都能在特定的仪器中观察到，在零件的实际加工中，一般用对照块规来比照鉴定，控制加工精度。

表面结构的三个参数描述意义不同但标注方式相同，其中表面粗糙度参数使用最为广泛，所以重点介绍表面粗糙度。

1. 表面粗糙度的概念

零件在加工时，由于受刀具在零件表面上留下的刀痕、切削时表面金属的塑性变形和机床振动等因素的影响，零件表面存在着间距较小的轮廓峰谷。表面粗糙度是指零件表面上所具有的较小间距的峰谷所组成的微观几何形状特征，如图 3-62 所示。

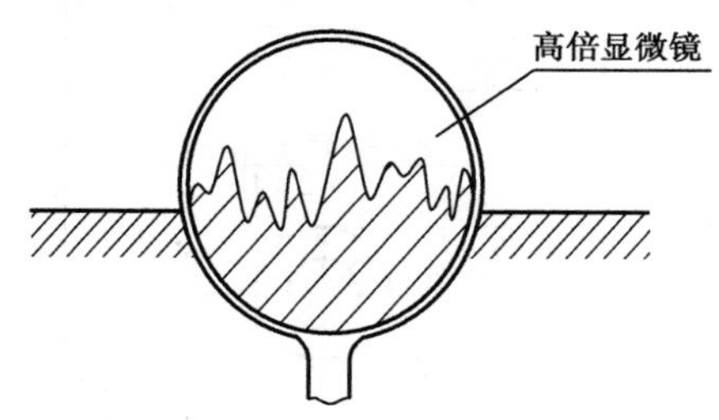

图 3-62 表面粗糙度的概念

表面粗糙度是评定零件表面质量的一项重要技术指标。它对零件耐磨性、抗腐蚀性、密封性、配合性质和疲劳强度等都有影响。

2. 表面粗糙度的评定参数

表面粗糙度的高度参数常用轮廓算术平均偏差 *Ra* 来评定。*Ra* 是在取样长度 *L* 内，轮廓偏距 *Z* 的绝对值的算术平均值，称为轮廓算术平均偏差。*Ra* 的单位为微米（μm）（值为 100、50、25、12.5、6.3、3.2、1.6、0.8…），一般来说，凡是零件上有配合要求或有相对运动的表面，*Ra* 值要小。*Ra* 值越小，表面质量要求越高，但加工成本也越高。因此，在满足使用要求的前提下，应尽量选用较大的 *Ra* 值，以降低生产成本。

表 3-3 为表面粗糙度值的常用系列及对应的加工方式（GB/T 6060.1—1997、GB/T 6060.2—2006）。

表 3-3　常用加工方式的表面粗糙度

加 工 方 式	表面粗糙度 *Ra* 值/μm
铸造加工	100、50、25、12.5、6.3
钻削加工	12.5、6.3
铣削加工	12.5、6.3、3.2
车削加工	12.5、6.3、3.2、1.6
磨削加工	0.8、0.4、0.2
超精磨削加工	0.1、0.05、0.025、0.012

3. 表面结构要求的标注符号及代号的意义

GB/T 131—2006 规定，表面粗糙度代号由规定的符号和有关参数值组成。零件表面结构符号以及含义如表 3-4 所示，零件表面粗糙度代号以及含义如表 3-5 所示。

表 3-4　表面结构符号及含义

符　　号	含　　义
	基本符号，表示表面可用任何方法获得，仅适用于简化代号标注
	扩展图形符号：基本符号加一横线，表示表面用去除材料的方法获得，如车、铣、钻、磨、剪切、抛光、腐蚀、电火花加工、气割等
	扩展图形符号：基本符号加一小圆，表示表面用不去除材料的方法获得，如铸、锻、冲压变形、热轧、冷轧、粉末冶金等；或者是用于保持原供应状况的表面（包括保持上道工序的状况）
	完整图形符号：在上述三个符号的长边上均可加一横线，用于标注有关说明和参数
	在上述三个带横线符号上均可加一小圆，表示所有表面具有相同的表面粗糙度要求

表 3-5　表面粗糙度参数 *Ra* 的代号及含义

代　　号	含　　义
Ra 6.3	表示任意加工方法，单向上限值，默认传输带，*R* 轮廓，算术平均偏差为 6.3μm，评定长度为 5 个取样长度（默认），“16%规则”（默认）
Ra 6.3	表示去除材料，单向上限值，默认传输带，*R* 轮廓，算术平均偏差为 6.3μm，评定长度为 5 个取样长度（默认），“16%规则”（默认）
Ra 6.3	表示不允许去除材料，单向上限值，默认传输带，*R* 轮廓，算术平均偏差为 6.3μm，评定长度为 5 个取样长度（默认），“16%规则”（默认）

续表

代 号	含 义
U *Ra* max 6.3 L *Ra* 1.6	表示不允许去除材料，双向极限值，两个极限使用默认传输带，*R* 轮廓。上限值：算术平均偏差为 6.3μm，评定长度为 5 个取样长度（默认），“最大规则”。下限值：算术平均偏差为 1.6μm，评定长度为 5 个取样长度（默认），“16%规则”（默认）

（1）表面结构要求在零件图上的标注：表面结构要求多用表面粗糙度参数来表示，在本书中提到的表面结构要求均指表面粗糙度。

零件的每一个表面都应该有粗糙度要求，并且在图样上用代号标注出来。零件图上所标注的表面粗糙度是指该表面完工后的要求，除非另有说明。

标注规则如下：

① 在同一张图样上，每一表面一般只标注一次代（符）号，并按规定分别注在可见轮廓线、尺寸界线、尺寸线和其延长线上。必要时，表面结构符号也可用带箭头或黑点的指引线标注，或直接标注在延长线上，如图 3-63 所示。

② 符号尖端必须从材料外指向加工表面，如图 3-63 所示。

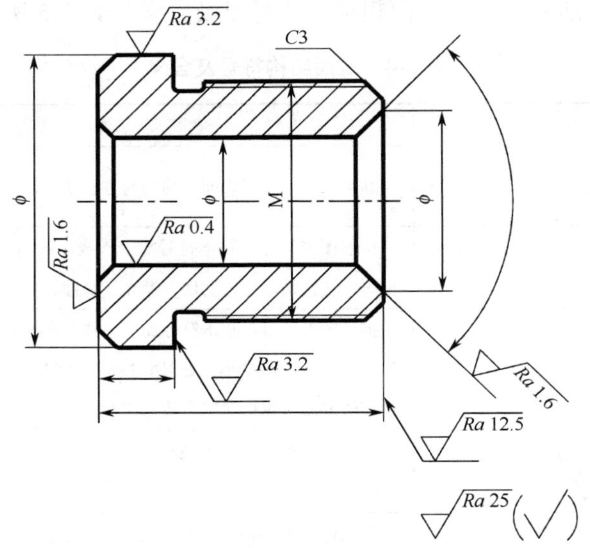

图 3-63 表面结构的标注

③ 根据 GB/T 4458.4 的规定，表面结构的注写和读取方向与尺寸的注写和读取方向应一致，如图 3-64 所示。

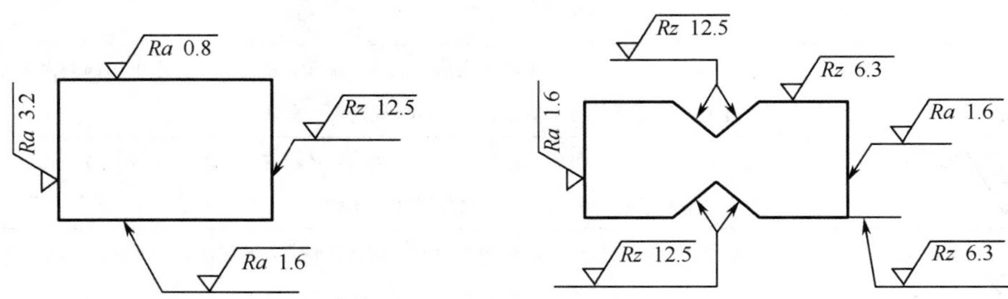

图 3-64 表面结构要求的注写方向

④ 对于不连续表面，可用细实线相连只标注一次表面粗糙度，如图 3-65 所示。

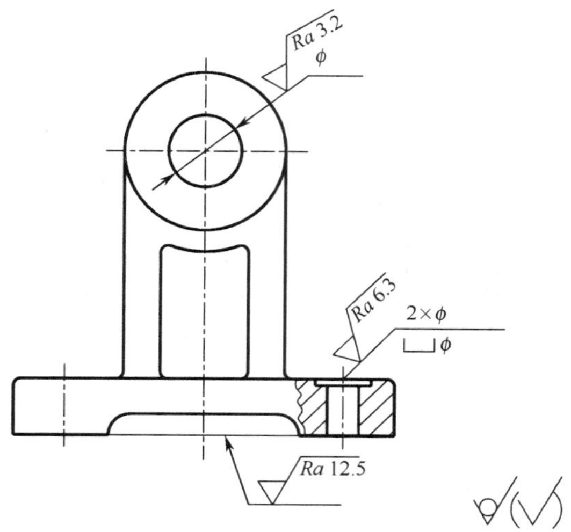

图 3-65　不连续表面的粗糙度标注

错误标注示例如图 3-66 所示。

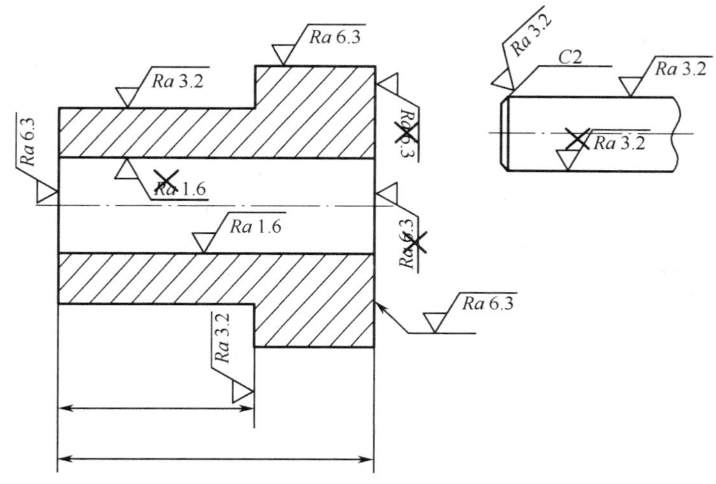

图 3-66　错误标注示例

（2）下面讲述常见机械结构的表面粗糙度标注。

① 中心孔、键槽、圆角、倒角的表面粗糙度代号注法如图 3-67 所示。

② 重复要素粗糙度注法如图 3-68 所示。

③ 连续表面粗糙度注法如图 3-69 所示。

④ 同一表面粗糙度要求不同的注法如图 3-70 所示。

⑤ 螺纹工作表面的粗糙度注法：注在尺寸线数字上，如图 3-71 所示。

⑥ 轮齿工作表面的粗糙度注法如图 3-72 所示。

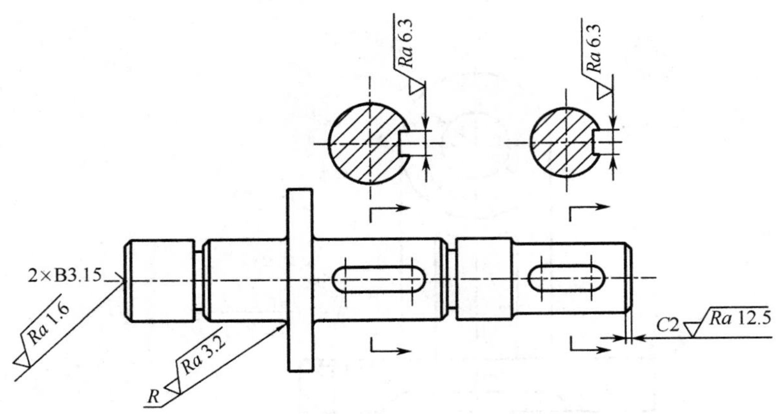

图 3-67　中心孔、键槽、圆角、倒角的表面粗糙度代号注法

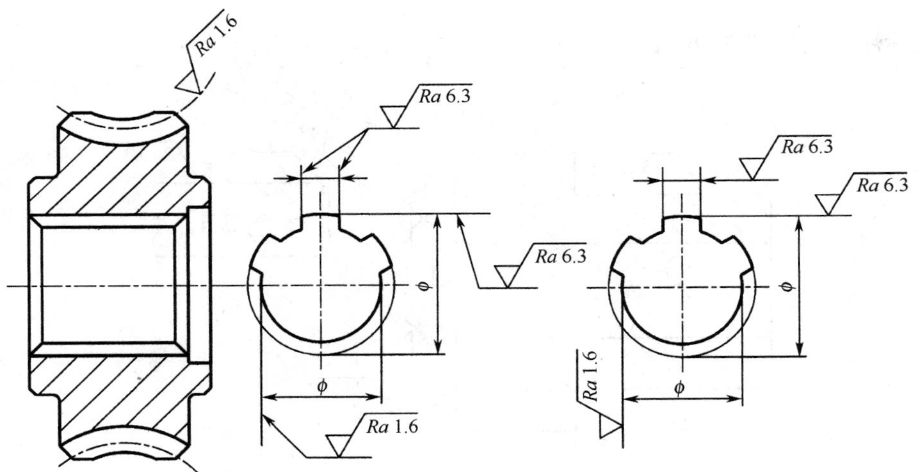

图 3-68　重复要素粗糙度注法

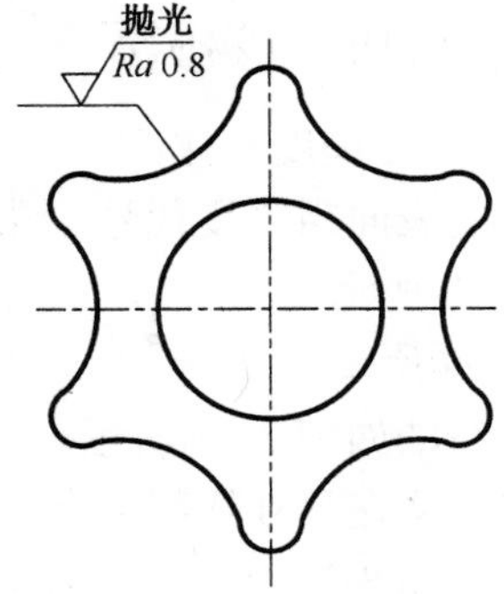

图 3-69　连续表面粗糙度注法

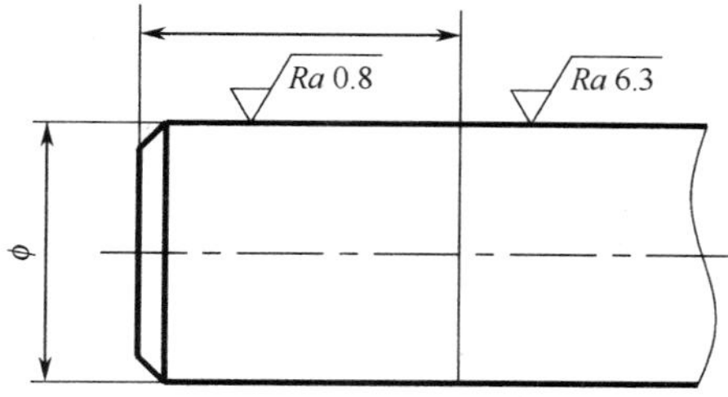

图 3-70　同一表面粗糙度要求不同的注法

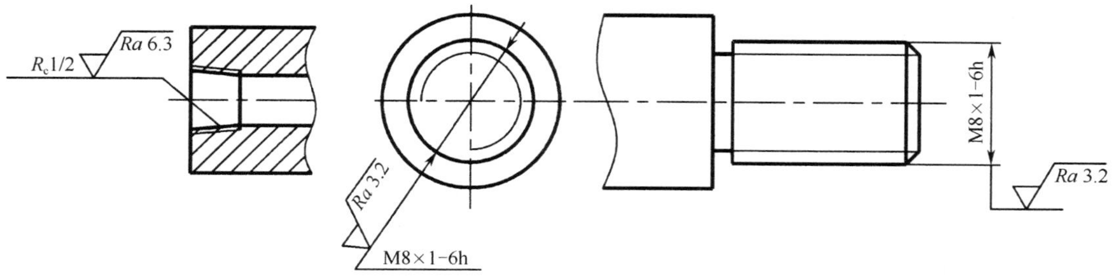

图 3-71　螺纹工作表面的粗糙度注法

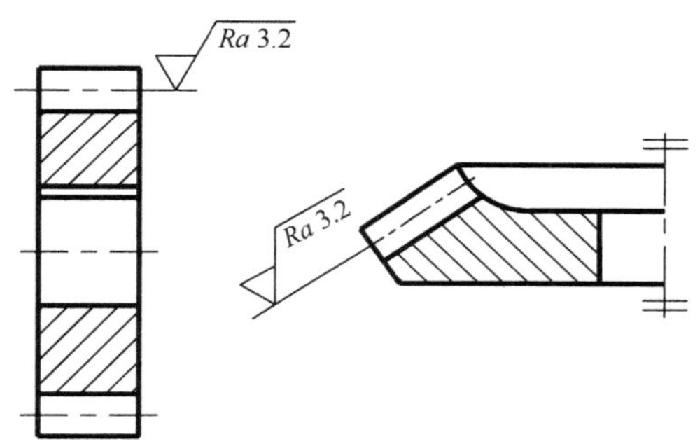

图 3-72　轮齿工作表面的粗糙度注法

（3）简化标注法有如下几种。

① 在图纸空间有限时可采用简化注法，如图 3-73 所示。

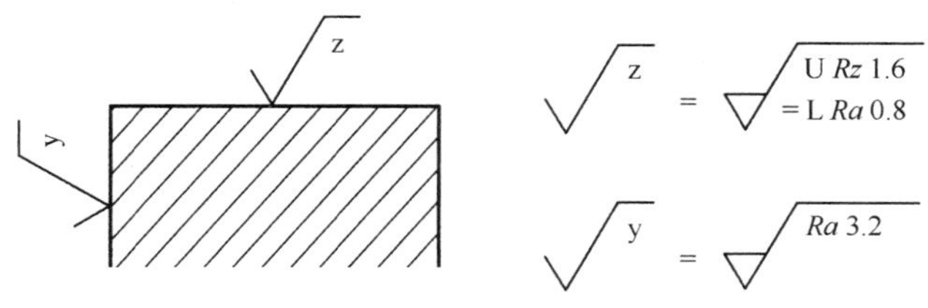

图 3-73　表面结构简化标注法 1

② 当工件的多数（全部）表面具有相同的表面结构要求时，则其表面结构要求可统一标注在图样的标题栏附近，如图 3-74 所示。

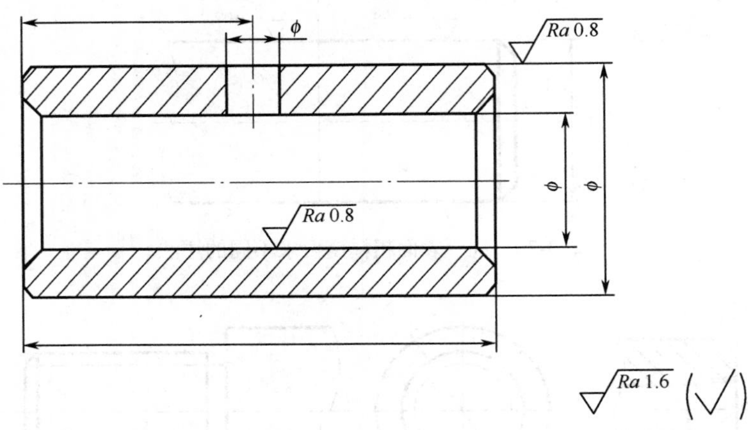

图 3-74　表面结构简化标注法 2

（4）由几种不同的工艺方法获得的同一表面，当需要明确每种工艺方法的表面结构要求时，可按图 3-75 所示标注。

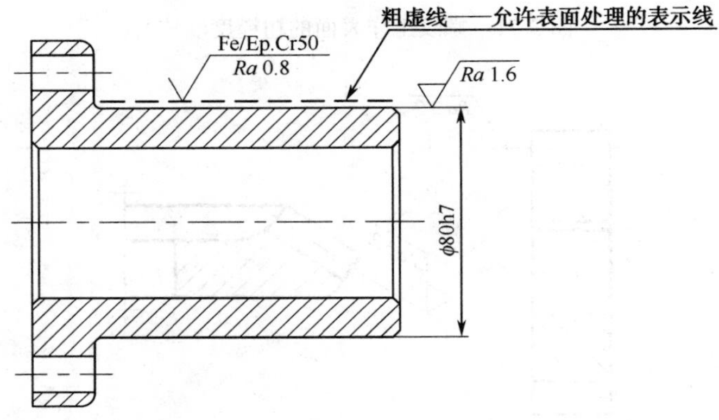

图 3-75　同时给出镀覆前后表面结构要求的标注

（5）限定范围（局部）表面处理和热处理在图上的标注可按图 3-76 所示标注。

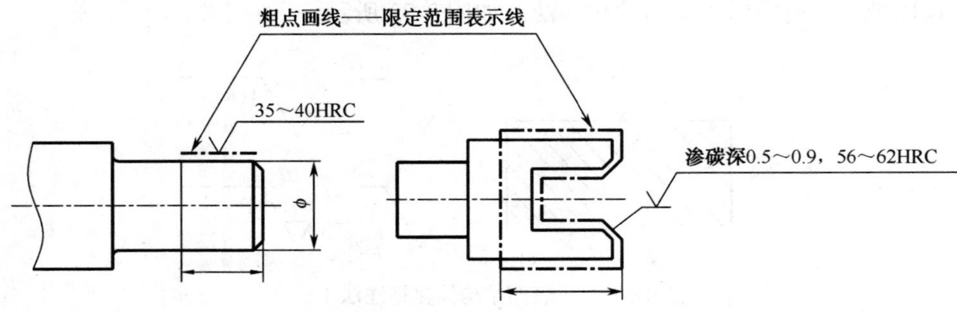

图 3-76　表面处理和热处理的标注

课外练习

（1）如图 3-77 所示，补全图上 *A*、*B*、*C*、*D* 结构的尺寸。

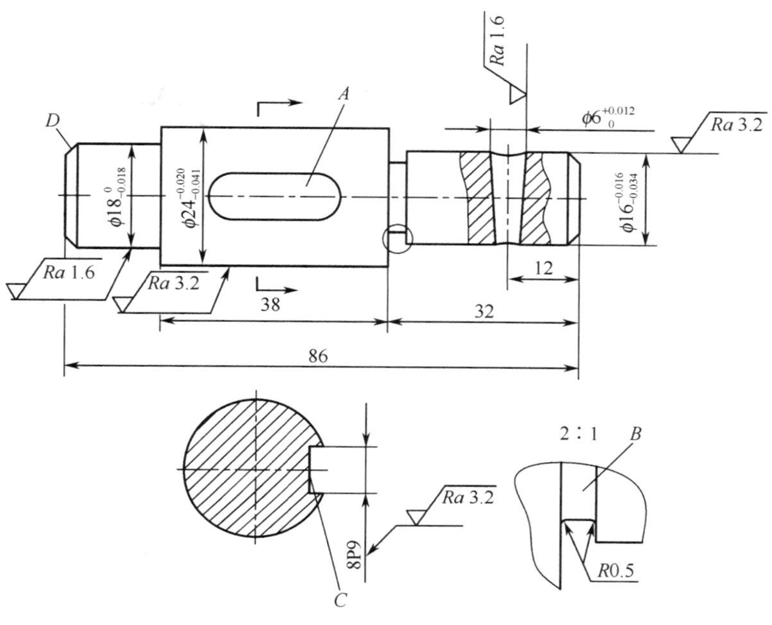

图 3-77　练习题 1 图

（2）找出如图 3-78 所示图（a）中表面粗糙度代号在标注方面的错误，并在图（b）中进行正确标注。

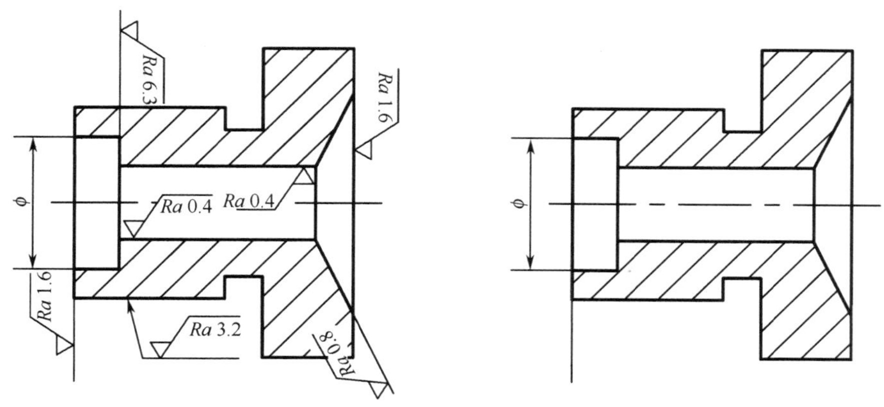

图 3-78　练习题 2 图

（3）如图 3-79 所示，在零件图上标注粗糙度要求，小轴要求如下所示。

ϕ20、ϕ30圆柱表面 $\sqrt{Ra\ 1.6}$ **，右台阶面** $\sqrt{Ra\ 3.2}$

90° **内锥面** $\sqrt{Ra\ 1.6}$ **，其余** $\sqrt{Ra\ 3.2}$

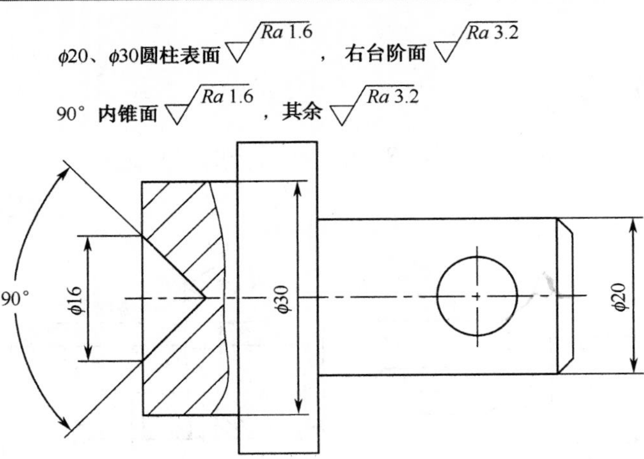

图 3-79 练习题 3 图

项目 4　盘盖类零件

任务 4.1　圆盘

任务目标

最终目标：学会圆盘零件图的表达与绘制。

促成目标：

（1）掌握盘盖类零件的特征；

（2）掌握剖视图剖切面的表达及其应用场合。

任务要求

观察如图 4-1 所示零件结构，看懂其形状，了解零件的功用。选择合理的表达方案，将零件表达清楚。

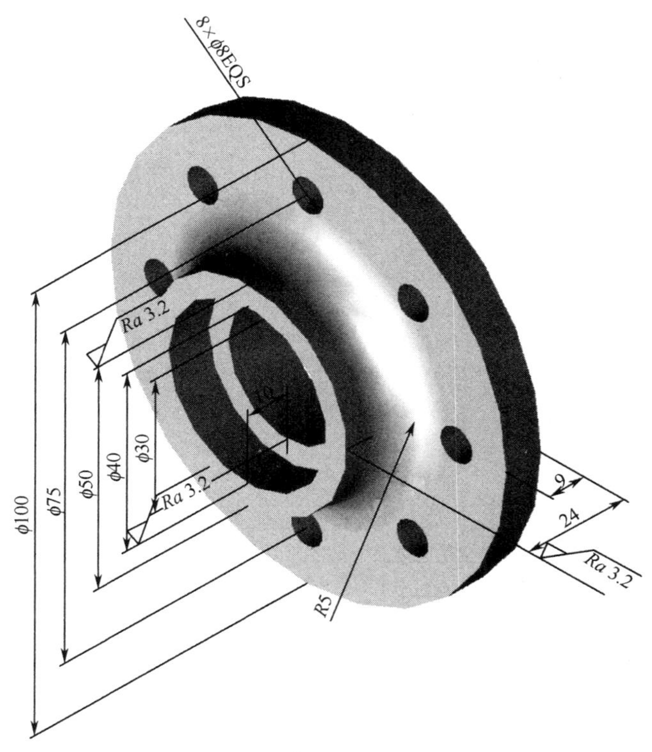

图 4-1　立体图

学习案例

观察如图 4-2 所示零件结构，看懂其形状，了解零件的功用。选择合理的表达方案，将零件表达清楚。

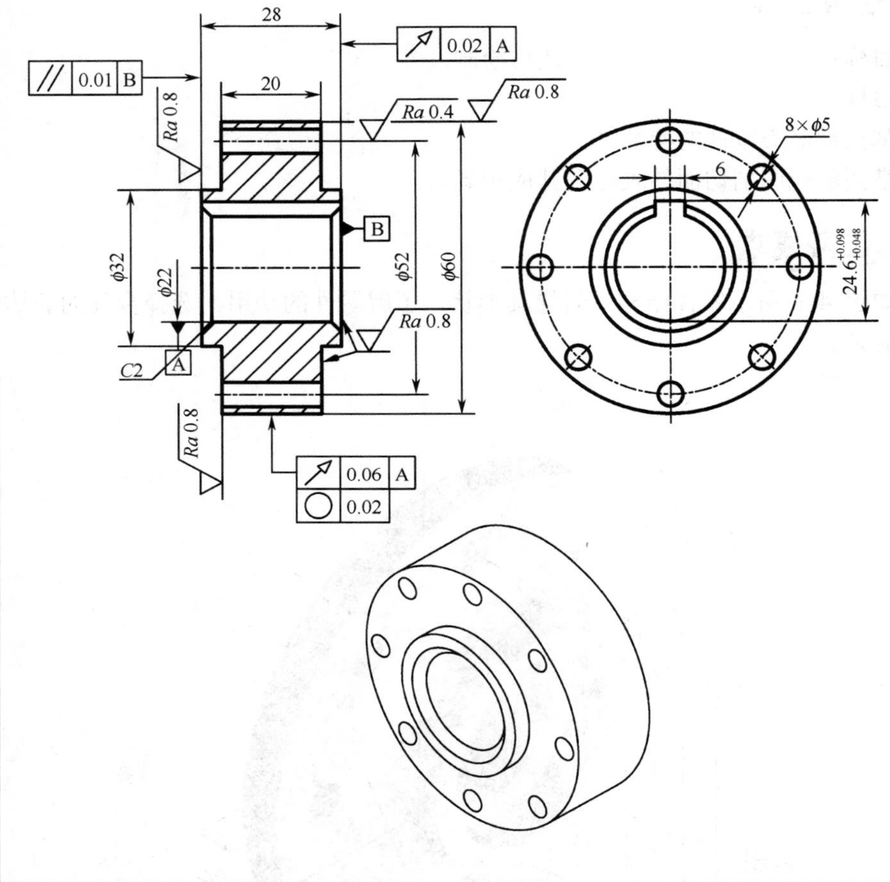

						铸铁	轮
标记	处数	分区	更改文件号	签名	年月日		
设计			标准化			阶段标记 / 质量 / 比例	
						×××5 / 1∶1	033
审核							
工艺			批准			共××张 第××张	

图 4-2　零件图

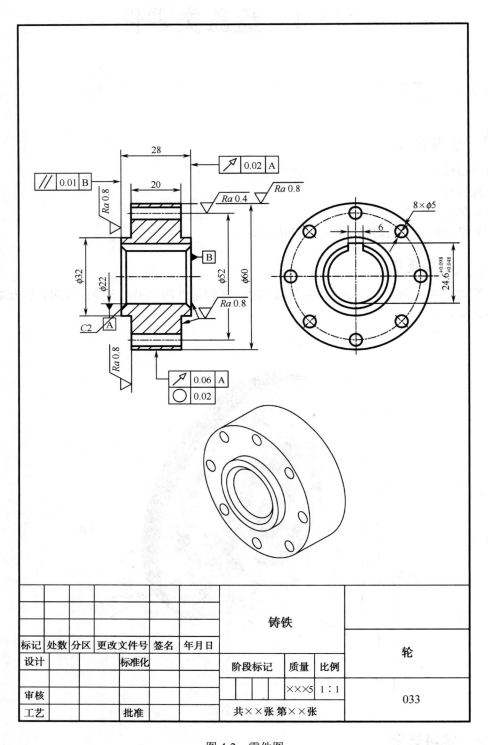

知识链接

4.1.1　常见盘盖类零件

盘盖类零件是零件中的一个大类，也是机器上的常见零件，为径向大、轴向小的扁平状结构，其还能细分成盖（轴承盖、端盖等）、轮（齿轮、手轮、带轮等）、盘（法兰盘、托盘等）。如图 4-3 所示为几种盘盖类零件的三维造型图。

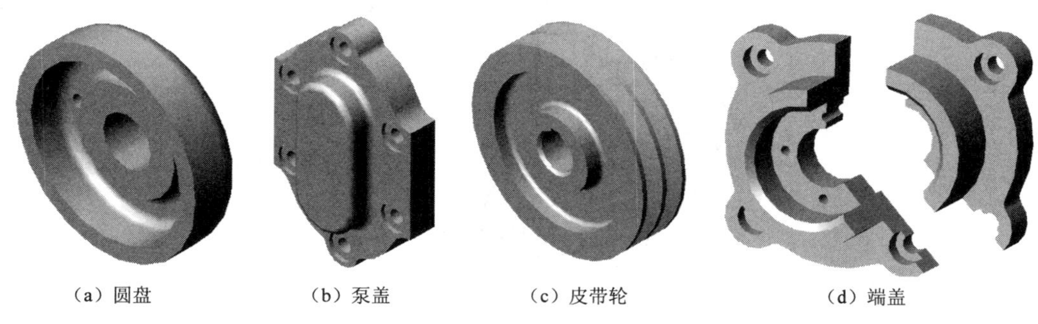

（a）圆盘　（b）泵盖　（c）皮带轮　（d）端盖

图 4-3　几种盘盖类零件的三维造型图

4.1.2　剖切面

由于机件内部结构形状不同，常需选用不同数量、位置及形状的剖切面剖开机件，以便将机件的结构表达清楚。

（1）单一平面剖切视图

当机件的内部结构位于一个剖切面上时，用一个平面（或柱面）剖开机件，通常用平行于某个基本投影面的单一平面剖切，如图 4-4 所示。

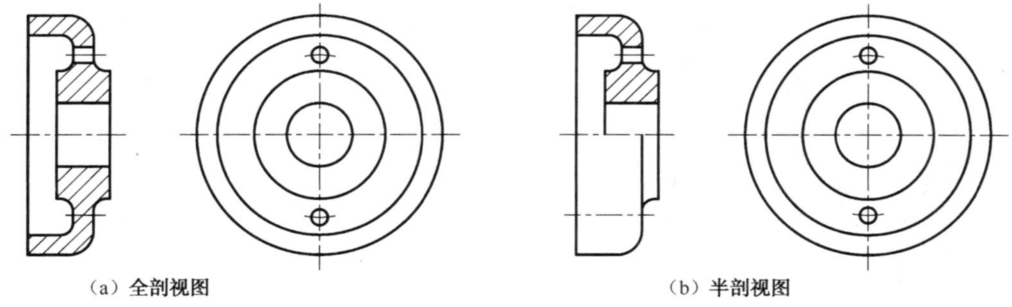

（a）全剖视图　（b）半剖视图

图 4-4　单一平面剖切视图

（2）单一倾斜平面剖切视图

当机件具有倾斜的内部结构形状时，也可采用一个与倾斜部分的主要结构平行且垂直于某一基本投影面的单一剖切面剖切机件并投影，即可得到该部分内部结构的实形，如图 4-5 所示，这种剖切方法又称为斜剖。必要时，允许将图形旋转放正，并加注旋转符号。

（3）几个平行的剖切平面（阶梯）剖视图

用几个平行的剖切平面剖开机件，可以用来表示机件上分布在几个相互平行平面上的内

部结构形状，如图 4-6（a）所示。这种剖切方法又称为阶梯剖。

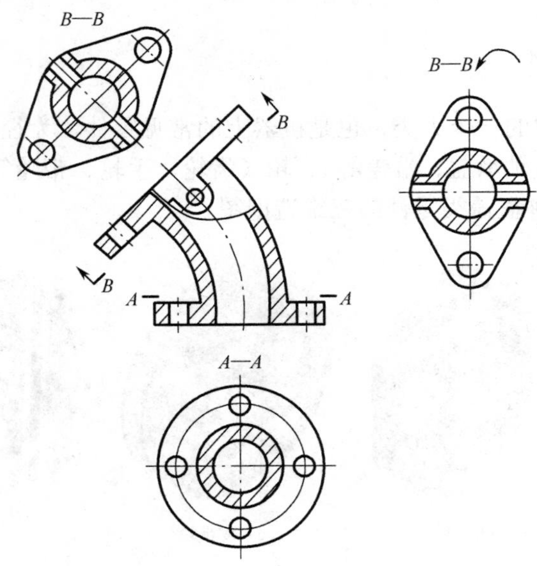

图 4-5　不平行于基本投影面的单一剖切面

标注这种剖视图时，需在剖切面的起、止和转折处画上剖切符号，并标注上字母。当转折处位置较小时，可省略字母。当剖视图按投影关系配置，中间又没有其他图形隔开时，可省略箭头。

绘制阶梯剖视图的注意点：

① 因为剖切是假想的，所以在剖视图上不应画出剖切平面转折的界线，且转折面必须与选定的投影面垂直，如图 4-6（b）所示。

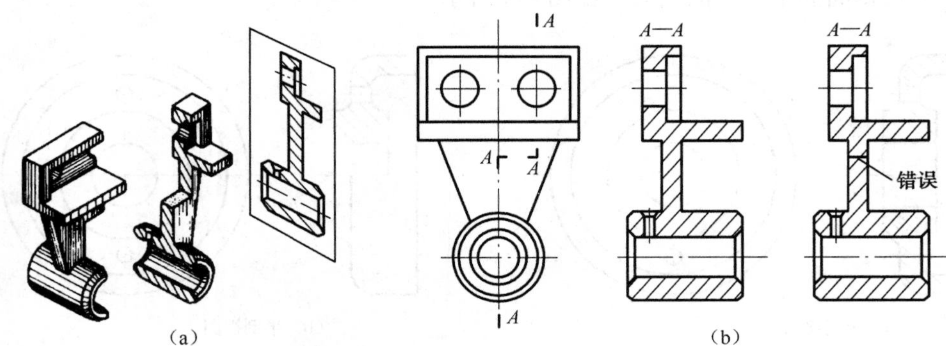

图 4-6　几个平行的剖切平面

② 剖切符号不能与图形轮廓线重合，如图 4-7 所示。

③ 剖视图中不应出现不完整的结构要素，如图 4-8 所示。仅当两个要素在图形上具有公共对称中心线或轴线时，方可各画一半。

（4）几个相交的剖切平面（旋转）剖视图

用几个相交的剖切平面（交线垂直于某一基本投影面）剖开机件，可以用来表达具有明显回转轴线的机件分布在几个相交平面上的内部结构形状，如图 4-9（a）所示。这种剖切方

法又称旋转剖，其标注方法如图 4-9（b）所示，应标注完整。

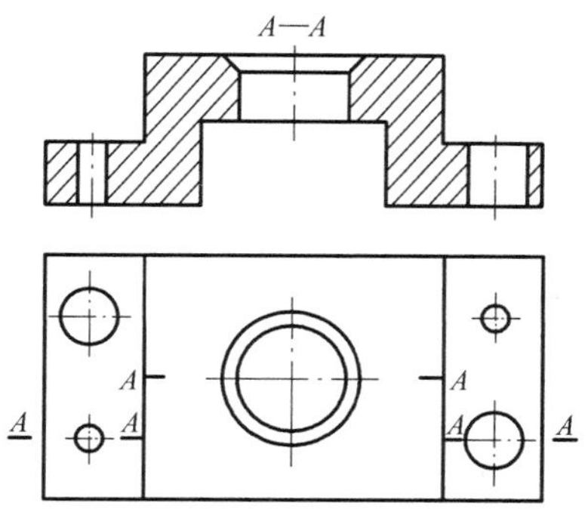

图 4-7　剖切平面的转折处与轮廓线重合的错误画法

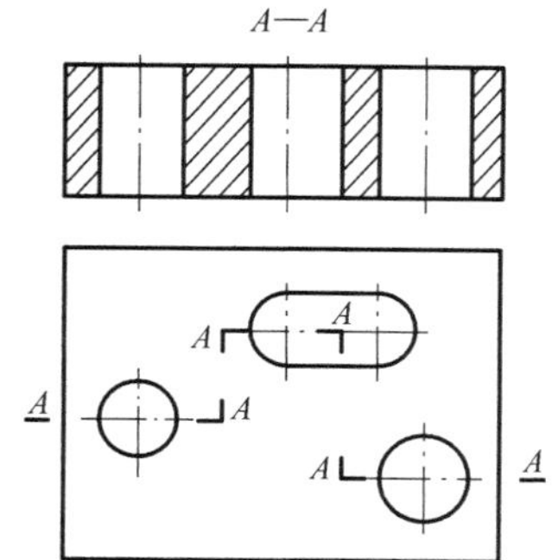

图 4-8　剖视图中出现不完整结构要素的错误画法

① 绘制旋转剖视图的注意点：

➢ 画这种剖视图时，先假想按剖切位置剖开机件，然后将倾斜剖切平面剖开的结构及其有关部分旋转到与选定的投影面平行后再进行投影，剖切平面后面的其他结构一般仍按原位置投影，如图 4-9（b）俯视图中的小孔。

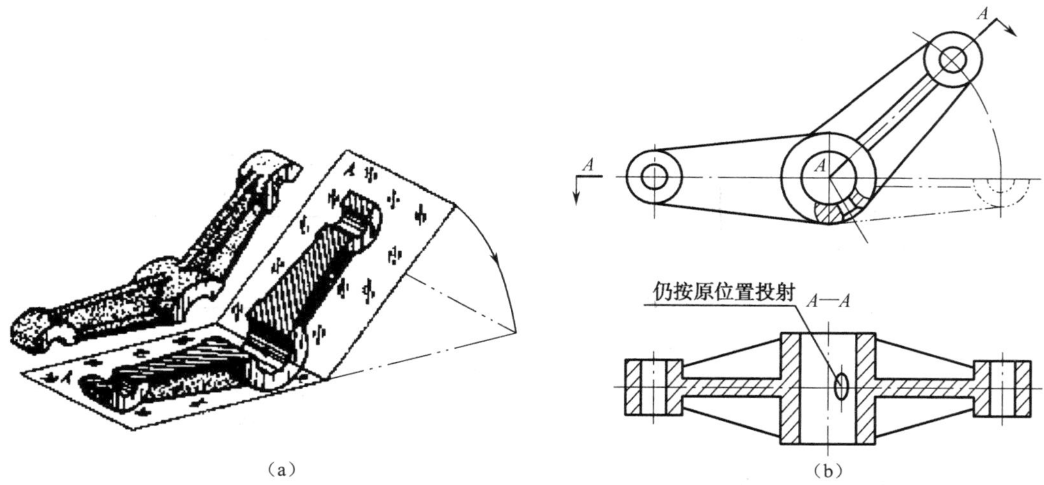

图 4-9　两相交的剖切平面

➢ 当剖切后产生不完整要素时，应将此部分结构按不剖绘制，如图 4-10 所示。

➢ 标注中的箭头仅表示投影方向，与倾斜部分的旋转无关。

➢ 应用旋转剖时，机件上应具有明显的回转轴线。

② 旋转剖视图的配置及标注的注意点：

➢ 旋转剖应标注剖视图名称。

➢ 在相应视图上用剖切符号标明剖切平面的起止及相交转折处。

➢ 剖切符号端部的箭头表示剖切后的投影方向（不能误认为剖切平面的旋转方向）。箭头应垂直于剖面符号，字母的字头一律朝上。

（5）复合剖

在以上各种方法都不能简单而集中地表示出机件的内形时，可以把它们结合起来应用。

这种剖切方法叫做复合剖。

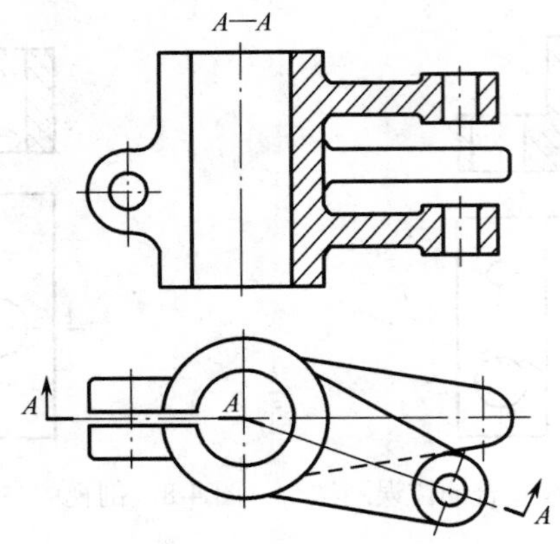

图 4-10　剖切后产生不完整要素按不剖绘制

课外练习

（1）如图 4-11 所示，用几个平行的剖切平面将主视图改画成全剖视图。

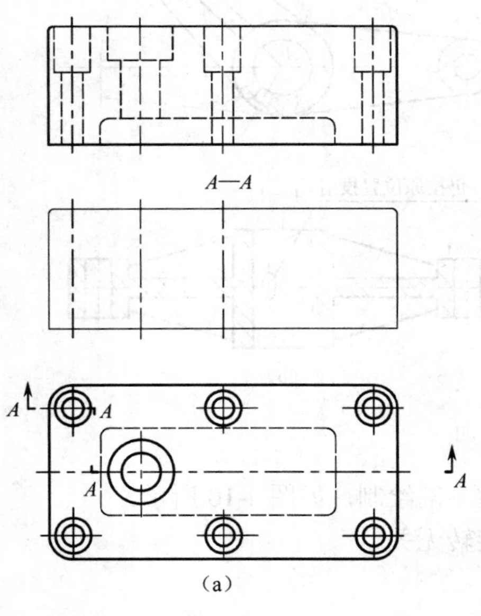

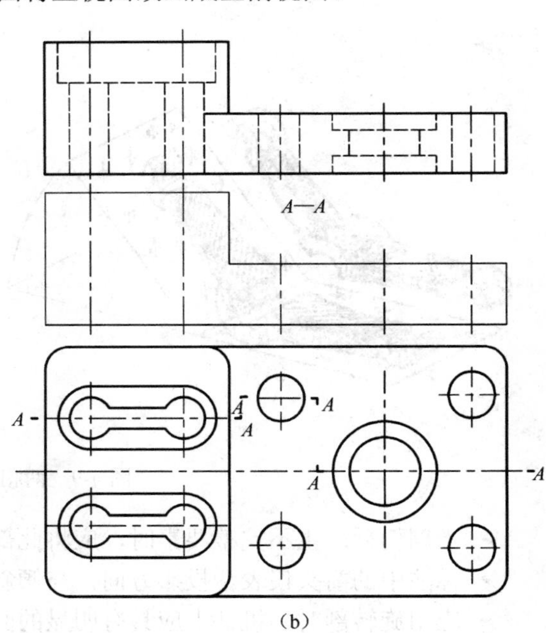

图 4-11　练习题 1 图

（2）如图 4-12 所示，将主视图用几个相交的剖切面剖切。

（3）如图 4-13 所示，作 *A*—*A* 全剖视图。

（4）如图 4-14 所示，作 *B*—*B* 全剖视图。

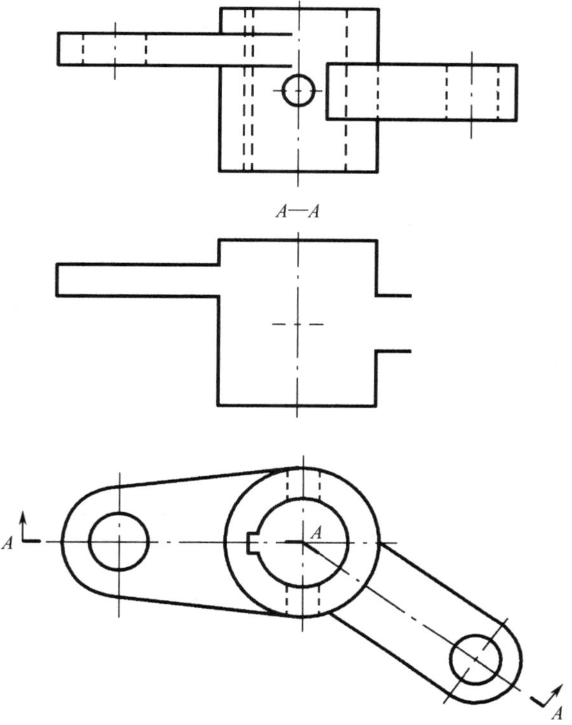

图 4-12　练习题 2 图

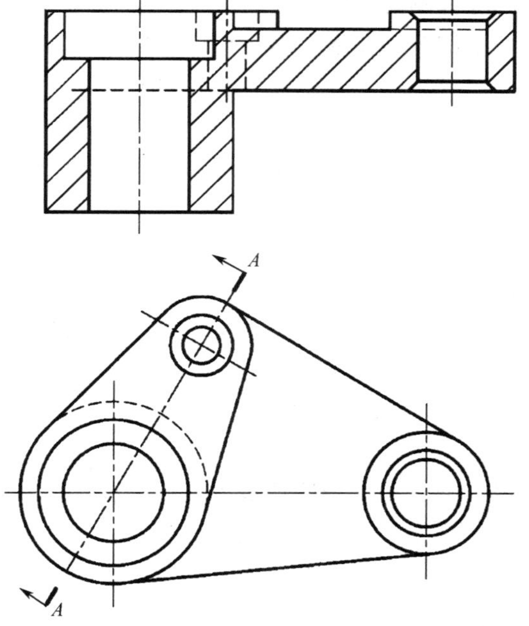

图 4-13　练习题 3 图

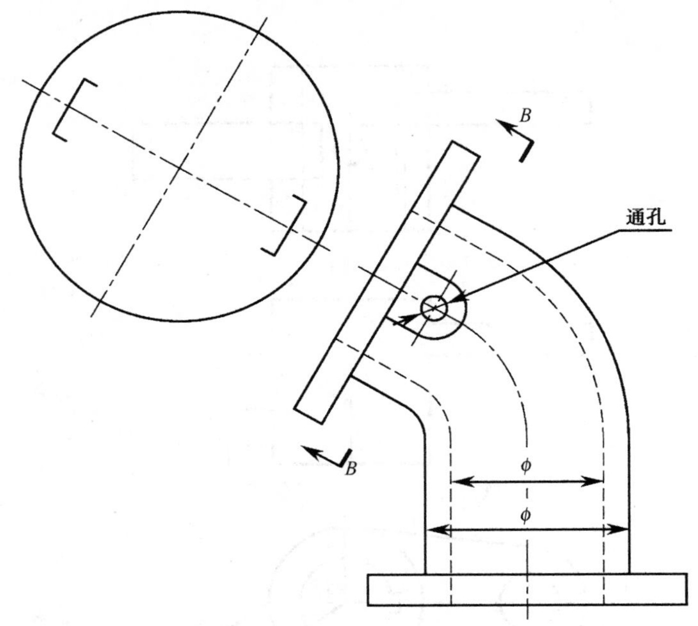

图 4-14　练习题 4 图

任务 4.2　皮带轮

任务目标

最终目标：学会皮带轮零件图的表达与绘制。

促成目标：掌握零件图上的技术要求（形状与位置公差，GB/T 1182—1996）。

任务要求

观察如图 4-15 所示零件结构，看懂其形状，了解零件的功用。选择合理的表达方案，绘制零件图。

学习案例

如图 4-16 所示，观察零件结构，看懂其形状，了解零件的功用。选择合理的表达方案，将零件表达清楚。

知识链接

在现代化生产中，产品的质量不仅需要通过表面粗糙度、尺寸公差来保证，还需要用零件的几何形状和构成零件几何要素（点、线、面）的相对位置的准确度来保证。为此，国家标准对评定产品质量还规定了一项重要技术指标——形状和位置公差，简称形位公差。

1. 形位公差的概念与项目、符号

形位公差是指零件的实际形状和实际位置对理想形状和理想位置的允许变动量。

形位公差的分类、特征项目名称及符号如表 4-1 所示。

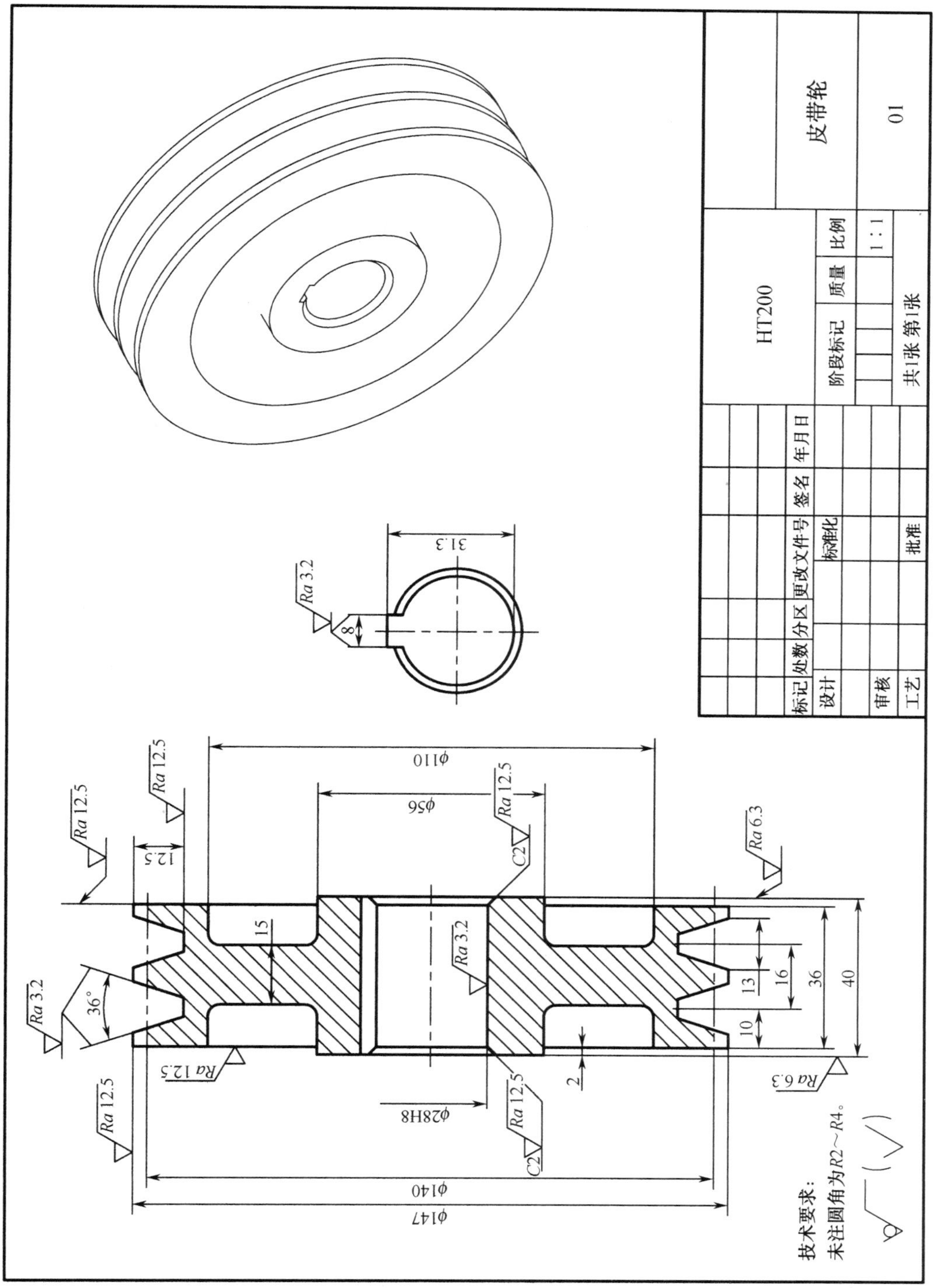

技术要求：

未注圆角为$R2\sim R4$。

标记	处数	分区	更改文件号	签名	年月日	HT200			皮带轮
设计			标准化			阶段标记	质量	比例	
审核								1∶1	01
工艺			批准			共1张 第1张			

图4-15　零件图

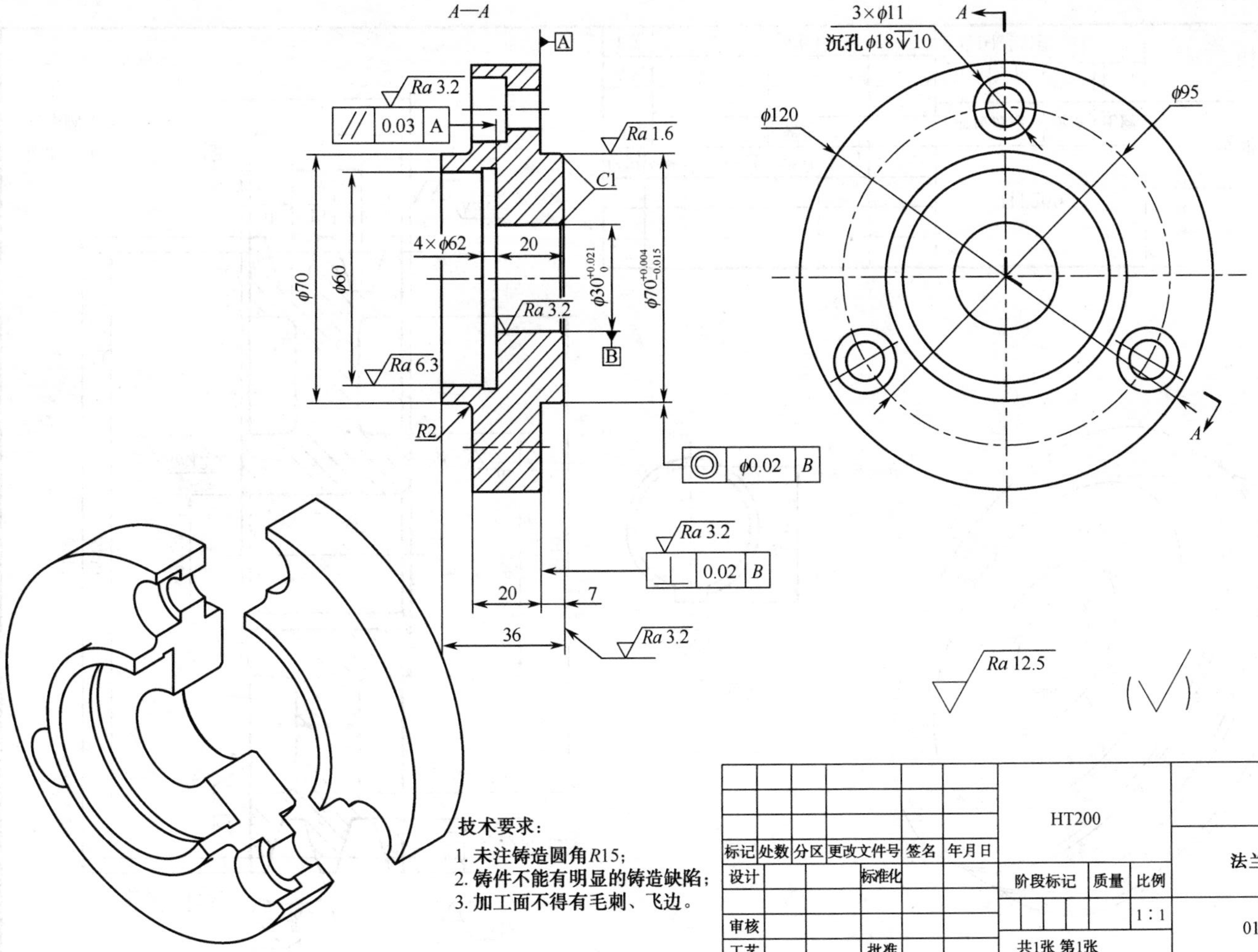

A—A

3×ϕ11
沉孔ϕ18↧10

ϕ120 ϕ95

Ra 3.2 // 0.03 A

Ra 1.6 C1 Ra 3.2 Ra 6.3 R2

$4\times\phi62$ 20 $\phi30^{+0.021}_{0}$ $\phi70^{+0.004}_{-0.015}$ $\phi70$ $\phi60$

◎ ϕ0.02 B

Ra 3.2 ⊥ 0.02 B

20 7 36 Ra 3.2

Ra 12.5 (√)

技术要求：
1. 未注铸造圆角R15；
2. 铸件不能有明显的铸造缺陷；
3. 加工面不得有毛刺、飞边。

标记	处数	分区	更改文件号	签名	年月日	HT200			法兰盘
设计			标准化			阶段标记	质量	比例	
								1:1	019
审核									
工艺			批准			共1张 第1张			

图4-16 零件图

表 4-1　形位公差的分类、特征项目名称及符号

分类		特征项目	符号
形状公差	形状	直线度	—
		平面度	▱
		圆度	○
		圆柱度	⌭
形状或位置公差	轮廓	线轮廓度	⌒
		面轮廓度	⌓

分类		特征项目	符号
位置公差	定向	平行度	//
		垂直度	⊥
		倾斜度	∠
	定位	同轴（同心）度	◎
		对称度	⌯
		位置度	⌖
	跳动	圆跳动	↗
		全跳动	⌰

2. 形位公差代号、基准代号

形位公差代号包括：形位公差符号、形位公差框格及指引线、形位公差数值、基准代号的字母等。

如图 4-17 所示为形位公差代号、基准代号的内容，h 为图中的尺寸数字高度，符号和框格的线宽为 $h/10$。

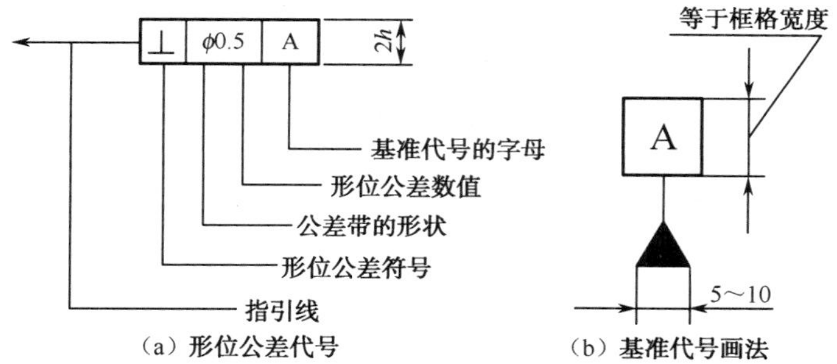

图 4-17　形位公差代号、基准代号的内容

3. 形位公差的标注

在图样上标注形位公差时，应有公差框格、被测要素和基准要素（相对位置公差）三组内容。

（1）公差框格

形位公差要求在矩形方框中给出，方框由两格或多格组成。框格内从左到右次序填写内容如图 4-18 所示。

① 公差特征项目的符号。

② 公差值用线性值，如公差带是圆形或圆柱形的，则在公差值前加注ϕ，如是球形的则加注“$S\phi$”。

③ 如有需要，用一个或多个字母表示基准要素或基准体系（见图 4-18（b）、（c））。

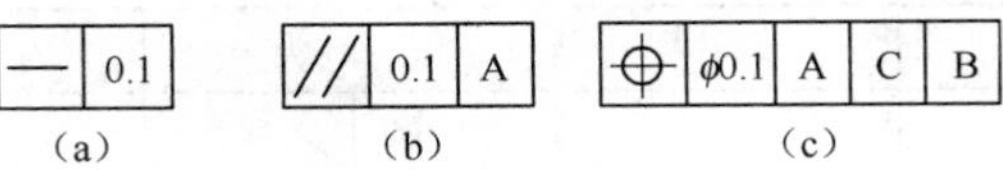

图 4-18　公差框格内容

公差框格应水平或垂直绘制。第一格宽度等于高度，第二格应与标注内容的长度相适应，第三格及以后各格与有关字母及附加符号的宽度相适应。

（2）被测要素的标注

标注时要用带箭头的指引线将框格与被测要素相连。标注形位公差时，指引线的箭头要指向被测要素的轮廓线或其延长线上。

① 当被测要素为轮廓几何要素（指零件的表面、棱线等）时，形位公差代号指引线的箭头应直接指向该要素的投影线，并与其尺寸明显错开（见图 4-19）。

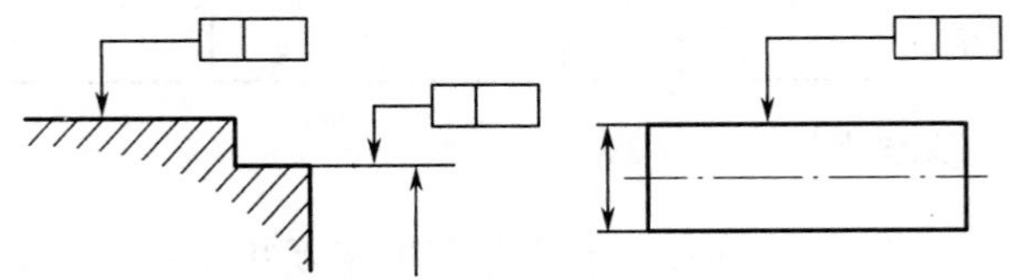

图 4-19　被测要素为轮廓要素

② 当被测要素为中心几何要素（指零件表面上的轴线、对称面等）时，形位公差代号中引线的箭头应与标注该要素的尺寸线对齐（见图 4-20）。

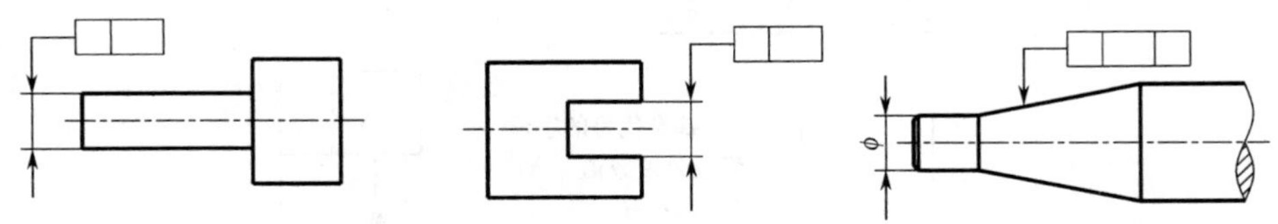

图 4-20　被测要素为中心要素

③ 如对同一要素有一个以上的公差特征项目要求时，可将多个框格上下排列在一起（见图 4-21）。

④ 多项被测要素有相同的形位公差要求时，可用同一框格和多条指引线标注（见图 4-22）。

（3）基准要素的标注

① 当基准要素为轮廓几何要素（指零件的表面、棱线等）时，基准代号的粗实线应直接指向该要素的投影线，并与其尺寸明显错开（见图 4-23）。

② 当基准要素为中心几何要素（指零件表面上的轴线、对称面等）时，基准代号的细实线应与标注该要素的尺寸线对齐（见图 4-24）。

③ 由两个要素组成的公共基准，在框格中用由横线隔开的两个大写字母表示（见图 4-25（a））。由两个或三个要素组成的基准体系，如多基准组合，表示基准的大写字母应按基准的优先次序从左至右分别置于各格中（见图 4-25（b））。

④ 任选基准的标注（见图 4-26）。

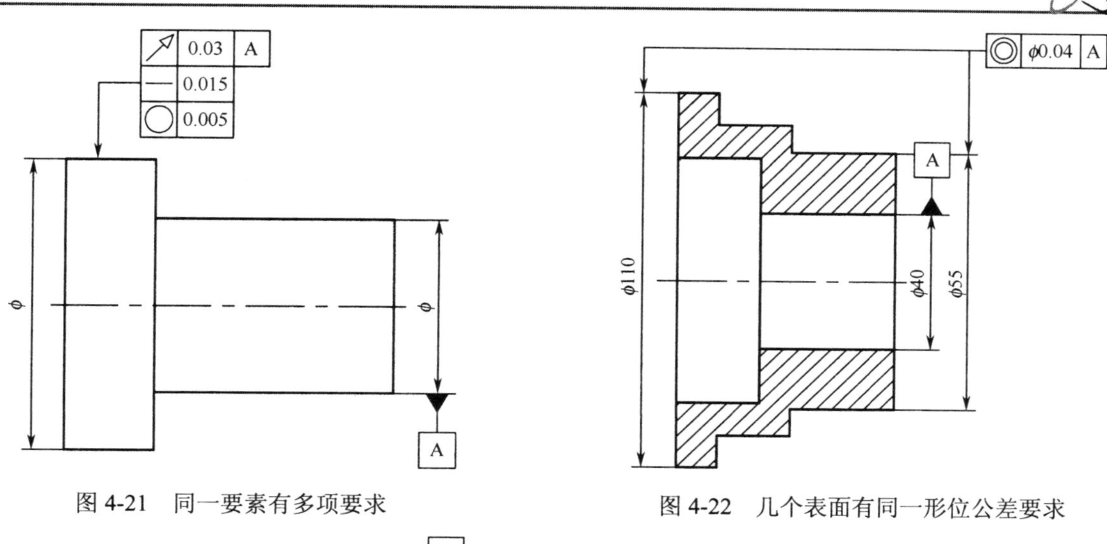

图 4-21　同一要素有多项要求

图 4-22　几个表面有同一形位公差要求

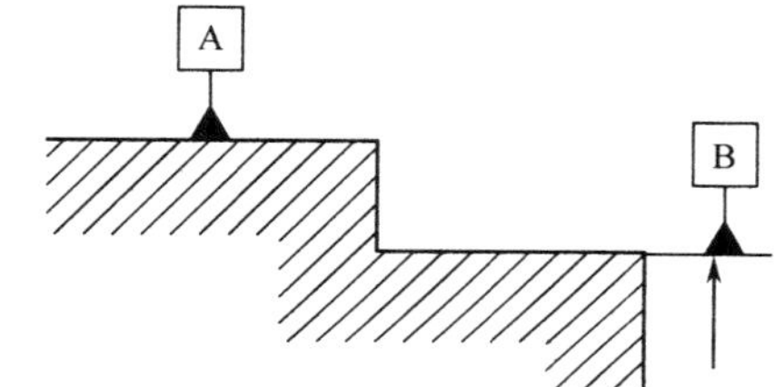

图 4-23　基准要素为轮廓要素

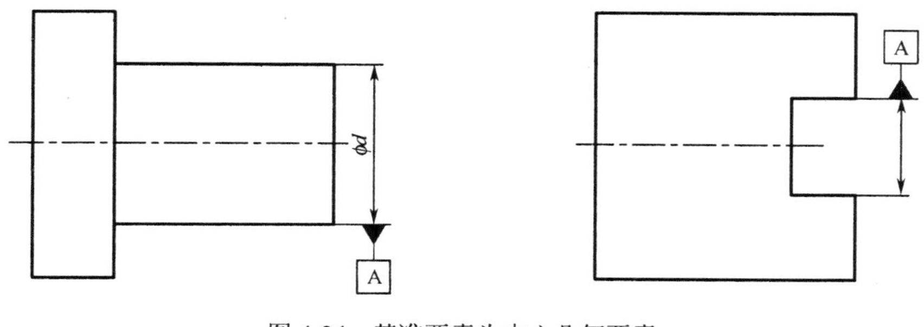

图 4-24　基准要素为中心几何要素

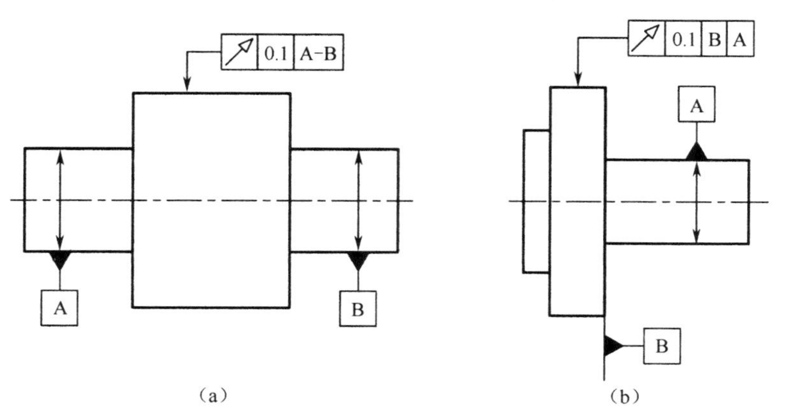

图 4-25　公共基准和基准体系

4. 形位公差标注示例

图 4-27（a）的标注，表示ϕd圆柱表面的任意素线的直线度公差为 0.02mm。

图 4-27（b）的标注，表示ϕd圆柱体轴线的直线度公差为ϕ0.02mm。

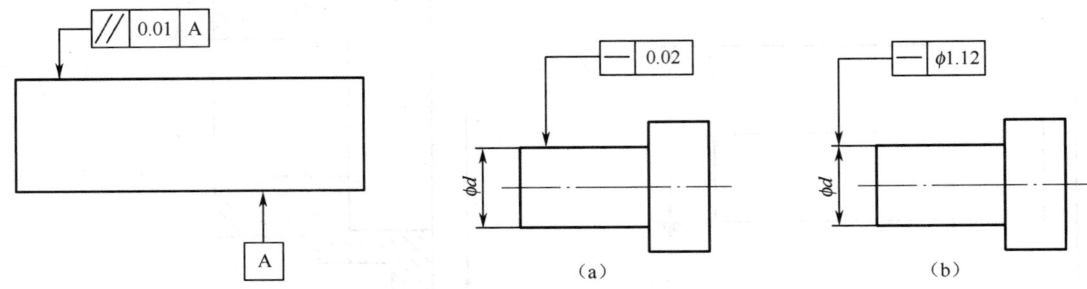

图 4-26　任选基准　　　　图 4-27　形状公差的标注

图 4-28（a）的标注，表示被测左端面对于ϕd轴线的垂直度公差为 0.05mm。

图 4-28（b）的标注，表示ϕd孔的轴线对于底面的平行度公差为 0.03mm。

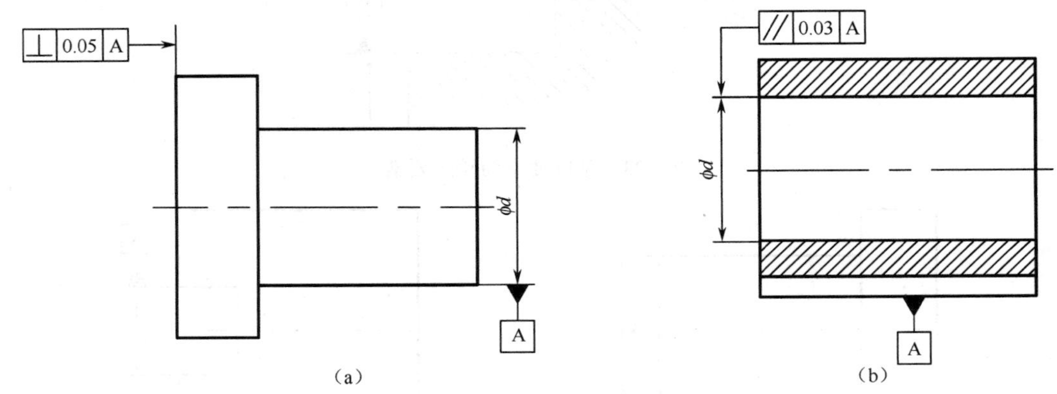

图 4-28　位置公差的标注

（1）如图 4-29 所示，指出图中形位公差代号标注上的错误，并改正。

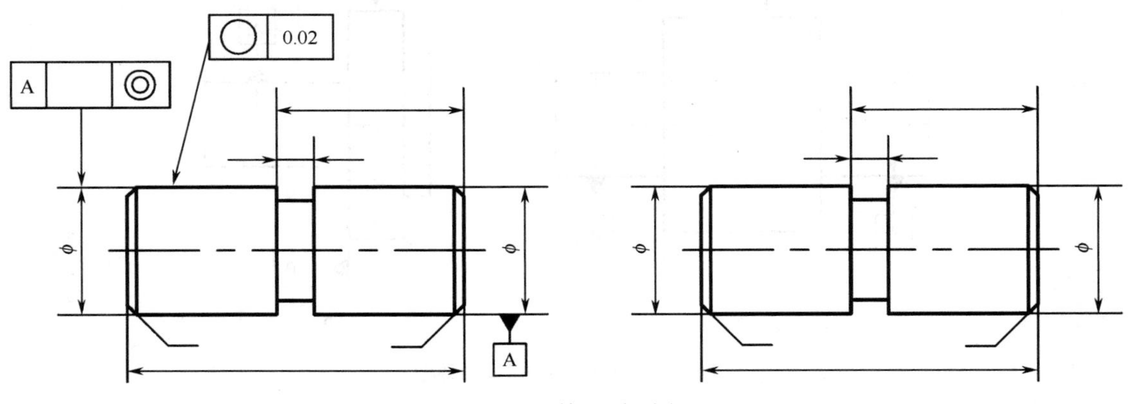

图 4-29　练习题 1 图

(2)如图 4-30 所示,将图中用文字所注的形位公差以符号和代号的形式标注在相应图形上。

① 两个ϕ48 轴线的同轴度公差为ϕ0.02mm。

② 18p9 键槽对ϕ64 轴线的对称度公差为 0.01mm。

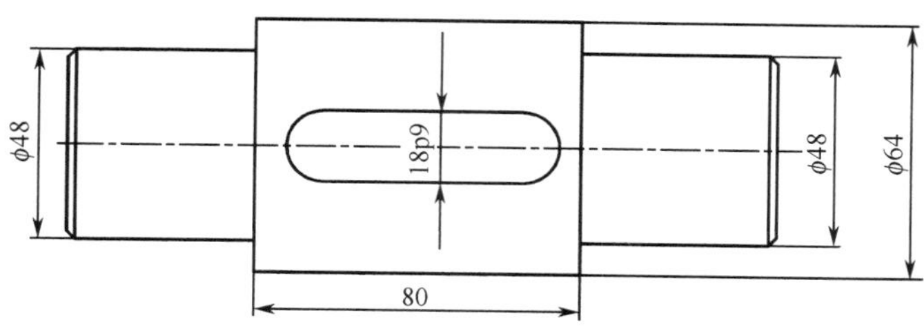

图 4-30　练习题 2 图

(3) 如图 4-31 所示，识读形位公差并回答问题。

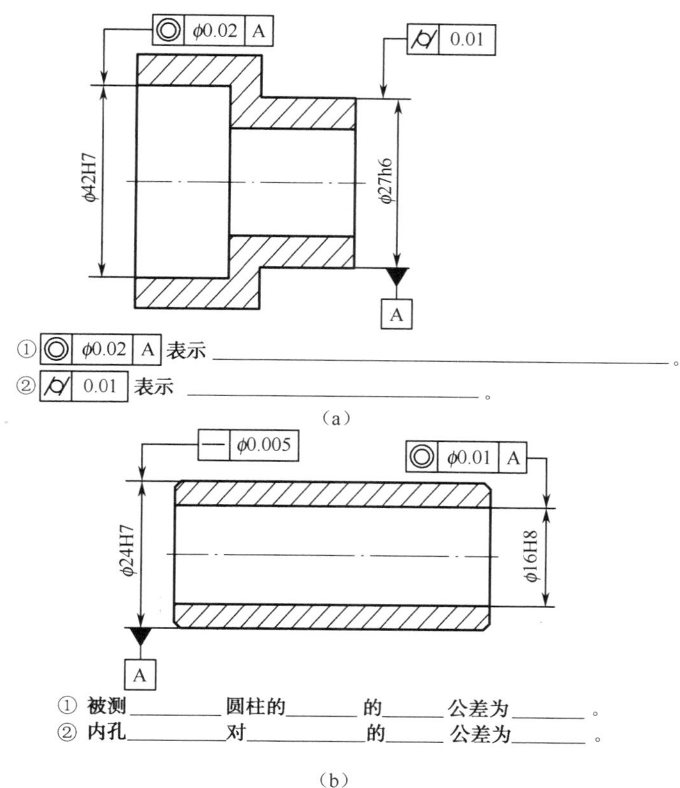

图 4-31　练习题 3 图

任务 4.3　端盖

任务目标

最终目标：学会端盖零件图的表达与绘制。

促成目标：

（1）掌握局部放大图的表达方法；

（2）掌握剖视图的规定画法。

任务要求

观察如图 4-32 所示零件结构，看懂其形状，了解零件的功用。选择合理的表达方案，绘制零件图。

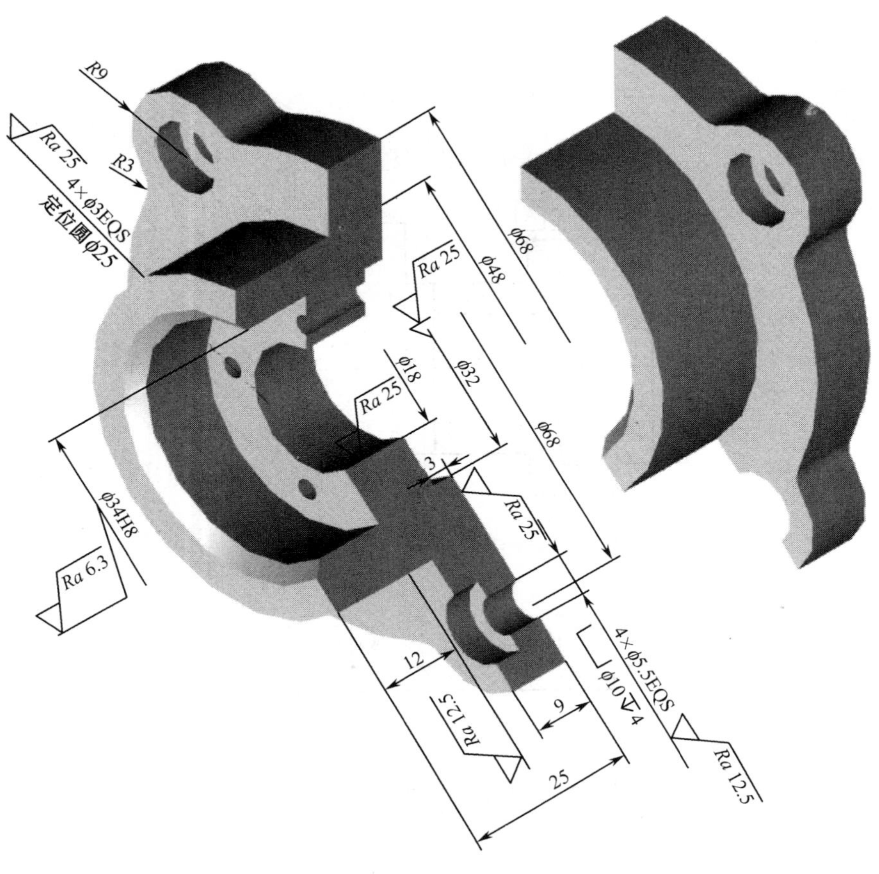

图 4-32　立体图

零件的名称：端盖。

零件的材料：HT150。

技术要求：（1）未注圆角 *R*2；（2）锐角倒钝。

标注技术要求提示：ϕ34H8 孔轴线对ϕ68 圆柱右端面的垂直度公差为 0.02mm。

学习案例

如图 4-33 所示，观察零件结构，看懂其形状，了解零件的功用。选择合理的表达方案，将零件表达清楚。

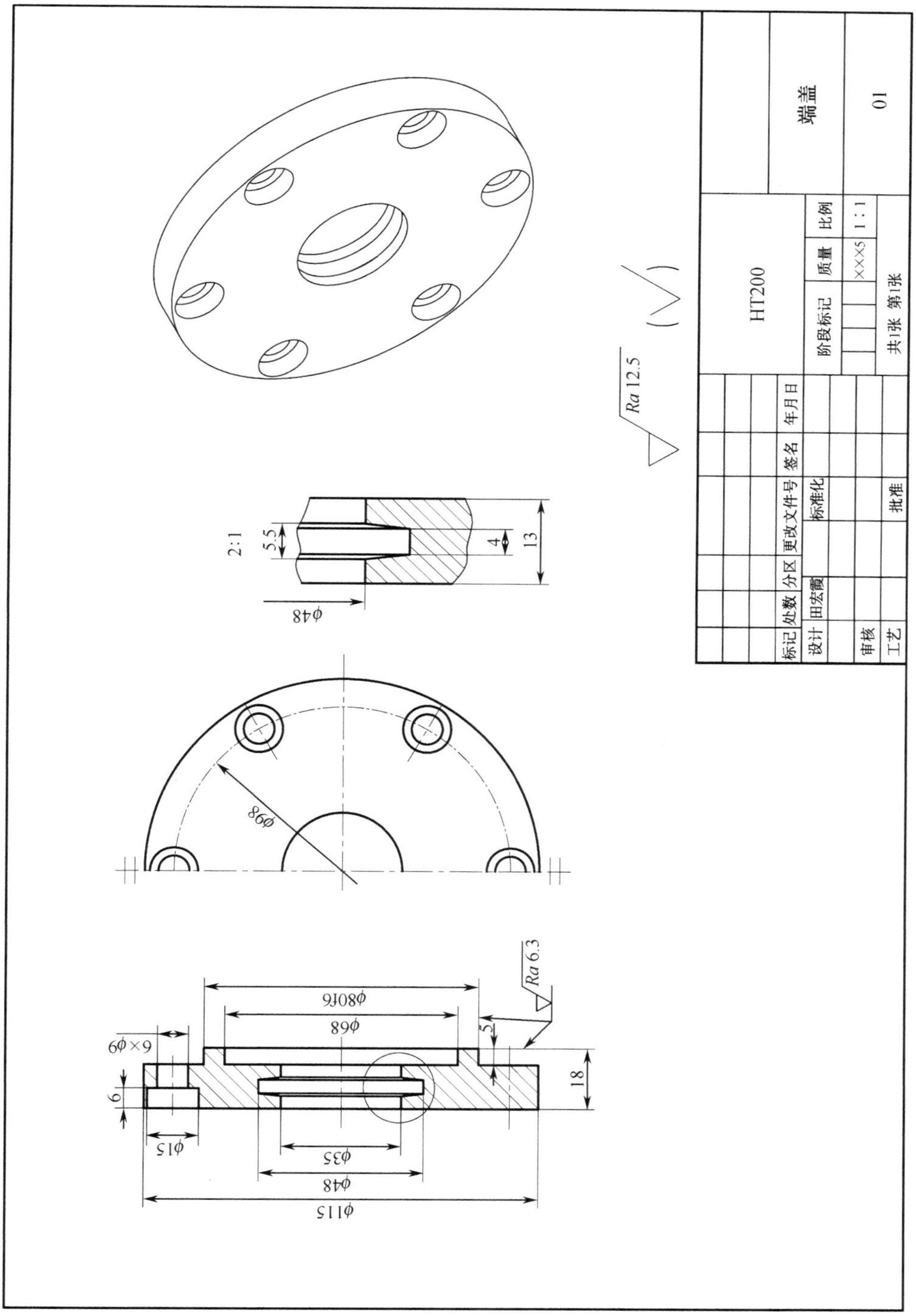

6
6×ϕ9
ϕ15
ϕ115
ϕ48
ϕ35
ϕ68
ϕ80f6
5
$\sqrt{Ra\ 6.3}$
18
ϕ98
2:1
5.5
ϕ48
4
13
$\sqrt{Ra\ 12.5}$ ($\sqrt{}$)

标记	处数	分区	更改文件号	签名	年月日	HT200			端盖
设计	田宏霞		标准化			阶段标记	质量	比例	
							×××5	1∶1	01
审核									
工艺			批准			共1张 第1张			

图4-33　零件图

知识链接

4.3.1 局部放大图

局部放大图为将机件的部分结构，用大于原图形所采用的比例画出的图形，如图 4-34 所示。

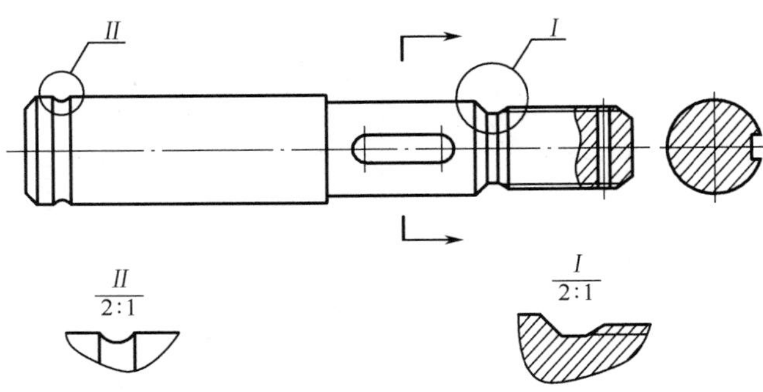

图 4-34 局部放大图

局部放大图可画成视图、剖视图和断面图，它与被放大部分的表达方式无关。局部放大图应尽量配置在被放大部位的附近。

绘制局部放大图时，除螺纹牙型、齿轮和链轮的齿形外，还需用细实线圈出被放大的部位。

当同一机件上有几个被放大的部分时，必须用罗马数字依次标明被放大的部位，并在局部放大图的上方标注出相应的罗马数字和所采用的比例。

当机件上被放大的部分仅一个时，在局部放大图的上方只需注明所采用的比例。

4.3.2 剖视图的规定画法

在剖切零件上的肋、轮辐及薄壁结构时，如按纵向剖切，这些结构不画剖面线，而要用粗实线将其与相邻部分分开，如图 4-35 所示。

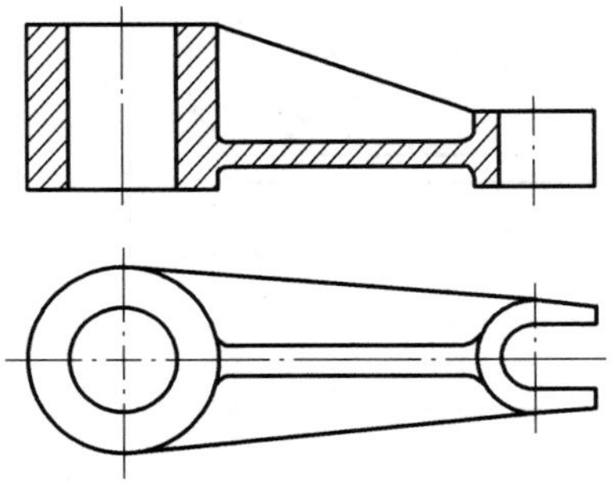

图 4-35 纵向剖切时肋的画法

4.3.3 视图的简化画法

（1）回转体上均匀分布的肋、轮辐、孔等结构，若不处于剖切平面上时， 应将这些结构

旋转到剖切平面上画出，如图 4-36 所示。

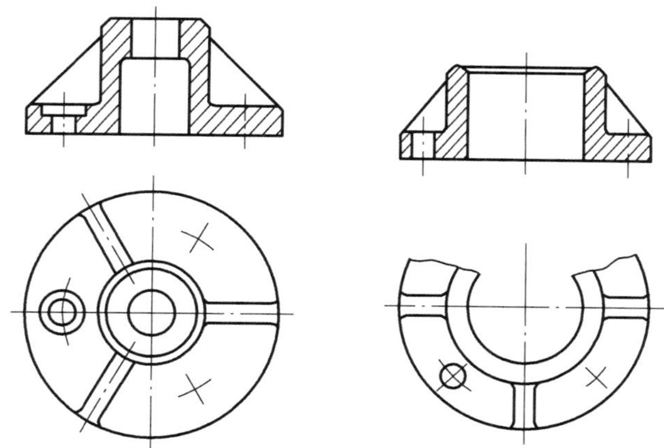

图 4-36　回转体上均布结构的画法

（2）当机件上具有若干个相同结构（齿、槽、孔等）并按一定规律分布时，只需画出几个完整的结构，其余用细实线连接或画出中心线位置，在零件图中则必须注明该结构的总数，如图 4-37 所示。

（3）当图形不能充分表示平面时，可用平面符号（相交的两条细实线）表示，如图 4-38 所示。

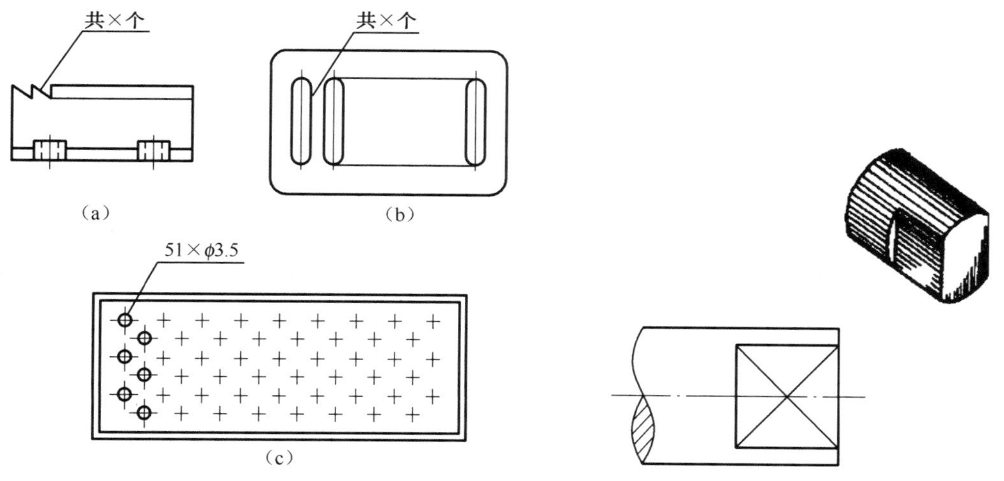

图 4-37　相同结构的简化画法图　　图 4-38　回转体上平面的简化画法

（4）在不致引起误解时，对于对称机件的视图可只画一半或四分之一，并在对称中心线的两端画出两条与其垂直的平行细实线，如图 4-39 所示。

（5）较长的机件（轴、杆、型材、连杆等）沿长度方向的形状一致或按一定规律变化时，可断开后缩短绘制，但要标出实长尺寸，如图 4-40 所示。

（6）零件上对称结构的局部视图，可按图 4-41 所示的方法绘制。

（7）圆柱形法兰上均匀分布的孔，可按图 4-42 所示方法表示。

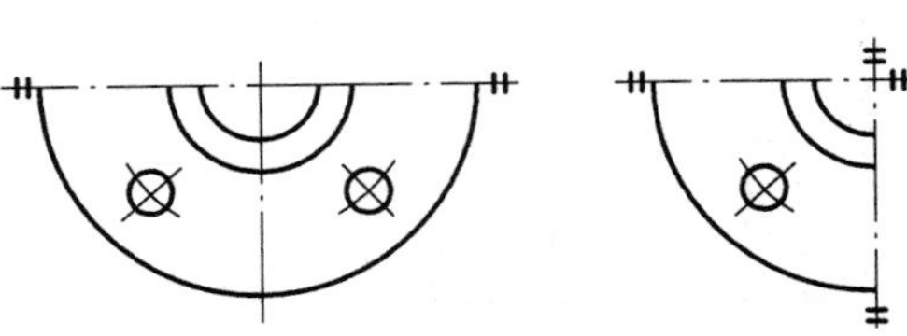

图 4-39　对称机件的简化画法

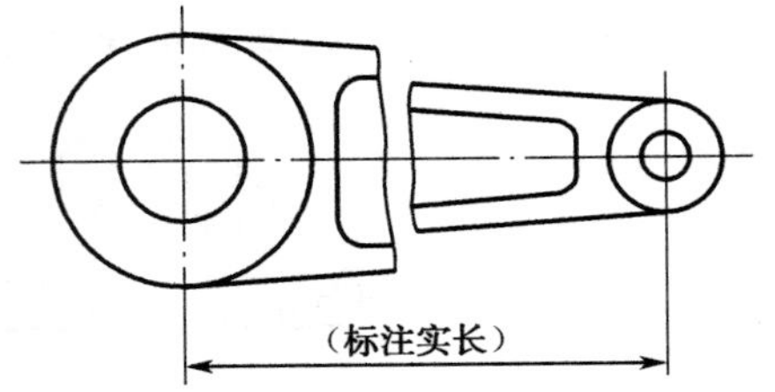

图 4-40　较长机件的折断画法

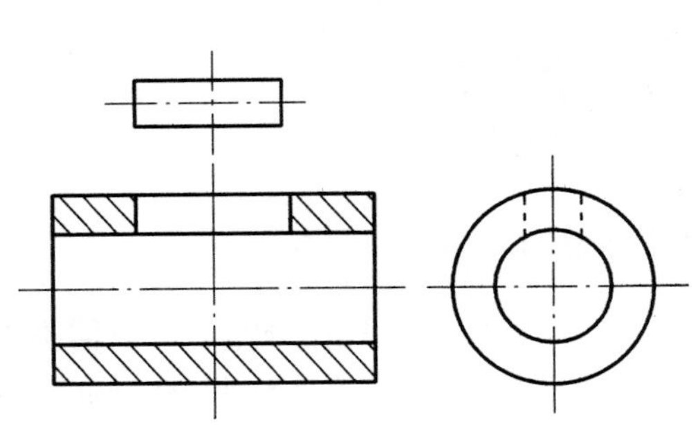

图 4-41　对称结构的局部视图画法

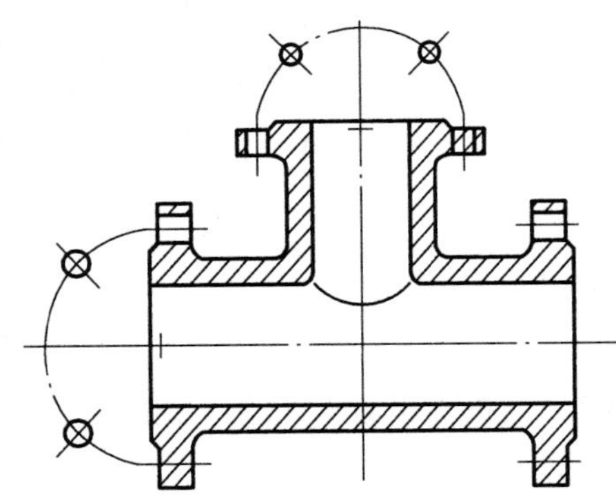

图 4-42　法兰上均布的孔的画法

（8）机件上的较小结构，如在一个图形中已表达清楚，其他图形可简化或省略，如图 4-43 所示。

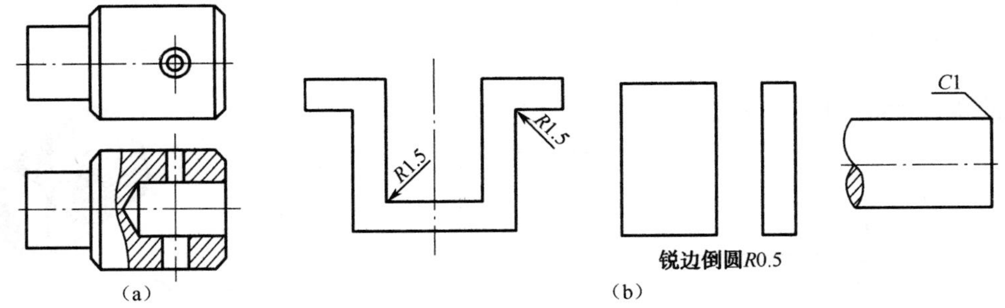

图 4-43　较小结构的简化画法

（9）在不致引起误解的情况下，剖面区域内的剖面线可省略，也可以用涂色或点阵代替，如图 4-44 所示。

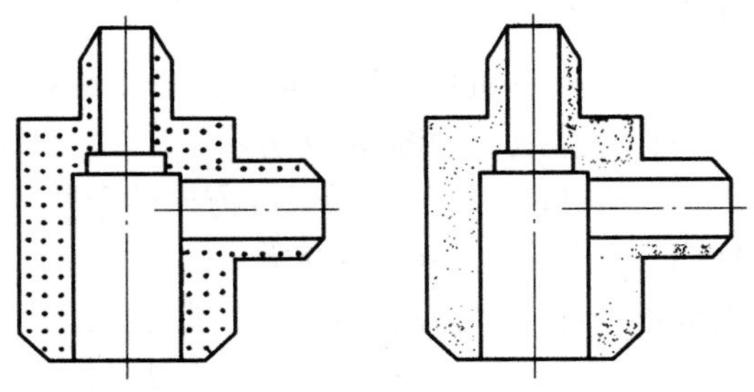

图 4-44　剖面线简化

（10）在不致引起误解的情况下，图形中的相贯线可以简化，如用圆弧或直线代替非圆曲线，如图 4-45 所示；也可采用模糊画法，如图 4-46 所示。

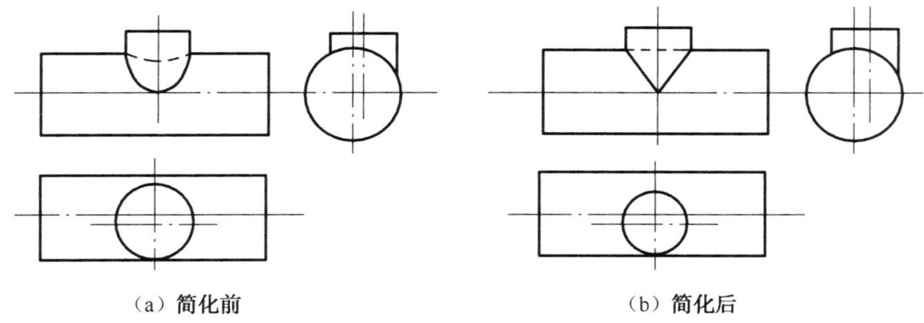

（a）简化前　　（b）简化后

图 4-45　相贯线的简化画法

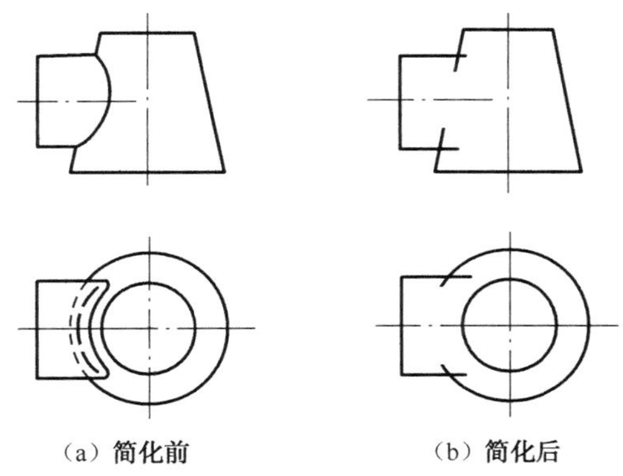

（a）简化前　　（b）简化后

图 4-46　相贯线的模糊画法

（11）其他规定画法和简化画法，如图 4-47 所示。

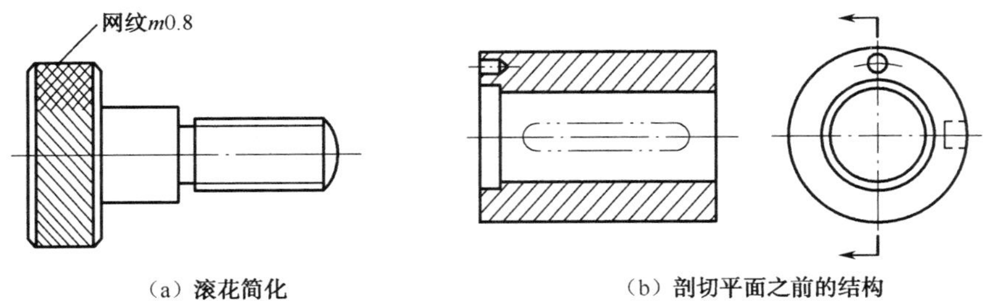

（a）滚花简化　　（b）剖切平面之前的结构

图 4-47　其他规定画法和简化画法

课外练习

如图 4-48 所示，分析剖视图中错误，画出正确的剖视图。

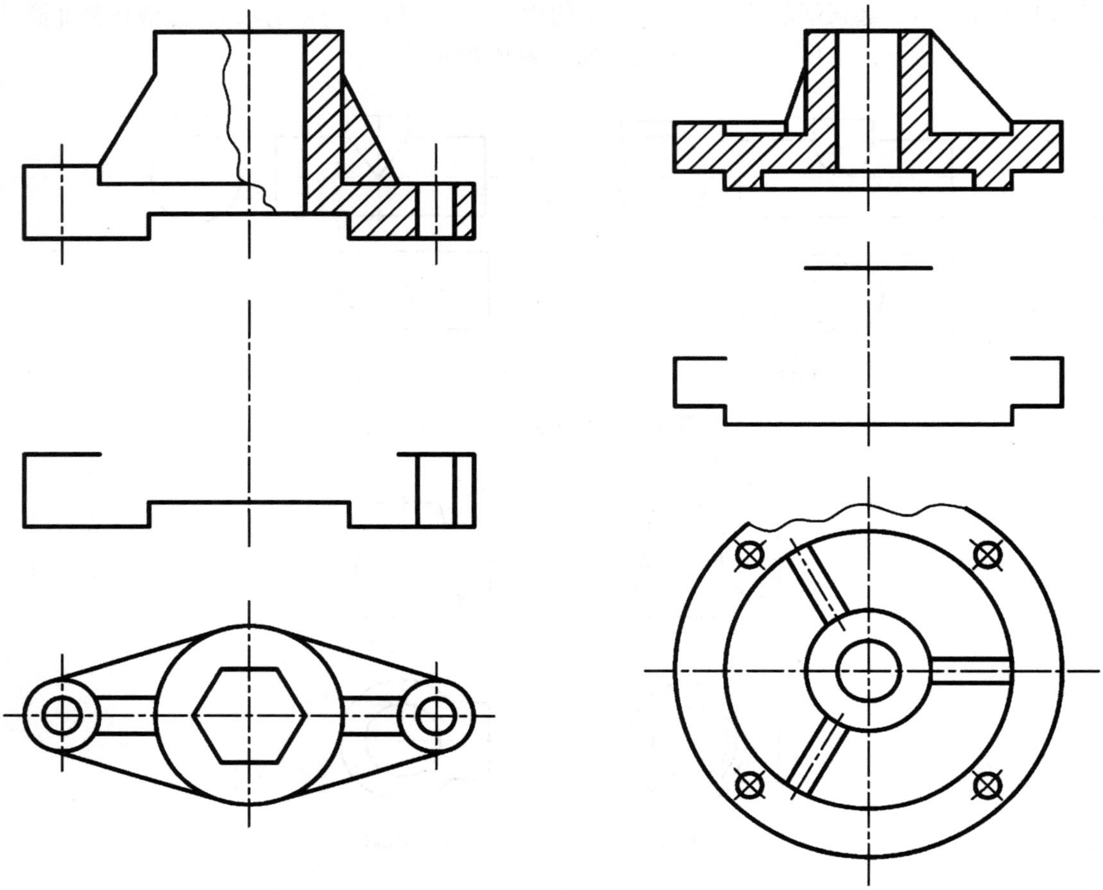

图 4-48　练习题 1 图

项目 5　叉架类零件

任务 5.1　轴承座

任务目标

最终目标：能用适当的图样表示方法绘制叉架零件图。

促成目标：

（1）能够看懂轴承座的轴测图；

（2）能够对形体进行形体分析；

（3）能够灵活运用图样的表示方法；

（4）能绘制轴承座的视图；

（5）能合理标注视图尺寸。

任务要求

根据如图 5-1 所示轴承座立体图，绘制其零件图。

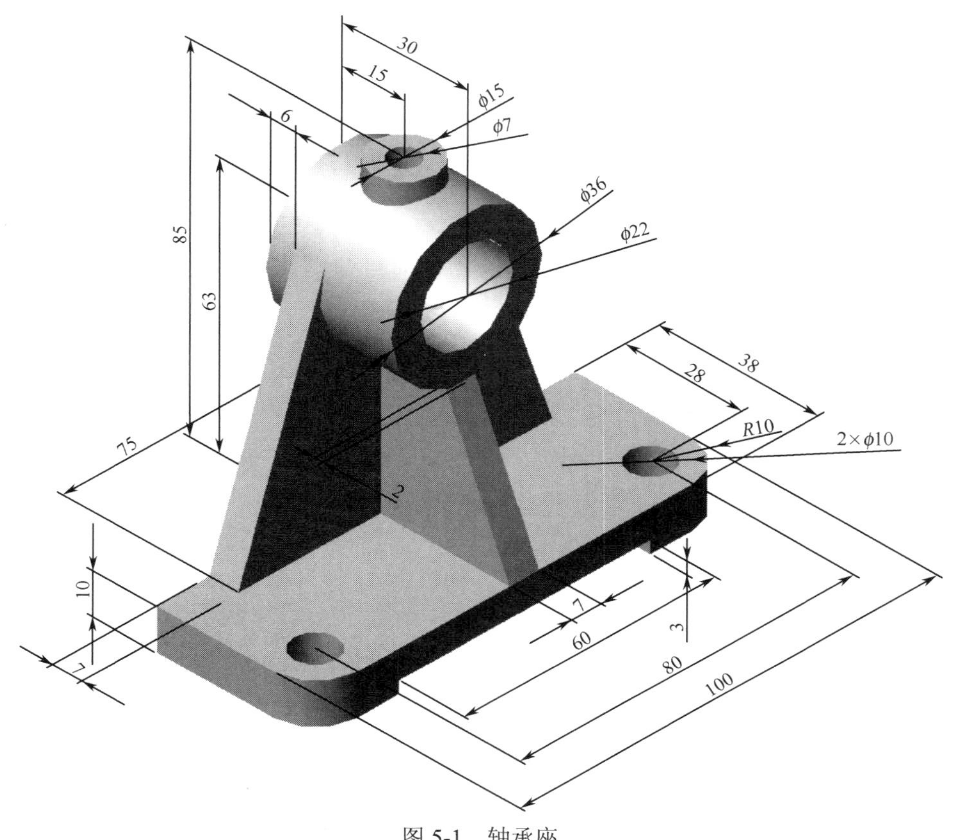

图 5-1　轴承座

学习案例

根据如图 5-2 所示立体图，采用合适的图样表示方法画出支架视图，使用 A4 图纸，比例自定。

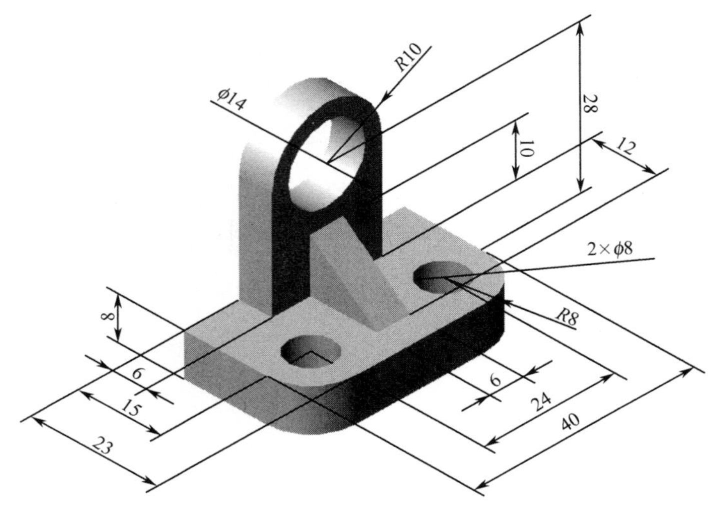

图 5-2　支架立体图

（1）形体分析

支架形体分析如图 5-3 所示。

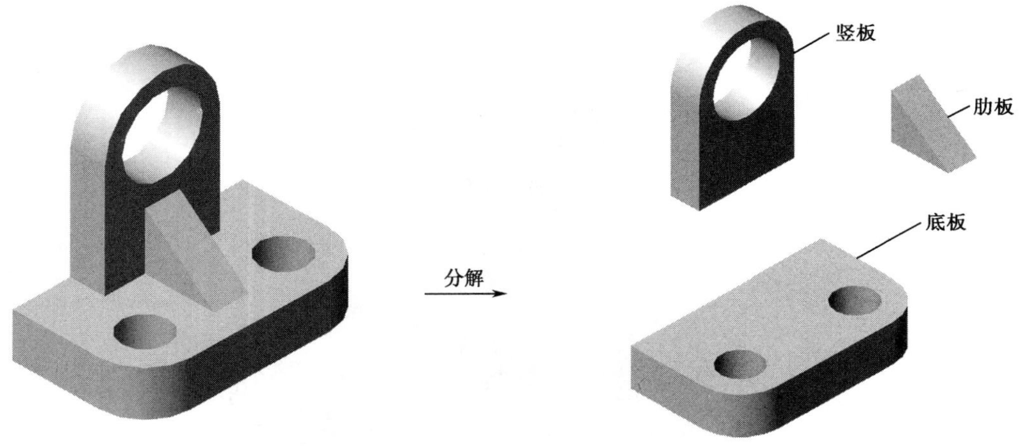

图 5-3　支架形体分析

（2）绘图步骤

支架视图绘图步骤如图 5-4 所示。

知识链接

5.1.1　轴测投影的基本知识

视图是物体在相互垂直的两个或三个投影面上的多面正投影图。多面正投影图的优点是能够完整、准确地表示物体的形状和大小，而且作图简便，度量性好，所以在工程实践中得

到了广泛应用，但其缺乏立体感。轴测图是一种能同时反映出物体长、宽、高三个方向尺度的单面投影图，这种图形富有立体感，直观性好，并可沿坐标轴方向按比例进行度量，但作图较麻烦，因此在工程中常被用做辅助图样。

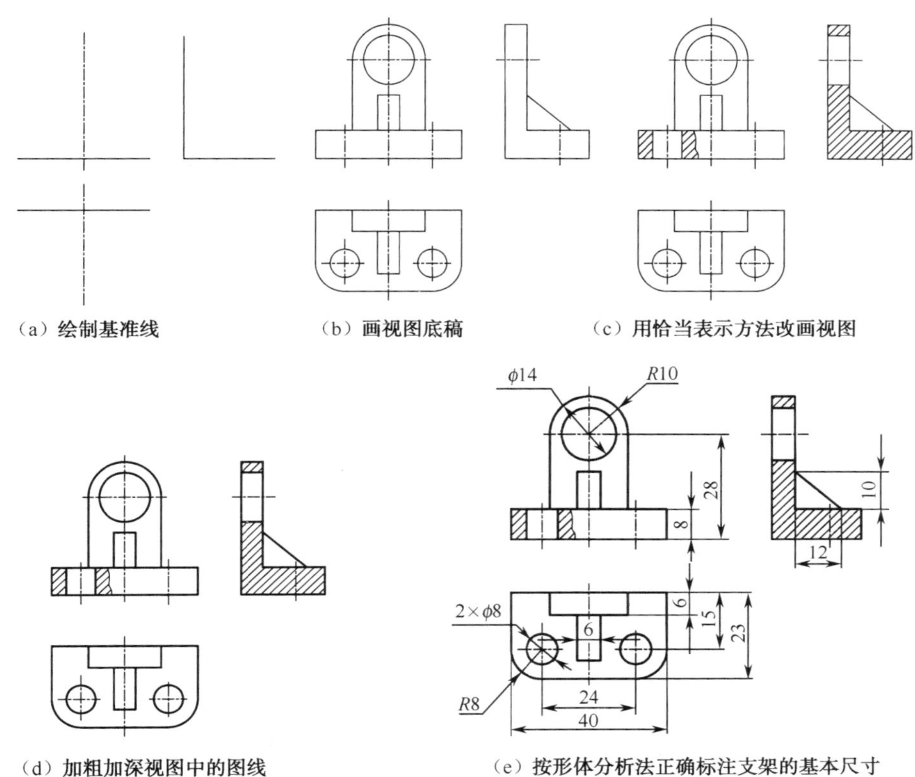

图 5-4　支架视图绘图步骤

1. 轴测图的形成

将物体连同其参考直角坐标系，沿不平行于任一坐标面的方向，用平行投影法将其投射到单一投影面上所得到的图形称为轴测图，如图 5-5 所示。直角坐标轴 O_0X_0、O_0Y_0、O_0Z_0 在轴测投影面上的投影 OX、OY、OZ 称为轴测轴，三条轴测轴的交点 O 为原点。

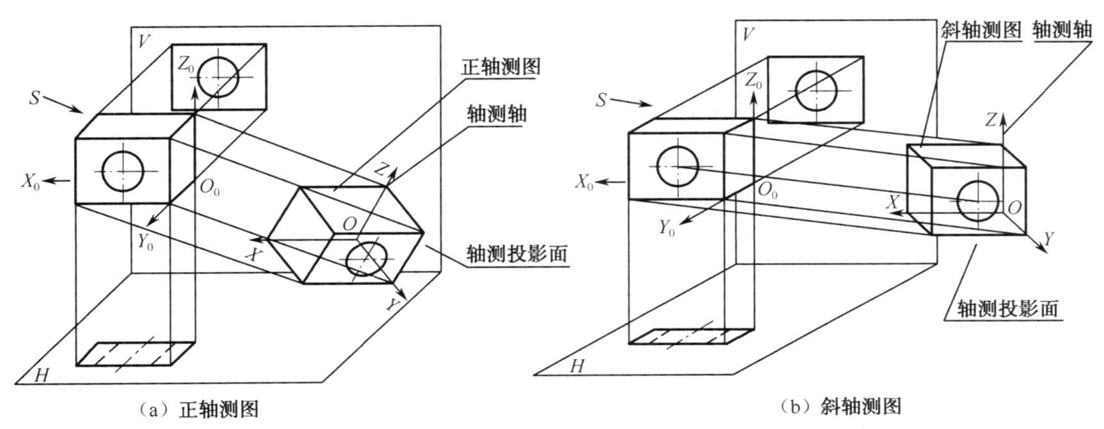

图 5-5　轴测图的形成

根据投射方向 S 与轴测投影面的相对位置，轴测图分为两类。

（1）正轴测图

正轴测图是投射方向与轴测投影面垂直所得的轴测图。此时物体的三个坐标面都倾斜于轴测投影面，如图 5-5（a）所示。

（2）斜轴测图

斜轴测图是投射方向与轴测投影面倾斜所得的轴测图。此时物体的一个参考面应平行于轴测投影面，如图 5-5（b）所示。

2. 轴间角和轴向伸缩系数

（1）轴间角

轴间角是指两根轴测轴之间的夹角，如∠XOY、∠XOZ、∠YOZ。

（2）轴向伸缩系数

轴向伸缩系数是指轴测轴上的线段与坐标轴上对应线段长度的比值。如图 5-5 所示，轴测轴 OX、OY、OZ 上的线段与空间坐标轴 O_0X_0、O_0Y_0、O_0Z_0 上对应线段的长度比，分别用 p、q、r 表示。

轴间角和轴向伸缩系数是画轴测图的两个主要参数。正（斜）轴测图按轴向伸缩系数是否相等又分为下列三种不同的形式：

工程上常采用立体感较强，作图较简便的正等轴测图（简称正等测）和斜二轴测图（简称斜二测）。

3. 轴测投影的投影特性

由于轴测图是用平行投影法绘制的，所以具有以下平行投影的特性。

（1）物体上相互平行的线段，轴测投影仍互相平行；平行于坐标轴的线段，轴测投影仍平行于相应的轴测轴，且同一轴向所有线段的轴向伸缩系数相同。

（2）物体上不平行于轴测投影面的平面图形，在轴测图上变成原形的类似图形。

画轴测图时，物体上凡平行于坐标轴的线段，可按其原尺寸乘以轴向伸缩系数，再沿着轴测方向定出其轴测图的长短，这就是“轴测”二字的含义。

5.1.2 正等轴测图

1. 轴间角和轴向伸缩系数

在正等轴测图中，要使三个轴向伸缩系数相等，必须使确定物体空间位置的三个坐标轴与轴测投影面的倾角均相等，如图 5-6（a）所示。投影后，轴间角∠XOY=∠XOZ=∠YOZ=120°。作图时，将 OZ 轴画成铅垂线，OX、OY 轴分别与水平线夹角为 30°，如图 5-6（b）所示。

正等轴测图各轴向伸缩系数均相等，即 $p_1=q_1=r_1=0.82$。画图时，物体长、宽、高三个方向的尺寸均要缩小为原来的 82%。为了作图方便，通常采用简化的轴向伸缩系数，即 $p=q=r=1$。作图时，凡平行于轴测轴的线段，可直接按物体上相应线段的实际长度量取，不需换算。这样画出的正等测图，沿各轴向长度是原长的 1/0.82=1.22 倍，但形状没有改变。

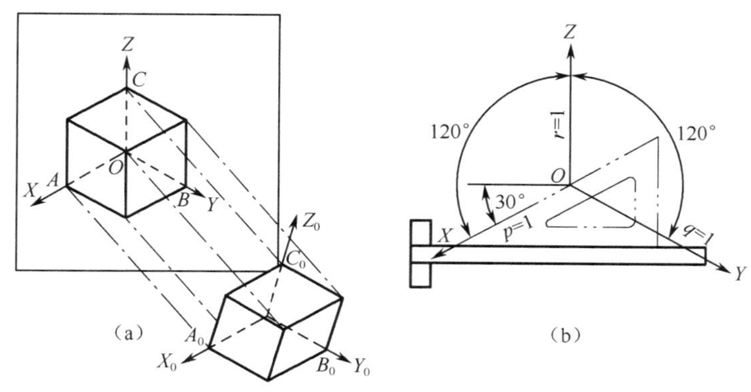

图 5-6　正等测图的轴间角和轴向收缩系数

2. 正等测图画法

正等测常用的基本作图方法是坐标法。作图时，先选定合适的坐标轴并画出轴测轴，再按立体表面上各顶点或线段端点的坐标，画出其轴测投影，然后分别连线完成轴测图。

（1）正六棱柱

如图 5-7（a）所示，正六棱柱的前后、左右对称，将坐标原点 O_0 定在顶面六边形的中心，以六边形的中心线为 X 轴和 Y 轴。这样便于直接定出顶面六边形各顶点的坐标，从顶面开始作图。

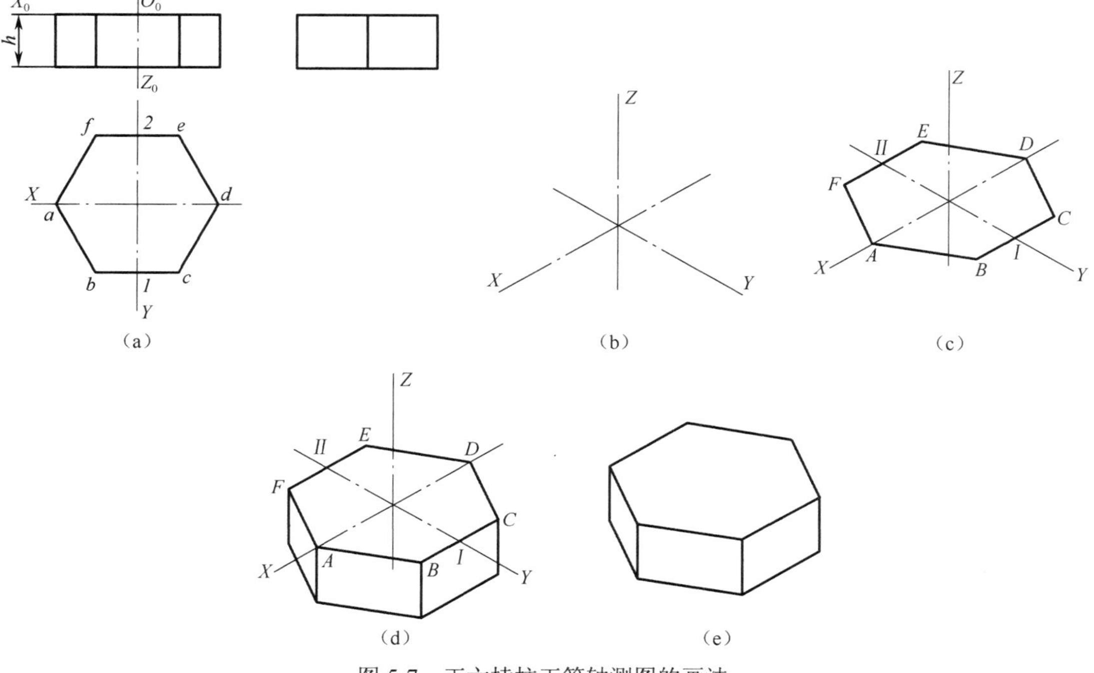

图 5-7　正六棱柱正等轴测图的画法

作图步骤：

① 定出坐标原点及坐标轴（图 5-7（a））。

② 画轴测轴（图 5-7（b）），由于 *a*、*d* 和 *1*、*2* 分别在 X_0，Y_0 轴上，可直接量取并在轴测轴 *X*、*Y* 上定出 *A*、*D* 和 *Ⅰ*、*Ⅱ*（图 5-7（c））。

③ 过 *Ⅰ*、*Ⅱ*作 *X* 轴平行线，将 *BC* 和 *EF* 连成顶面六边形（图 5-7（c））。

④ 过点 *A*、*B*、*C*、*D*、*E*、*F* 沿 *Z* 轴量取高度 *h*，得下顶面各点，连接相关点，擦去多余作图线，描深，完成六棱柱正等测图（图 5-7（e））。轴测图中的不可见轮廓线一般不要求画出。

（2）垫块

对于如图 5-8（a）所示的垫块，可采用坐标法结合切割法作图，即把垫块看成是一个长方体，先用正垂面切去一角，再用铅垂面切去一角。截切后的斜面上与三根坐标轴均不平行的线段，在轴测图上不能直接从正投影图中量取，必须按坐标求出其端点，然后连接各点。

作图步骤：

① 选定坐标轴和坐标原点（图 5-8（a））。

② 根据给出的尺寸 *a*、*b*、*h* 作长方体的轴测图（图 5-8（b））。

③ 倾斜线上不能直接量取尺寸，可在与轴测轴平行的对应棱线上量取倾斜线的尺寸（如 *c*、*d*），再连接两端点则形成该倾斜线的轴测图，然后连成平行四边形，得正垂面轴测图（图 5-8（c））。

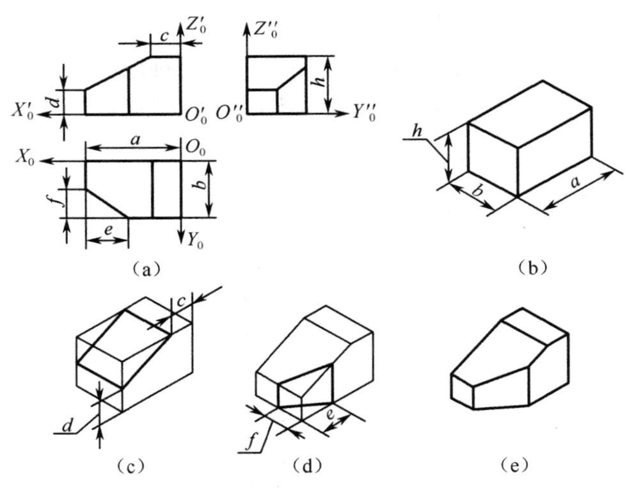

图 5-8 坐标法结合切割法作正等轴测图

④ 同理根据给出的尺寸 *e*、*f* 定出左下角铅垂面上倾斜线端点的位置，并连成四边形（图 5-8（d））。

⑤ 擦去多余作图线，描深，完成轴测图（图 5-8（e））。

（3）圆柱

如图 5-9（a）所示，直立正圆柱的轴线垂直于水平面，上、下底为两个与水平面平行且大小相同的圆，在轴测图中均为椭圆。可按圆柱的直径ϕ和高 *h* 作两个形状和大小相同、中心距为 *h* 的椭圆，再作两椭圆的公切线。

作图步骤：

① 选定坐标轴及坐标原点。作圆柱上底圆的外切正方形，得切点 *a*、*b*、*c*、*d*（图 5-9（a））。

② 画轴测轴，定出四个切点 *A*、*B*、*C*、*D*，过四点分别作 *X*、*Y* 轴的平行线，得外切正方形的轴测图（菱形）。沿 *Z* 轴量取圆柱高度 *h*，用同样方法作下底菱形（图 5-9（b））。

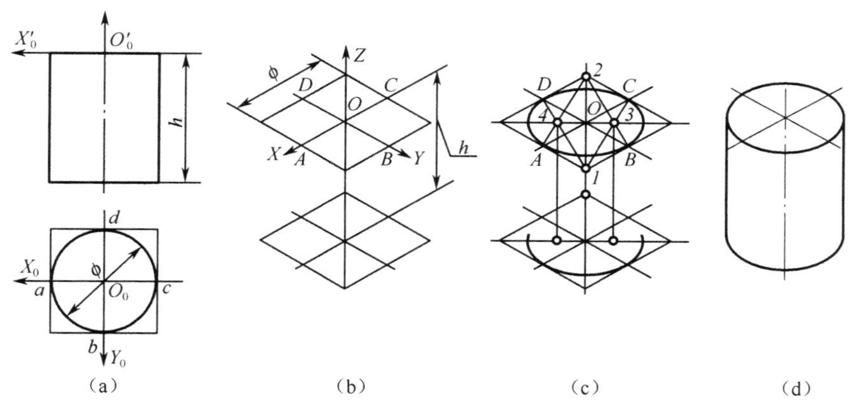

图 5-9　圆柱的正等测图画法

③ 过菱形两顶点 *1*、*2*，连接 *1C*、*2B* 得交点 *3*，连接 *1D*、*2A* 得交点 *4*。*1*、*2*、*3*、*4* 即为形成近似椭圆的四段圆弧的圆心。以 *1*、*2* 为圆心，*1C* 为半径作 *CD* 圆弧和 *AB* 圆弧；以 *3*、*4* 为圆心，*3B* 为半径作 *BC* 圆弧和 *AD* 圆弧，得圆柱上顶面的轴测图（椭圆）。将椭圆的三个圆心 2、3、4 沿 *Z* 轴平移距离 *h*，作下底椭圆，不可见的圆弧不必画出（图 5-9（c））。

④ 作两椭圆的公切线，擦去多余图线，描深，完成圆柱轴测图（图 5-9（d））。

（4）圆球

圆球的正等测图是包容球上所有能画出来的最大圆的轴测投影（椭圆）的一个圆。实际作图时至少要画一个椭圆，再以所画椭圆的长轴为直径画一个外切圆，即为球的正等测图，如图 5-10 所示。

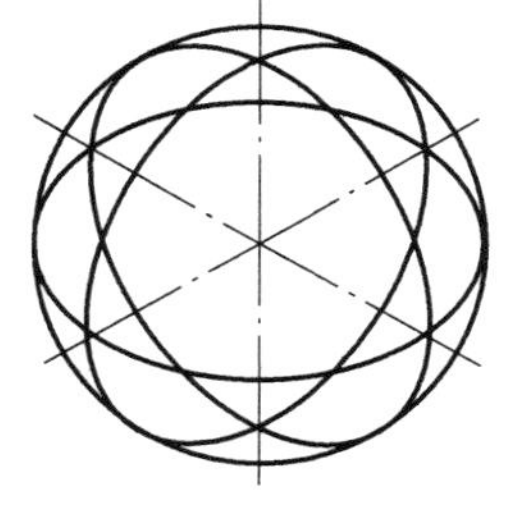

图 5-10　球的正等测图

（5）圆角

平行于坐标面的圆角，实际上是平行于坐标面的圆的一部分，因此常见的 1/4 圆的圆角（图 5-11（a）），其正等测图是上述近似椭圆的四段圆弧中相应的一段。

作图步骤：

① 画出平板的轴测图，并根据圆角的半径 *R*，按椭圆近似画法在平极上底面相应的棱线上作切点 *1*、*2* 和 *3*、*4*（图 5-11（b））。

② 过切点 *1*、*2* 分别作相应棱线的垂线，得交点 O_1。同样，过切点 *3*、*4* 作相应棱线的垂线，得交点 O_2。以 O_1 为圆心，$O_1 1$ 为半径，作圆弧 *12*；以 O_2 为圆心，$O_2 3$ 为半径作圆弧 *34*，即得平板上面圆角的轴测图。将圆心 O_1、O_2 下移平板厚度 *h*，再以与上面相同的半径分别画出两段圆弧，即得平板下面圆角的轴测图（图 5-11（c））。

③ 在平板右端作上、下圆弧的公切线，擦去多余作图线，描深，完成作图（图 5-11（d））。

（6）半圆头板

根据图 5-12（a）给出的尺寸，先作包络半圆头的长方体，采用作圆角的方法作半圆头轴测图，然后作小圆孔的轴测图。

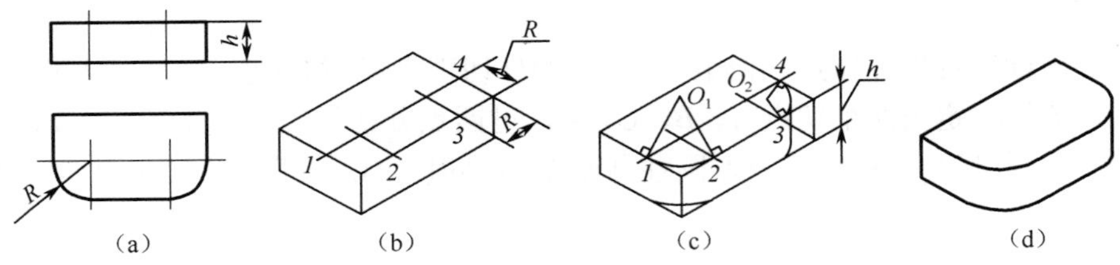

图 5-11　圆角的正等测画法

作图步骤：

① 画轴测轴，作长方体的轴测图。根据给出的半圆头半径 R 定出 *1*、*2*、*3*（图 5-12（b））。

② 过 *1*、*2*、*3* 分别作相应棱边的垂线，得交点 O_1、O_2。以 O_1 为圆心，O_1*1* 为半径作圆弧 *12*；以 O_2 为圆心，O_2*2* 为半径作圆弧 *23*（图 5-12（c））。

③ 将 O_1、O_2 分别向后平移板厚 c，作相应的圆弧，再作右端两圆弧的公切线（图 5-12（d））。

④ 作小圆孔椭圆，后壁的椭圆只需画出可见的一小段圆弧。擦去多余作图线，描深，完成作图（图 5-12（e））。

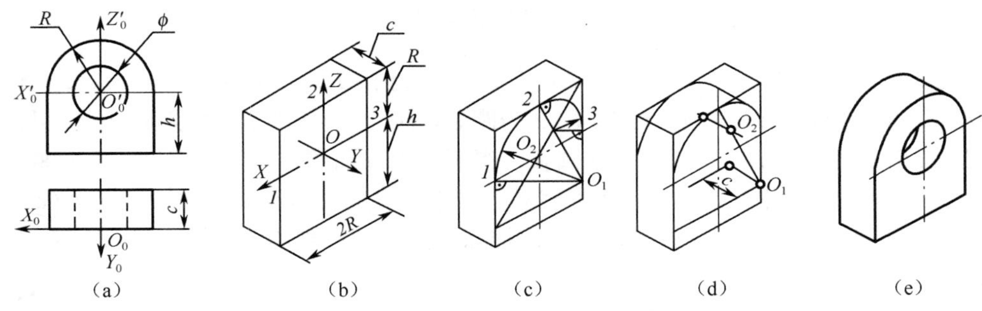

图 5-12　半圆头板的正等测画法

5.1.3　斜二轴测图

1. 轴间角和轴向伸缩系数

轴测投影面平行于一个坐标平面，投射方向倾斜于轴测投影面时，即得斜二轴测图。如图 5-13（a）所示是国标中的一种斜二轴测图，*XOZ* 坐标平面平行于轴测投影面，所以轴测轴 *OX*、*OZ* 分别为水平方向和铅垂方向。如图 5-13（b）所示，*X*、*Z* 轴的轴向伸缩系数 $p_1=r_1=1$，轴测轴 *OY* 与水平线夹角为 45°，轴向伸缩系数 $q_1=0.5$。轴间角∠*ZOX*=90°，∠*XOY*=∠*YOZ*=135°。

2. 斜二测画法

在斜二测图中，物体上平行于 *XOZ* 坐标面的直线和平面图形均反映实长和实形。所以当物体上有较多的圆或曲线平行于 *XOZ* 坐标面时，采用斜二测作图比较方便。下面用一些典型的图例来说明斜二测画法。

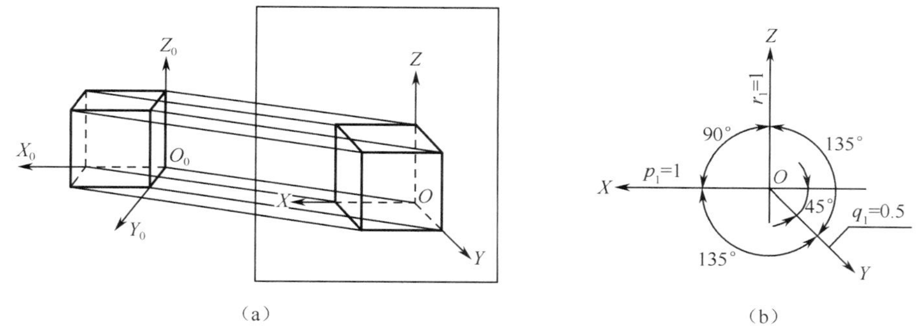

图 5-13　斜二测图及轴间角与轴向伸缩系数

（1）圆台

如图 5-14（a）所示是一个具有同轴圆柱孔的圆台，圆台的前、后端面及孔口都是圆。因此，将前、后端面平行于正面放置，作图很方便。

作图步骤：

① 作轴测图，在 Y_0 轴上量取 $L/2$，定出前端面的圆心 A（图 5-14（b））。

② 画出前后端面圆的轴测图（图 5-14（c））。

③ 作两端面圆的公切线及前孔口和后孔口的可见部分。擦去多余作图线，描深，完成作图。

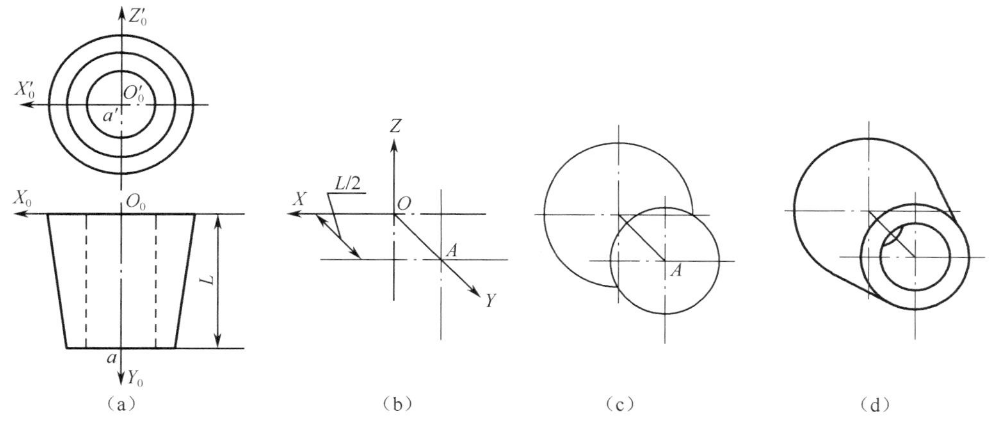

图 5-14　圆台的斜二测画法

（2）穿半圆头板的斜二测画法

如图 5-15（a）所示，该板左右对称，前后表面平行，由底部向上穿了一个孔，孔的上部是半圆形，下部是长方形，该板的其余表面都是相互垂直的平面。因此，将板的前后表面平行于正面放置，将坐标原点建立在前表面底部的中点，可以给作图带来方便。

作图步骤：

① 建立轴测轴（图 5-15（b））。

② 画出前后表面的轴测图。

③ 作前后表面半圆的切线（图 5-15（c））。

④ 擦去多余图线，描深，完成作图（图 5-15（d））。

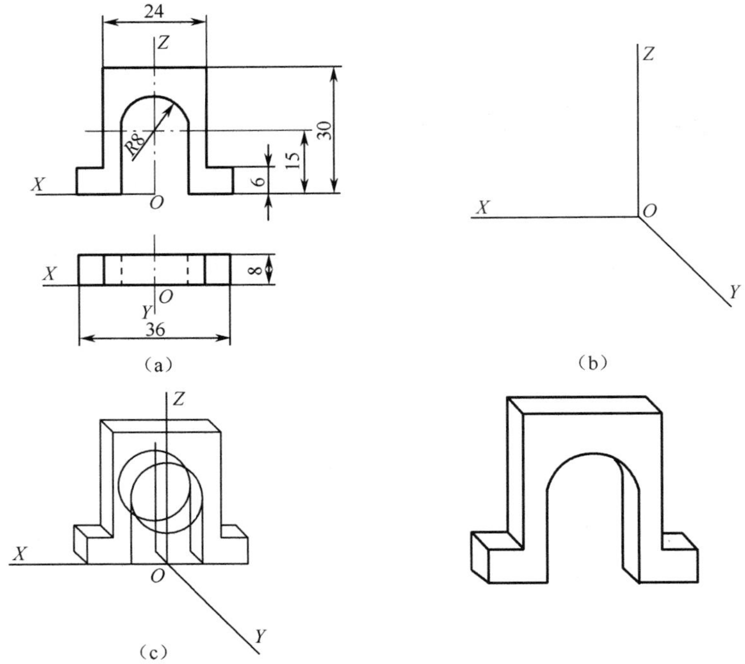

图 5-15　穿半圆头板的斜二测画法

5.1.4　轴承座的表达

现以轴承座为例，说明轴承座的视图表达方法与步骤。画组合体视图的基本方法是形体分析法。

1. 形体分析

如图 5-16（a）所示的轴承座，根据其形体特点，可将其分解为四部分，如图 5-16（b）所示。

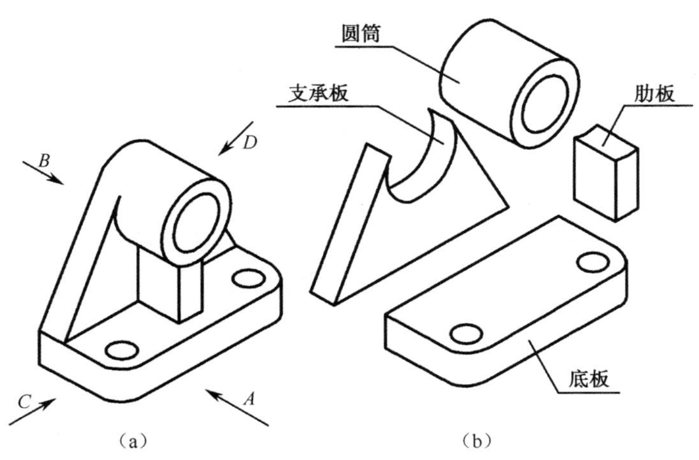

图 5-16　轴承座的形体分析

分析基本体的相对位置：轴承座左右对称，支承板与底板、圆筒的后表面平齐，圆筒前端面伸出肋板前表面。

分析基本体之间的表面连接关系：支承板的左右侧面与圆筒表面相切，前表面与圆筒相交；肋板的左右侧面及前表面与圆筒相交；底板的顶面与支承板、肋板的底面重合。

2. 选择视图和表达方案

首先选择主视图，主要考虑两个因素：轴承座的安放位置和主视图的投射方向。由形体特征和画图方便确定轴承座的安放状态；以能反映轴承座形状特征的方向作为主视图的投射方向，通常使轴承座的底板朝下，主要表面平行于投影面。主视图确定以后，上部圆筒的内部结构需剖出来才能表达清楚，为此，在左视图上选择沿着轴承座的左右方向的对称中心平面完全剖开，这样既表达清楚了圆筒内部的形状和结构，又表达清楚了支承板、肋板与圆筒之间的连接关系，故左视图采用全剖视图。底板上的两个内孔内部结构是完全相同的，因此只需剖出一个内孔就行了，可以在主视图上采用局部剖来表达。由于主视图和左视图已经完全表达清楚了圆筒的内外结构形状，因此俯视图上可以采用全剖，剖开上部的圆筒，俯视图主要用来表达底板的外部形状和两孔在底板长度与宽度方向的位置。

3. 选比例、定图幅

根据组合体的大小，定比例、选图幅，比例尽可能选用1∶1。

4. 布置视图

确定各视图的位置，画出各视图的基线，如组合体的底面、端面、对称中心线等。

5. 画图步骤

画图步骤如图5-17所示。

画图时应注意以下几点：

（1）运用形体分析法，逐个画出各部分的基本形体，并应同时考虑基本体之间的连接关系和剖切的区域，同一形体的三个视图应按投影关系同时进行。

（2）画每一部分基本形体的视图时，应先画反映该部分形状特征的视图。

（3）检查形体间表面连接处的投影是否正确。

6. 合理选择尺寸基准

任何零件都有长、宽、高三个方向的尺寸，每个方向至少要选择一个尺寸基准。一般常选择零件结构的对称面、回转轴线、主要加工面、重要支承面或结合面作为尺寸基准。根据基准的作用不同可分为两种：

设计基准——设计时确定零件表面在机器中的位置所依据的点、线、面。

工艺基准——加工制造时，确定零件在机床或夹具中位置所依据的点、线、面。

（1）设计基准

设计基准是根据零件在机器中的位置和作用所选定的基准。如图5-18所示，轴承座的底面为安装面，轴承孔的中心高应根据这一平面来确定，因此底面是高度方向的设计基准。设计基准通常是主要基准，轴承座的左右和前后对称面是长度和宽度方向的主要基准。

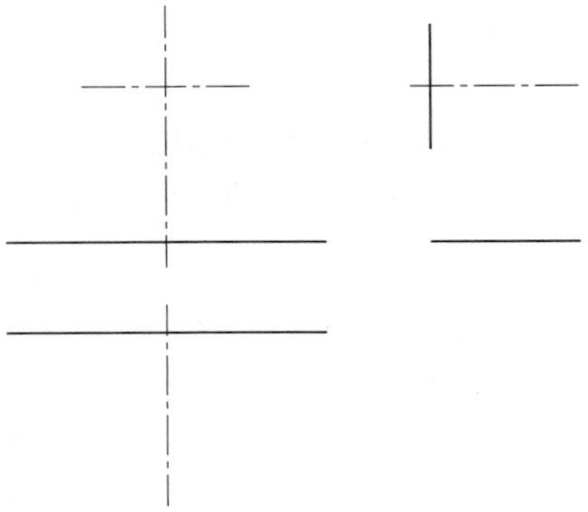

（a） 布置视图，画中心线和基准线

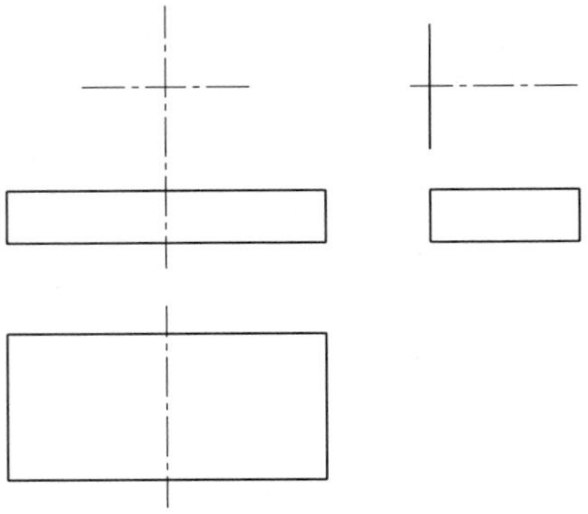

（b）画底板三视图

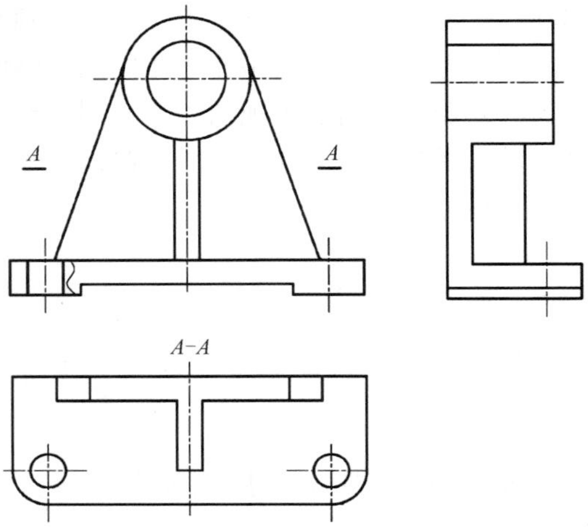

A A

A-A

（c）同时绘制出三个视图

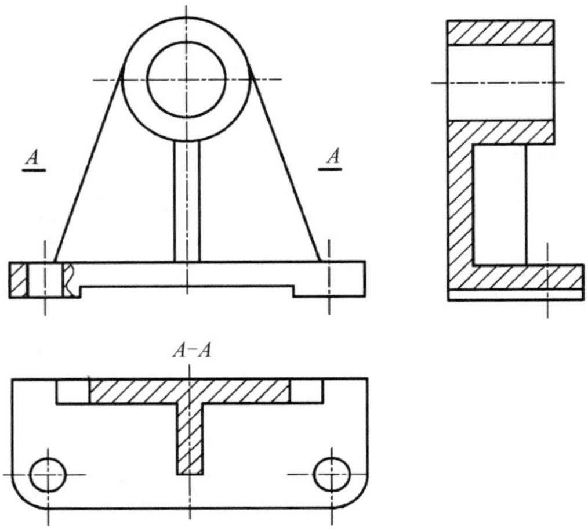

A A

A-A

（d）绘制剖面区域内的剖面线

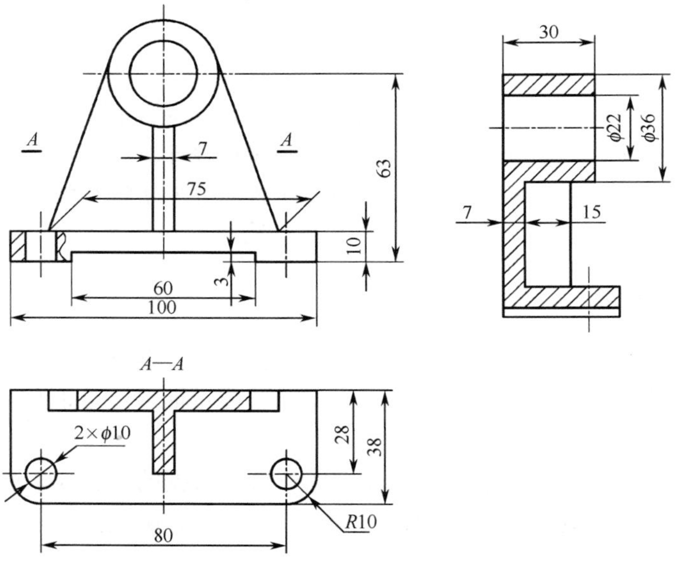

（e）检查、描深并标注尺寸

图 5-17 轴承座表示方案绘图步骤

（2）工艺基准

工艺基准是为零件加工和测量而选定的基准。零件上有些结构若以设计基准为起点标注尺寸，不便于加工和测量，必须增加一些辅助基准作为标注这些尺寸的起点。如图 5-18 中螺纹孔 M10 的深度，若以底面为基准标注尺寸十分不便，而以轴承的顶面为基准标注其深度尺寸 8，则便于控制加工和测量。顶面是工艺基准，也是高度方向的辅助基准。

选择基准时，应尽可能使工艺基准与设计基准重合，当不能重合时，所标注尺寸应在保证设计要求的前提下满足工艺要求。

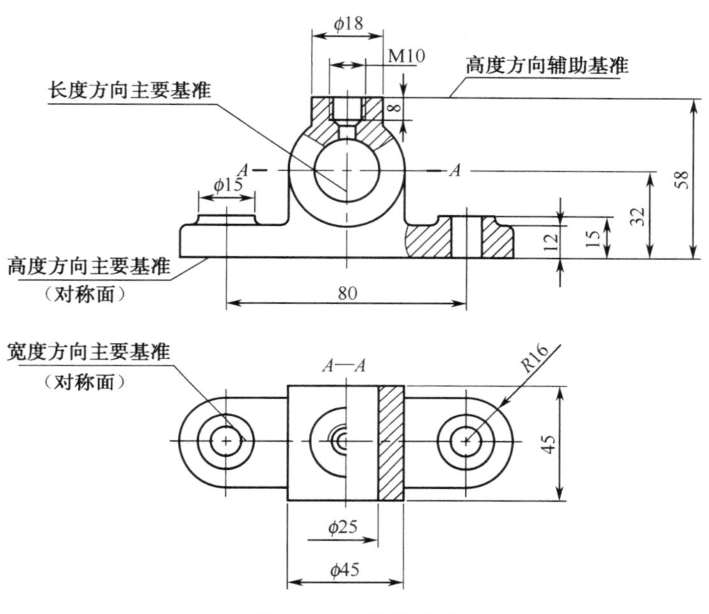

图 5-18　基准的选择

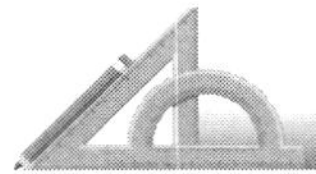

课外练习

（1）如图 5-19 所示，画正等轴测图。

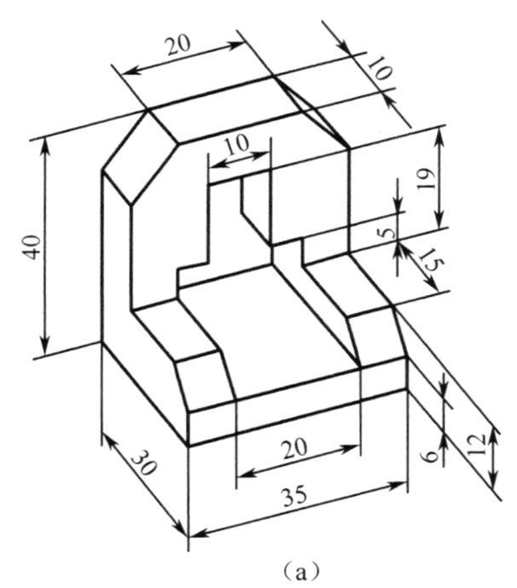

（a）

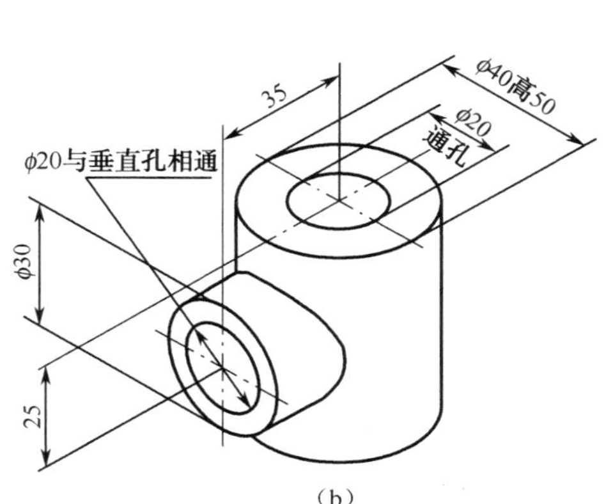

（b）

图 5-19　画正等轴测图

（2）如图 5-20 所示，根据立体图，用适当的图样表示方法绘制其零件视图。

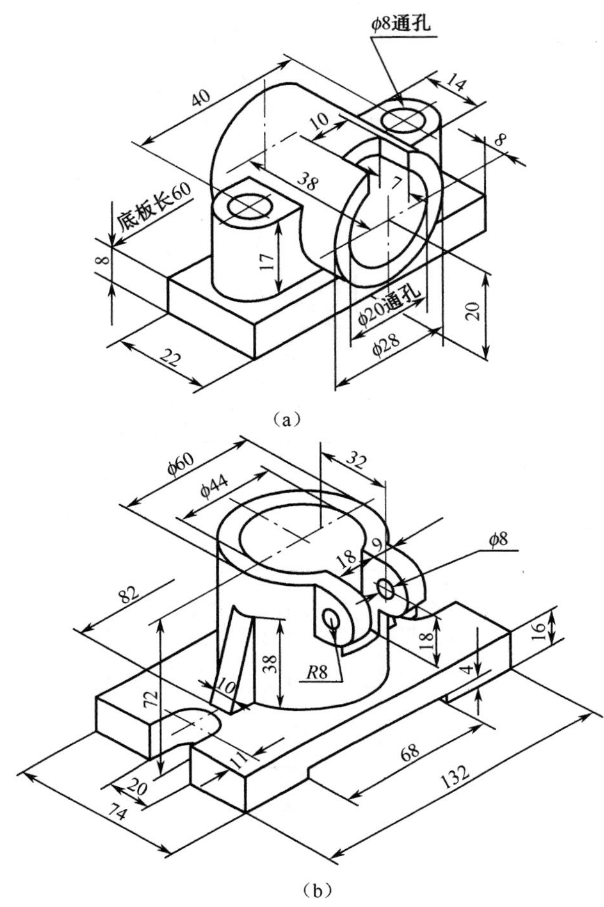

（a）

（b）

图 5-20 绘制零件视图

任务 5.2 支架

任务目标

最终目标：能读懂拨叉零件图。

促成目标：

（1）能看懂零件材料、名称、绘图采用比例等；

（2）能分析零件表达时采用的视图名称、表示方法及各视图表达的内容；

（3）能读懂零件图上标注的技术要求。

任务要求

绘制如图 5-21 所示拨叉零件图，并回答问题。

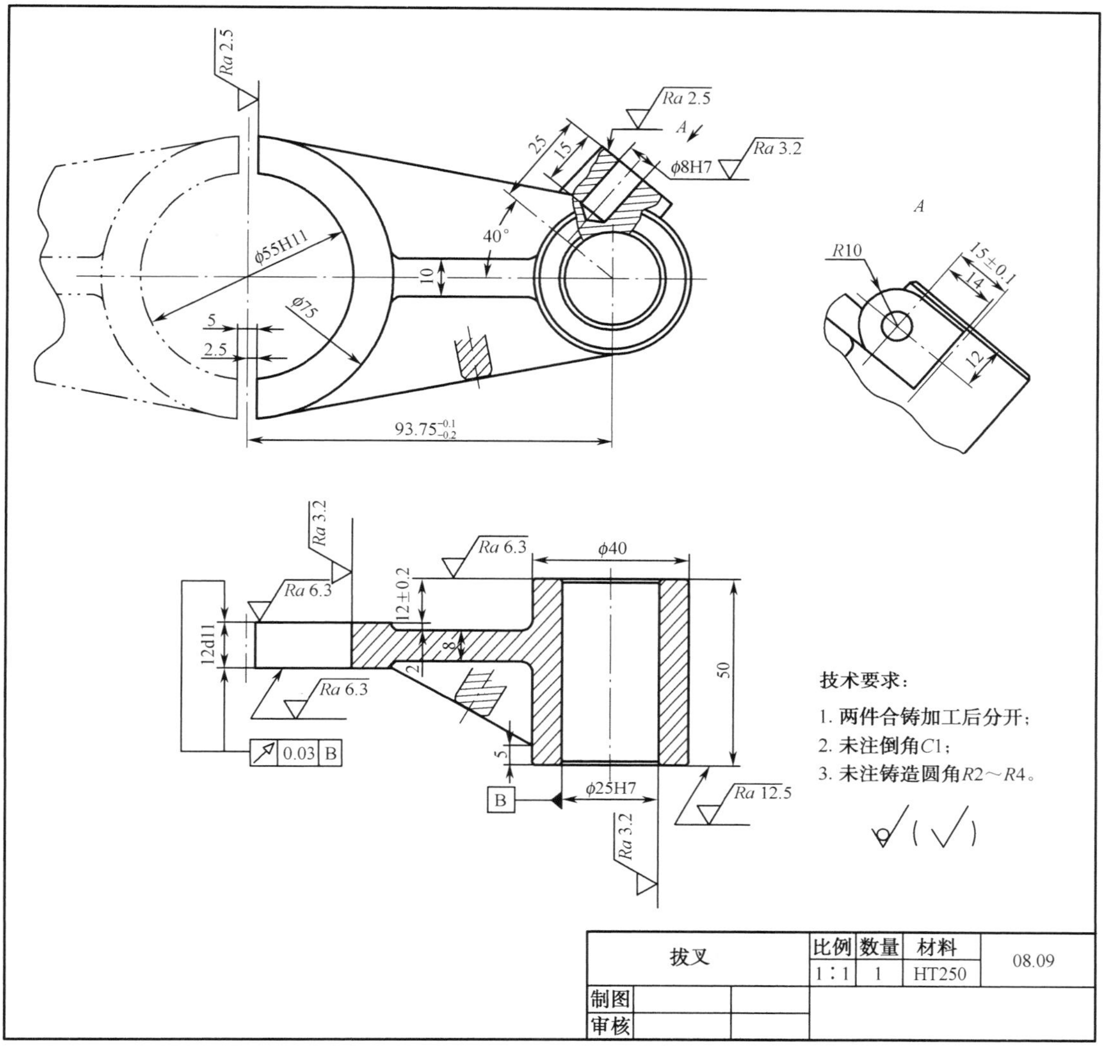

技术要求：

1. 两件合铸加工后分开；
2. 未注倒角 C1；
3. 未注铸造圆角 R2～R4。

拔叉	比例	数量	材料	08.09
	1∶1	1	HT250	
制图				
审核				

图 5-21　拔叉零件图

（1）该零件的名称是________，材料是________。

（2）该零件的视图上采用的表示方法有________，________，________，________。

（3）试用引出线分别指出该零件在长、宽、高三个方向的主要尺寸基准。

（4）形位公差 [↗ | 0.03 | B] 的含义是指________对________的________公差值是________。

（5）未注表面结构代号的表面要求是________。

（6）ϕ25H7 表示其基本尺寸是________，H 表示________，7 表示________，说明该孔是________孔。

学习案例

读懂如图 5-22 所示支架零件图，回答下列问题。

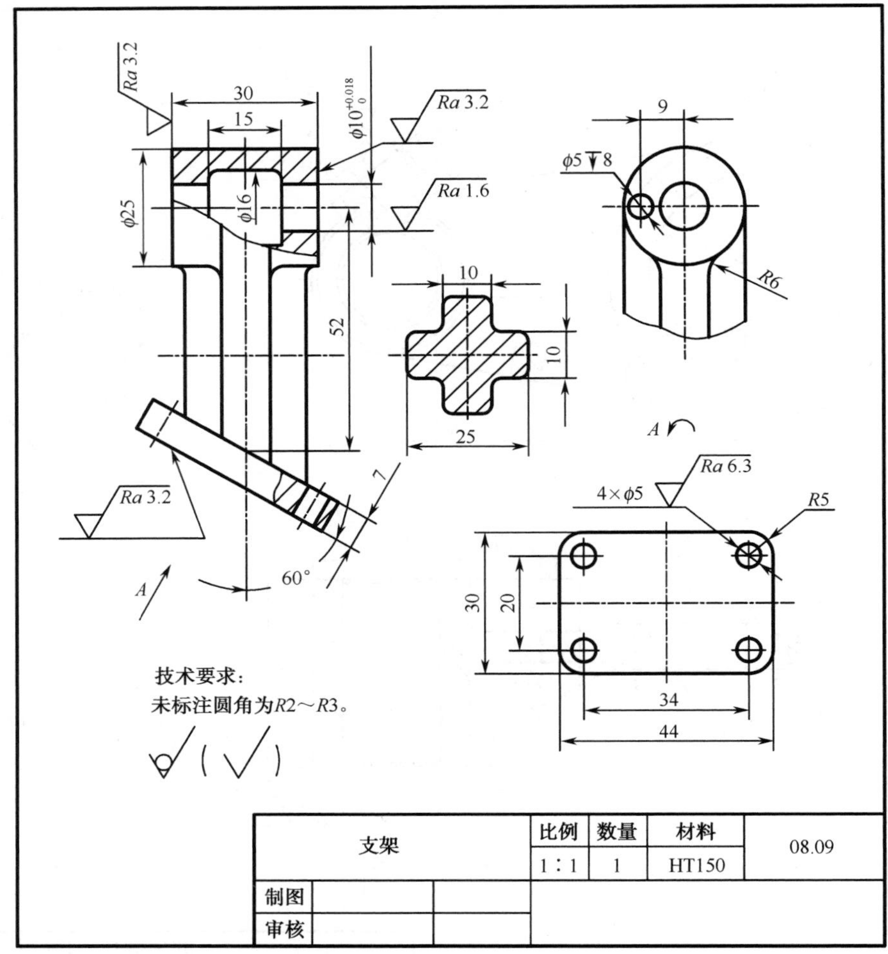

图 5-22　支架零件图

（1）支架采用________个视图来表达，视图的名称分别是________、________、________、________。

（2）该支架标注尺寸时长、宽、高的主要基准分别是________、________、________。

（3）支架上端圆筒设计有个直径为$\phi 16$的内孔，其作用是________。

（4）尺寸$\phi 10(^{+0.018}_{0})$中，10 表示________，上偏差是________，下偏差是________，公差是________。

（5）零件上表面结构要求最高的表面是________。

知识链接

5.2.1　公差与配合

1. 极限与配合的概念

成批或大量生产要求零件具有互换性，即当装配一台机器或部件时，只要在一批相同规格的零件中任取一件装配到机器或部件上，不需修配加工就能满足性能要求。零件在制造过

程中其尺寸不可能做得绝对准确，只能根据尺寸的重要程度对其规定允许的误差范围即公差提出要求。互换性原则在机器制造中的应用大大地简化了零件、部件的制造和装配过程，使产品的生产周期显著缩短，不但提高了劳动生产力，降低了生产成本，便于维修，而且保证了产品质量的稳定性。

1997～1999 年间国家技术监督局颁布了新标准“极限与配合”（GB/T 1800.1～1800.4，GB/T 1801），为便于系统学习，与机械制图相关的极限与配合的内容均在本项目中讲授，需要注意，零件图中只要求标注尺寸公差，配合将在装配图中应用。

2. 公差的有关术语和定义

有关公差的术语和定义如图 5-23 所示。

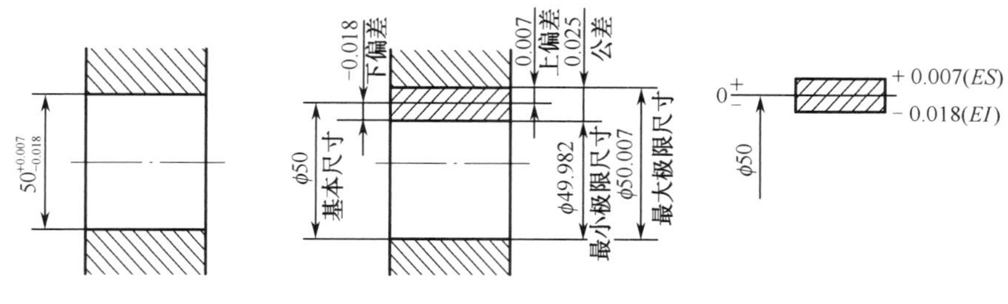

图 5-23　公差基本术语和定义

（1）基本尺寸：设计零件时，根据性能和工艺要求，通过必要的计算和实验确定的尺寸，如图 5-23 中的ϕ50。

（2）极限尺寸：允许零件实际尺寸变化的两个极限值。实际尺寸应位于其中，也可达到极限尺寸。两个极限值中，大的一个称为最大极限尺寸，小的一个称为最小极限尺寸。图 5-23 中孔的最大极限尺寸为ϕ50.007，最小极限尺寸为ϕ49.982。

（3）尺寸偏差：某一尺寸（实际尺寸、极限尺寸等）减去基本尺寸所得的代数差，其中上偏差和下偏差称为极限偏差。

最大极限尺寸-基本尺寸=上偏差

最小极限尺寸-基本尺寸=下偏差

孔和轴的上偏差分别以 *ES* 和 *es* 表示；孔和轴的下偏差分别以 *EI* 和 *ei* 表示。需要指出，偏差可能是正的，也可能是负的，甚至可能是零。图 5-23 中孔直径的上偏差为+0.007，下偏差为-0.018。

（4）尺寸公差（简称公差）：允许尺寸的变动量，可用下式表示。

尺寸公差=最大极限尺寸-最小极限尺寸

尺寸公差是一个没有符号的绝对值，图 5-23 中孔直径的尺寸公差=ϕ50.007-ϕ49.982= 0.025。

（5）零线：在极限与配合中，表示基本尺寸的一条直线，以其为基准确定偏差和公差。

（6）公差带：在公差带中，由代表上偏差和下偏差或最大极限尺寸和最小极限尺寸的两条直线所限定的一个区域。在实际工作中，常将示意图抽象简化为公差带示意图，如图 5-24 所示。

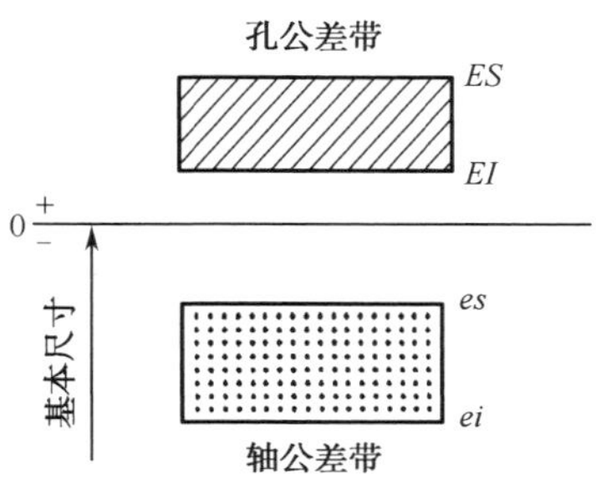

图 5-24　公差带示意图

3. 配合

配合是指基本尺寸相同，相互结合的孔、轴公差带之间的关系。根据使用要求不同，孔和轴装配可能出现不同的松紧程度，由此国标规定配合分为三类：间隙配合、过盈配合和过渡配合。

（1）间隙配合是指任取一对基本尺寸相同的轴和孔相配，当孔的尺寸减轴的尺寸为正或零时的配合。此时孔的公差带在轴的公差带之上，如图 5-25 所示。

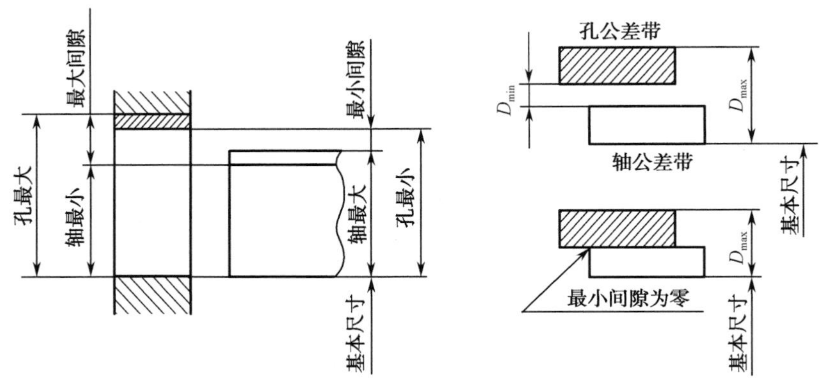

图 5-25　间隙配合公差带

（2）过盈配合是指任取一对基本尺寸相同的轴和孔相配，当孔的尺寸减轴的尺寸为负或零时的配合。此时轴的公差带在孔的公差带之上，如图 5-26 所示。

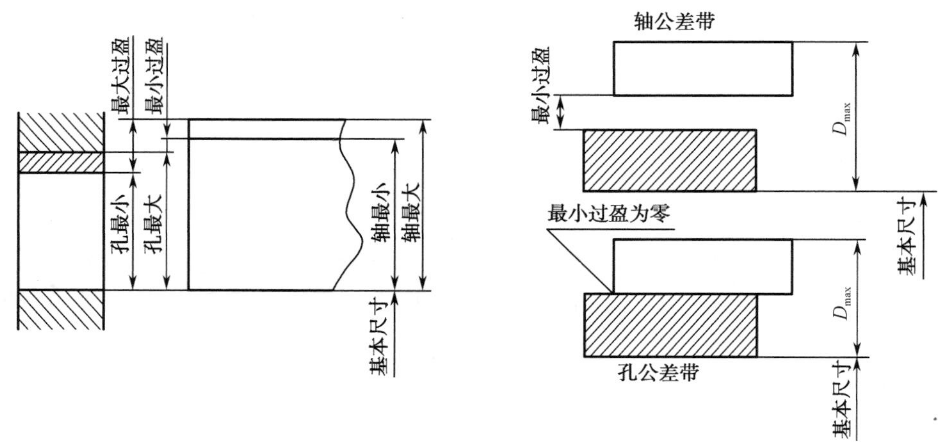

图 5-26　过盈配合公差带

（3）过渡配合是指任取一对基本尺寸相同的轴和孔相配，当孔的尺寸减轴的尺寸可能为正也可能为负时的配合。此时孔的公差带和轴的公差带相互重叠，如图 5-27 所示。

4. 标准公差（IT）和基本偏差

GB/T 1800.2—1998 中规定，公差带是由标准公差和基本标准组成的。标准公差确定公差带的大小，基本偏差确定公差带的位置。

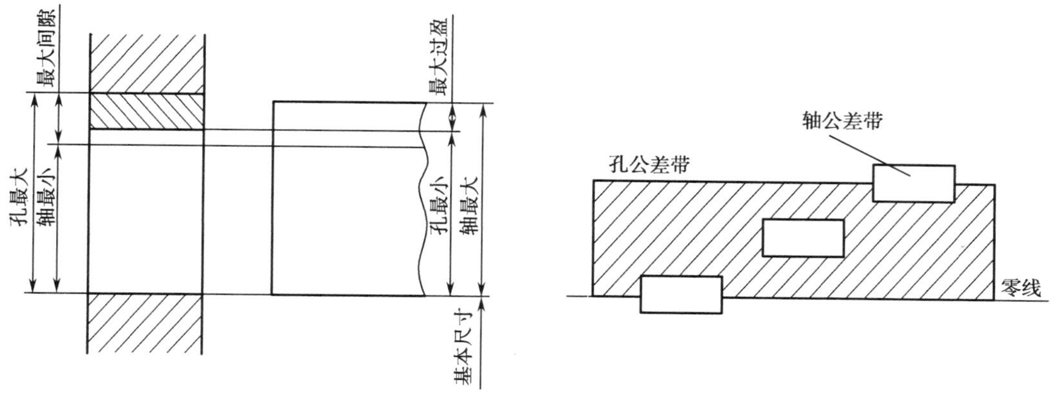

图5-27　过渡配合公差带

（1）标准公差

公差是国标中用来确定公差带大小的标准化数值。在国家标准中，标准公差按基本尺寸范围和标准公差等级确定，分为20个级别，即IT01、IT0、ITl～ITl8。随着公差等级的增大，尺寸的精确程度依次降低，公差数值依次增大，即IT01级精度最高，ITl8级精度最低。

对一定的基本尺寸而言，公差等级越高，公差数值越小，尺寸精度越高。属于同一公差等级的公差数值，基本尺寸越大，对应的公差数值越大，但被认为具有同等的精确程度。

（2）基本偏差

基本偏差是确定公差带相对零线位置的极限偏差，它可以是上偏差或下偏差，一般指靠近零线的那个偏差。当公差带在零线上方时，基本偏差为下偏差；反之，则为上偏差。国标规定了孔、轴基本偏差代号各有28个。大写字母代表孔的基本偏差代号，A～H为下偏差，J～ZC为上偏差，JS对称于零线，其基本偏差为+IT/2或-IT/2；小写字母代表轴的基本偏差代号，a～h为上偏差，j～zc为下偏差，js对称于零线，其基本偏差为+IT/2或-IT/2，如图5-28所示。基本偏差数值可从国标和有关手册中查得。

5. 配合制

在制造配合的零件时，如果孔和轴两者都可以任意变动，则情况变化极多，不便于零件的设计和制造。使其中一种零件基本偏差固定，通过改变另一种零件的基本偏差来获得各种不同性质配合的制度称为配合制。

国家标准规定配合制有基孔制配合和基轴制配合。

基孔制配合是基本偏差为一定的孔公差带与不同基本偏差的轴公差带构成各种配合的制度。基孔制配合中的孔称为基准孔，用基本偏差代号“H”表示，其下偏差为零。如轴承内孔与轴的配合就属于基孔制配合，基孔制配合中的轴称为配合件。

基轴制配合是基本偏差为一定的轴公差带与不同基本偏差的孔公差带构成各种配合的一种制度。基轴制配合中的轴称为基准轴，用基本偏差代号“h”表示，其上偏差为零。如轴承外圈直径与箱体孔的配合就属于基轴制配合，基轴制配合中的孔称为配合件。

6. 极限与配合的查表及标注

（1）公差带

如H8表示基本公差代号为H，公差等级为8级的孔公差带；f7表示基本偏差代号为f，公差等级为 7 级的轴公差带。

当基本尺寸和公差带代号确定时，可根据附录 A 查得极限偏差值。

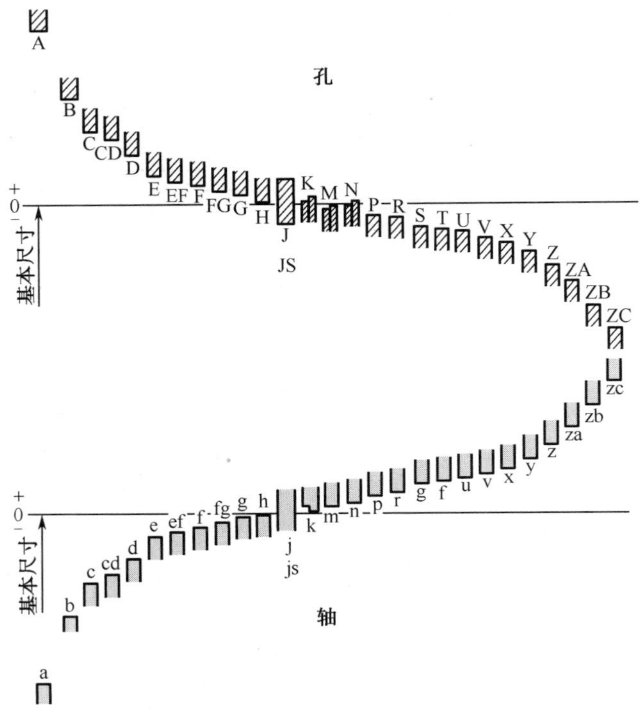

图 5-28　孔和轴的基本偏差系列

【例 1】 已知孔的基本尺寸为ϕ50，公差等级为 8 级，基本偏差代号为 H，写出公差带代号，并查出极限偏差值。

解： 由公差带代号定义，可知公差带代号为ϕ50H8。

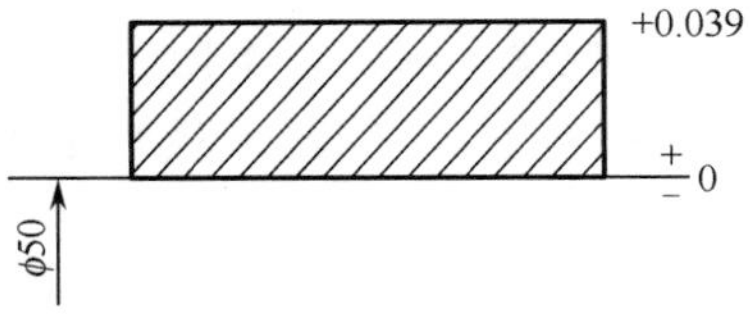

由附录 A 中孔极限偏差表查得：上偏差值为+0.039mm，下偏差值为 0，孔的尺寸可写为$\phi 50^{+0.039}_{0}$或ϕ50H8（$^{+0.039}_{0}$）。

用公差带示意图表示如图 5-29 所示。

图 5-29　ϕ50H8 孔的公差带示意图

（2）配合代号

配合代号用孔、轴公差带代号组成的分数式表示，分子表示孔的公差带代号，分母表示轴的公差带代号。如$\frac{H8}{f7}$、$\frac{H9}{h9}$、$\frac{P7}{h6}$等，也可写成 H8/f7、H9/h9、P7/h6 的形式。

可见，在配合代号中有“H”者为基孔制配合，有“h”者为基轴制配合。

【例 2】 基本尺寸为ϕ50 的基孔制配合，孔的公差等级为 8 级，轴的基本偏差代号为 f，公差等级为 7 级，试写出它们的基本尺寸和配合代号。

解： 配合代号可写为$\phi 50\frac{H8}{f7}$或ϕ50H8/f7。

进一步，由基本偏差系列图查出孔、轴极限偏差值，可得此配合为间隙配合。

【例3】 已知配合代号为40K7/h6，试说明配合代号含义。

解：根据公差带代号及配合代号的组成，可知40K7/h6表示基本尺寸为40，公差等级为6级的基准轴与基本偏差为K，公差等级为7级的孔形成的基轴制过渡配合。

【例4】 已知配合代号为ϕ20H6/h5，试说明它是基孔制配合还是基轴制配合。

解：分子“H”可说是基孔制配合，分母“h又可说是基轴制配合。但因ϕ 20N6/h5是基轴制配合，对同一根光轴，一般不应有两种配合制度，所以应理解ϕ20H6/h5也是基轴制配合。

由此看出，对H6/h5这样一类配合代号，应进行结构分析后再来确定是基孔制配合还是基轴制配合。

（3）极限与配合在图样中的标注

极限与配合在零件图中标注线性尺寸的公差有三种形式，如图5-30所示。图（a）只注公差带代号；图（b）只注写上、下偏差数值，上、下偏差的字高为尺寸数字高度的2/3，且下偏差的数字与尺寸数字在同一水平线上，在零件图中此种注法居多；图（c）既注公差带代号又注上、下偏差数值，但偏差数值加注括号。

在装配图中标注线性尺寸配合代号时，以分子为孔的公差带代号，分母为轴的公差带代号形式的标注如图5-31所示。

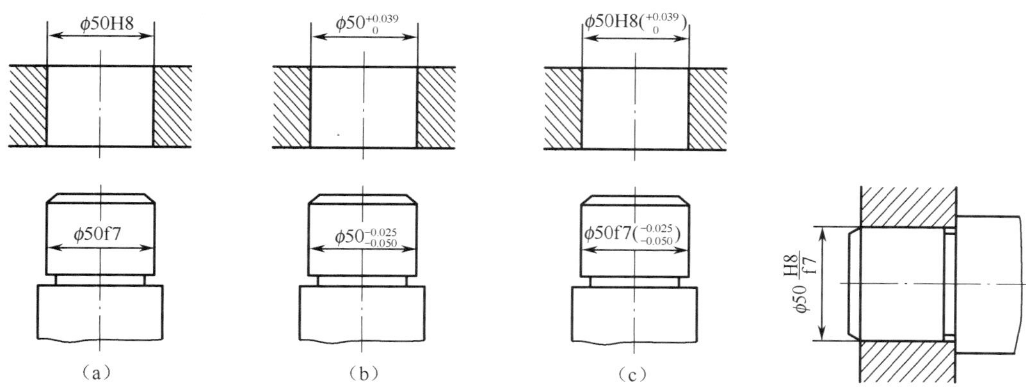

图5-30　零件图中尺寸公差的标注　　图5-31　装配图中配合代号的标注

5.2.2　读支架类零件图

设计零件时，经常需要参考同类机器零件的图样，这就需要会看零件图。制造零件时，也需要看懂零件图，想象出零件的结构和形状，了解各部分尺寸及技术要求等，以便加工出零件。

读零件图的方法和步骤：

（1）概括了解——首先从零件图的标题栏了解零件的名称、材料、绘图比例等，然后通过装配图或其他途径了解零件的作用及其与其他零件的装配关系。

（2）分析视图、读懂零件的结构和形状 ——分析零件采用的表达方法，如选用的视图剖切面位置及投射方向等，按照形体分析等方法，利用各视图的投影对应关系，想象出零件的结构和形状。

（3）分析尺寸——确定各方向的尺寸基准，了解各部分结构的定形和定位尺寸。

（4）了解技术要求——各配合表面的尺寸公差、有关的形位公差、各表面的结构、极限与配合等要求。

（5）综合起来想整体——将看懂的零件的结构、形状、所注尺寸及技术要求等内容综合起来，想象出零件的全貌，这样就看懂了一张零件图。

5.2.3 支架零件图分析

支架类零件的结构形状多样，差别较大，但其主体结构都是由安装支承部分、工作部分和连接部分组成的，局部结构有肋、凸台、凹坑、铸造圆角等。

支架类零件一般以自然位置或工作位置放置，并选取最能反映形状特征的方向作为主视图的投射方向。这类零件一般需要两个或两个以上的基本视图，因有形状歪斜，常辅以斜视图或局部视图；为表示局部内形常采用斜剖视图或局部剖视图；连接部分、肋板的断面形状常采用断面图，如图 5-32 所示为支架零件图。

1. 视图分析

该支架采用其工作位置作为主视方向，由五个视图来表达，分别是主视图、俯视图、左视图三个基本视图和移出断面图、*C* 向局部视图两个辅助视图。主视图表达了支架的主要外部轮廓及其主要构成部分，即上端的圆筒、下部的底板、中间 U 型的竖板以及用来起加强作用的肋板；主视图还表达了在上端圆筒的凸缘均匀分布的 3 个小孔，以及在底板的底面左右对称的两条凹槽；俯视图采用 *D*—*D* 全剖的方法表达了连接上端圆筒和下部底板的 U 型连接板的截面形状及底板的形状和底板上表面两个凹槽的分布状况；左视图采用 *A*—*A* 全剖的方法表达了上端凸台和圆筒的内部结构形状，同时也表达了支架上端圆筒边缘均匀分布的三个小孔的内部结构，还表达了连接板、肋板和圆筒、底板之间的连接关系；移出断面图则表达了肋板的截面形状和肋板边缘处的圆角；而 *C* 向局部视图表达了凸台端面的形状和螺孔的分布位置。这样，五个视图表达时各有表达重点，既无重复，又没有遗漏，相得益彰，把支架的形状、结构完全反映清楚了。

2. 主要尺寸分析

支架长、宽、高三个方向的主要尺寸基准分别是主视图中长度方向的对称中心线、圆筒后端面和底板的底面。顶端有个 M10 的螺纹通孔，其轴线到圆筒后端面的距离为 22，这也是螺孔宽度方向的定位尺寸；圆筒前后端面上有 3 个均匀分布在直径为ϕ92 圆周上的直径为ϕ7 的通孔，圆筒的内径是ϕ72H8（$^{+0.046}_{0}$），连接板左右两侧的厚度是 9，肋板的厚度也是 9，肋板的下部至圆筒轴线的距离为 82；底板上表面前端分布有中心距为 70、宽为 16 的两个 U 型槽。底板的长度为 140，宽度为 75，高度为 10，底板底面对称地开有前后方向的通直槽，底板底面到圆筒轴线的高度为 170±0.1；凸台顶面到圆筒轴线的距离为 52。

3. 其他技术要求分析

支架安装后，根据工作需要对支架上端的圆筒提出了位置公差要求，分别是圆筒的后端面对其孔轴线的圆跳动公差为 0.04，孔ϕ72H8（$^{+0.046}_{0}$）轴线对支架底面的平行度公差为 0.03。

支架上端圆筒内需要支承其他构件，所以孔ϕ 72H8（$^{+0.046}_{0}$）表面结构要求也较高，*Ra* 最大值不得大于 3.2μm。圆筒边缘均匀分布的 3 个直径为ϕ 7 的通孔的表面结构要求为 *Ra* 最大值不得大于 25μm。底板底面的表面结构要求为 *Ra* 最大值不得大于 6.3μm。

由于支架是铸件，图样中未注半径的铸造圆角均为 $R3$，未注表面粗糙度代号的表面均是毛坯面。

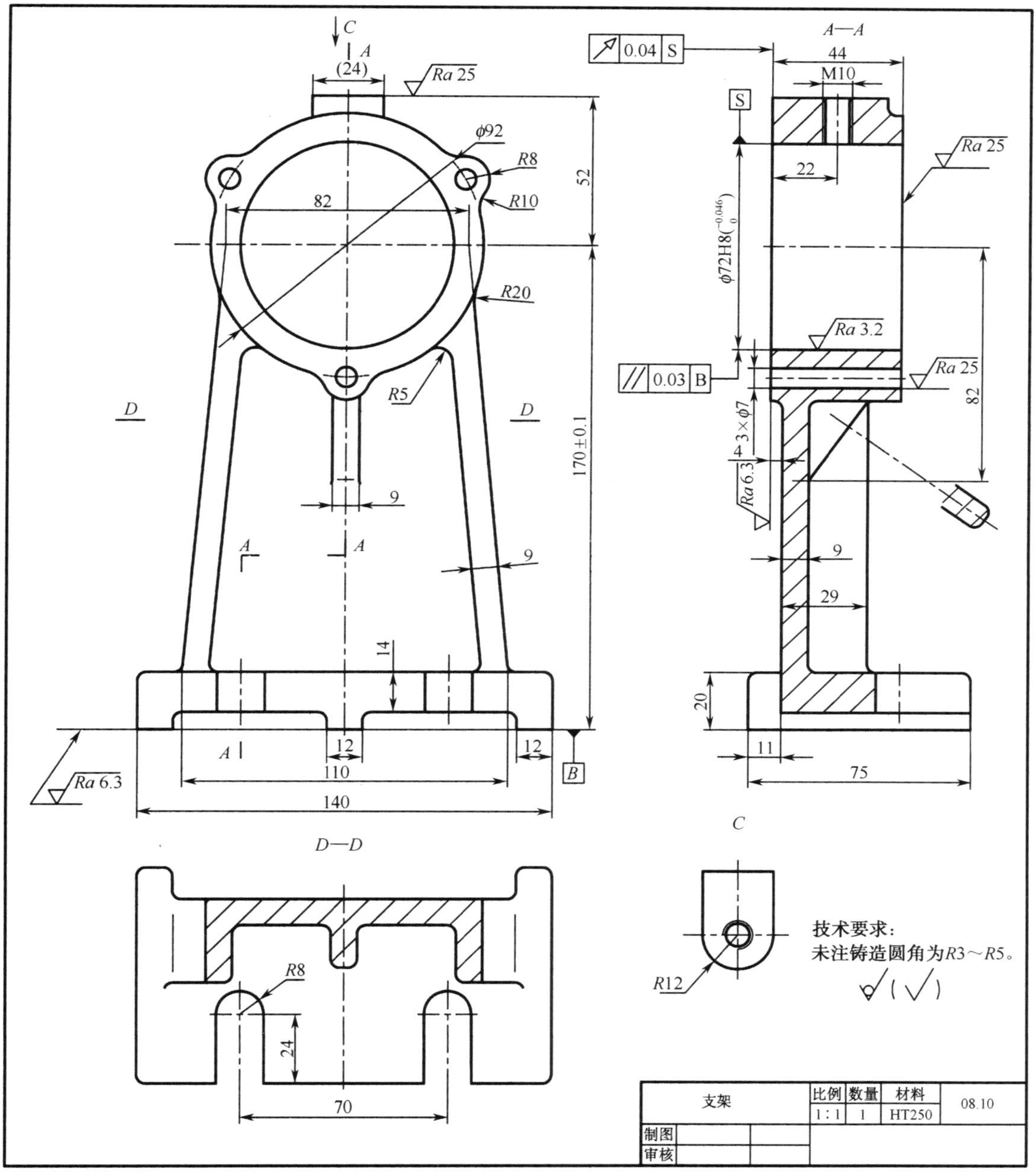

技术要求：
未注铸造圆角为 $R3 \sim R5$。

支架	比例	数量	材料	08.10
	1∶1	1	HT250	
制图				
审核				

图 5-32　支架零件图

课外练习

如图 5-33 所示，读拔叉零件图完成填空题，并补画俯视图（只画可见结构的投影，不画内部结构）。

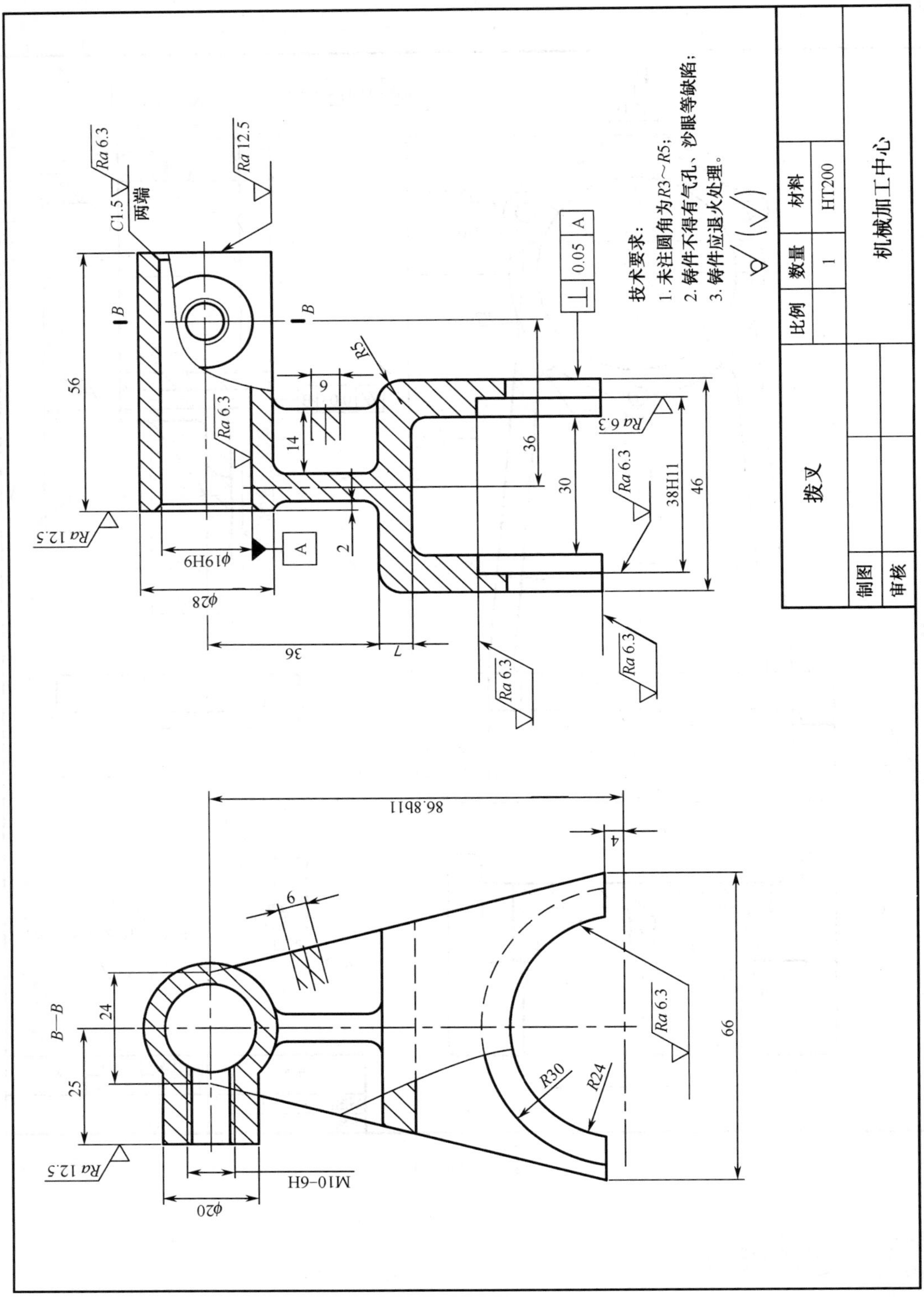

B—B

25 24 ϕ20 M10-6H 9 86.8b11 4 66 R30 R24 Ra 12.5 Ra 6.3

56 ϕ28 ϕ19H9 36 14 6 2 7 R5 36 30 38H11 46 C1.5 两端 B A Ra 12.5 Ra 6.3

⊥ 0.05 A

技术要求：

1. 未注圆角为$R3\sim R5$；
2. 铸件不得有气孔、沙眼等缺陷；
3. 铸件应退火处理。

拨叉		比例	数量	材料
			1	HT200
制图			机械加工中心	
审核				

图5-33　拨叉

（1）该零件的名称为________，所用的材料是灰铸铁。

（2）该零件用了________个基本视图表达，其中主视图（即 *B*—*B* 剖视图）采用了________剖切的全剖视图，它的剖切位置被表示在________视图中，说明此剖视图主要是为了表达该零件上________的内部结构的，主视图上的局部剖视图的剖切位置在 30、38H11、46 尺寸的对称面上。左视图为单一剖切的局部剖视图，其剖切位置在零件的左右基本对称面上，保留一部分视图的原因是为了表达________的外形结构。另外还有________个重合断面图，分别表达了相应结构的厚度。

（3）由前面的表达方法分析可知，该零件从整体外形结构上可分为________部分，在下部较大的部分是特征形状为________形（选：方形、圆形、梯形）的________放置（选：正放、竖放、侧放）的柱体；上部为一内外直径分别为________、________的________放置（选：正放、竖放、侧放）的圆柱筒；在圆柱筒的前部左侧是一________形状（选：方形、圆形）的小凸台；中间部分为厚度为________的支撑板和厚度为________的肋板。下部较大的柱体内部结构有一侧开的矩形槽，槽宽尺寸为 30，较大柱体的前后壁上对称地加工了________形状（选：方形、半圆形、圆形）的阶梯槽孔。

（4）尺寸 2 是________（选：定位或定形）尺寸，用来确定上部圆柱筒后表面至支撑板后表面之间的距离；36、86.8b11 是________（选：定位或定形）尺寸，分别用来确定下部柱体与圆柱筒上小圆柱凸台的________、________（选：左右、前后、上下）方向的相对位置。总之，零件三个方向的主要尺寸基准分别是：长度方向为________，宽度方向为________，高度方向为________。

（5）尺寸 38H11 的基本尺寸是________，H11 表示________，H 是________的代号，11 表示________，下偏差是________。

（6）零件上有________处有形位公差要求，公差项目的名称是________，被测要素是________，基准要素是________，公差数值是________。

（7）零件上表面结构要求最高部位其 *Ra* 值是________。

（8）补画俯视图（只画可见结构的投影，不画内部结构）。

项目 6　箱体类零件

任务 6.1　箱体

任务目标

最终目标：能读懂箱体类零件图。

促成目标：

（1）能看懂零件上的工艺结构；

（2）能分析零件图上视图的表示方法和各视图表达的重点内容；

（3）能看懂零件图上的技术要求。

任务要求

如图 6-1 所示，读懂底座零件图，补画其左视图的外形图。

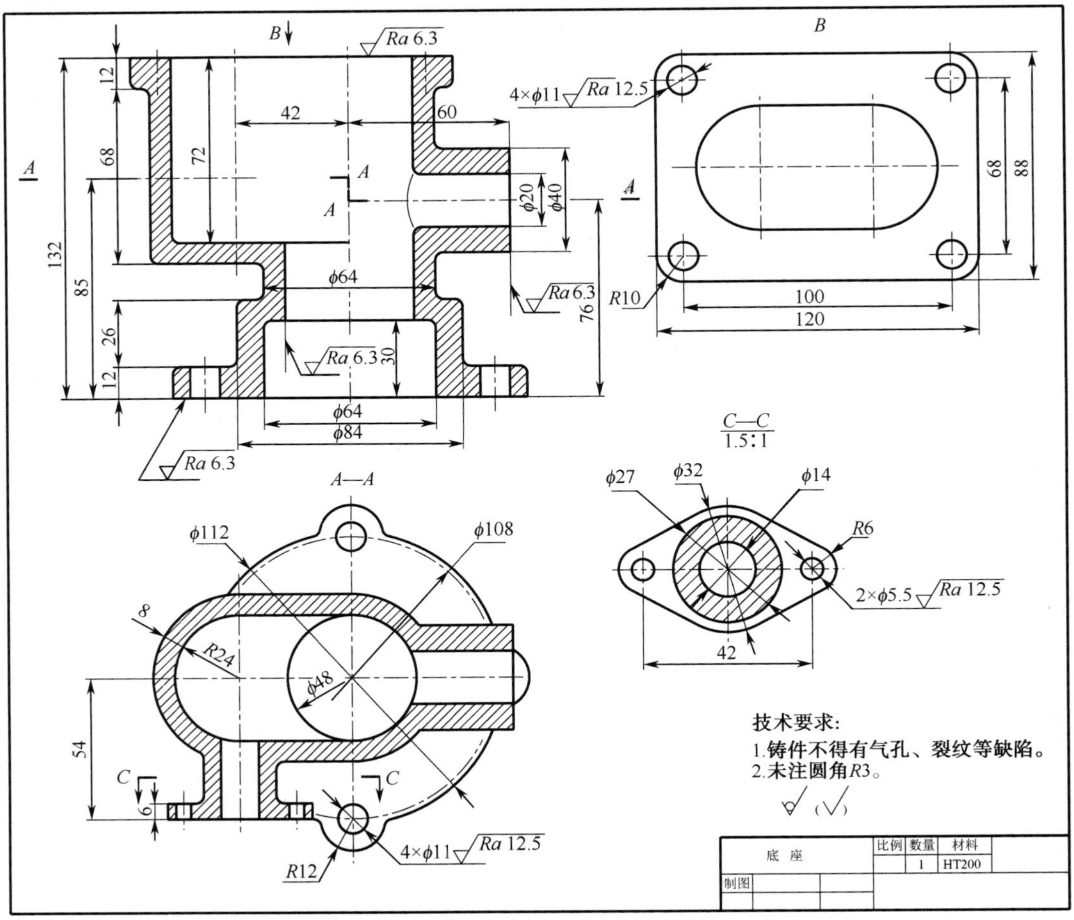

技术要求：

1.铸件不得有气孔、裂纹等缺陷。

2.未注圆角$R3$。

底　座	比例	数量	材料
		1	HT200
制图			

图 6-1　底座

学习案例

如图 6-2 所示，读懂泵体零件图。

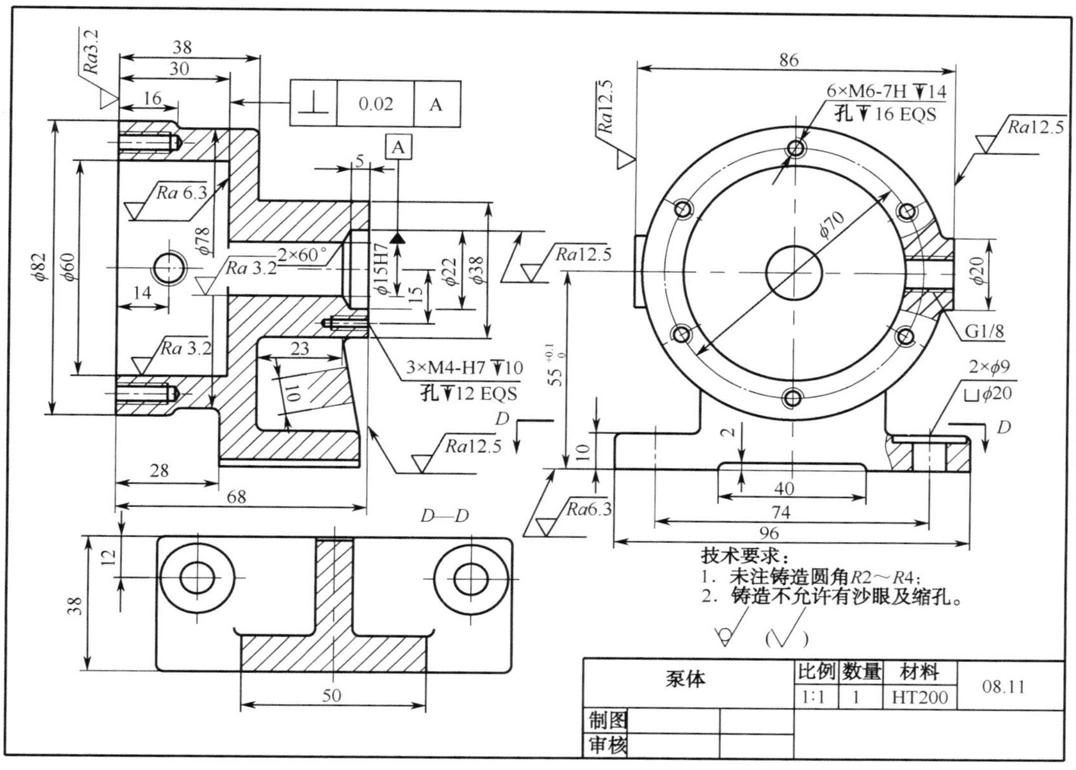

图 6-2　泵体

知识链接

6.1.1　零件上常见的工艺结构

1．铸造工艺结构

（1）起模斜度

如图 6-3 所示，在铸造零件毛坯时，为便于将木模从砂型中取出，零件的内、外壁沿起模方向应有一定的斜度（1：20～1：10），起模斜度在制作木模时应予以考虑，视图上可以不注出。

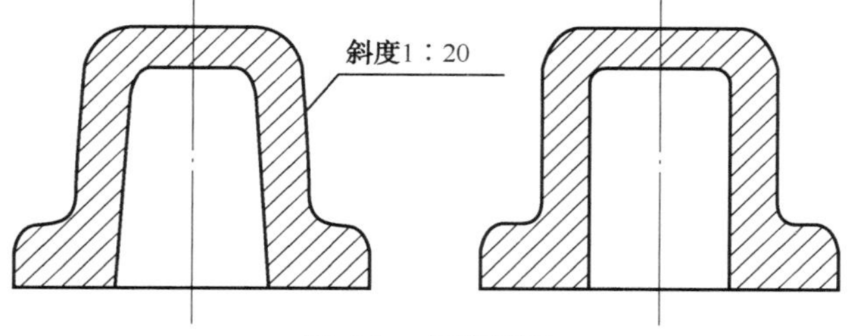

图 6-3　起模斜度

（2）铸造圆角

如图 6-4 所示，为防止砂型在尖角处脱落和避免铸件冷却收缩时在尖角处产生裂缝，铸件各表面相交处应做成圆角。

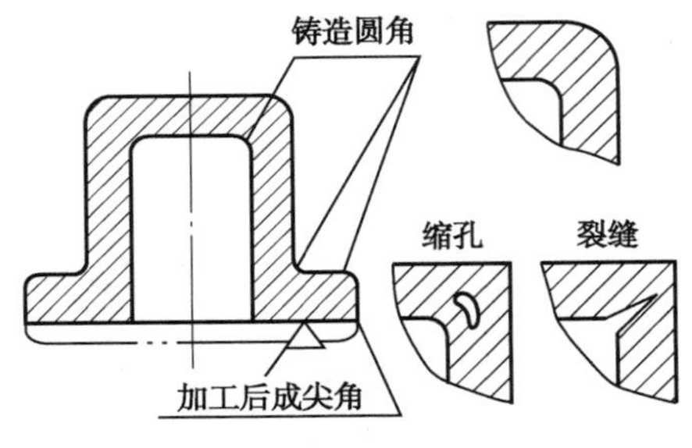

图 6-4　铸造圆角

由于铸造圆角的存在，零件上的表面交线就不明显。为了区分不同形体的表面，在零件图上仍画出两表面的交线，称为过渡线（可见过渡线用细实线表示）。过渡线的画法与相贯线画法基本相同，只是在其端点处不与其他轮廓线相接触，如图 6-5 所示。

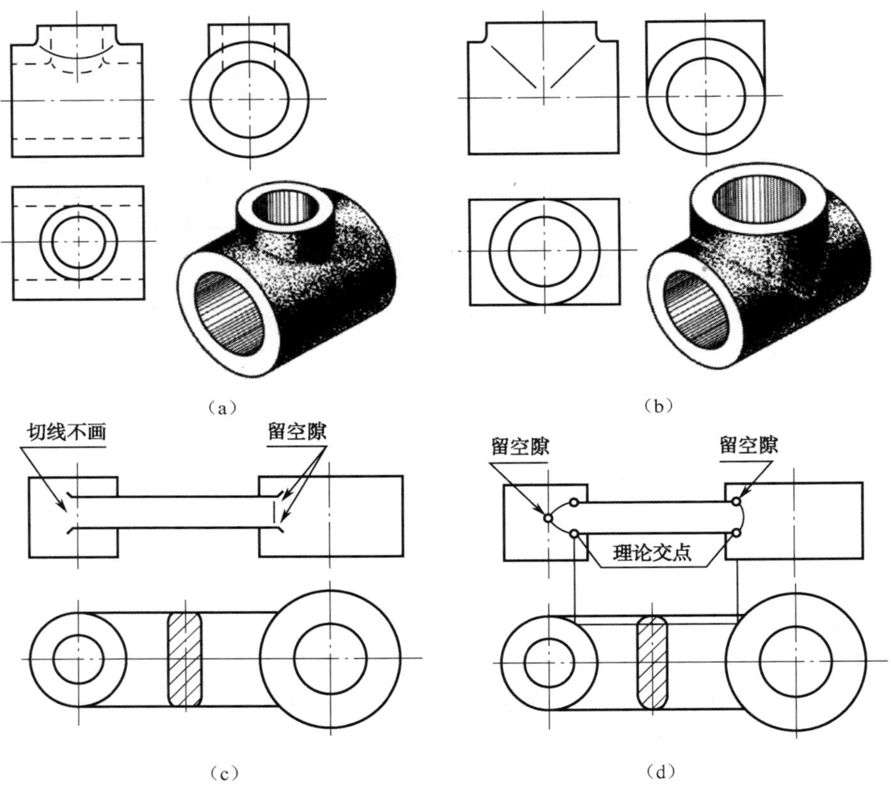

图 6-5　过渡线画法

（3）铸件壁厚

为了避免浇铸后由于铸件壁厚不均匀而产生缩孔、裂纹等缺陷，应尽可能使铸件壁厚均匀或逐渐过渡，如图 6-6 所示。

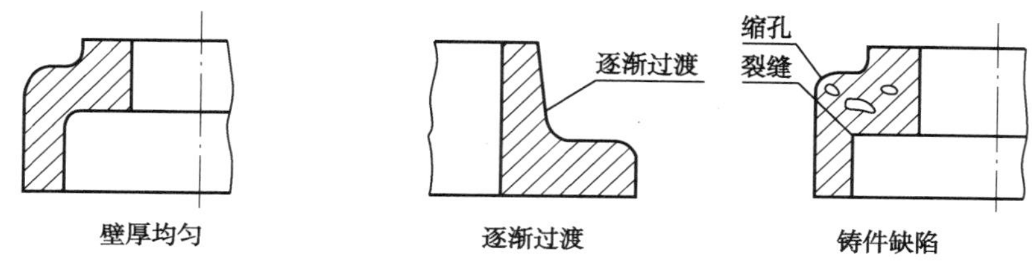

图 6-6　铸件壁厚

2. 机械加工工艺结构

（1）倒角和倒圆

如图 6-7 所示，为了便于装配和操作安全，轴或孔的端部应加工成倒角，为避免因应力集中而产生裂纹，轴肩处应圆角过渡。当倒角为 45° 时，尺寸标注可简化，如图 6-7 中的 *C*2。

（2）退刀槽和砂轮越程槽

在车削加工、磨削加工或车制螺纹时，为了便于退出刀具或使砂轮越过加工面，通常在待加工的末端先加工出退刀槽或砂轮越程槽，如图 6-8 所示。

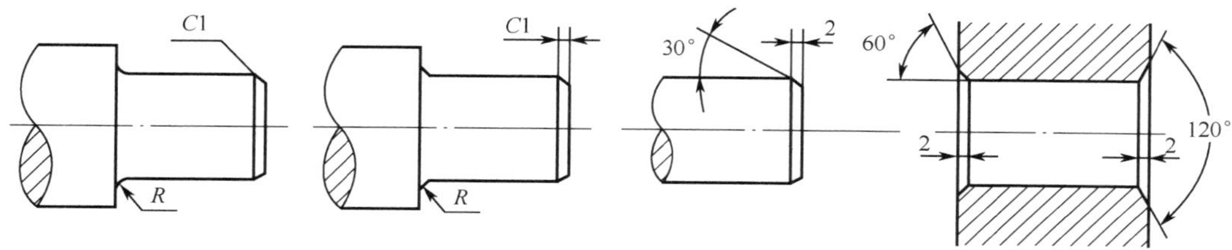

图 6-7　倒角和倒圆

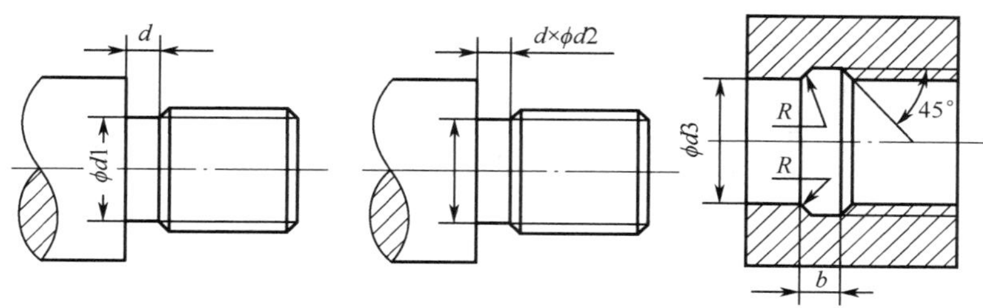

图 6-8　退刀槽和砂轮越程槽

（3）凸台和凹坑

两零件的接触面都要加工时，为了减少加工面，并保证两零件的表面接触良好，常将精简的接触面做成凸台或凹坑、凹槽等结构，如图 6-9 所示。其中，图（a）、（b）表示螺栓连接的支承面做成凸台和凹坑形式，图（c）、（d）表示为减少加工面积而做成凹槽和凹腔结构。

（4）钻孔结构

钻孔时，应尽可能使钻头轴线与被钻孔表面垂直，以保证孔的精度和避免钻头折断，如图 6-10 和图 6-11 所示为三种处理斜面上钻孔的正确结构。用钻头钻出的盲孔，底部有一个 120° 的锥顶角。圆柱部分的深度称为钻孔深度。在阶梯形钻孔中，有锥顶角为 120° 的圆锥台。

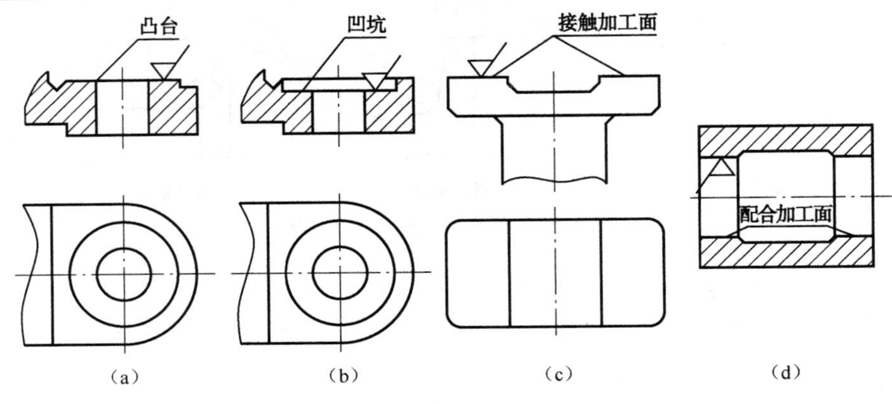

图 6-9　凸台、凹坑、凹槽和凹腔

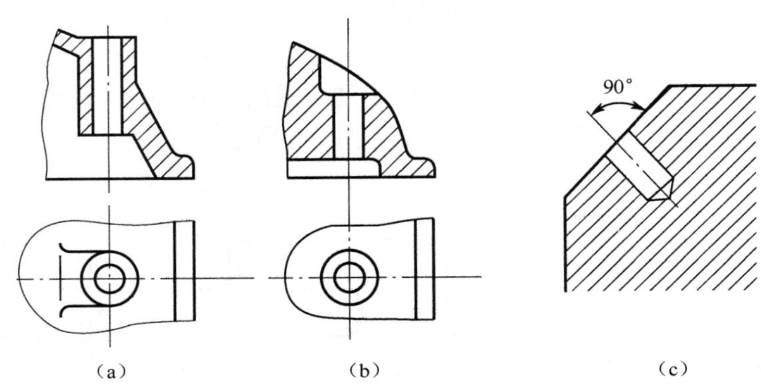

图 6-10　钻孔端面结构 1

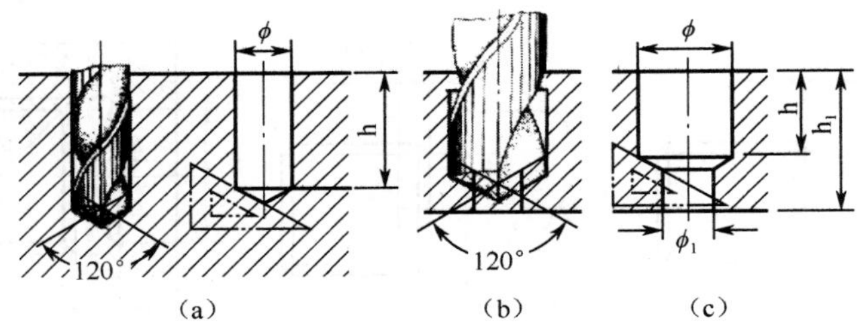

图 6-11　钻孔端面结构 2

6.1.2　箱体类零件的视图选择

零件的视图表达应能清晰反映零件的完整结构。箱体类零件的外形、内腔结构都比较复杂，一般需要几个基本视图来表达整体结构，用局部视图、斜视图、局部放大图以及简化画法等各种表达方法表达局部结构，并在视图上选择合适的剖切，组成整套表达方案。表达时可考虑几个方案，比较后确定一个表达清晰、便于看图、最容易绘图又相对简单的方案。

1. 主视图的选择

（1）安放

箱体类零件的安放采用工作位置或自然安放位置，大多数箱体类零件的工作位置也是自

然安放位置。因为箱体类零件的加工工序较多，所以一般不考虑加工位置安放。

（2）投影方向

选择能反映整体形状和工作位置的方向作为投影方向。

（3）剖切方案

选择剖切位置和剖视种类时要内外兼顾，尽可能多地反映零件结构。

2. 其他视图的选择

主视图尚未表达清楚的结构，可通过若干其他视图表达完整。其他视图可以是基本视图，也可以是表达局部结构的任何方法，只要国家标准中允许的方法都可以使用。

3. 箱体的视图方案

箱体类零件一般是机器或部件的主体部分，起着支承、包容、安装、固定部件中其他零件的作用。由于箱体类零件结构形状复杂，加工工序较多，加工位置多变，装夹位置又不固定，所以一般以工作位置及最能反映其各组成部分形状特征及相对位置的方向作为主视图的投射方向。根据具体零件的情况，往往需要多个视图、剖视图以及其他表示方法来表示。

如图 6-12 所示的箱体，可分为腔体和底板两部分，腔体的四个侧面均有若干圆孔和凸台，主视图选择箱体的工作位置。该箱体共有两种表达方案。

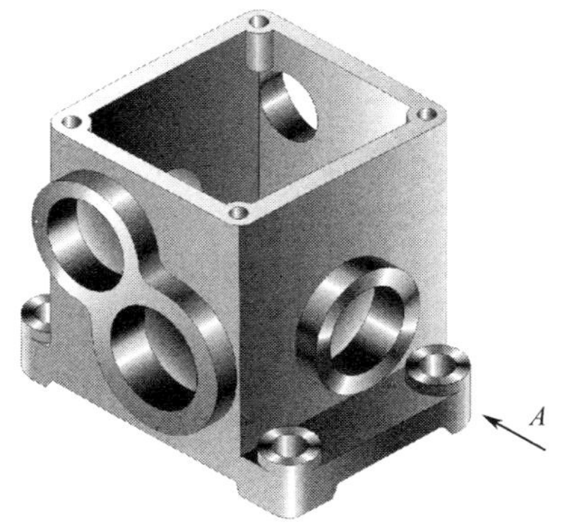

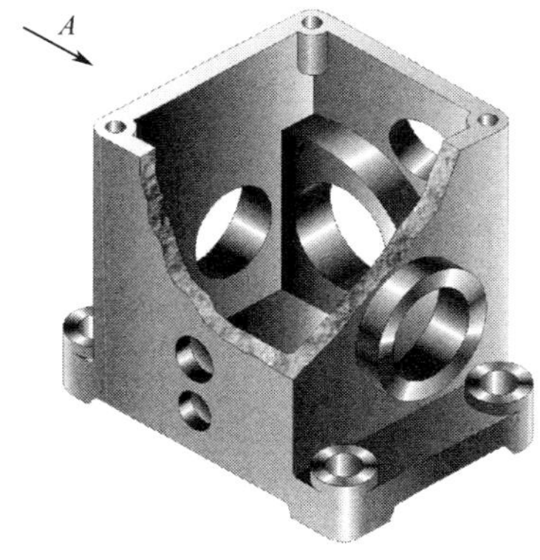

图 6-12 箱体轴测图

方案 1（见图 6-13（a））：采用七个视图。主视图表达箱体前侧面的外形，并用两处局部剖视表示两个轴承孔，用虚线表示内腔壁厚和右壁的螺纹孔；俯视图主要表示外形，用局部剖视表示轴承孔；左视图采用 *B—B* 全剖视图，表示内部结构形状；*D* 向视图表示左壁外侧的凸台；*C—C* 局部剖视图表示左壁内侧凸台；*E* 向局部视图表示右壁上两个螺孔；*F* 向局部视图表示底面凸台。

方案 2（见图 6-13（b））与方案 1 的不同之处：主视图上用局部剖视图表示右壁螺孔，省去了 *E* 向局部视图；左视图采用局部剖视图，既表示左侧凸台，也表示了腔体内部结构形状，省去了 *D* 向局部视图；俯视图上的局部视图明确表示了左、右壁上的两轴承孔同轴。

比较箱体的两个表达方案，方案 2 比方案 1 少用两个视图，完整表达了箱体的内、外结构形状。因此，方案 2 较好。

总之，选择视图时，各视图要有明确的表达重点，所选的视图既要表达清楚、完整，又要便于看图。

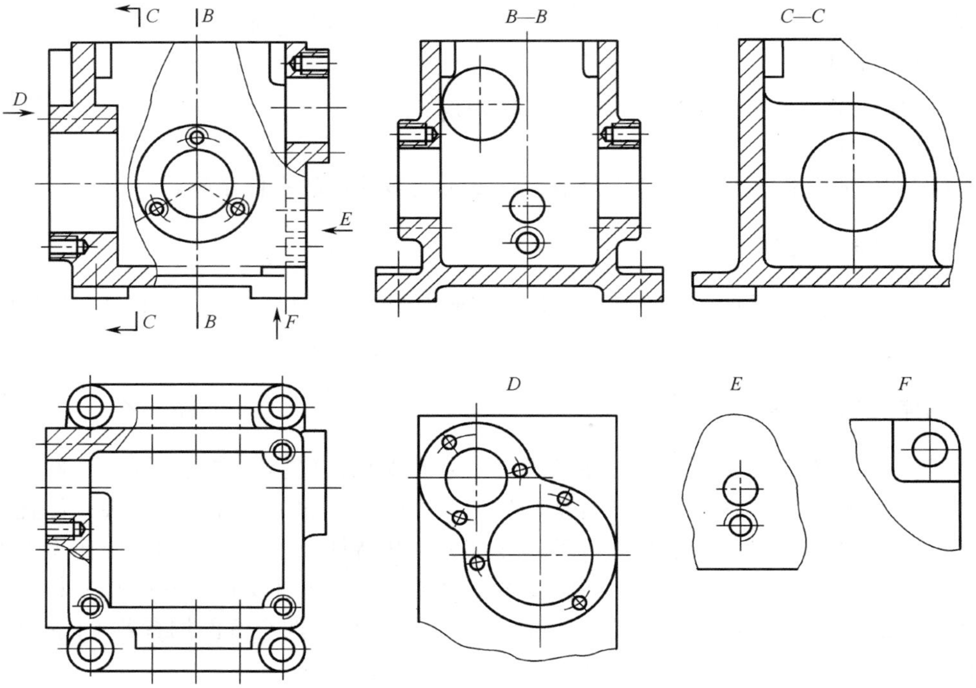

（a） 方案1

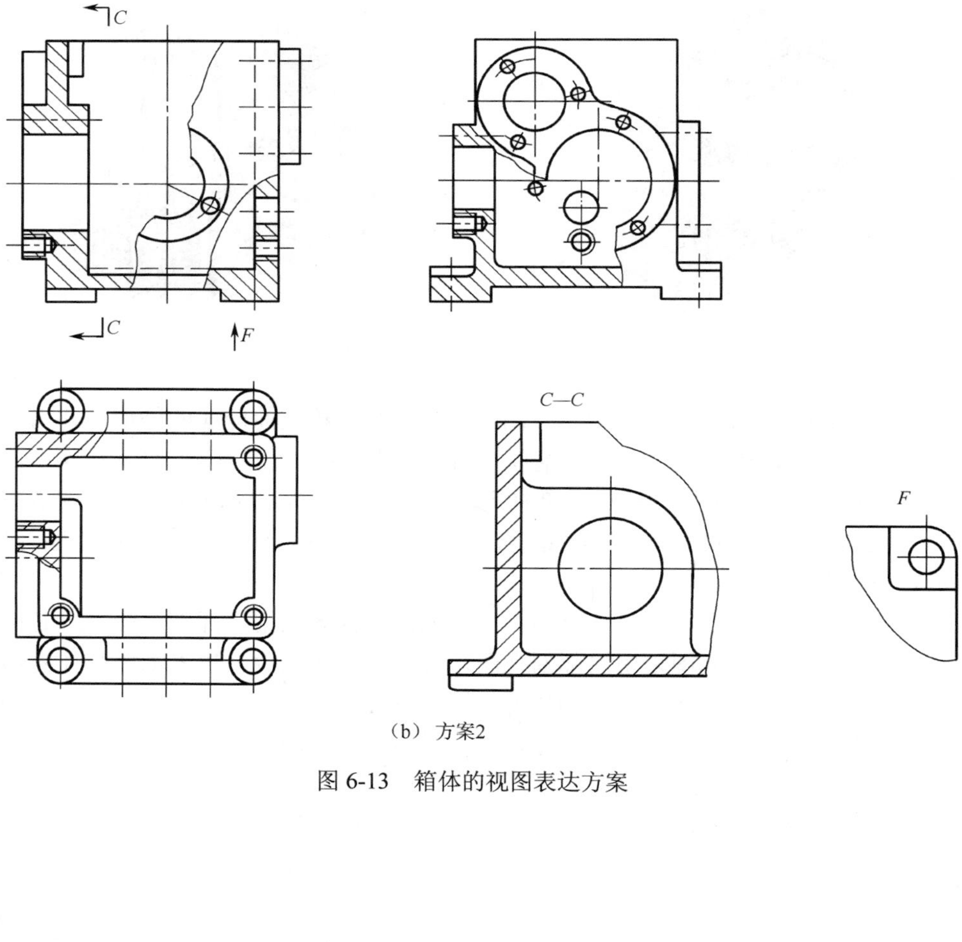

（b） 方案2

图 6-13　箱体的视图表达方案

6.1.3　常见孔结构的尺寸注法

箱体类零件有许多小孔，标注示例如表 6-1 所示。

表 6-1　箱体类零件上常见孔的尺寸标注

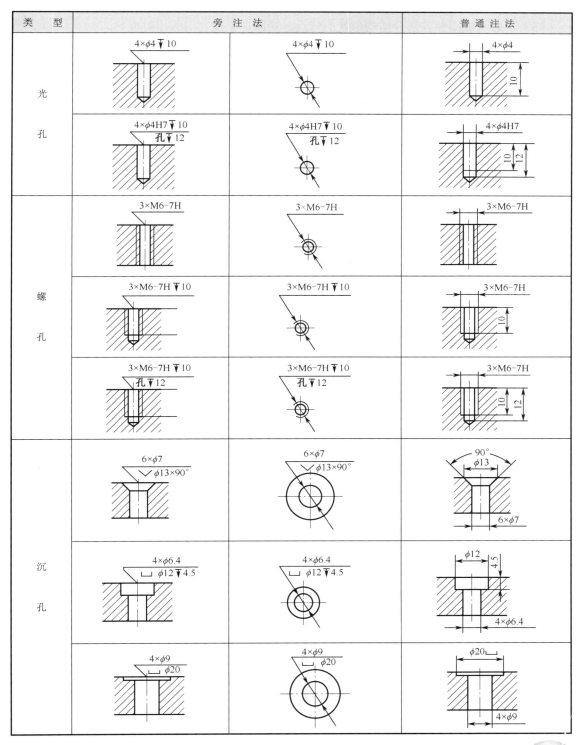

类　型	旁注法		普通注法
光孔	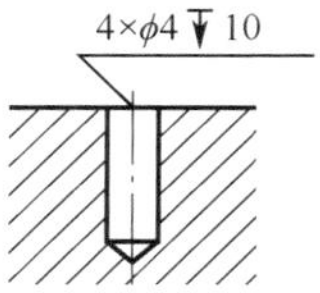 4×φ4 ↧10	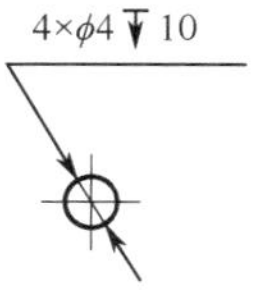 4×φ4 ↧10	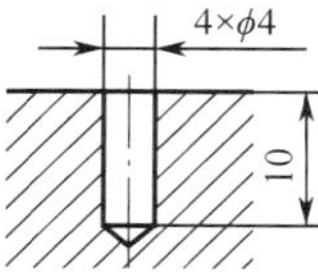 4×φ4 10
光孔	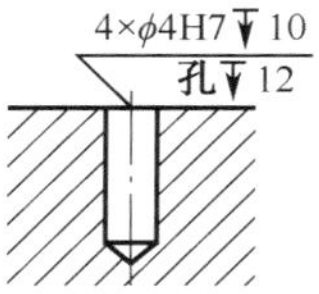 4×φ4H7 ↧10 孔↧12	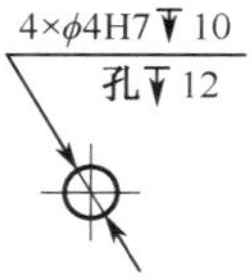 4×φ4H7 ↧10 孔↧12	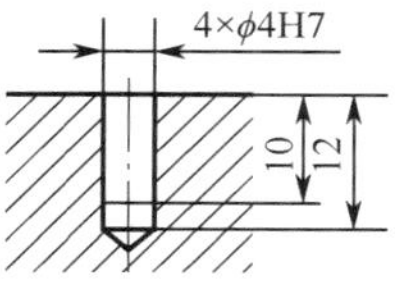 4×φ4H7 10 12
螺孔	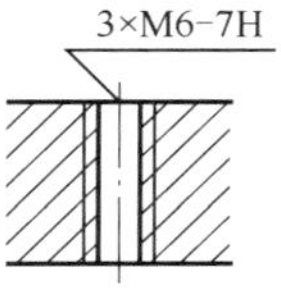 3×M6-7H	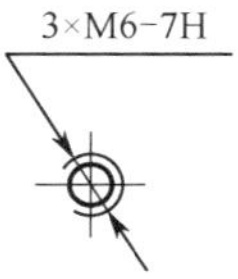 3×M6-7H	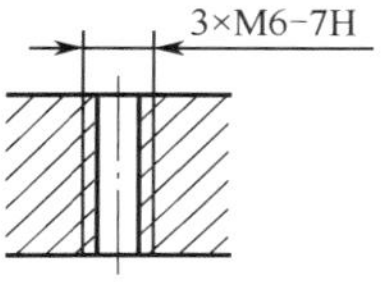 3×M6-7H
螺孔	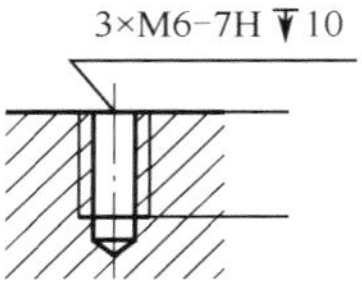 3×M6-7H ↧10	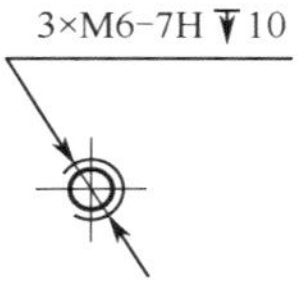 3×M6-7H ↧10	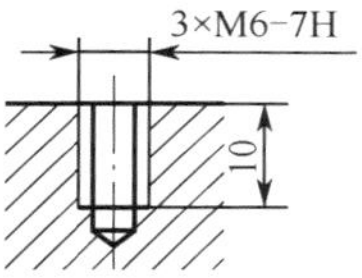 3×M6-7H 10
螺孔	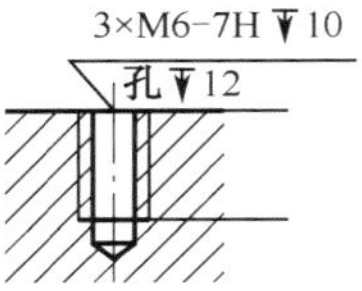 3×M6-7H ↧10 孔↧12	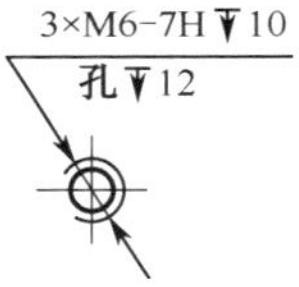 3×M6-7H ↧10 孔↧12	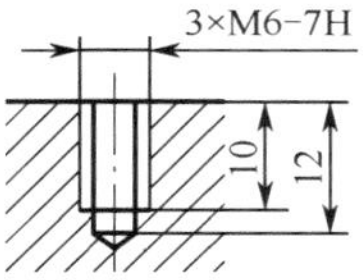 3×M6-7H 10 12
沉孔	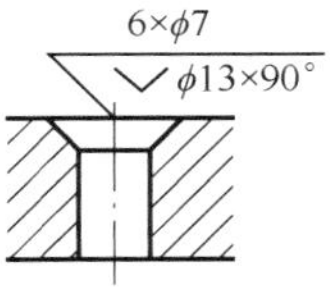 6×φ7 ⌵φ13×90°	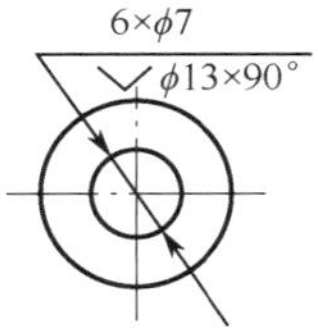 6×φ7 ⌵φ13×90°	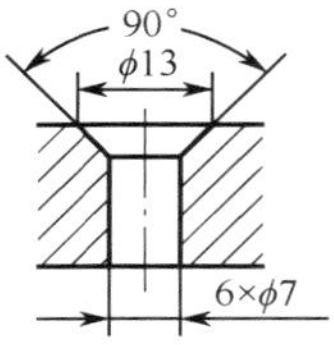 90° φ13 6×φ7
沉孔	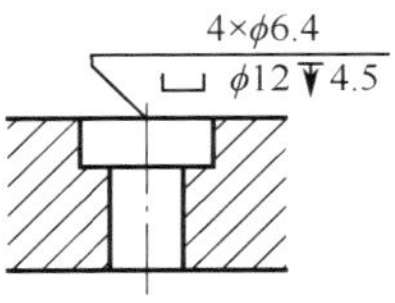 4×φ6.4 ⌴ φ12 ↧4.5	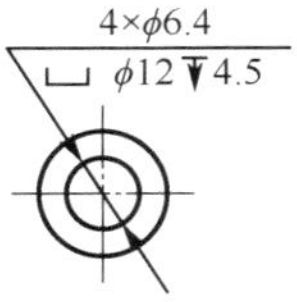 4×φ6.4 ⌴ φ12 ↧4.5	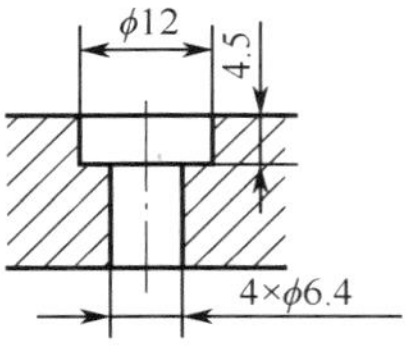 φ12 4.5 4×φ6.4
沉孔	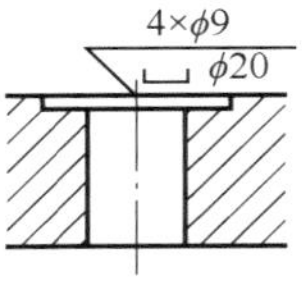 4×φ9 ⌴ φ20	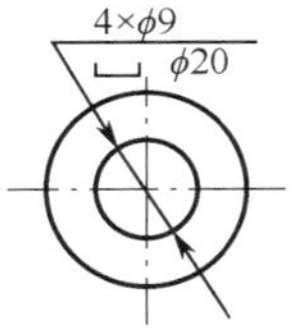 4×φ9 ⌴ φ20	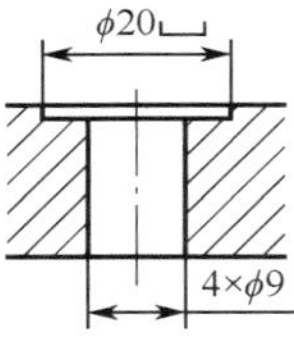 φ20⌴ 4×φ9

6.1.4 箱体类零件的识读

1. 看零件图的要求

（1）了解零件的名称、材料和用途。

（2）了解组成零件各部分结构形状的特点、功用，以及它们的相对位置。

（3）了解零件的制造方法和技术要求。

2. 分析步骤

（1）看标题栏

从标题栏中了解零件的名称、材料、质量、图样的比例等。

（2）进行表达方案的分析

可按下列顺序对方案进行分析：

① 找出主视图；

② 用多少视图、剖视图、断面图等，找出它们的名称、相互位置和投影关系；

③ 凡有剖视图、断面图处要找到剖切平面位置；

④ 有局部视图和斜视图的地方必须找到表示投影部位的字母和表示投影方向的箭头；

⑤ 有无局部放大图及简化画法。

（3）进行形体分析和结构分析

进行形体分析是为了更好地搞清投影关系和综合想象出整个零件的形状。在这里，形体一般都体现为零件的某一结构，可按下列顺序进行分析：

① 先看大致轮廓，再分成几个较大的独立部分进行分析，逐个看懂。

② 对外部结构进行分析，逐个看懂。

③ 对内部结构进行分析，逐个看懂。

（4）进行尺寸分析

① 根据形体分析和结构分析，了解定形尺寸和定位尺寸。

② 根据零件的结构特点，了解基准和尺寸的标注形式。

③ 了解功能尺寸。

④ 了解非功能尺寸。

⑤ 确定零件的总体尺寸。

（5）进行结构、工艺和技术要求的分析

分析这一部分内容，可以进一步深入了解零件，发现问题，可按下列顺序分析：

① 根据图形了解结构特点。

② 根据零件的结构特点可以确定零件的制造方法。

③ 根据图形内、外的符号和文字注解，可以更清楚地了解技术要求。

课外练习

（1）指出图 6-14 箱体零件上的铸造工艺结构和加工工艺结构（至少各指出 3 处）。

（2）用引线指出图 6-14 箱体零件长、宽、高三个方向的尺寸基准。

（3）指出图 6-14 箱体零件左端螺孔的定位尺寸是多少。

（4）*A*—*A* 视图的名称是什么？该图采用了什么表示方法？该视图主要表达什么内容？

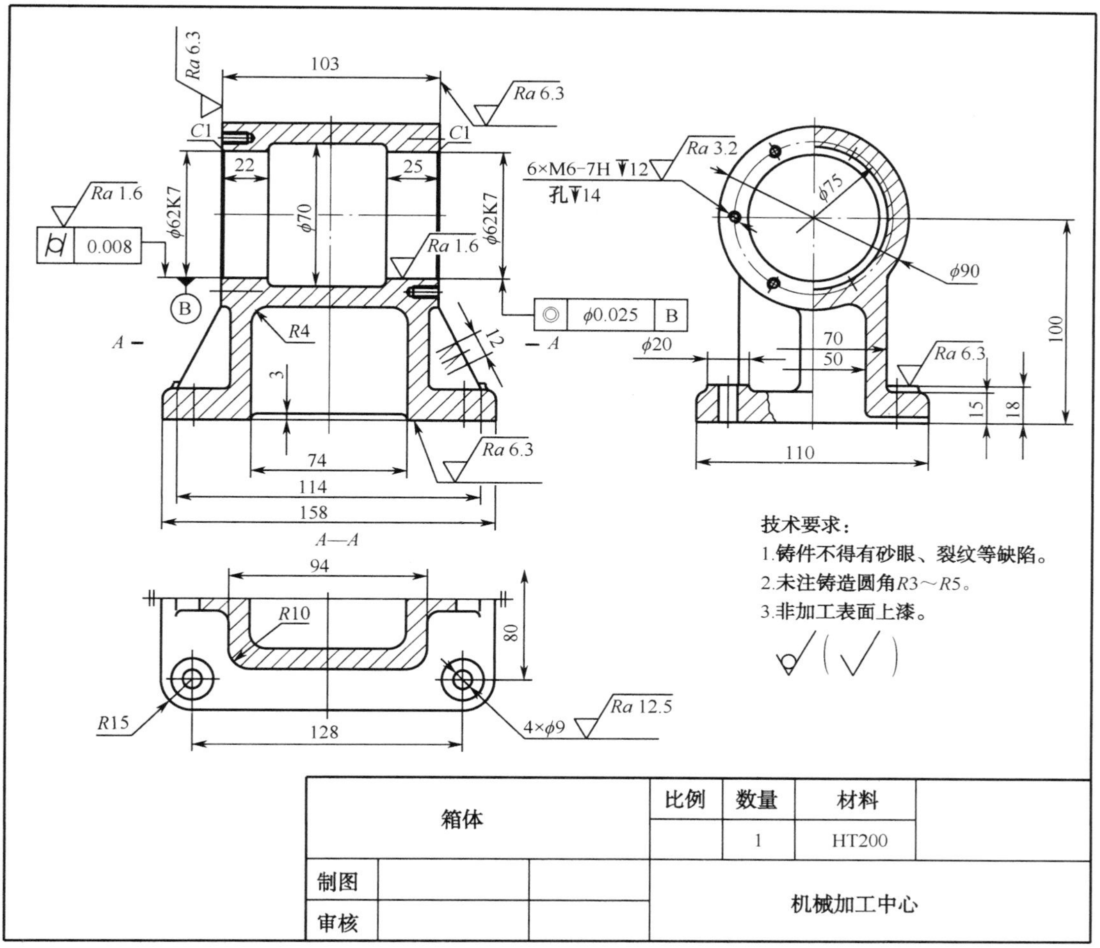

技术要求：

1.铸件不得有砂眼、裂纹等缺陷。

2.未注铸造圆角 *R*3～*R*5。

3.非加工表面上漆。

箱体		比例	数量	材料	
			1	HT200	
制图			机械加工中心		
审核					

图 6-14　箱体

任务 6.2　座体

任务目标

最终目标：能读懂铣刀头座体零件图。

促成目标：

（1）了解测绘的方法和步骤；

（2）能读懂底座视图的表示方法；

（3）能看懂零件图上标注的技术要求；

（4）能分析零件中标注的尺寸。

任务要求

如图 6-15 所示，读懂并绘制铣刀头底座零件图。

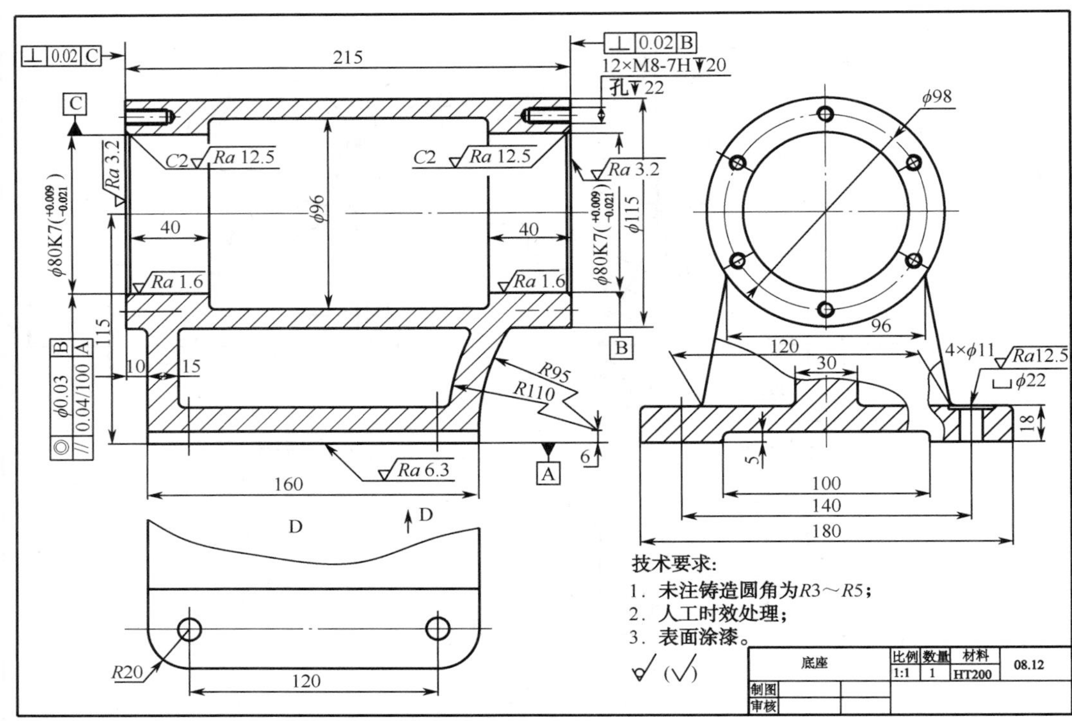

图 6-15　底座

学习案例

如图 6-16 所示，读懂阀体零件图。

（1）弄清楚零件的材料、名称，画图采用的比例等；

（2）分析每个视图采用的表示方法及表达的内容；

（3）想象出完整的阀体的形状与结构；

（4）分析阀体的主要尺寸基准；

（5）分析技术要求，包括表面结构要求、尺寸公差、形位公差。

知识链接

6.2.1　零件测绘的方法和步骤

对零件实物凭目测徒手画出图形，然后进行测量、分析，并记入尺寸、制定技术要求、填写标题栏，完成零件草图，最后整理成零件工作图，这个过程称为零件测绘。零件测绘在机器的仿制、修配和技术改造中起着重要的作用。

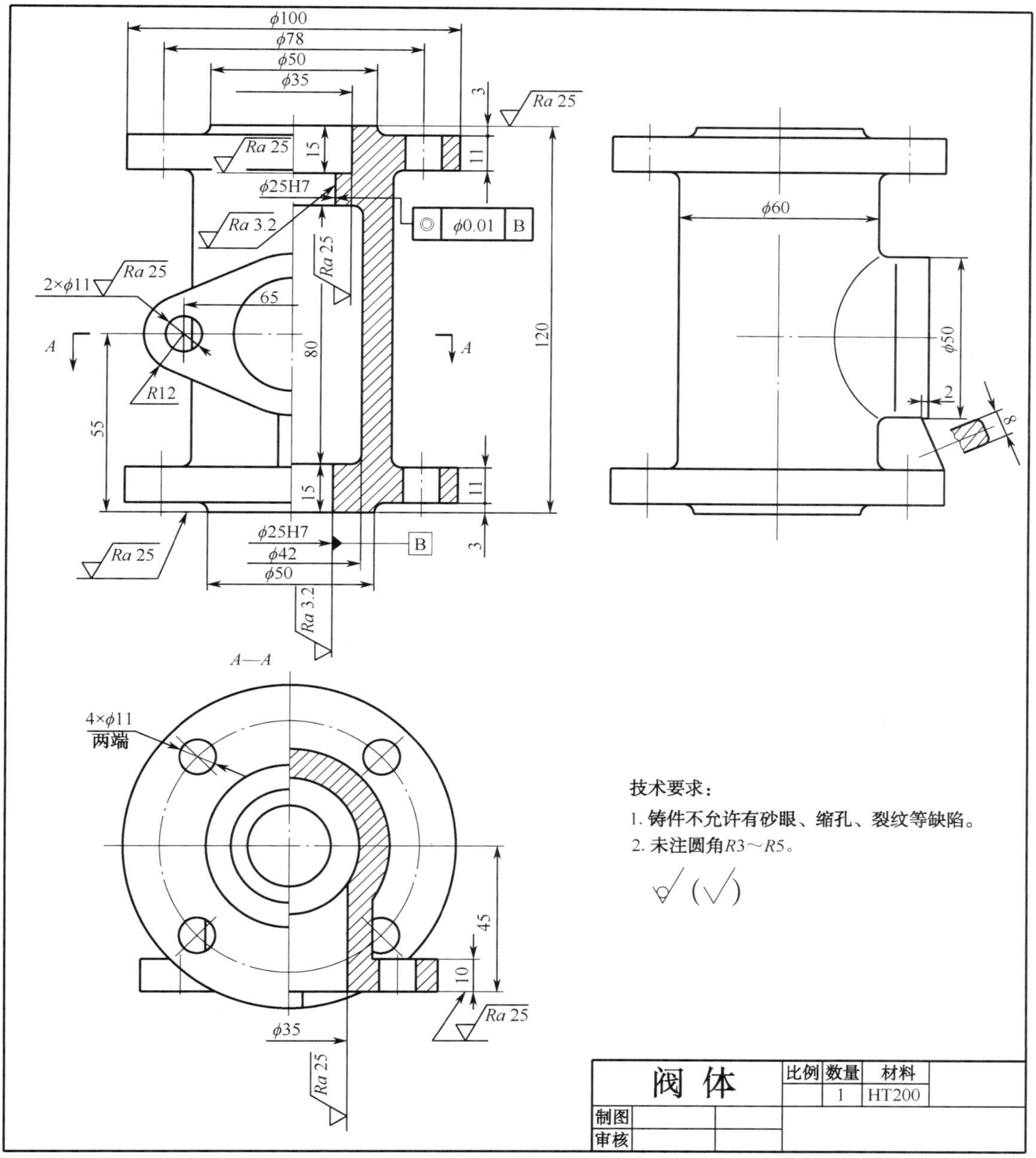

A—A

技术要求：

1. 铸件不允许有砂眼、缩孔、裂纹等缺陷。
2. 未注圆角$R3 \sim R5$。

阀　体			比例	数量	材料	
				1	HT200	
制图						
审核						

图 6-16　阀体

（1）零件测绘方法和步骤

① 分析零件，确定表达方案。了解该零件的名称和用途，鉴定零件的材料，对零件进行结构分析和工艺分析，最后确定零件的表达方案。

② 画零件草图。零件草图并不是“潦草的图”，它与零件图一样，包括一组视图、完整的尺寸、技术要求和标题栏。

③ 画零件图。画零件图前，要对零件草图进行审核，对视图表达、尺寸标注、技术要求等进行查对、修改、补充完整，然后画出零件图。

（2）常用测量工具及使用方法

测量时，应根据对尺寸精度要求的不同选用不同的测量工具。常用的量具有钢直尺，内、外卡钳等，精密的量具有游标卡尺、千分尺等，如图 6-17 所示。

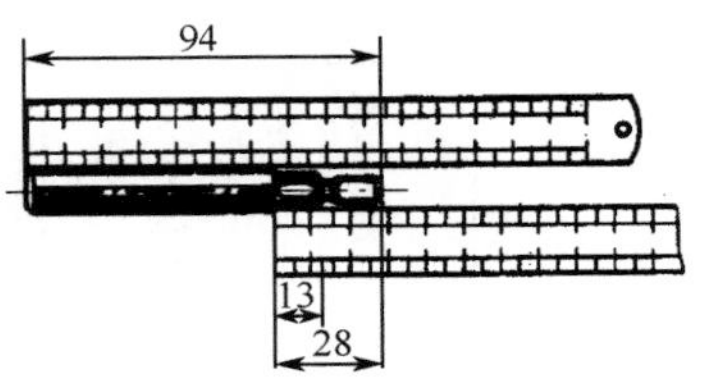

（a）用钢直尺测量轮廓尺寸

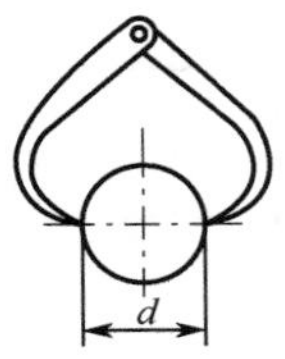

（b）用外卡钳测外径

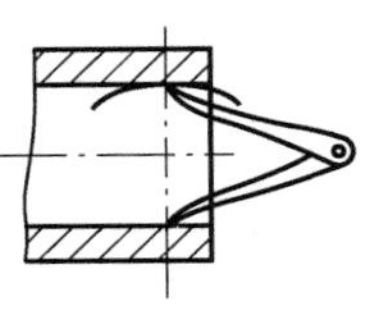
（c）用内卡钳测内径

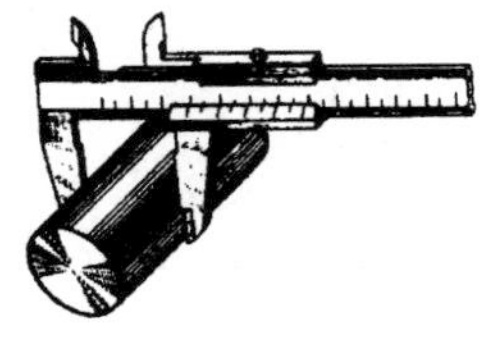
（d）用游标卡尺测精确尺寸

图 6-17　常用测量工具的使用

还有一些专用量具，如螺纹规、圆角规等，零件上常见几何尺寸的测量方法如图 6-18、图 6-19 所示。

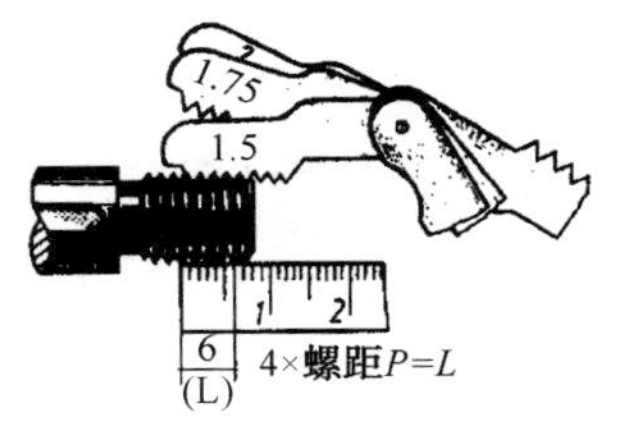

（a）用钢直尺或螺纹样板测量螺距

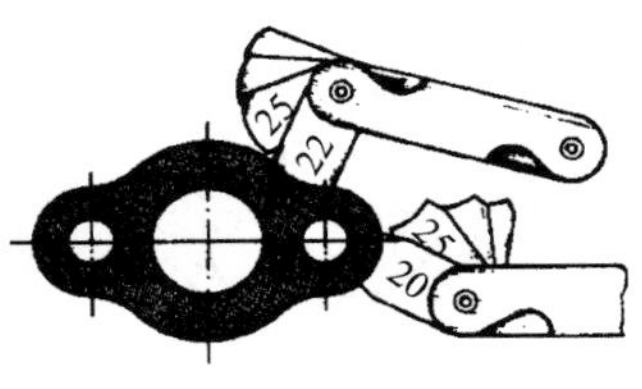

（b）用半径样板测量圆弧半径

图 6-18　螺距、圆弧半径的测量方法

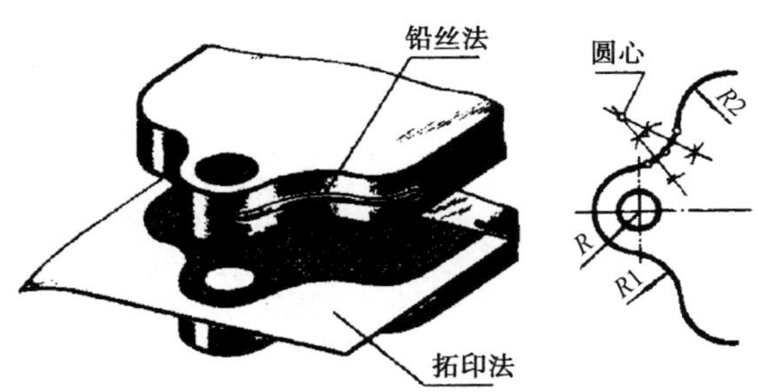

图 6-19　铅丝法和拓印法测量曲面

6.2.2 底座零件图的识读

下面以铣刀头底座（见图 6-15）为例，来说明如何读懂座体零件图。

（1）读标题栏，概括了解零件

从标题栏了解零件的名称为座体、材料为灰铸铁 HT200，其结构类似支架，可分为支承、连接、安装三大部分，且有肋板加固。该零件起支承与包容作用。

（2）分析视图

该箱体类零件的结构简单，且前、后对称，故只用三个视图就将其形状表达清楚了，由此可想象出座体的形状。

（3）分析尺寸

① 基准分析。

箱体类零件常以主要孔的轴线、对称面、较大的加工平面或结合面作为长、宽、高三个方向的主要基准。

➢ 座体的底面为安装面，以此作为高度方向的主要基准，圆筒ϕ80K7 轴线为辅助基准。

➢ 长度方向尺寸以圆筒左端面（接触面、加工面）为主要基准，圆筒右端面为辅助基准。

➢ 宽度方向以座体前、后对称面为尺寸基准。

② 尺寸分析。

重要尺寸要直接标注，如中心距、配合尺寸、与安装有关的尺寸、与其他零件有装配关系的尺寸等。

➢ 配合尺寸两轴承孔ϕ80K7，它影响着轴承的配合性能。

➢ 与安装有关的尺寸：两轴承孔到安装面的距离（中心高）115。

➢ 与其他零件有装配关系的尺寸，如底板上安装孔的中心距 115、140。

➢ 其他定形、定位尺寸，如空心圆柱的尺寸、底板的尺寸、立板和肋板的尺寸。

（4）分析技术要求

圆筒内的轴承孔是座体的重要部位，加工精度要求较高。故表面结构要求 *Ra* 最大允许值为 1.6，极限偏差为（$^{+0.009}_{-0.021}$），并且提出了轴线与底面的平行度要求，即每 100mm 长度方向轴线对底面的平行度误差不允许超过 0.04mm。技术要求中注明了人工时效处理、未铸造圆角为 *R*3～*R*5、非加工面涂漆等。

（5）归纳总结

通过以上几方面分析，可对零件的结构形状、大小及其在机器中的作用有了全面的认识。在此基础上，可对该零件的结构设计、图形表达、尺寸标注、技术要求、加工方法等提出合理化建议。

课外练习

读如图 6-20 所示泵体零件图并回答问题。

（1）此零件是用________材料制成的，共用________个图形表达，主视图用________剖视，左视图用________剖视，俯视图用________剖视。

（2）主视图中不画剖面线的七个线框，试在另两个图形中指出它们的投影。

（3）用指引线标出此零件图中长、宽、高三个方向的尺寸基准。

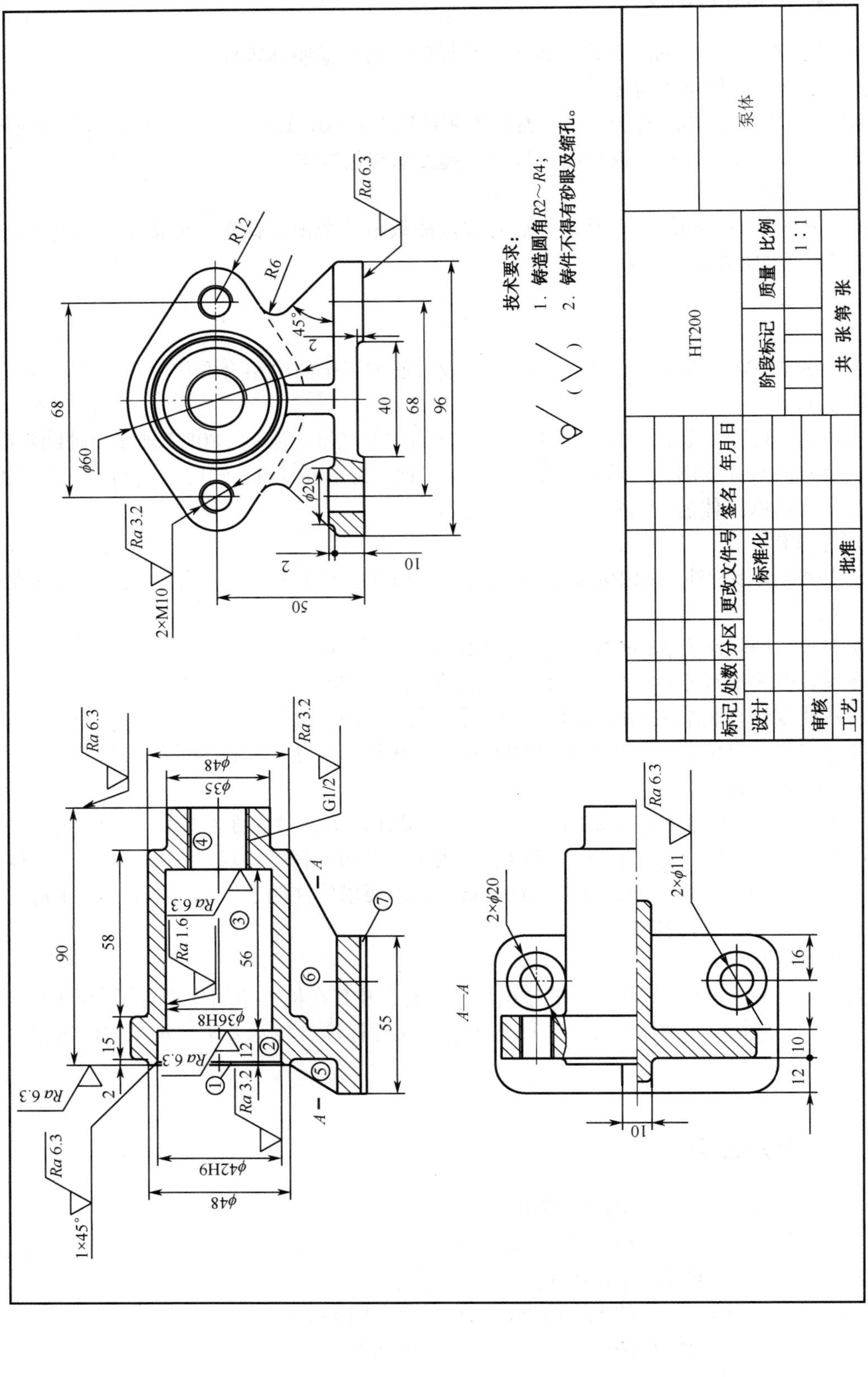

A—A

技术要求：

1．铸造圆角$R2\sim R4$；

2．铸件不得有砂眼及缩孔。

						HT200			泵体
标记	处数	分区	更改文件号	签名	年月日				
设计			标准化			阶段标记	质量	比例	
								1∶1	
审核									
工艺			批准			共 张第 张			

图6-20　泵体

（4）图中 G1/2 表示________螺纹，1/2 表示________，是________螺纹（内/外）。ϕ36H8：ϕ36 是________，H8 是________又是________，H 是________，8 是________。

（5）此零件________表面质量要求最高，其表面结构代号是________。

（6）标题栏中 HT200 表示____。

（7）该零件的技术要求是____。

（8）画出泵体的右视图（只画外形）。

项目 7　机器及部件

任务 7.1　螺纹及螺纹紧固件

任务目标

最终目标：能绘制螺纹紧固件的连接视图。

促成目标：

（1）能正确画出内、外螺纹；

（2）能正确读出螺纹紧固件标记的含义；

（3）能根据螺纹紧固件的表格确定相关尺寸；

（4）了解螺纹紧固件的比例画法和简化画法；

（5）能正确画出螺栓、螺柱、螺钉等的连接视图。

任务要求

已知螺栓 GB/T 5782 M16×L，螺母 GB/T 41 M16，垫圈 GB/T 97.1 16，被连接件厚度$\delta_1=\delta_2=16$，螺栓长度 L 计算后取标准值，用比例画法按 1∶1 画出螺栓连接三视图（主视图全剖）。

学习案例

如图 7-1 所示，已知双头螺柱 GB/T 899 M16×L，螺母 GB/T 41 M16，垫圈 GB/T 93 16，被连接件上板厚度$\delta=16$，下件材料为铸铁，螺柱长度 L 计算后取标准值，用比例画法按 1∶1 画出螺柱连接的主、俯视图（主视图全剖）。

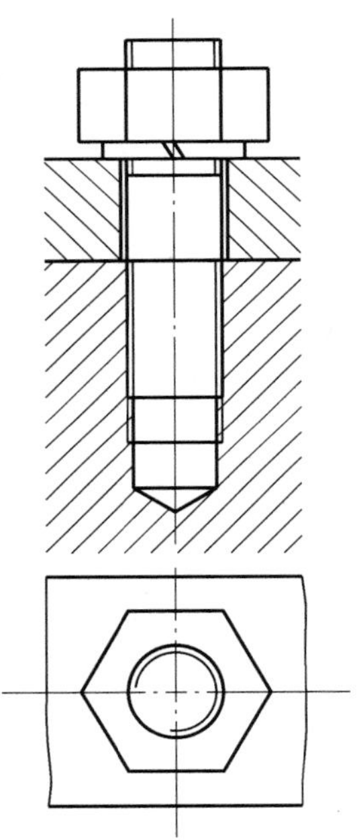

图 7-1　螺柱连接视图

（1）查附录 A 确定螺母和垫圈的厚度分别为 15.9（max）和 4.1。

（2）计算双头螺柱长度 L：

$L=\delta$+螺母厚度+垫圈厚度+$0.3d$

$=16+15.9+4.1+0.3\times16$

$=40.8$

通过附录 A 确定：$L=45$。

（3）按比例画法绘制双头螺柱连接三视图。

知识链接

7.1.1　螺纹画法及标注

螺纹是零件上的常见结构，通常是标准结构。下面介绍有关螺纹的知识。

1. 螺纹的要素

（1）牙型：螺纹有外螺纹、内螺纹之分（见图 7-2），按其牙型可分为三角形螺纹（用 M 标记）、梯形螺纹（用 Tr 标记）、锯齿形（用 B 标记）和矩形螺纹等。其中，矩形螺纹尚未标准化，其余牙型的螺纹均为标准螺纹，以后均以普通螺纹为例说明。

（2）直径：螺纹的直径有大径、小径和中径，如图 7-2 所示。

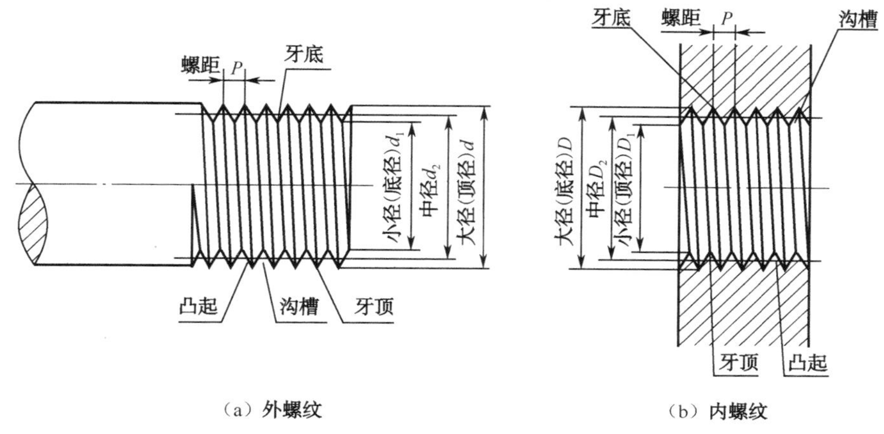

图 7-2　螺纹的直径

（3）线数 n：螺纹有单线和多线之分。沿一条螺旋线形成的螺纹为单线螺纹，沿两条或两条以上螺旋线形成的螺纹为双线或多线螺纹，如图 7-3 所示。

（4）螺距 P 和导程 L：螺纹上相邻两牙在中径线上对应两点间的轴向距离称为螺距（P）；沿同一条螺旋线形成的螺纹，相邻两牙在中径线上对应两点间的轴向距离称为导程（L），如图 7-3 所示。对于单线螺纹，$L=P$；对于线数为 n 的多线螺纹，$L=n\times P$。

（5）旋向：螺纹有右旋和左旋两种，判别方法如图 7-4 所示。右旋用右手判别，左旋用左手判别，四指为旋向，大拇指为螺纹前进方向。工程上常用右旋螺纹。

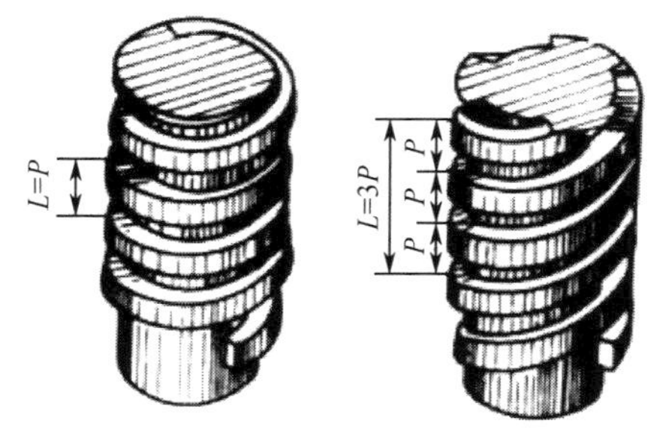

图 7-3　螺纹的线数、导程和螺距

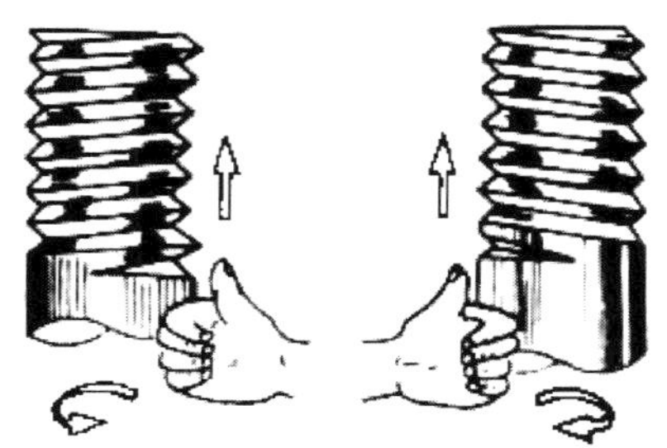

图 7-4　螺纹的旋向

2. 螺纹的表示法

（1）外螺纹结构的表示法

如图 7-5（a）所示，螺纹的牙顶（大径）和螺纹终止线用粗实线表示，牙底（小径）用细实线表示。通常小径按大径的 0.85 画出，即 $d_1\approx0.85d$。在平行于螺纹轴线的视图中，表示牙底的细实线应画入倒角或倒圆部分。在垂直于螺纹轴线的视图中，表示牙底的细实线只画约 3/4 圈，此时螺纹的倒角按规定省略不画。在螺纹的剖视图（或断面图）中，剖面线应画到粗实线，如图 7-5（b）、（c）所示。

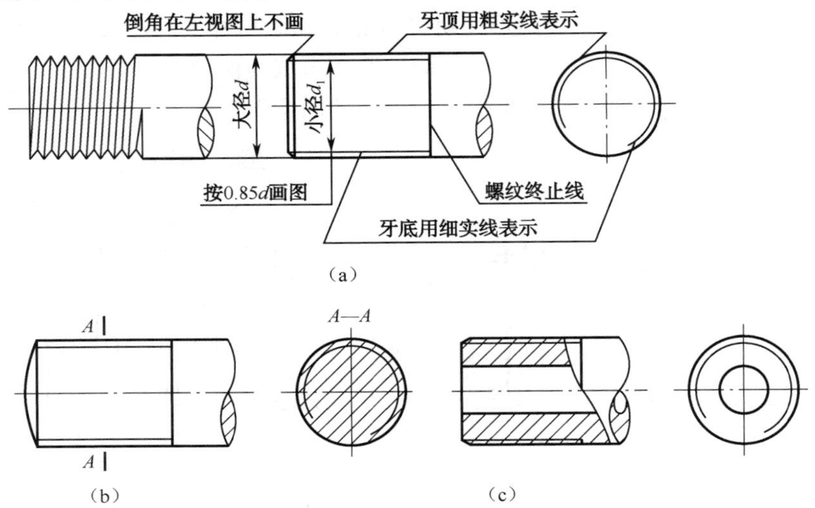

图 7-5　外螺纹表示法

（2）内螺纹结构的表示法

在视图中，内螺纹若不可见，所有图线均用虚线绘制。在剖视图中，对于穿通的螺纹，如图 7-6 所示，螺纹的牙顶（小径）及螺纹终止线用粗实线表示，牙底（大径）用细实线表示，剖面线画到粗实线处。在投影为圆的视图中，表示牙底的细实线圆只画约 3/4 圆，倒角圆省略不画。对于不穿通的螺孔，应分别画出钻孔深度 H 和螺纹深度 L，如图 7-7 所示，钻孔深度比螺纹深度深（0.2～0.5）D（D 为螺孔大径）。由于钻头端部是 118° 的锥面，所以钻孔底部也是一个 118° 的锥面，画图时简化为 120° 。

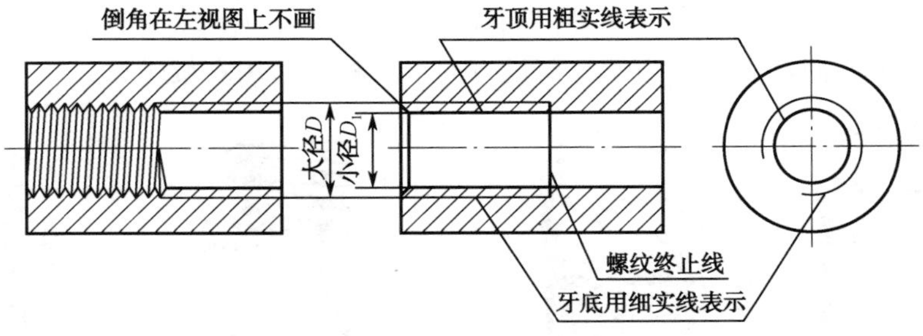

图 7-6　穿通的内螺纹表示法

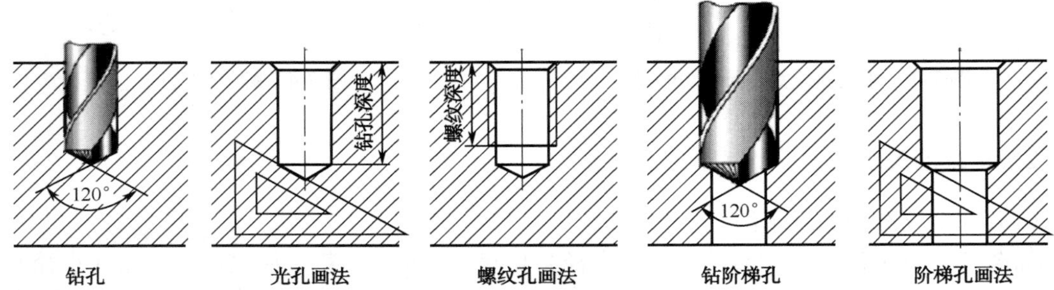

图 7-7　钻孔底部与螺纹阶梯孔的画法

（3）螺纹的标注

螺纹按用途可分为连接螺纹和传动螺纹两类。常用的连接螺纹有粗牙普通螺纹、细牙普通螺纹和管螺纹。传动螺纹有梯形螺纹、锯齿形螺纹和矩形螺纹，如表7-1所示。

由于螺纹采用了统一规定的画法，为识别螺纹的种类和要素，螺纹必须按规定的格式进行标注，表7-1为标准螺纹的牙型、代号和标注示例。

① 普通螺纹、梯形螺纹和锯齿形螺纹的标注。

普通螺纹、梯形螺纹和锯齿形螺纹将规定标记注写在尺寸线或尺寸线的延长线上，尺寸界线从大径线上引出，箭头指在螺纹大径上。

具体的标记格式为：

[特征代号] [公称直径] × [导程（*P* 螺距）] [旋向] – [中径、顶径公差带代号] – [旋合长度代号]

单线螺纹的螺距和导程相同，导程（*P* 螺距）一项只注螺距。

普通螺纹中，粗牙不注螺距；右旋不注旋向，左旋注LH；公差带代号中，中径公差带代号注在前，顶径公差带注在后，两者相同时，只注一个；旋合长度分为短、中、长三组，代号分别为S、N、L，N可不注。

梯形螺纹和锯齿形螺纹，左旋注LH，右旋不注；只注中径公差带代号；旋合长度分为中、长两组，代号分别为N、L，N可不注。

② 管螺纹的标注。

管螺纹分为55° 密封管螺纹和55° 非密封管螺纹，其标注是用一条斜线（细实线），一端指向大径，另一端引一横线（细实线），将螺纹标记注写在横线上方，标记格式为：

[特征代号]　[尺寸代号]　[公差等级代号] – [旋向]

用螺纹密封的管螺纹，本身具有密封性。非螺纹密封的管螺纹，外螺纹公差等级代号为A、B两级，内螺纹公差等级代号不标注。管螺纹的尺寸代号不是螺纹的大径，而是管子的通径。

③ 特殊螺纹和非标准螺纹的标注。

对于特殊螺纹，应在螺纹特征代号前面加注“特”字。对于非标准螺纹，应画出螺纹的牙型，并标注出所需要的尺寸和要求。

表7-1　标准螺纹的牙型、代号和标注示例

螺纹类别		特征代号		标注示例	说明
连接螺纹	普通螺纹	M	粗牙	M10−6g　M10−6H	粗牙普通螺纹，公称直径10，螺距1.5（查表获得），右旋；外螺纹中径和顶径公差带代号都是6g；内螺纹中径和顶径公差带代号都是6H；中等旋合长度
			细牙	M8×1LH-6g　M8×1LH-7H	细牙普通螺纹，公称直径8，螺距1，左旋；外螺纹中径和顶径公差带代号都是6g；内螺纹中径和顶径公差带代号都是7H；中等旋合长度

续表

螺纹类别		特征代号		标注示例	说明
连接螺纹	55°管螺纹	G	非密封管螺纹	G1A G3/4	55° 非密封管螺纹，外管螺纹的尺寸代号为 1，公差等级为 A 级；内管螺纹的尺寸代号为 3/4。内螺纹公差等级只有一种，省略不标注
		Rc Rp R1 R2	密封管螺纹	R21/2 Rp3/4-LH	55° 密封管螺纹，特征代号 R2 为圆锥外螺纹，尺寸代号为 1/2，右旋，与圆锥内螺纹配合；圆锥内螺纹的尺寸代号为 3/4，左旋；公差等级只有一种，省略不标注。Rp 是圆柱内螺纹的特征代号，与其配合的圆锥外螺纹的特征代号为 R1
传动螺纹	梯形螺纹	Tr		Tr40×7-7e	梯形外螺纹，公称直径 40，单线，螺距 7，右旋，中径公差带代号 7e；中等旋合长度
	锯齿形螺纹	B		B32×6-7e	锯齿形外螺纹，公称直径 32，单线，螺距 6，右旋；中径公差带代号 7e；中等旋合长度

（4）螺纹连接画法

螺纹连接画法如图 7-8 所示。

画图要点：

① 外螺纹大径线和内螺纹大径线对齐，外螺纹小径线和内螺纹小径线对齐。

② 旋合部分按外螺纹画出，其余部分按各自的规定画出。

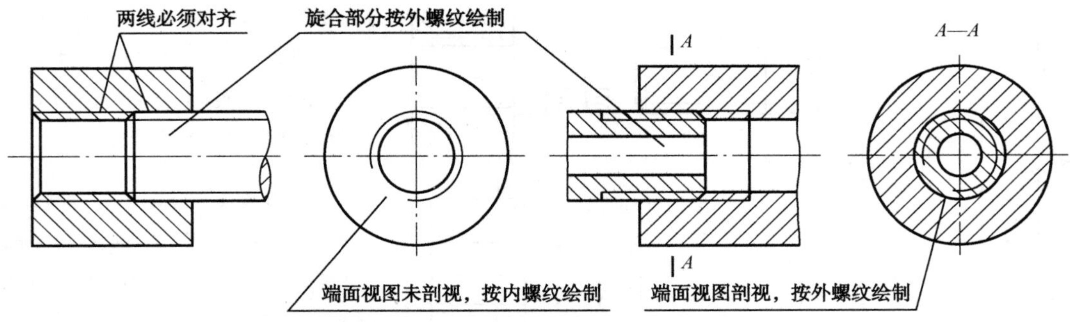

图 7-8　螺纹连接画法

7.1.2　螺纹紧固件

1. 常用螺纹紧固件

常用的螺纹紧固件有螺栓、螺钉、螺柱、螺母和垫圈等。由于这类零件都是标准件，通常只需用简化画法画出它们的装配图，同时给出它们的规定标记，如表 7-2 所示。

表 7-2　螺纹紧固件的种类及标记示例

名称及标准编号	图　例	标 记 示 例
六角头螺栓 GB/T 5782—2000		螺纹规格 d=M12、公称长度 80、性能等级为常用的 8.8 级、表面氧化、产品等级为 A 的六角头螺栓 完整标记：螺栓 GB/T 5782—2000-M12×80-8.8-A-O 简化标记： 螺栓 GB/T 5782　M12×80（常用的性能等级在简化标记中省略，以下同）
双头螺柱 GB/T 898—2000		螺纹规格 d=M12、公称长度 L=60mm、性能等级为常用的 4.8 级、不经表面处理、b_m=1.25d、两端均为粗牙普通螺纹的 B 型双头螺柱 完整标记：螺柱 GB/T 898—2000-M12×60-B-4.8 简化标记：螺柱 GB/T 898　M12×60 当螺柱为 A 型时，应将螺柱规格大小写成 AM12× 60
开槽圆柱头螺钉 GB/T 65—2000		螺纹规格 d=M10、公称长度 L=60mm、性能等级为常用的 4.8 级、不经表面处理、产品等级为 A 的开槽圆柱头螺钉 完整标记：螺钉 GB/T 65—2000-M10×60-4.8-A 简化标记：螺钉 GB/T 65 M10×60
开槽长圆柱 端紧定螺钉 GB/T 75—1985		螺纹规格 d=M5、公称长度 L=12mm、性能等级为常用的 14H 级、表面氧化的开槽长圆柱端紧定螺钉 完整标记：螺钉　GB/T 75—1985-M5×12-14H-O 简化标记：螺钉　GB/T 75 M5×12

续表

名称及标准编号	图　例	标 记 示 例
1 型六角螺母 GB/T 6170—2000	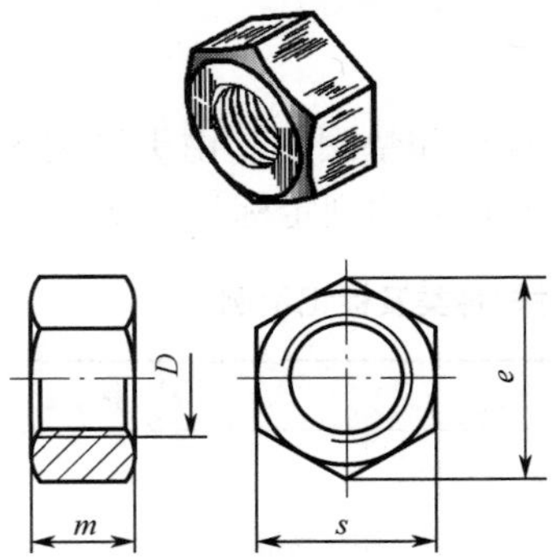 D　e　m　s	螺纹规格 D=M16、性能等级为常用的 8 级、不经表面处理、产品等级为 A 的 1 型六角螺母 完整标记：螺母 GB/T 6170 —2000-M16-8-A 简化标记：螺母 GB/T 6170 M16
平垫圈 GB/T 97.1—2002	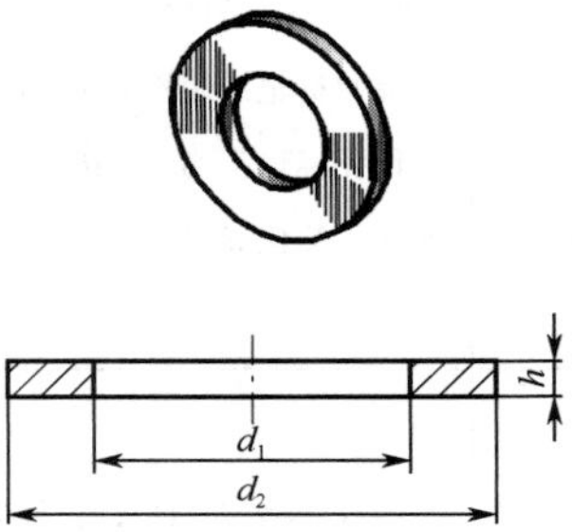 h　d_1　d_2	标准系列、规格为 10mm、性能等级为常用的 200HV 级、表面氧化、产品等级为 A 的平垫圈 完整标记：垫圈 GB/T 97.1—2002-10-200HV-A-O 简化标记：垫圈 GB/T 97.1 10
标准型 弹簧垫圈 GB/T 93—1987	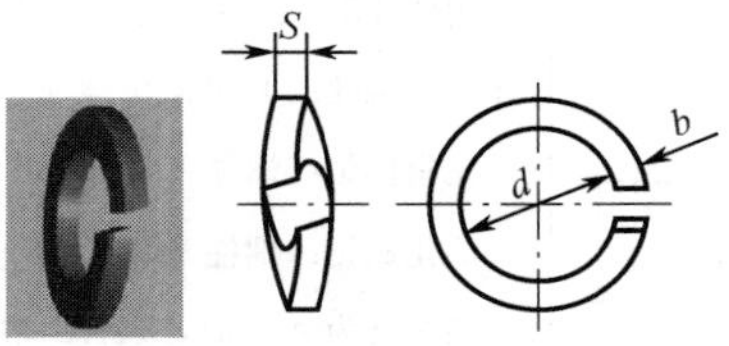 S　b　d	规格为 16mm、材料为 65Mn、表面氧化的标准型弹簧垫圈 完整标记：垫圈 GB/T 93—1987-16-65Mn-O 简化标记：垫圈 GB/T 93 16

螺纹紧固件通常都是标准件，在有关标准中可以查得结构型式和全部尺寸。为作图方便，画图时一般不按实际尺寸作图，而是根据螺纹公称直径 d、D，按比例关系计算出各部分的尺寸，近似画出螺纹连接件，如表 7-3 所示。

表 7-3　螺纹紧固件的比例画法

名称	比 例 画 法	名称	比 例 画 法
螺母	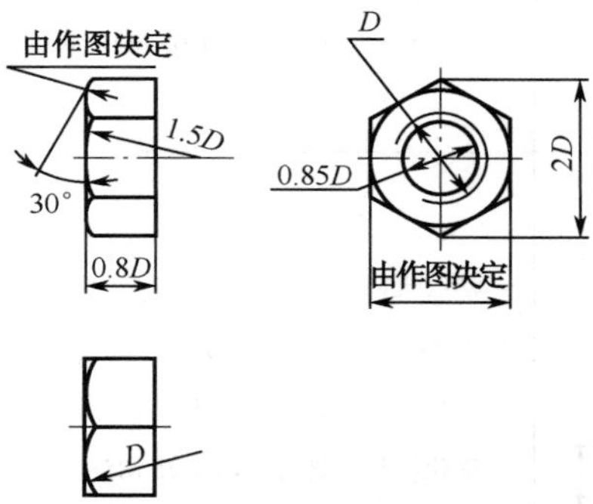 由作图决定　1.5D　30°　0.8D　D　0.85D　2D　由作图决定　D	开槽圆柱头螺钉	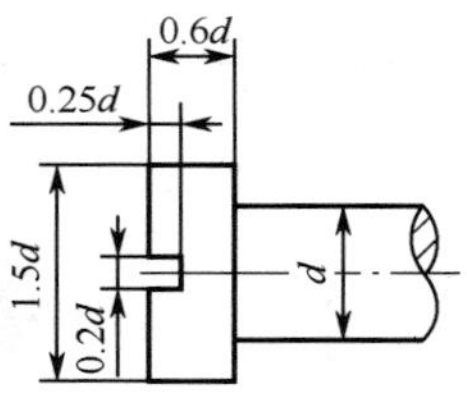 0.6d　0.25d　1.5d　0.2d　d

续表

名称	比例画法	名称	比例画法
双头螺柱	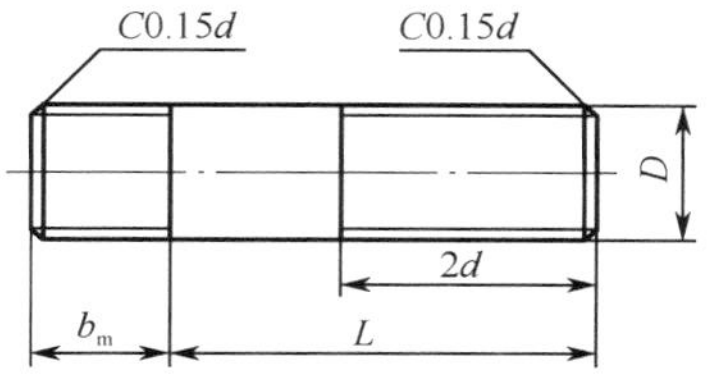 C0.15d　C0.15d　D　2d　b_m　L	沉头螺钉	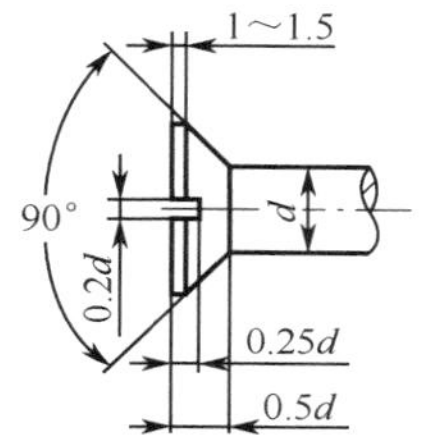 1～1.5　90°　d　0.2d　0.25d　0.5d
垫圈	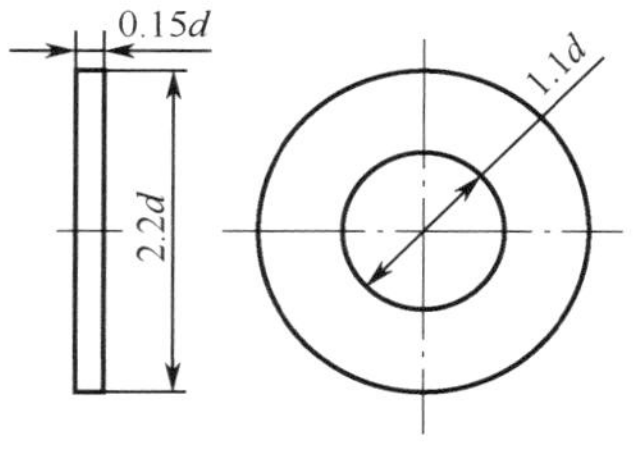 0.15d　2.2d　1.1d	弹簧垫圈	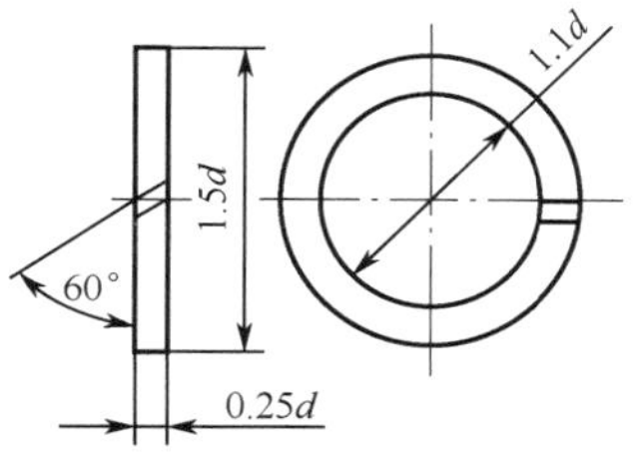 1.1d　1.5d　60°　0.25d
钻孔光孔	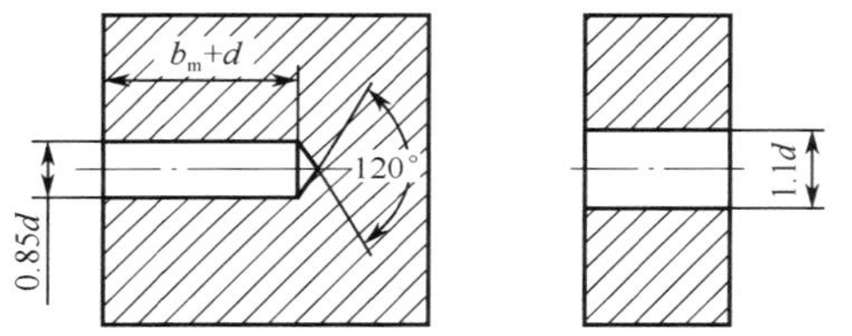 b_m+d　120°　0.85d　1.1d	螺孔	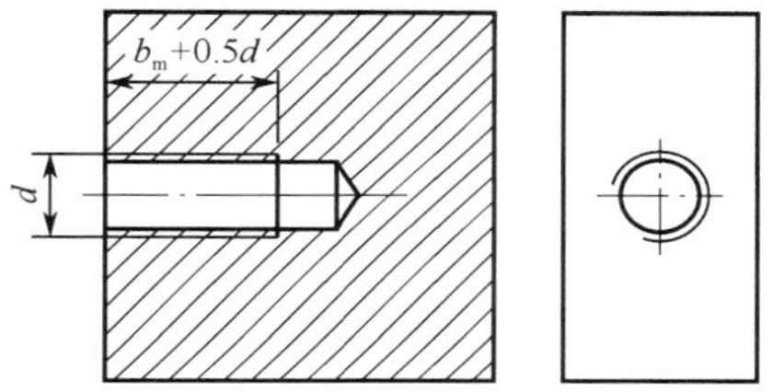 $b_m+0.5d$　d
螺栓	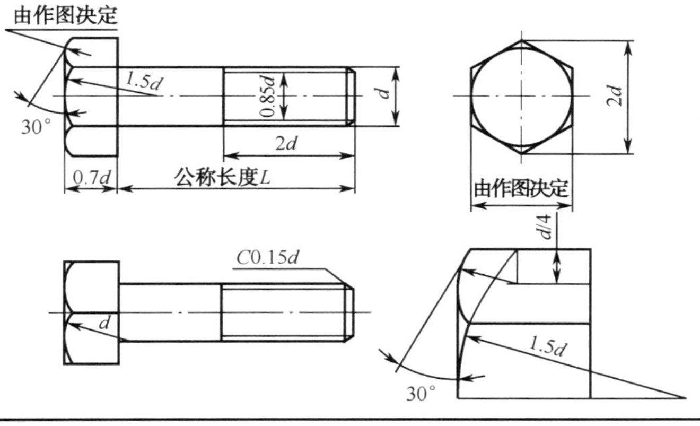 由作图决定　1.5d　0.85d　d　30°　2d　0.7d　公称长度L　2d　由作图决定　C0.15d　d/4　d　1.5d　30°		

2. 螺栓连接画法

螺栓适用于连接两个不太厚并能钻成通孔的零件。连接时将螺栓穿过被连接两零件的光孔（光孔直径比螺栓大径略大，一般可按 1.1d 画出），套上垫圈，然后用螺母紧固。螺栓连接的装配图画法如图 7-9 所示。

螺纹紧固件公称长度 L 的确定：

$$L \approx \delta_1+\delta_2+h\text{（垫圈厚）}+m\text{（螺母厚）}+0.3d\text{（螺栓末端伸出的长度）}$$

设 d=20mm，δ_1=32mm，δ_2=30mm，则

$$L\approx\delta_1+\delta_2+h+m+0.3d=32+30+0.15d+0.8d+0.3d=62+1.25d=87\text{mm}$$

查表得出与其相近的数值：L=90mm。

画图时应注意，螺栓上的螺纹终止线应低于通孔的顶面，以显示拧紧螺母时有足够的螺纹长度。

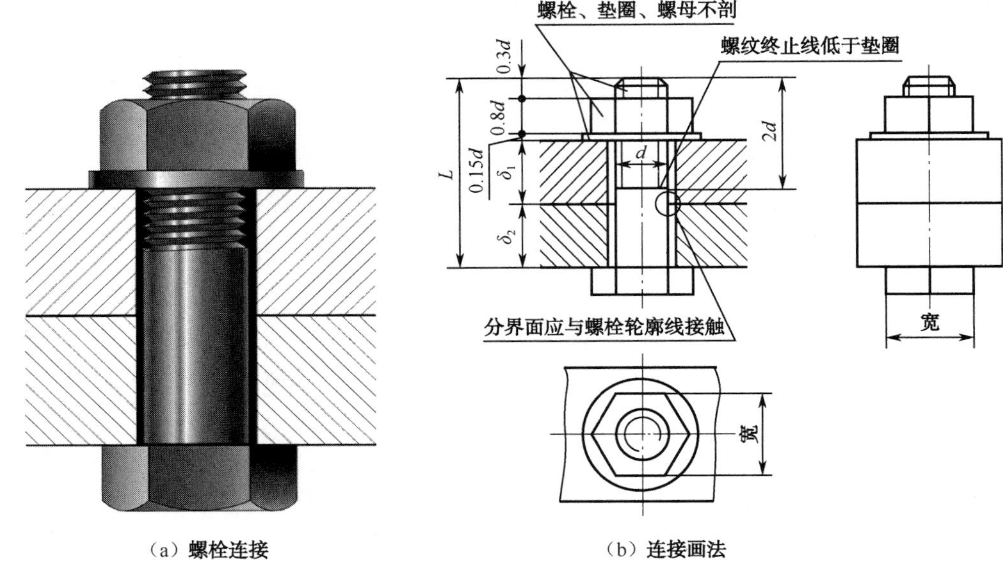

（a）螺栓连接　　（b）连接画法

图 7-9　螺栓连接的装配图画法

3. 螺柱连接

螺柱用于被连接件之一较厚或不允许钻成通孔的情况。用于旋入被连接零件螺纹孔内的一端称为旋入端，与螺母连接的一端则称为紧固端。螺柱连接的装配图画法如图 7-10 所示。

双头螺柱的公称长度 L 是指双头螺柱上无螺纹部分长度与螺柱紧固端长度之和，而不是双头螺柱的总长。$L≈\delta+h+m+0.3d$，h 为垫圈厚，m 为螺母厚，$0.3d$ 为螺栓末端伸出长度，计算后，查表得出与其相近的 L 值。

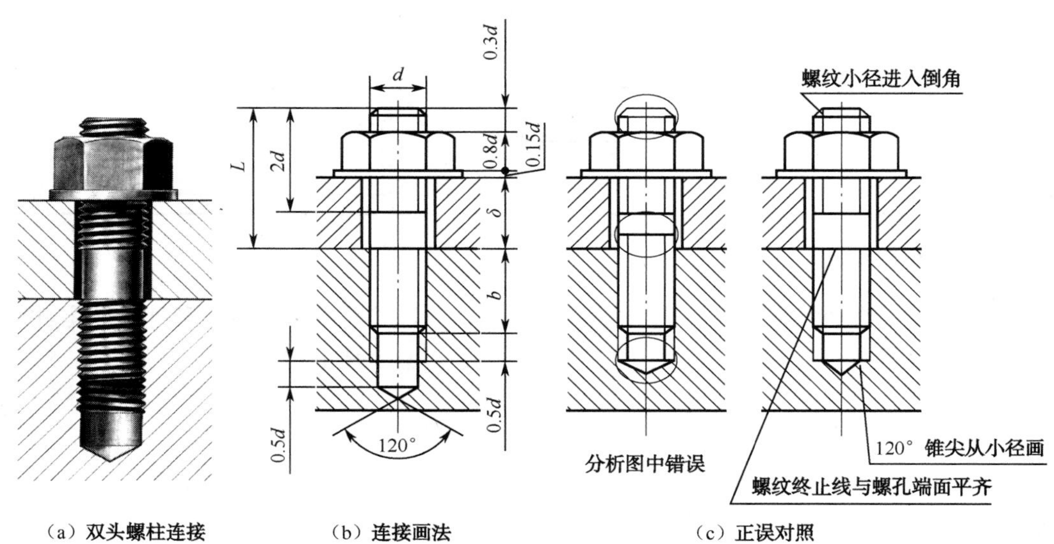

（a）双头螺柱连接　　（b）连接画法　　（c）正误对照

图 7-10　螺柱连接的装配图画法

画螺柱连接的装配图时应注意以下几点：

① 内、外螺纹总是成对使用的，只有当内、外螺纹的结构要素完全一致时，才能正常地旋合。内、外螺纹旋合后，旋合部分按外螺纹画，其余部分仍按各自的画法表示。必须注意，表示大、小径的粗实线和细实线应分别对齐。

② 螺柱旋入端的螺纹终止线应与接合面平齐，以示拧紧。

③ 垫圈采用比例画法，见表 7-3。

④ 旋入端长度 b_m 与被旋入零件的材料有关，钢或青铜：$b_m=d$；铸铁：$b_m=1.25d$ 或 $1.5d$；铝合金：$b_m=2d$。为保证连接牢固，应使旋入端完全旋入螺纹孔中，即在装配图上旋入端的螺纹终止线与螺纹孔口端面平齐。

⑤ 被连接零件上的螺孔深度应稍大于 b_m，一般取螺纹长度+0.5d。

4. 螺钉连接

螺钉适用于受力不大的零件之间的连接。被连接的零件中一个为通孔，另一个为盲孔。

（1）开槽沉头螺钉连接画法

沉头螺钉的公称长度是螺钉的全长。$L \approx \delta + b_m$（旋入长度），计算后，查表得出与其相近的 L 值。其装配图画法如图 7-11 所示。

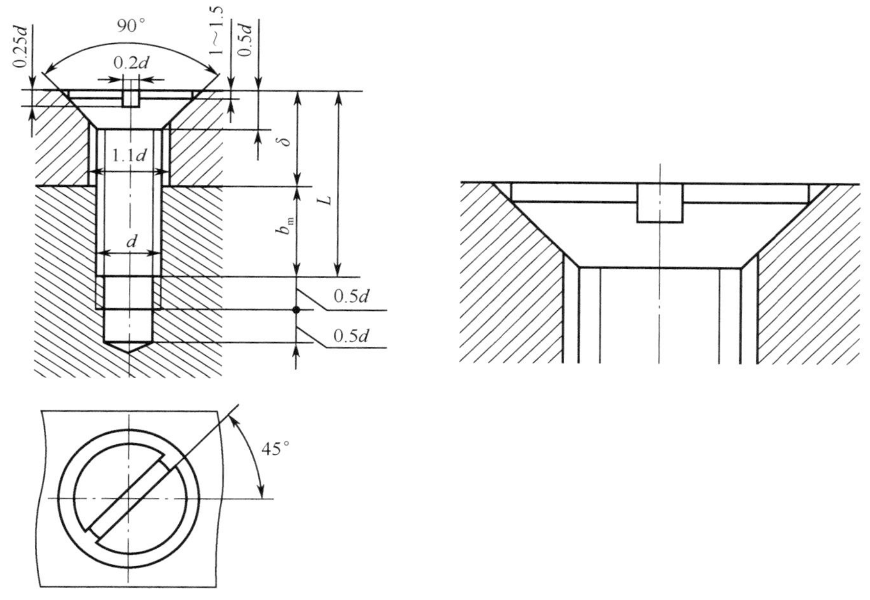

图 7-11　开槽沉头螺钉连接画法

（2）开槽圆柱头螺钉

开槽圆柱头螺钉的公称长度 $L \approx \delta + b_m$（旋入长度），计算后，查表得出与其相近的 L 值。其装配图画法如图 7-12 所示。

画图时应注意：

① 沉头螺钉以锥面作为螺钉的定位面。

② 螺钉的螺纹终止线应高出螺孔的端面，或在螺杆全长上都有螺纹。

③ 在投影为圆的视图上，“一”字槽或“十”字槽投影应画成与中心线倾斜 45°，槽宽小于 2mm 时，可涂黑表示。

④ 紧定螺钉是利用其端部起定位、固定作用的。

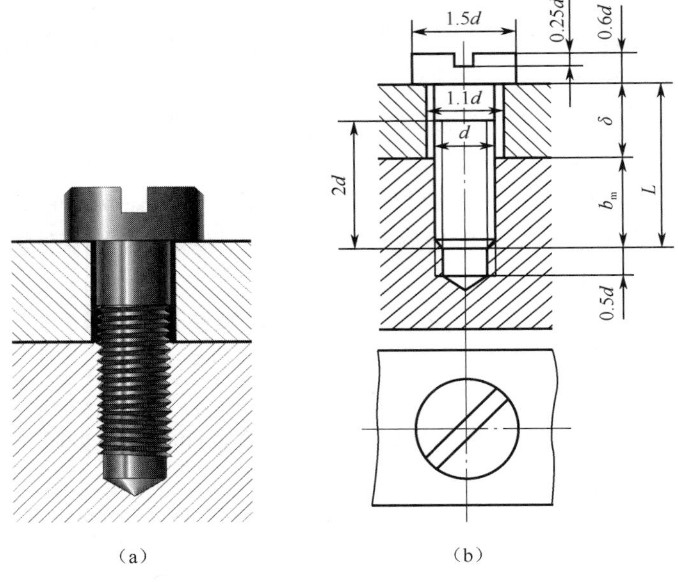

图 7-12　开槽圆柱头螺钉连接画法

如图 7-13 所示为紧定螺钉连接的装配图画法。紧定螺钉通常起固定两个零件相对位置的作用，不致产生位移或脱落现象。使用时，螺钉拧入一个零件的螺纹孔中，并将其尾端压在另一个零件的凹坑或插入另一个零件的小孔中。

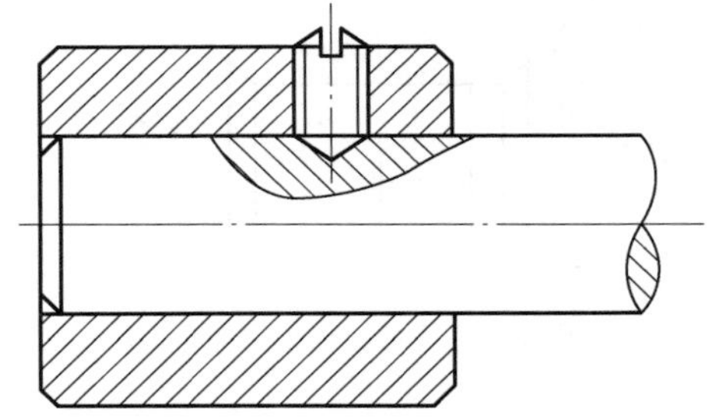

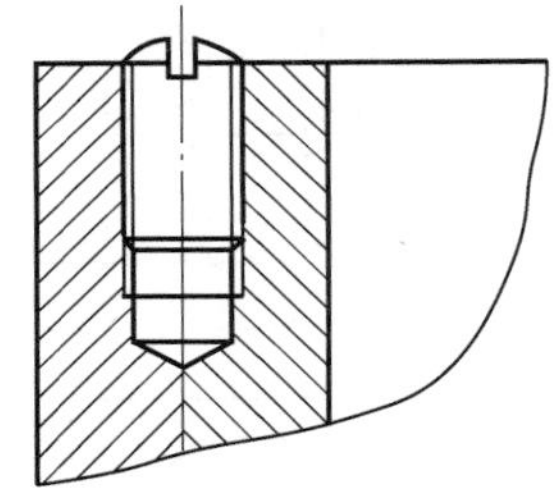

图 7-13　紧定螺钉连接画法

5. 螺纹紧固件的简化画法

在装配图中，螺栓、螺钉头部及螺母等也可采用简化画法，如表 7-4 所示。

表 7-4　螺纹紧固件的简化画法

名　　称	简 化 画 法	名　　称	简 化 画 法
六角头螺栓	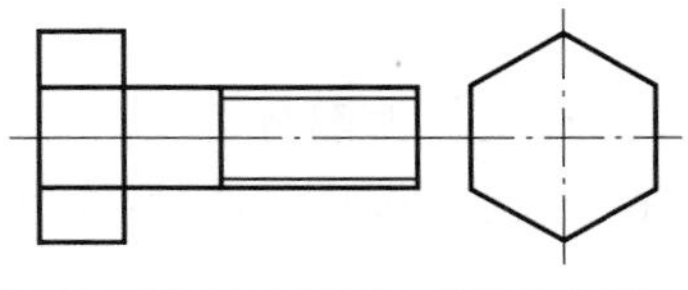	圆柱头内六角螺钉	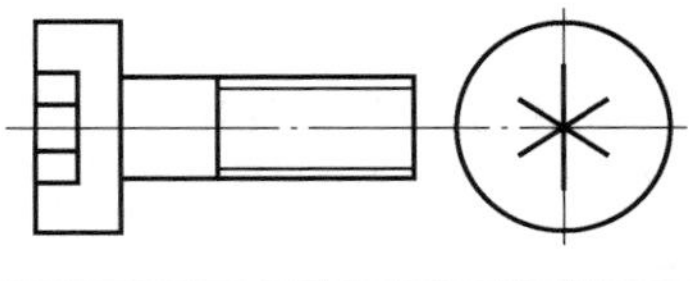

续表

名　称	简化画法	名　称	简化画法
无　头 内六角 螺钉	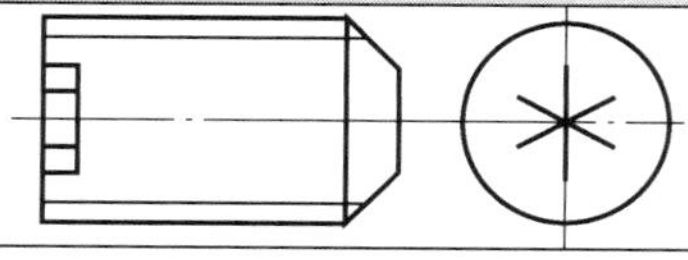	六角 螺母	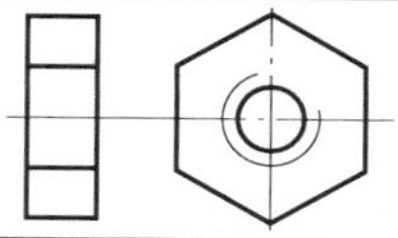
翼形 螺母	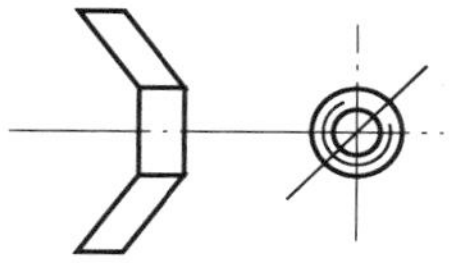	六角开槽 螺母	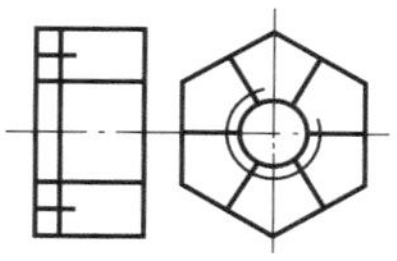
无头 开槽 螺钉	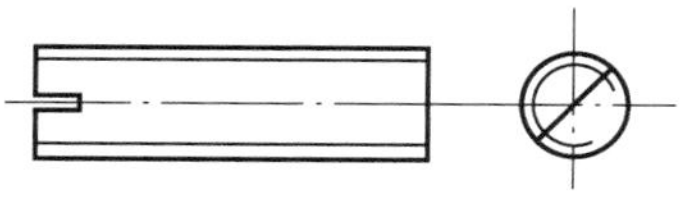	沉头 开槽 自攻螺钉	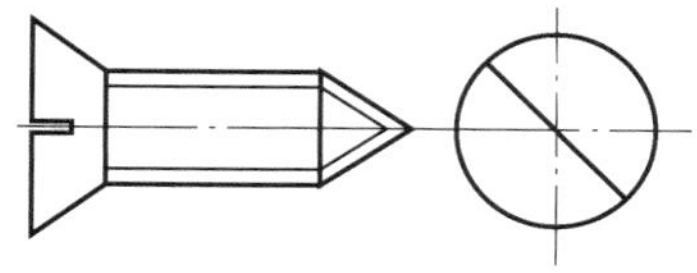
沉头 开槽 螺钉	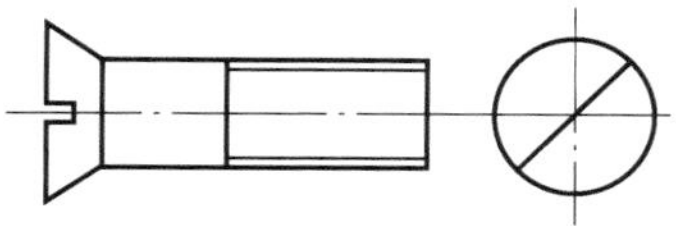	沉　头 十字槽 螺钉	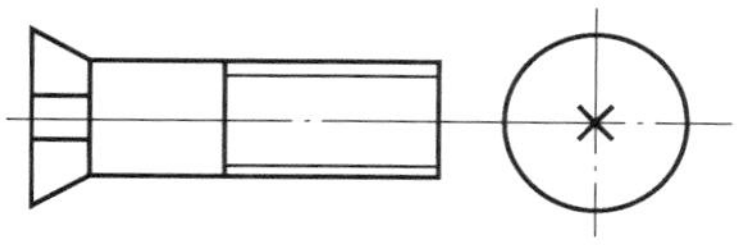
半沉头 开槽 螺钉	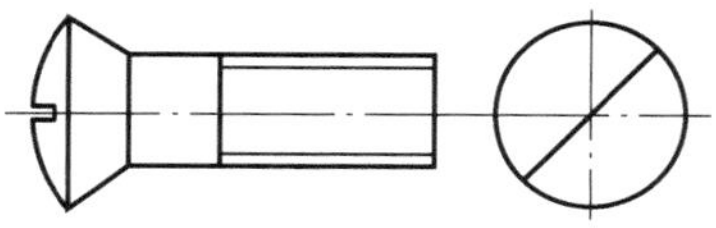	半沉头 十字槽 螺钉	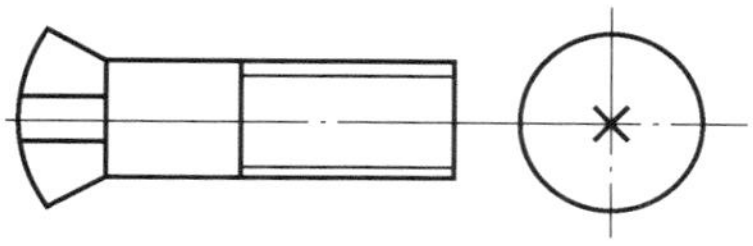
圆柱头 开槽 螺钉	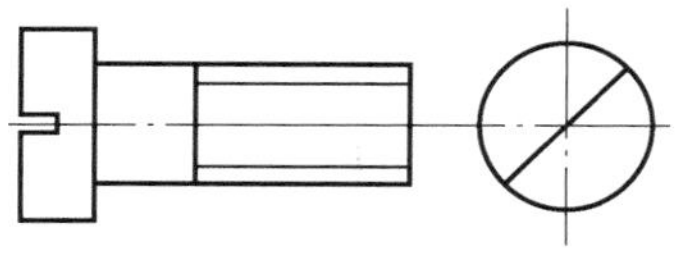	盘头 开槽 螺钉	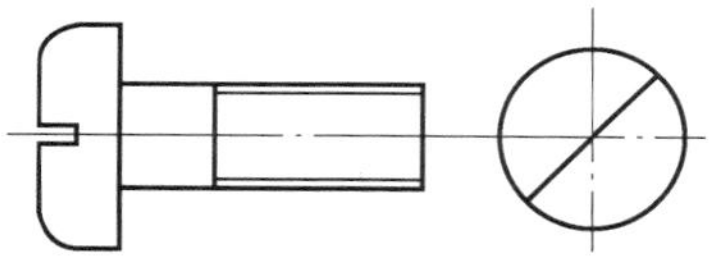

课外练习

（1）如图 7-14 所示，改正下列螺纹和螺纹连接画法上的错误，将正确的画在下方。

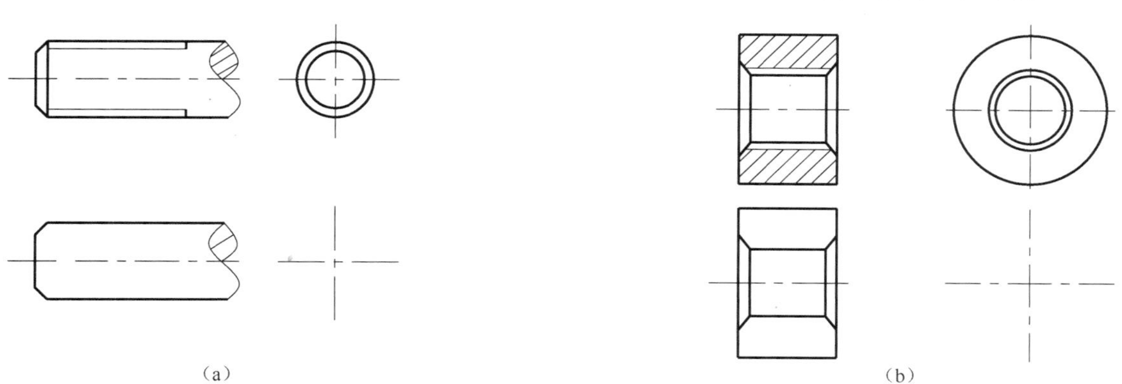

图 7-14　练习题 1 图

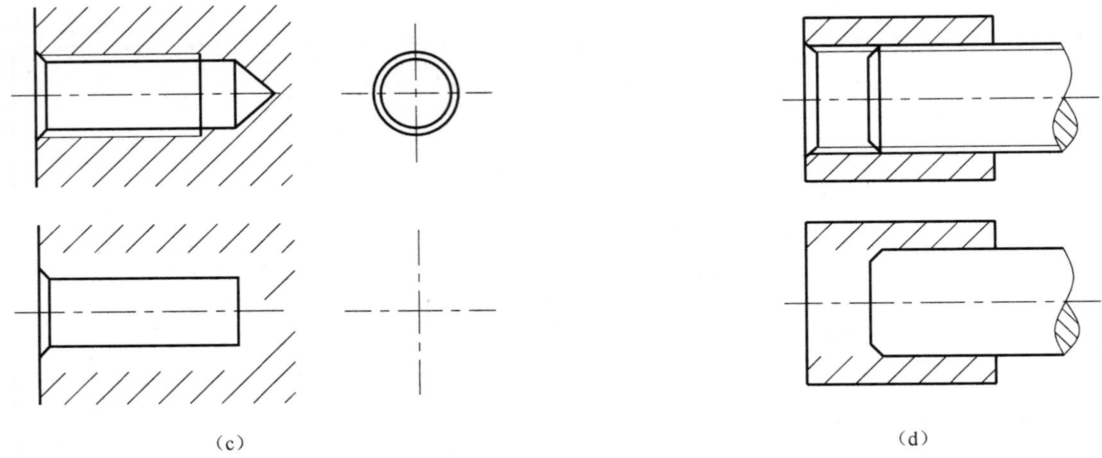

(c) (d)

图 7-14 练习题 1 图（续）

（2）写出下面螺纹的规定代号。

① 粗牙普通螺纹，公称直径 20，螺距 2.5，右旋，中、顶径公差带代号 6g，旋入长度代号为 L。

② 细牙普通螺纹，*D*=20，*P*=1.5，左旋，中、顶径公差带代号 6H，旋入长度代号为 N。

③ 梯形螺纹，公称直径 32，导程 12，线数 2，左旋。

④ 圆柱管螺纹，公称直径 3/4。

（3）查附录 A 填写下列标准件的尺寸数值，并写出其规定标记。

① 如图 7-15 所示，双头螺柱，A 型，GB 898—1988，螺纹规格 *d*=M16，公称长度 *L*=45。

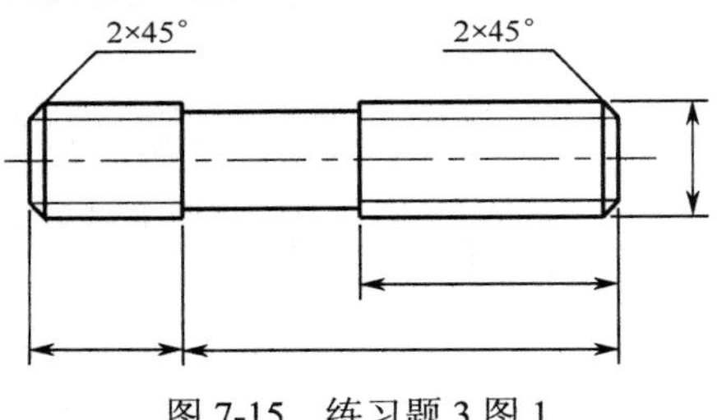

图 7-15 练习题 3 图 1

标记：________________________

② 如图 7-16 所示，六角螺母，B 级，GB 6170—1986，螺纹规格 *d*=M20。

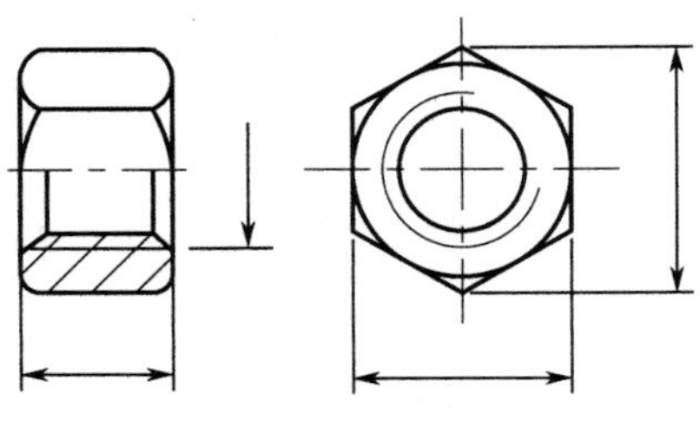

图 7-16 练习题 3 图 2

标记：____________________

③ 如图 7-17 所示，六角头螺栓，A 级，GB 5782—1986，螺纹规格 d=M12，公称长度 L=45。

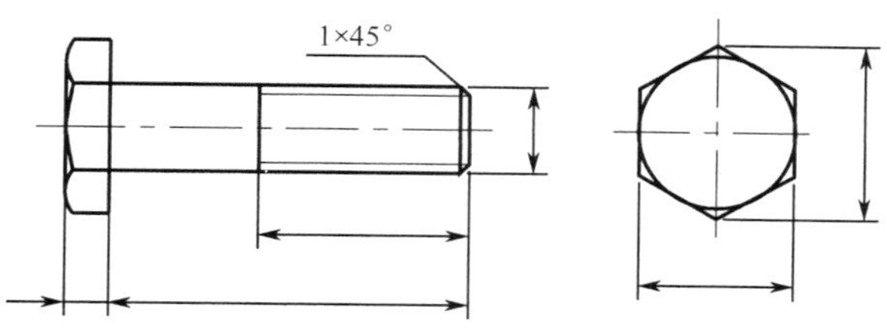

图 7-17　练习题 3 图 3

标记：____________________

④ 如图 7-18 所示，垫圈 A 级，GB 97.1—1985，公称尺寸为 12。

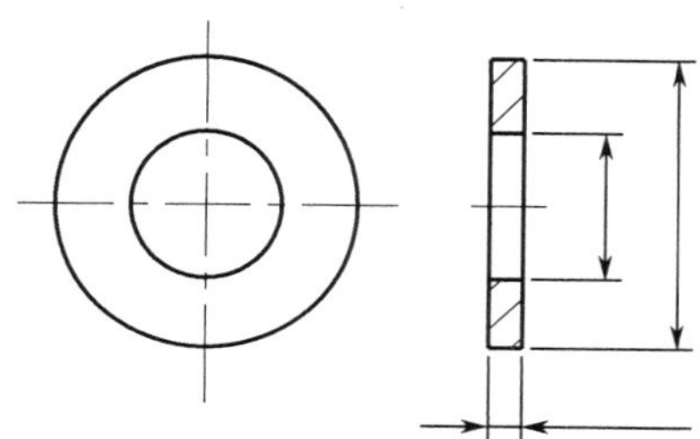

图 7-18　练习题 3 图 4

标记：____________________

（4）在图纸上画出螺栓连接、双头螺柱连接、螺钉连接的装配图（采用比例画法）。

① 如图 7-19 所示，螺栓连接，已知螺栓 GB 5782—1986-M16×L，螺母 GB 6170—1986-M16，垫圈 GB 97.2—1985-16-140HV。

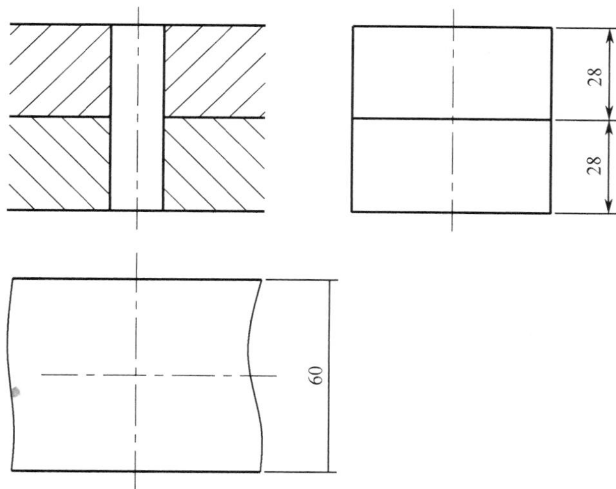

图 7-19　练习题 4 图 1

② 如图 7-20 所示，螺柱连接，已知螺柱 GB 898—1986-M16×L，螺母 GB 6170—1986-M16，垫圈 GB 93—1987-16。

③ 如图 7-21 所示，螺钉连接，螺钉 GB 65—1985-M16×70。

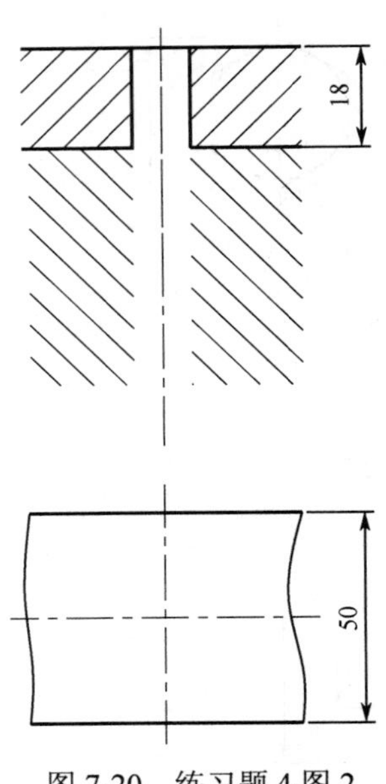

图 7-20 练习题 4 图 2

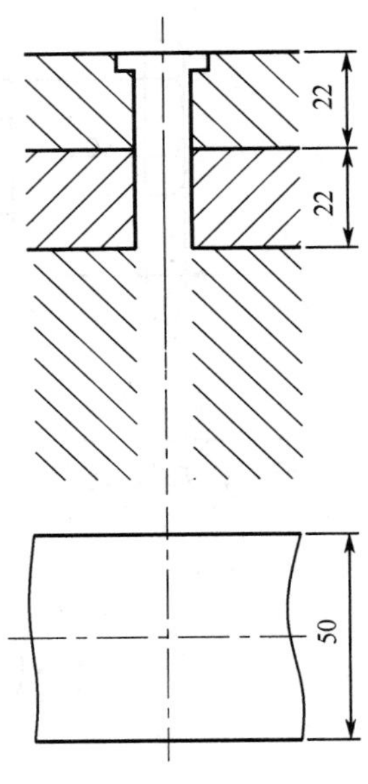

图 7-21 练习题 4 图 3

任务 7.2 齿轮及传动

任务目标

最终目标：能够绘制齿轮的零件图。

促成目标：

（1）会查键、销、滚动轴承的附表；

（2）会绘制键、销的连接图；

（3）会绘制滚动轴承图形；

（4）会绘制齿轮零件图。

任务要求

如图 7-22 所示，已知直齿圆柱齿轮 m=3，z=30，计算齿轮主要尺寸，用 1∶1 画全两视图，并标注尺寸（齿形外其他尺寸在图上按 1∶1 量取）。

学习案例

如图 7-23 所示，已知一对平板直齿圆柱齿轮啮合，模数 m=2，大齿轮齿数 z_1 =36，试计算两齿轮的主要尺寸，用 1∶2 的比例完成其啮合图。

d_1=________mm；d_{a1}=________mm；d_{f1}=________mm；z_2=________；d_2=________mm；d_{a2}=________mm；d_{f2}=________mm。

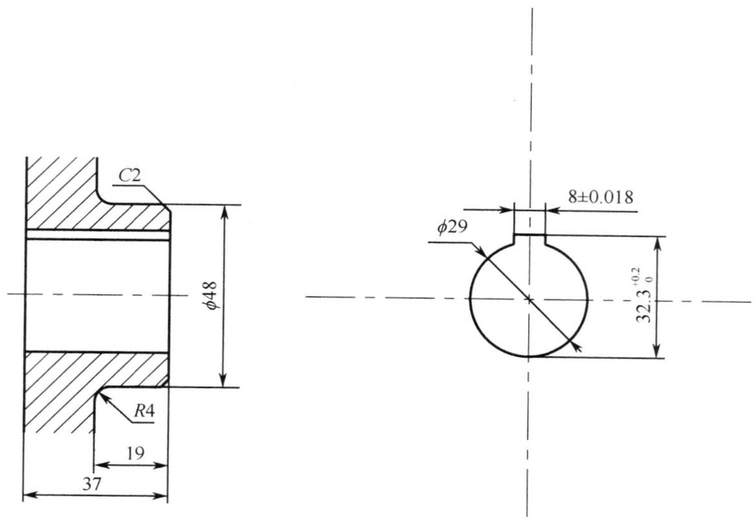

图 7-22　齿轮任务

（1）根据齿轮的公式计算其尺寸。

d_1=40mm；z_2=20；d_{a1}=44mm；d_{f1}=35mm；d_2=72mm；d_{a2}=76mm；d_{f2}=67mm。

（2）绘制齿轮视图，如图 7-24 所示。

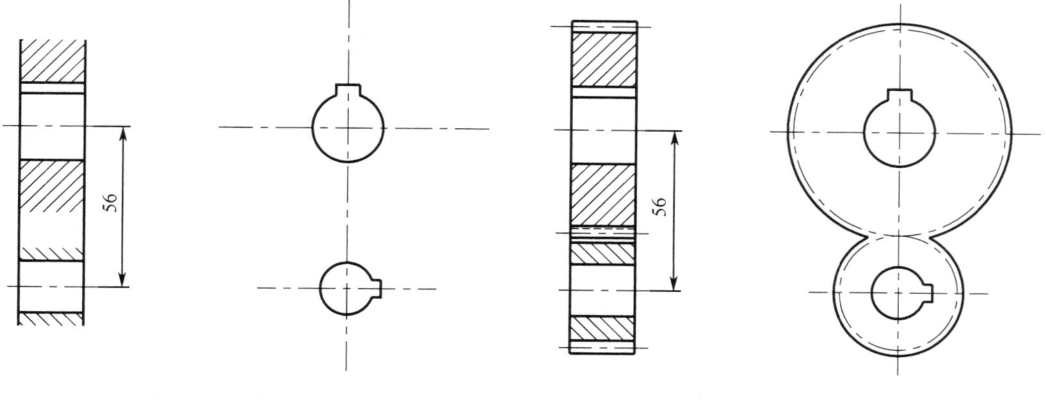

图 7-23　齿轮啮合　　　图 7-24　齿轮啮合答案

知识链接

7.2.1　直齿圆柱齿轮

1. 齿轮传动形式

齿轮是一种常用的传动零件，具有传递动力、改变运动速度、改变运动方向的功能。在齿轮传动中，除主动轮、从动轮外，参与工作的还有键、销、轴等其他零件。常见的齿轮传动形式有圆柱齿轮（用于两平行轴之间的传动）、锥齿轮（用于两相交轴之间的传动）、蜗轮蜗杆（用于两垂直交叉轴之间的传动）。圆柱齿轮又可分为直齿、斜齿、人字齿三种，如图 7-25 所示。

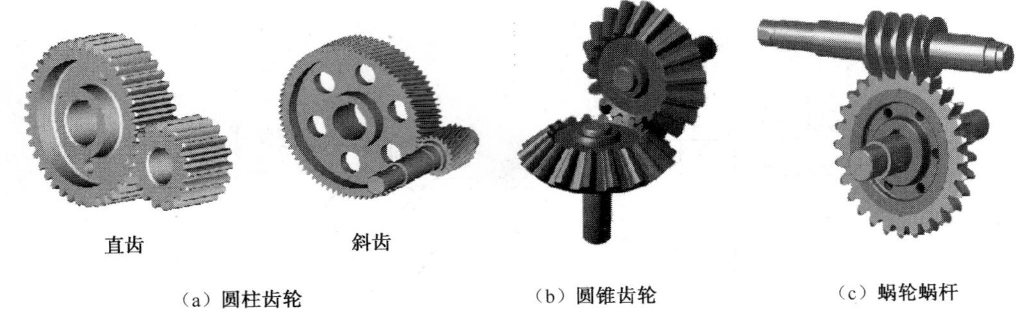

（a）圆柱齿轮　（b）圆锥齿轮　（c）蜗轮蜗杆

图 7-25　齿轮传动形式

2. 圆柱齿轮的几何要素

齿轮按几何结构分类属于盘盖类零件，由轮缘、轮辐、轮毂三部分组成，轮缘上的轮齿和轮毂上的键槽为标准结构。直齿圆柱齿轮的几何要素及尺寸关系如图 7-26 所示，齿轮各部分的计算公式如表 7-5 所示。

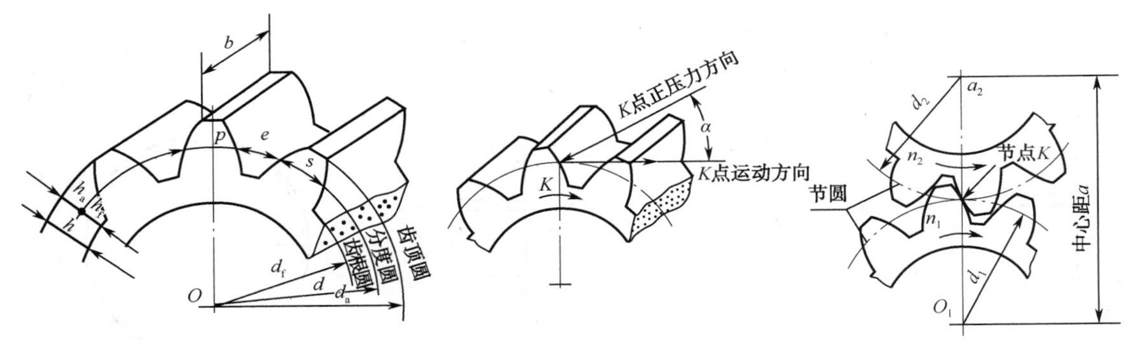

图 7-26　直齿圆柱齿轮的几何要素及尺寸关系

（1）齿顶圆：通过轮齿顶部的圆，其直径用 d_a 表示。

（2）齿根圆：通过轮齿根部的圆，其直径用 d_f 表示。

（3）分度圆：对于标准圆柱直齿齿轮，分度圆是一个约定的假想圆，在该圆上，齿厚 s 等于齿槽宽 e（s 和 e 均指弧长）。分度圆直径用 d 表示，它是设计、制造齿轮时计算各部分尺寸的基准圆。

（4）齿距：分度圆上相邻两齿廓对应点之间的弧长，用 p 表示，$p=e+s$。

（5）齿高：轮齿在齿顶圆与齿根圆之间的径向距离，用 h 表示。

齿顶高：齿顶圆与分度圆之间的径向距离，用 h_a 表示。

齿根高：齿根圆与分度圆之间的径向距离，用 h_f 表示。

齿全高：$h=h_a+h_f$。

（6）中心距：两啮合齿轮轴线之间的距离，用 a 表示。

（7）节圆：两齿轮啮合时，在中心连线上，两齿廓的接触点 K 称为节点，分别以 O_1、O_2 为圆心过点 K 所作的两个圆称为节圆（直径为 d_1、d_2）。一对标准齿轮按理论位置安装时，节圆和分度圆相重合。

表 7-5　标准直齿轮各基本尺寸的计算公式

名　称	代　号	计 算 公 式	名　称	代　号	计 算 公 式
齿顶高	h_a	$h_a=m$	分度圆直径	d	$d=mz$
齿根高	h_f	$h_f=1.25m$	齿顶圆直径	d_a	$d_a=m(z+2)$
齿高	h	$h=2.25m$	吃根圆直径	d_f	$d_f=m(z-2.5)$
中心距	a	$a=\frac{1}{2}(z_1+z_2)m$	齿距	p	$p=\pi m$

3. 圆柱齿轮的基本参数

直齿圆柱齿轮的基本参数有三个：齿数、模数、压力角。

（1）齿数 z

齿数 z 为轮缘上轮齿的个数。

（2）模数 m

模数 m 为齿距 p 除以 π 所得的商，单位为 mm。引入模数的目的是为了实现轮齿标准化，且使齿轮加工刀具系列化。模数大小描述了单个轮齿的大小，反映齿轮传递动力的大小，是设计制造齿轮的重要参数，如表 7-6 所示。

（3）压力角 α

压力角 α 为轮齿啮合点的运动方向与受力方向的夹角，国家标准规定在标准啮合状态下为 20°，但有特殊要求时 α 值会有变化。

表 7-6　标准模数（GB/T 1357—1987）　（mm）

第一系列	0.1，0.12，0.15，0.2，0.25，0.3，0.4，0.5，0.6，0.8，1，1.25，1.5，2，2.5，3，4，5，6，8，10，12，16，20，25，32，40，50
第二系列	0.35，0.7，0.9，1.75，2.25，2.75，（3.25），3.5，（3.75），4.5，5.5，（6.5），7，9，（11），14，18，22，28，36，45

注：在选用模数时，应优先采用第一系列，括号内的模数尽可能不用。

4. 齿轮画法

（1）单个齿轮的画法

齿轮上的轮齿是多次重复的结构，GB/T 4459.2 对齿轮的画法作了如下规定，如图 7-27 所示。

① 齿顶圆和齿顶线用粗实线表示，分度圆和分度线用点画线表示，齿根圆和齿根线用细实线表示或省略不画。

② 在剖视图中，齿根线用粗实线表示，轮齿部分不画剖面线。

③ 斜齿圆柱齿轮和人字齿圆柱齿轮用细实线表示轮齿的方向。

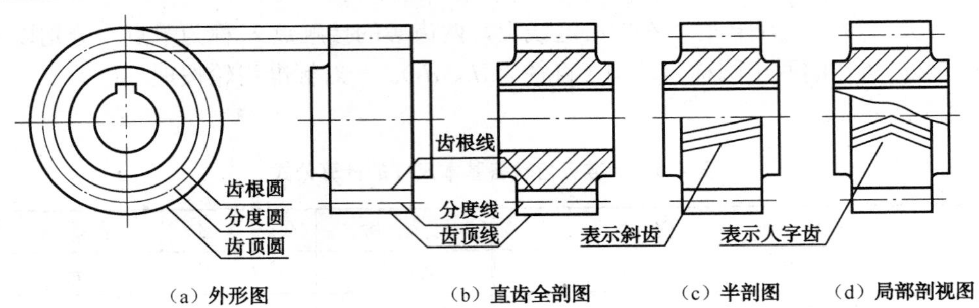

（a）外形图　（b）直齿全剖图　（c）半剖图　（d）局部剖视图

图 7-27　单个齿轮的画法

齿轮零件图中，除用视图表达形状外，还需根据生产要求，完整、合理地注出尺寸。轮齿部分只注出齿顶圆直径、分度圆直径及齿宽，齿根圆直径不注。在零件图的右上角，注出模数、齿数、压力角和精度等。直齿圆柱齿轮零件图如图 7-28 所示。

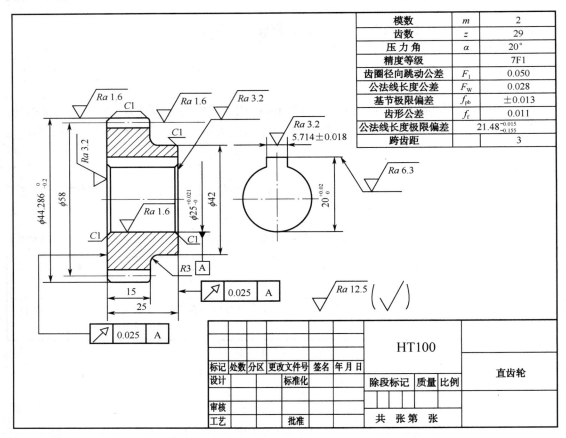

模数	m	2
齿数	z	29
压力角	α	20°
精度等级		7F1
齿圈径向跳动公差	F_r	0.050
公法线长度公差	F_W	0.028
基节极限偏差	f_{pb}	±0.013
齿形公差	f_f	0.011
公法线长度极限偏差	$21.48^{-0.015}_{-0.155}$	
跨齿距		3

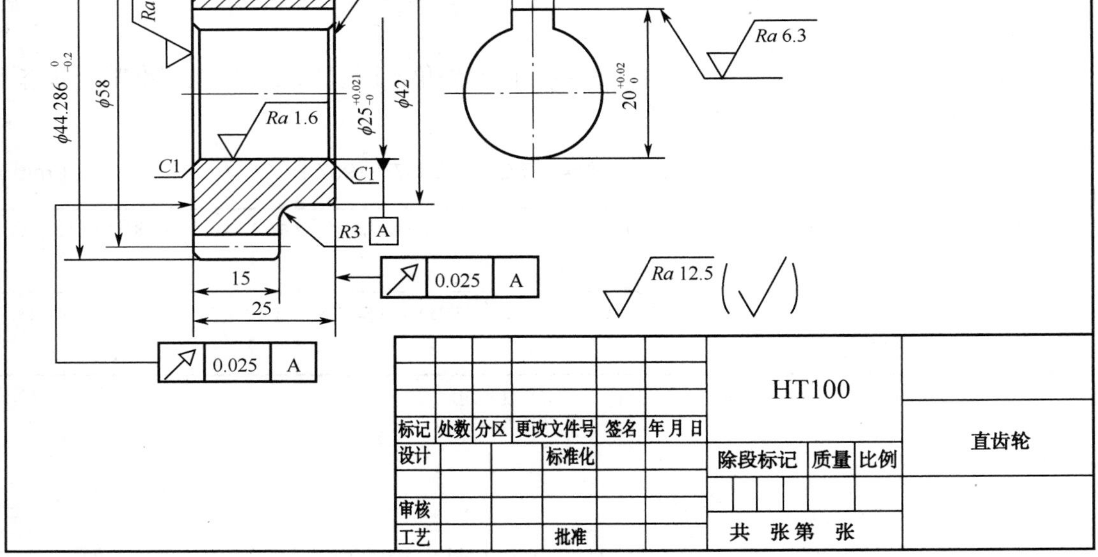

图 7-28　圆柱齿轮零件图

（2）圆柱齿轮啮合的画法

① 两标准齿轮啮合的条件是两齿轮的模数相等、压力角相等，此时两个分度圆相切，具体画法如图 7-29 所示。在圆的视图中，两齿轮的分度圆相切，啮合区内的齿顶圆均画粗实线，也可以省略不画。

② 在非圆投影中，两齿轮分度线重合，画点画线，齿根线画粗实线，齿顶线的画法是将

一个轮的轮齿作为可见画成粗实线，另一个轮的轮齿被遮住部分画成虚线，该虚线也可以省略不画。

③ 在非圆投影的外形视图中，啮合区内的齿顶线和齿根线不必画出，分度线画成粗实线。

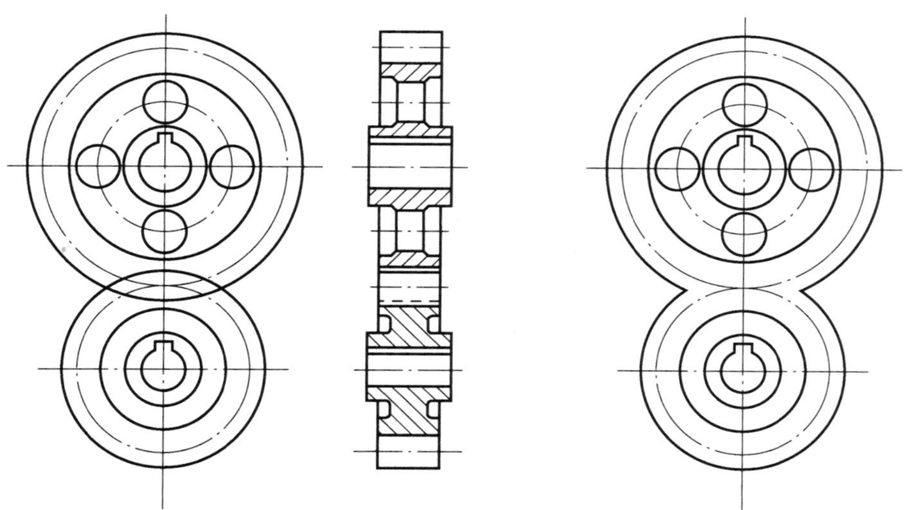

图 7-29　齿轮啮合画法

如图 7-30 所示为齿轮啮合区的放大画法。其中一个齿轮的齿顶与另一个齿轮的齿根之间应有 0.25m 的间隙。

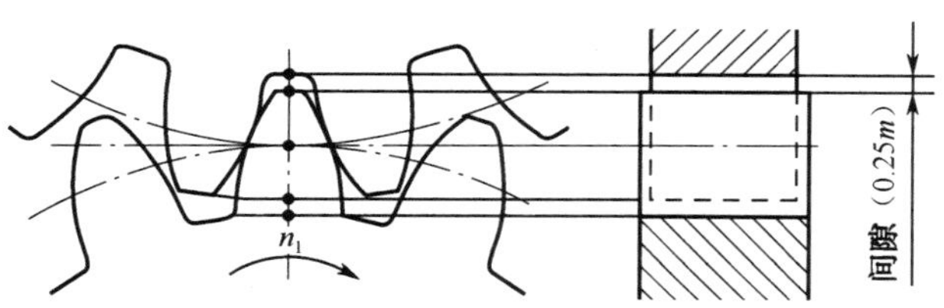

图 7-30　齿轮啮合区的投影

7.2.2　键及其连接

1. 键的功用、种类及标记

（1）键的功用

用键可将轴与轴上的传动件（如齿轮、皮带轮等）连接在一起，以传递扭矩。

（2）键的种类及标记

键是标准件，常用的键有普通平键、半圆键和楔键等，普通平键有三种，即 A 型（圆头）、B 型（平头）、C 型（单圆头），其标记和图例如表 7-7 所示。

表 7-7 常用键的图例及标记

名 称		图 例	标 记 示 例
普通平键	键 18×11×100 GB/T 1096—2003	A型	标记： GB/T 1096—2003 键 18×11×100 说明： 圆头普通平键 键宽 b=18，h=11，键长 L=100
	键 B16×10×100 GB/T 1096—2003	B型	标记： GB/T 1096—2003 键 B16×10×100 说明： 平头普通平键，b=16，h=10，L=100
	键 C16×10×100 GB/T 1096—2003	C型	标记： GB/T 1096—2003 键 C16×10×100 说明： 半圆头普通平键，b=16，h=10，L=100
半圆键 GB/T 1099.1—2003			标记： GB/T 1099.1—2003 键 8×25 说明： 半圆键，键宽 b=8，直径 d=25
钩头楔键 GB/T 1585—2003		65° 1∶100	标记： GB/T 1585—2003 键 18×100 说明： 钩头楔键，键宽 b=18，h=8，键长 L=100

2. 键槽画法及尺寸注法

键是标准件，一般不用画零件图，但要画出零件上与键相配合的键槽，如图 7-31 所示。

3. 键连接的画法

主视图中键被剖切面纵向剖切，键按不剖处理。为了表示键在轴上的装配情况，采用了局部剖视。左视图中键被剖切面横向剖切，键要画剖面线。由于平键的两个侧面是其工作表面，键的两个侧面分别与轴的键槽和轴孔的键槽两个侧面配合，键的底面与轴的键槽底面接触，画一条线；两键的顶面不与孔的键槽底面接触，画两条线。如图 7-32、图 7-33、图 7-34 所示分别是普通平键、半圆键、钩头楔键的连接画法。

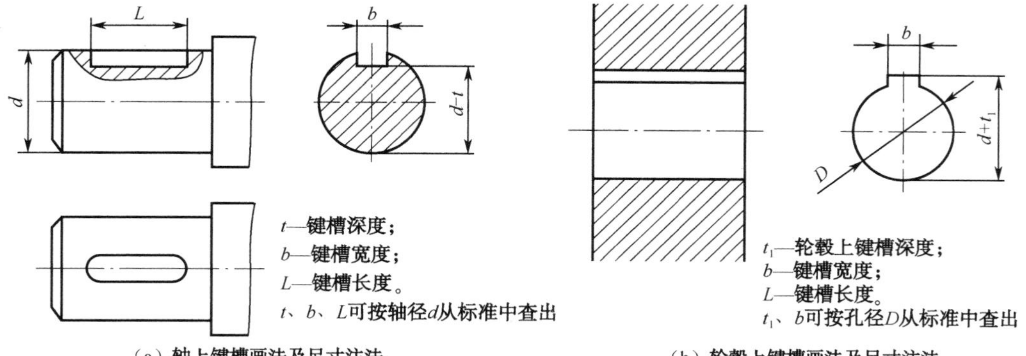

（a）轴上键槽画法及尺寸注法　　（b）轮毂上键槽画法及尺寸注法

图 7-31　键槽画法及尺寸标注

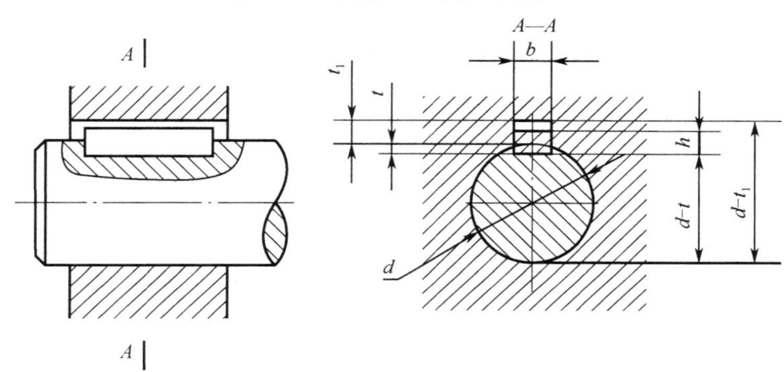

图 7-32　普通平键连接画法

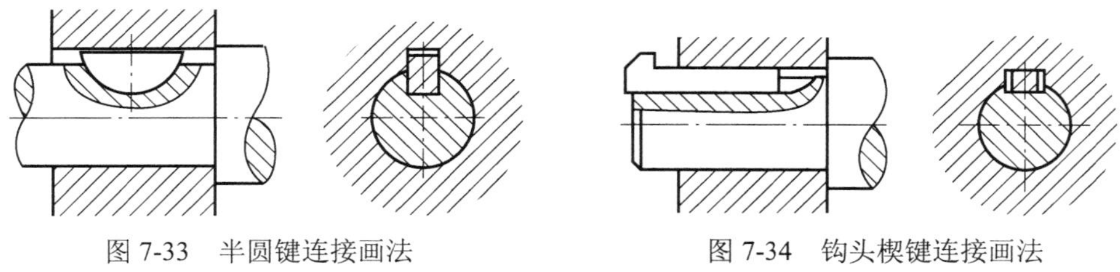

图 7-33　半圆键连接画法　　图 7-34　钩头楔键连接画法

7.2.3　销及其连接

1. 销的功用、种类及标记

销主要用于零件之间的定位，也可用于零件之间的连接，但只能传递不大的扭矩。常用的销有圆柱销、圆锥销和开口销等，常用销的型号及标记如表 7-8 所示。

表 7-8　常用销的型号及标记

名称及标准	图　样	型号及主要尺寸	标　记
圆柱销 GB/T 119.2—2000		15°　$R\approx d$　d　a　a　L	A 型圆柱销： 销 GB/T 119.2　$d\times L$

续表

名称及标准	图　样	型号及主要尺寸	标　记
圆锥销 GB/T 117—2000		1∶50　d　R_1　R_2　a　a　L	A 型圆锥销： 销 GB/T 117　$d×L$
开口销 GB/T 91—2000		b　L　a　c　d	销 GB/T 91—2000　$d×L$

2. 销的连接画法

销是标准件，其连接画法如图 7-35 所示。

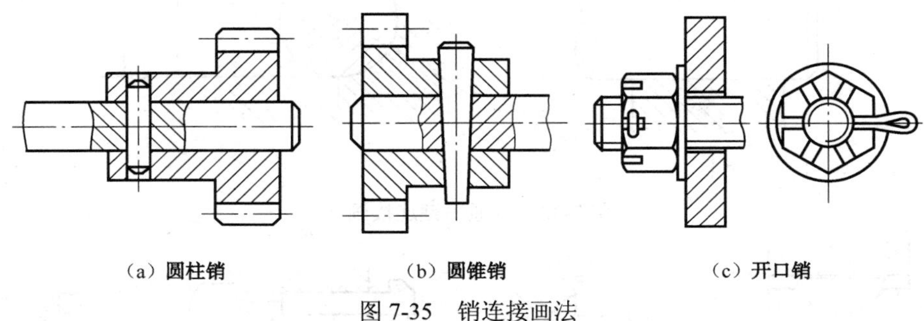

（a）圆柱销　（b）圆锥销　（c）开口销

图 7-35　销连接画法

7.2.4　滚动轴承

1. 滚动轴承的结构、分类和代号

轴承是一种支承旋转轴的组件。根据轴承中的摩擦性质不同，其可分为滑动轴承和滚动轴承两大类。滚动轴承是标准件，由于它具有摩擦力小、结构紧凑、功率消耗小等优点，已被广泛用在机器、仪表等多种产品中。

（1）滚动轴承的结构

滚动轴承的结构一般是由外圈、内圈、滚动体和保持架组成的，如图 7-36 所示。

① 外圈：通常以外圆面固定在机体的内孔上。外圈的内表面制有弧形的环槽滚道。

② 内圈：内圈的内孔与轴配合并与轴一道旋转。内圈的外表面制有弧形的环槽滚道，内圈的内孔尺寸是该滚动轴承的主要规格尺寸。

③ 滚动体：形状多为圆球、圆柱、圆锥等。

④ 保持架：用来隔开滚动体。

（2）滚动轴承的分类（GB/T 4459.7—1998）

滚动轴承的种类很多，按照轴承所承载的外载荷不同，滚动轴承可以概括分为向心轴承、推力轴承和向心推力轴承三大类。向心轴承主要承受径向力，推力轴承主要承受轴向力，向

心推力轴承同时承受径向力和轴向力。

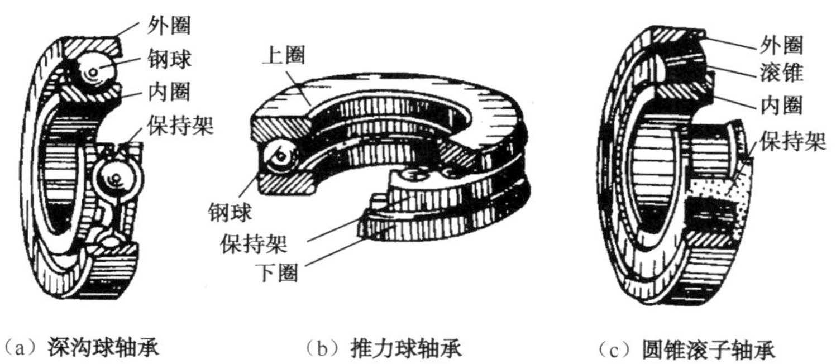

（a）深沟球轴承　（b）推力球轴承　（c）圆锥滚子轴承

图 7-36　滚动轴承结构

（3）滚动轴承的代号

按照 GB/T 272—1993 规定，滚动轴承的代号由前置代号、基本代号和后置代号构成，前置、后置代号是在轴承结构形状、尺寸和技术要求等有改变时，在其基本代号前、后添加的补充代号。补充代号的规定可由国家标准中查得。

滚动轴承的基本代号由类型代号、尺寸系列代号和内径代号组成。基本代号最左边的一位数字（或字母）为类型代号（见表 7-9）。尺寸系列代号由宽度和直径系列代号组成，具体可从 GB/T 272—1993 中查取。内径代号的表示有两种情况：当内径不小于 20mm 时，内径代号数字为轴承公称内径 d 除以 5 的商，当商为一位数时，需在左边加“0”；当内径小于 20mm 时，内径代号“00”表示 d=10mm，“01”表示 d=12mm，“02”表示 d=15mm，“03”表示 d=17mm。

表 7-9　滚动轴承类型代号（摘自 GB/T 272—1993）

代　号	轴承类型	代　号	轴承类型
0	双列角接触球轴承	6	深沟球轴承
1	调心球轴承	7	角接触球轴承
2	调心滚子轴承和推力调心滚子轴承	8	推力圆柱滚子轴承
3	圆锥滚子轴承	N	圆柱滚子轴承（双列或多列用字母 NN 表示）
4	双列深沟球轴承	U	外球面球轴承
5	推力球轴承	QJ	四点接触球轴承

（4）滚动轴承的标记

根据各类轴承的国家标准规定，滚动轴承的标记由三部分组成，即：轴承名称、轴承代号、标准编号。

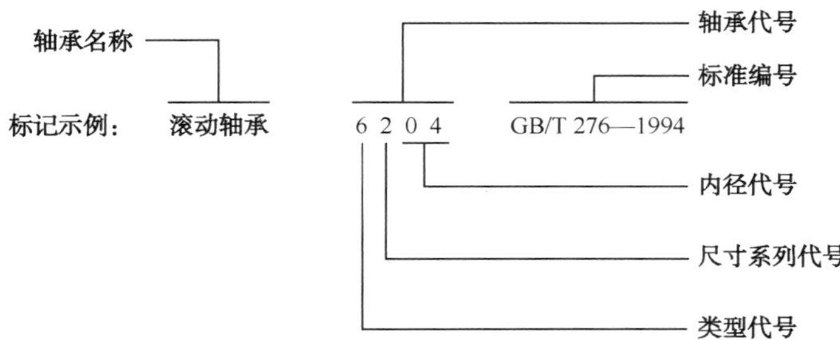

注意：

① 类型代号“6”表示深沟球轴承。

② 尺寸系列代号为“02”。其中“0”为宽度系列代号，按规定省略未写，“2”为直径系列代号，故两者组合时注写成“2”。

③ 内径代号“04”表示该轴承内径为 4×5=20mm，即内径代号是公称内径 20 除以 5 的商 4，再在前面加“0”成为“04”。

④ 轴承代号中的类型代号或尺寸系列代号有时可省略不写，具体的规定可查阅 GB/T 272—1993。

2. 滚动轴承的画法

国家标准规定了常用滚动轴承的几种画法，如表 7-10 所示。

表 7-10 常用滚动轴承的几种画法

名称	结构形式	通用画法	特征画法	规定画法	装配示意图	承载特征
		均指滚动轴承在所属装配图的剖视图中的画法				
深沟球轴承						主要承受径向载荷
圆锥滚子轴承						可同时承受径向和轴向载荷
推力球轴承						承受单方向的轴向载荷

绘制滚动轴承时应遵守以下规则：

（1）各种符号、矩形线框和轮廓线均画粗实线。

（2）矩形线框或外形轮廓的大小应与滚动轴承的外形尺寸一致。

（3）用简化画法绘制滚动轴承时，应采用通用画法或特征画法，但在同一图样中一般只采用一种画法。

7.2.5 弹簧

弹簧是用途很广的常用零件。它主要用于减震、夹紧、储存能量和测力等方面。弹簧的特点是去掉外力后能立即恢复原状，常用的有螺旋弹簧和涡卷弹簧等，如图7-37所示。根据受力情况不同，螺旋弹簧又分为压缩弹簧、拉伸弹簧和扭转弹簧三种。这里仅介绍普通圆柱螺旋压缩弹簧在零件图及装配图中的画法。

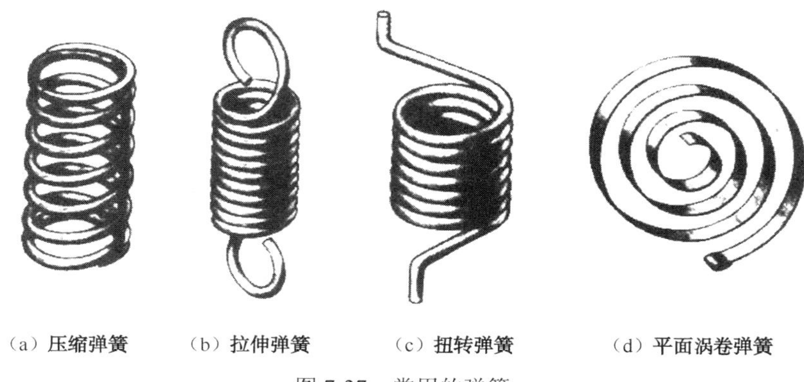

（a）压缩弹簧　（b）拉伸弹簧　（c）扭转弹簧　（d）平面涡卷弹簧

图7-37 常用的弹簧

圆柱螺旋压缩弹簧在零件图中的画法如图7-38所示。

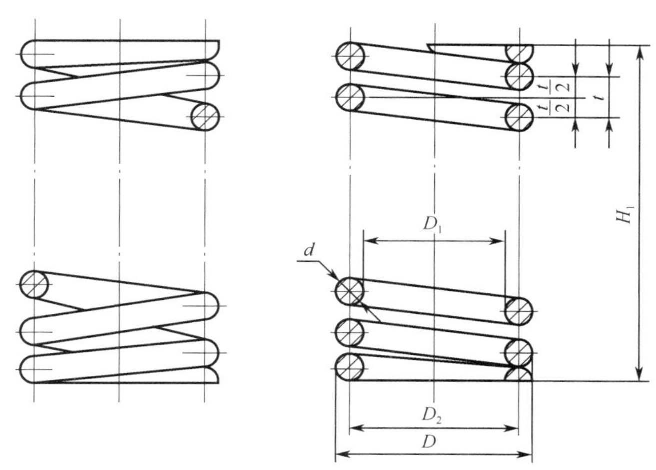

图7-38 圆柱螺旋压缩弹簧在零件图中的画法

在装配图中，螺旋弹簧被剖切后，不论中间各圈是否省略，被弹簧挡住的结构一般不画，其可见部分应从弹簧的外轮廓线或弹簧钢丝剖面的中心线画起，如图7-39（a）所示。

在装配图中，当弹簧钢丝的直径在图上等于或小于2mm时，其剖面可以涂黑表示，如图7-39（b）所示，或采用如图7-39（c）所示的示意画法。

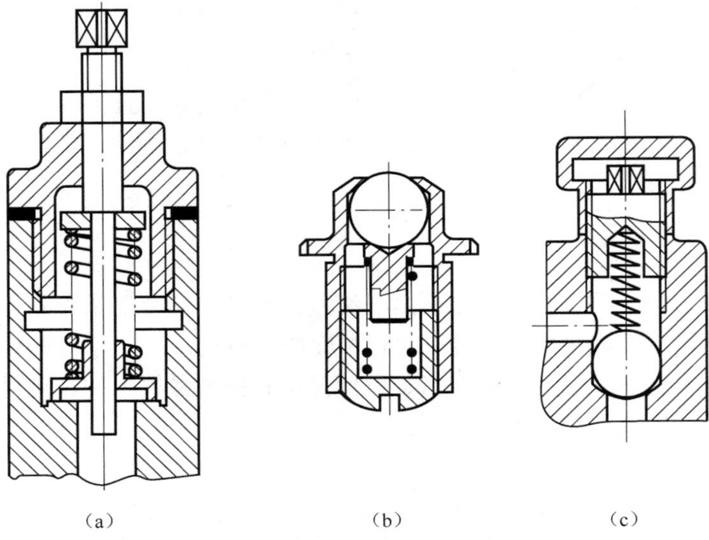

图 7-39　装配图中弹簧的画法

（1）如图 7-40 所示，已知齿轮和轴用 A 型普通平键连接，轴孔直径为 25mm，键的长度为 20mm。

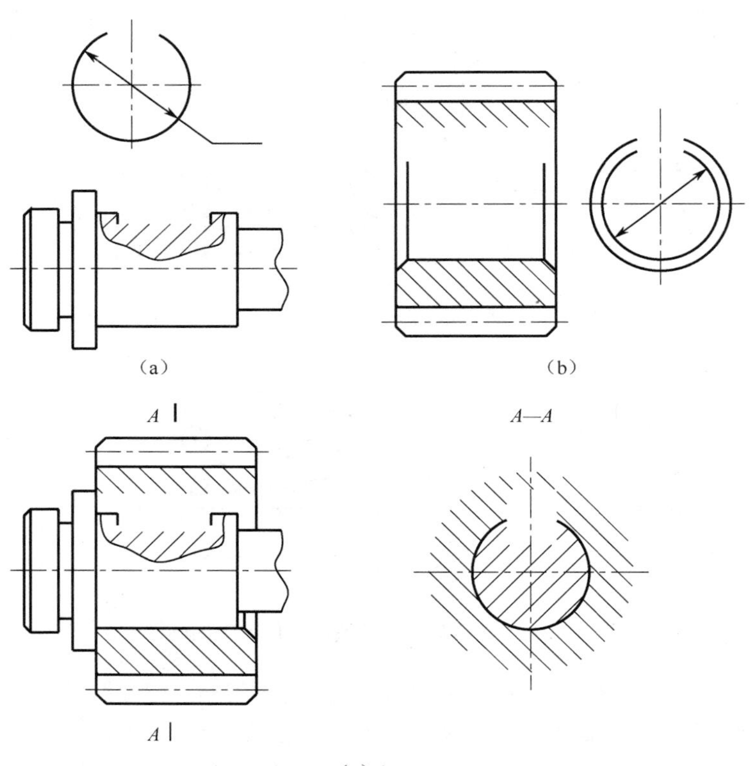

图 7-40　练习题 1 图

① 写出键的规定标记。

键的规定标记：________________________

② 查表确定键和键槽的尺寸，用 1∶1 画全下列各视图和断面图，并标注键槽的尺寸。

（a）轴（图 7-40（a））；（b）齿轮（图 7-40（b））；（c）齿轮和轴间的键连接（图 7-40（c））。

（2）如图 7-41 所示，齿轮与轴用直径为 6mm 圆柱销连接，写出圆柱销规定标记，并用 1∶1 比例画全销连接的装配图。

圆柱销的规定标记：________________________

（3）试用规定画法画出轴承 6205 的视图，所需尺寸可查阅附录 A。

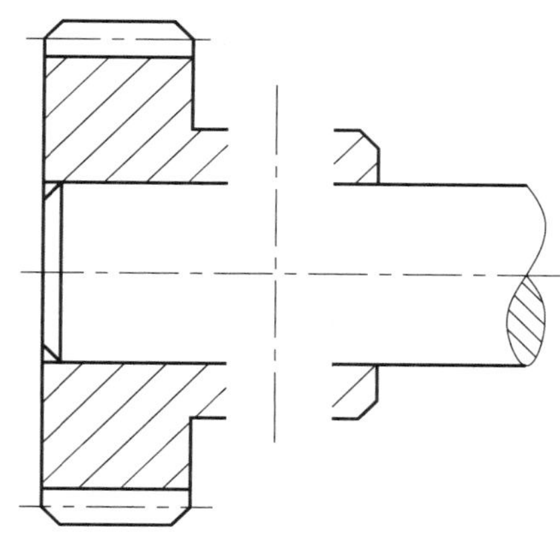

图 7-41　练习题 2 图

任务 7.3　铣刀头

任务目标

最终目标： 能读懂装配图。

促成目标：

（1）掌握装配图的表示方法；

（2）了解部件测绘和装配图画法；

（3）能理解铣刀头中零件间的装配关系；

（4）能正确绘制简单装配结构。

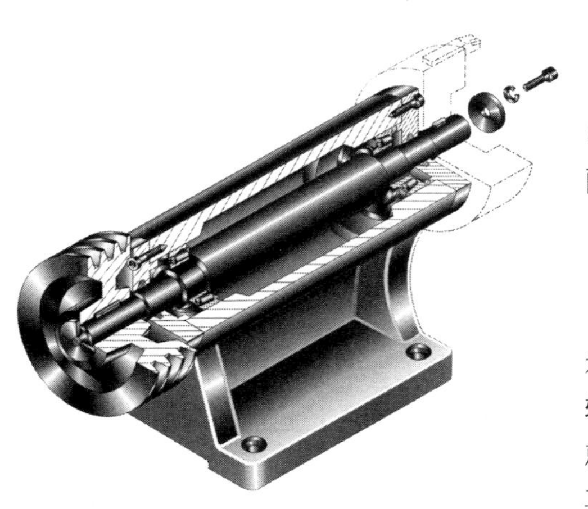

图 7-42　铣刀头轴测图

任务要求

根据图 7-42 所示的铣刀头轴测图和 7.3.6 小节中的铣刀头装配图，绘制 6～12 号件的左侧局部装配图，不标注尺寸。

学习案例

传动器是动力的中间传递机构，如图 7-43 所示。当动力通过齿轮 9 输入时，通过键连接，带动轴 1 转动，只要在轴的左端安上齿轮、带轮等零件，就可实现动力的传递。要求根据传动器装配图画出其装配示意图。

装配示意图是用简单的线条画出主要零件的轮廓线，并用符号表示出一些常用件和标准件，供拼画装配图时参考的。传动器的装配示意图如图 7-44 所示。

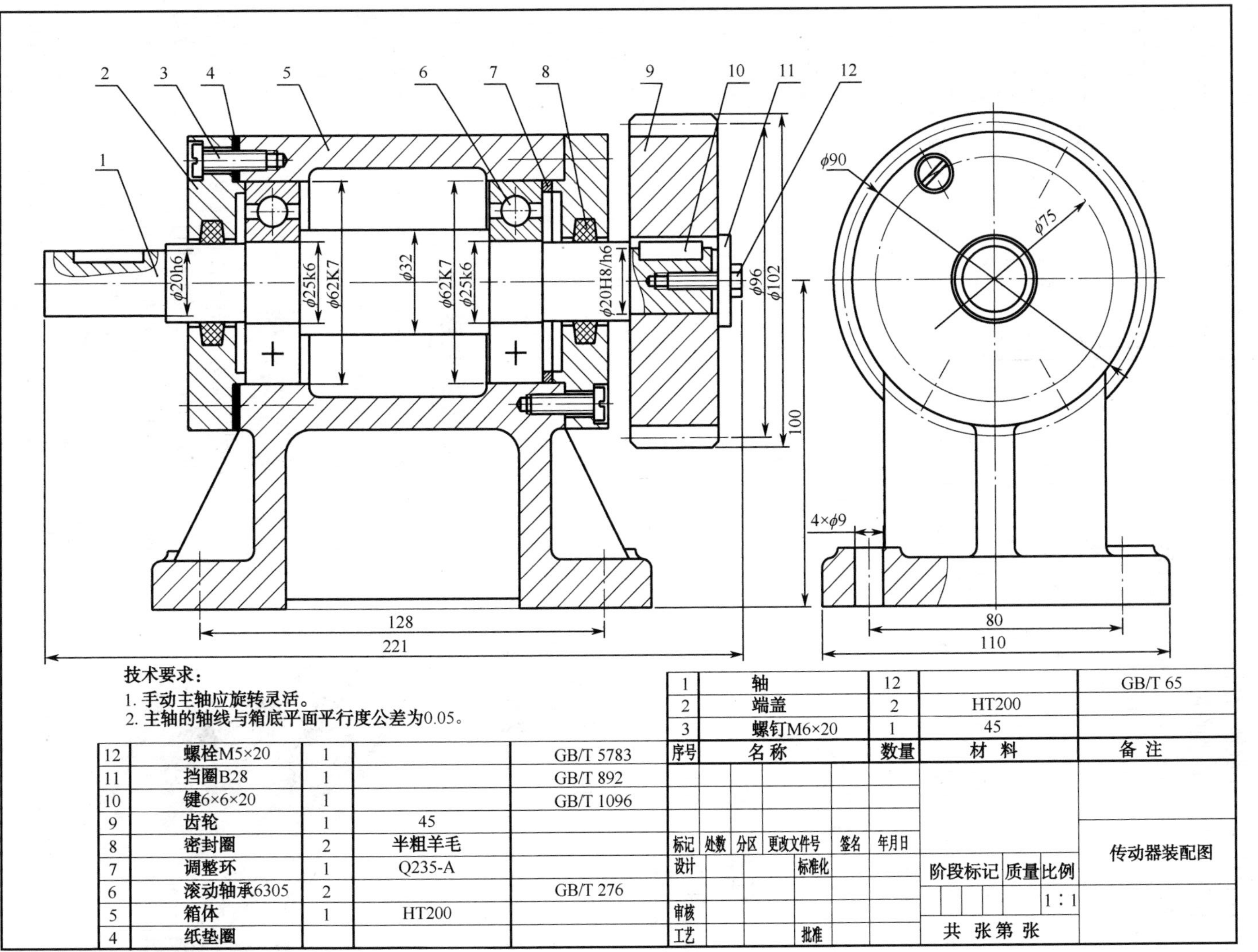

技术要求：

1. 手动主轴应旋转灵活。
2. 主轴的轴线与箱底平面平行度公差为0.05。

序号	名称	数量	材料	备注
1	轴	12		GB/T 65
2	端盖	2	HT200	
3	螺钉M6×20	1	45	
4	纸垫圈			
5	箱体	1	HT200	
6	滚动轴承6305	2		GB/T 276
7	调整环	1	Q235-A	
8	密封圈	2	半粗羊毛	
9	齿轮	1	45	
10	键6×6×20	1		GB/T 1096
11	挡圈B28	1		GB/T 892
12	螺栓M5×20	1		GB/T 5783

图7-43 传动器的装配图

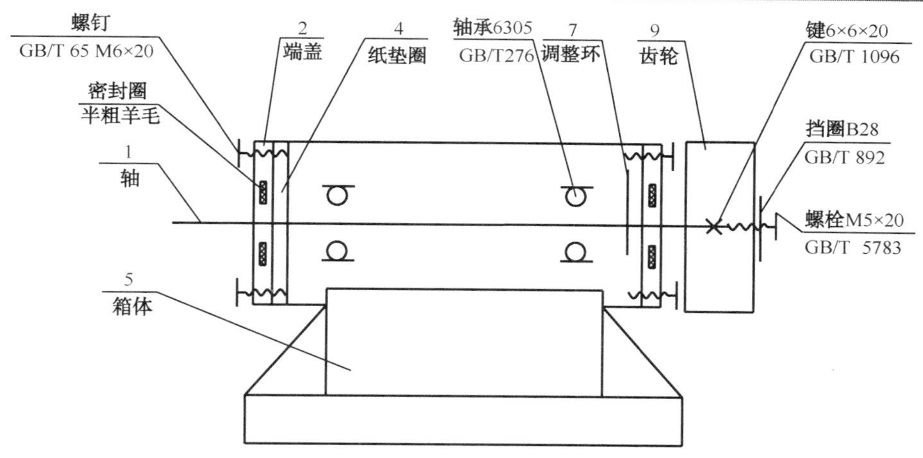

图 7-44　传动器的装配示意图

知识链接

7.3.1　装配图的作用和内容

1. 装配图的作用

任何复杂的机器都是由若干个部件组成的，而这些部件又是由若干个零件装配而成的。表示产品及其组成部分连接、装配关系的图样，称为装配图。

装配图是指导生产的重要技术文件。在设计过程中，装配图可用来表达装配体的工作原理、零件之间的装配关系与相对位置、各零件的基本结构。一般是先设计总体结构并画出装配图，然后再根据装配图设计零件的具体结构，绘制零件图。在生产过程中，装配图是制定装配工艺规程，进行装配、检验、安装及维修的技术依据。

2. 装配图的内容

一张完整的装配图应包括如下内容：

（1）一组视图：用来表达机器或部件的工作原理、零件间的装配关系、连接方式及主要零件的结构形状等。

（2）必要的尺寸：标注出与机器或部件的性能、规格、装配和安装有关的尺寸。

（3）技术要求：用符号、代号或文字说明装配体在装配、安装、调试等方面应达到的技术指标。

（4）标题栏、零件序号及明细栏：在装配图中，必须对每个零件编号，并在明细栏中依次列出零件序号、名称、数量、材料等。在标题栏中，写明装配体的名称、图号、绘图比例以及有关人员的签名等。

7.3.2 装配图的表示方法

1. 装配图表达方案的选择

（1）主视图的选择

① 放置。

一般将机器或部件按工作位置放置或将其放正，也就是使装配体的主要轴线、主要安装面等位于水平或铅垂位置，如铣刀头装配图中的主视图。

② 视图方案。

选择最能反映机器或部件的整体形象、工作原理、传动路线、零件间装配关系及主要零件的主要结构的视图作为主视图。

将铣刀头的装配图与其轴测图相互对照，可看出铣刀头的主视图方案选择得很合理。

（2）其他视图的选择

① 考虑还有哪些装配关系、工作原理及主要零件的主要结构还没有表达清楚，再选择视图及相应的表达方法。

② 尽可能地考虑应用基本视图及基本视图上的剖视图（包括拆卸画法、沿零件接合面剖切等）来表达有关内容。

2. 装配图的规定画法（见图 7-45）

在看图或画图时，为了易于区分不同的零件和它们各自的投影范围，确切地表达各零件之间的装配、连接关系和装配结构，在画装配图时，应遵循下述规定：

（1）实心零件画法

在装配图中对于紧固件及轴、键、销等实心零件，若按照纵向剖切，且剖切平面通过其对称平面或轴线时，这些结构均按不剖绘制。

（2）相邻零件的轮廓线画法

两相邻零件的接触面或配合面，只画一条共有的轮廓线；不接触面和不配合面分别画出各自的轮廓线。

（3）相邻零件的剖面线画法

相邻的两个（或两个以上）金属零件，剖面线应倾斜方向相反，或者方向一致而间隔不等以示区别。

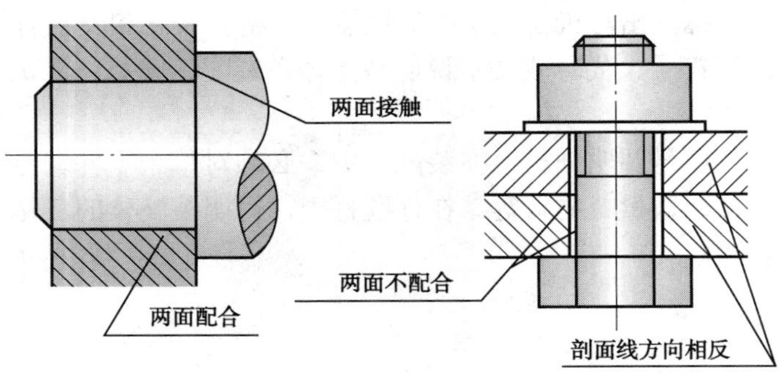

图 7-45 装配图的规定画法

3. 装配图的特殊画法

装配图的特殊画法如图 7-46、图 7-47 所示。

（1）拆卸画法

在装配图中，当某些零件遮住了所需表达的其他部分时，可假想沿某些零件的结合面剖切或拆卸一些零件后绘制，并注写“拆去零件××”，如铣刀头的左视图是拆去零件 1、2、3、4、5 后画出的。

（2）假想画法

当需要表示某些零件的位置或运动范围和极限位置时，可用细双点画线画出该零件的轮廓线，如铣刀头主视图中的铣刀盘。

（3）简化画法

① 零件的工艺结构如小倒角、圆角、退刀槽及螺栓、螺母中因倒角产生的曲线等允许省略不画。

② 对轴承、密封垫圈、油封等对称结构，可只画一半详细图形，另一半采用通用画法。

③ 对于分布有规律而又重复出现的相同组件（如螺纹紧固件等），允许只详细画出一处，其余用中心线表示其位置即可。

④ 若零件的厚度小于 2mm，允许用涂黑代替剖面符号。

（4）夸大画法

在装配图中，当图形上的薄片厚度或间隙较小时（≤2mm），允许将该部分不按原比例绘制，而是夸大画出，以增加图形表达的明显性。

（5）单独表示某个零件

在装配图中，当某个零件的形状没有表达清楚时，可以单独画出该零件的某一视图，但必须在所画视图上方注出该零件的视图名称，在相应视图附近用箭头指明投影方向，并注上相同的字母。

（6）展开画法

装配图中为了表示传动机构的传动路线和装配关系，可假想沿传动路线上各轴线顺序剖切，然后展开在一个平面上，画出其剖视图，如图 7-48 所示。

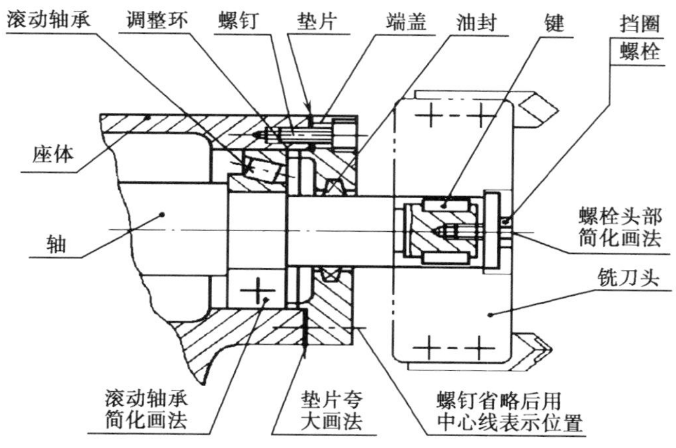

图 7-46　装配图的特殊画法 1

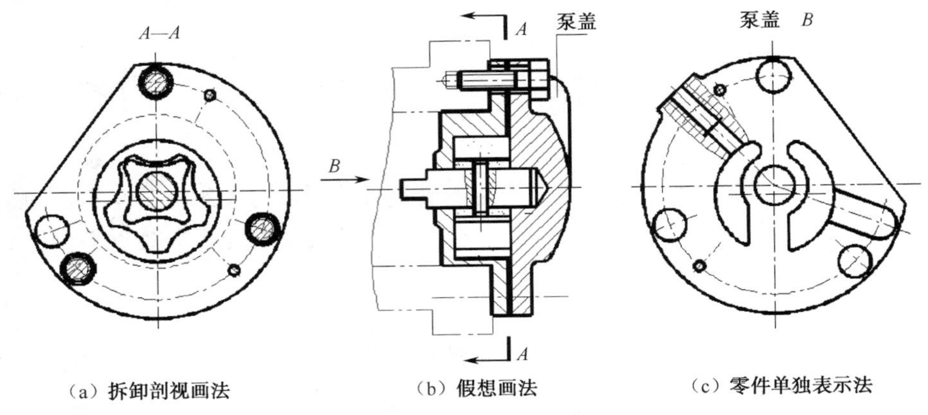

图 7-47　装配图的特殊画法 2

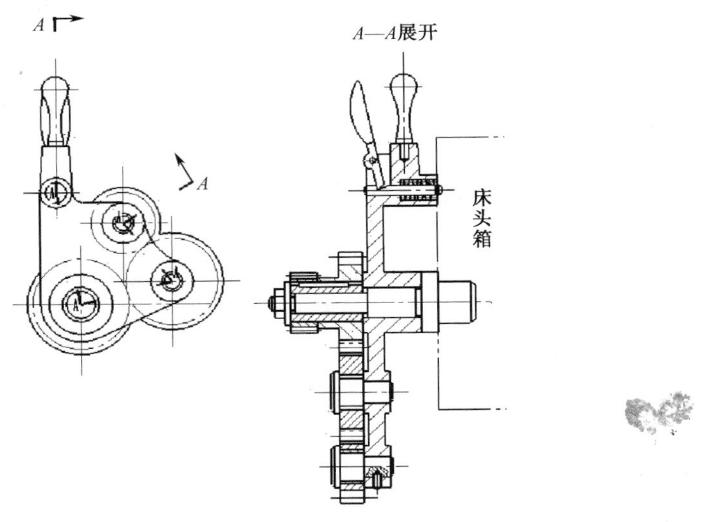

图 7-48　展开画法

7.3.3　装配体的常见装配结构

在绘制装配图时，应考虑装配结构的合理性，以保证机器和部件的性能及其零件连接可靠，便于零件装拆。

1. 接触面与配合面结构的合理性

（1）两个零件在同一个方向上，只能有一个接触面或配合面，如图 7-49、图 7-50 所示。

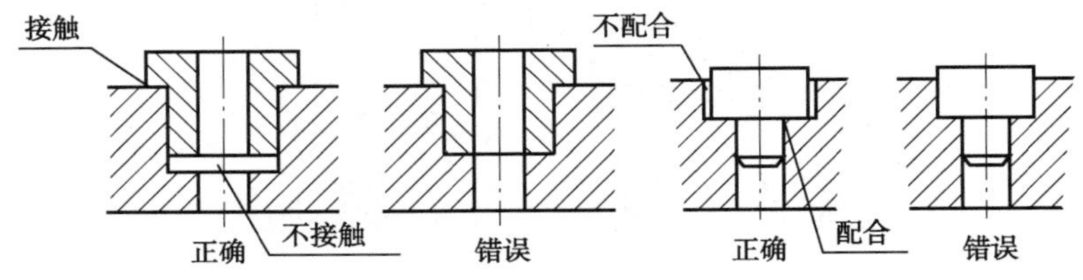

图 7-49　同一方向两零件的接触面 1

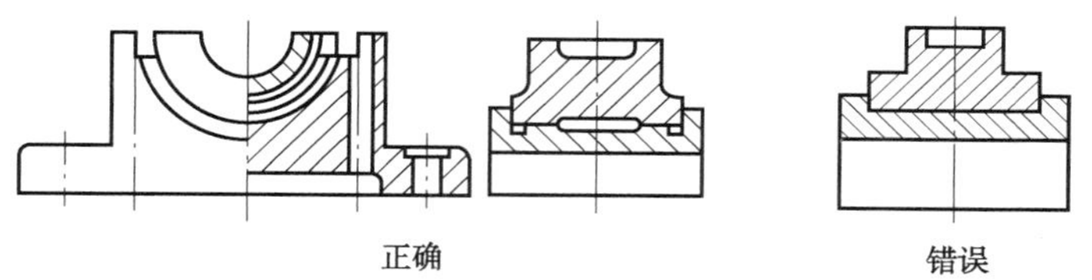

图 7-50　同一方向两零件的接触面 2

（2）轴肩处应加工出退刀槽，或在孔的端面加工出倒角，如图 7-51 所示。

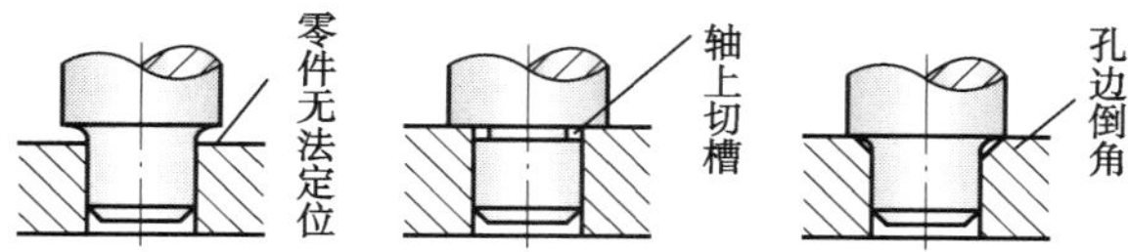

图 7-51　轴肩与孔口接触面的画法

（3）锥面配合的结构：两零件有锥面配合时，锥体端面与锥孔底部应留有空隙，如图 7-52 所示。

（4）轴向定位结构，如图 7-53 所示。

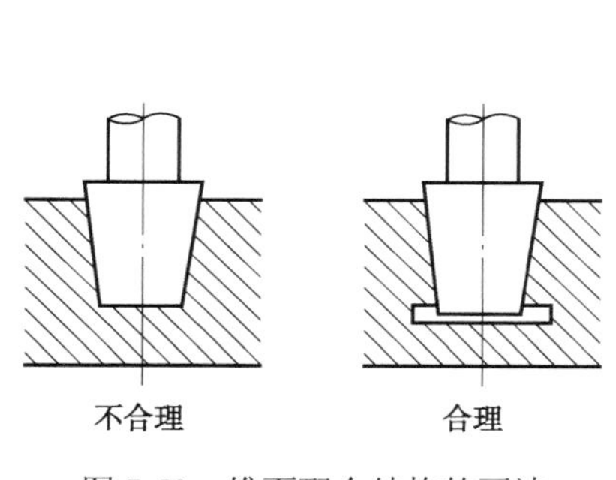

图 7-52　锥面配合结构的画法

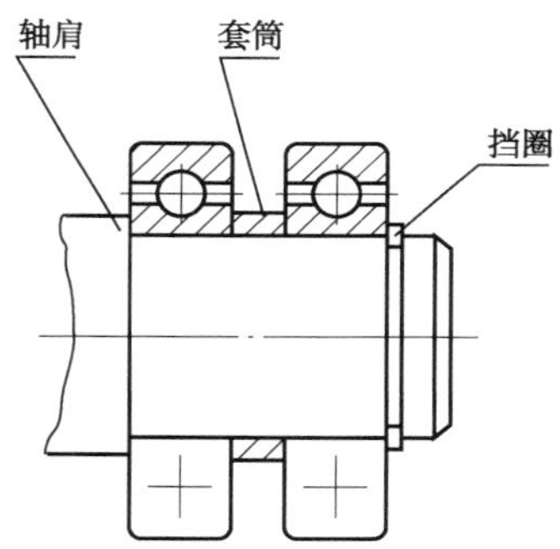

图 7-53 轴向定位结构

2. 装拆结构的合理性

（1）在用轴肩或孔肩定位滚动轴承时，应注意拆卸方便，如图 7-54 所示。

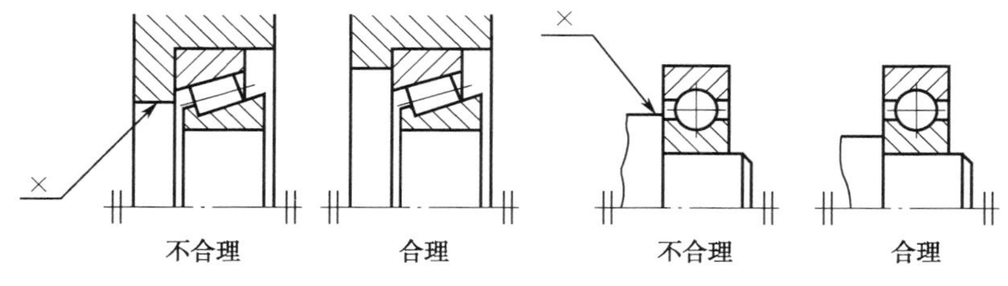

图 7-54　滚动轴承用轴肩或孔肩定位

（2）当零件用螺纹紧固件连接时，应考虑到装、拆的可能性，如图 7-55 所示。

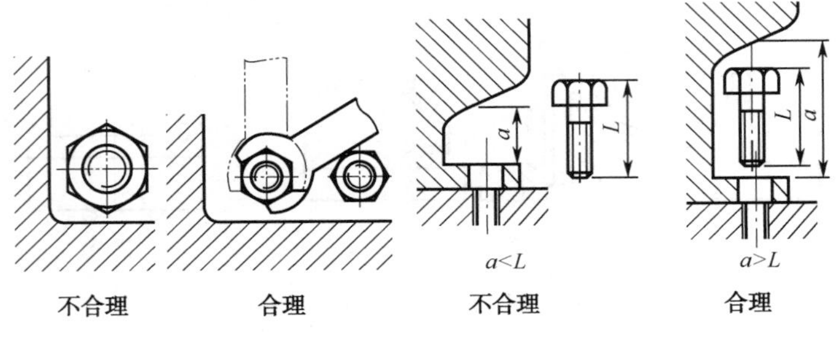

图 7-55 螺纹紧固件的装拆

3. 密封装置

为防止机器或部件内部的液体或气体向外渗漏，同时也避免外部的灰尘、杂质等侵入，必须采用密封装置。如图 7-56（a）所示为典型的密封装置，通过压盖或螺母将填料压紧而起防漏作用。

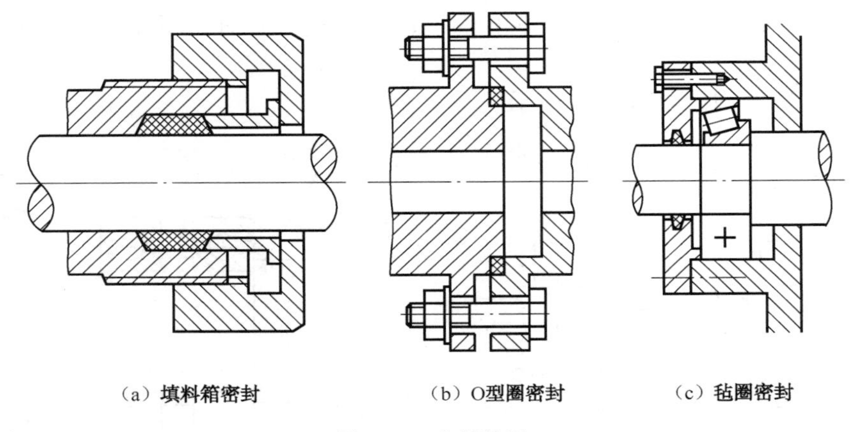

图 7-56 密封装置

4. 防松装置

机器或部件在工作时，由于受到冲击或振动，一些紧固件可能产生松动现象。因此，在某些装置中需采用防松结构，如图 7-57 所示为几种常用的防松装置。

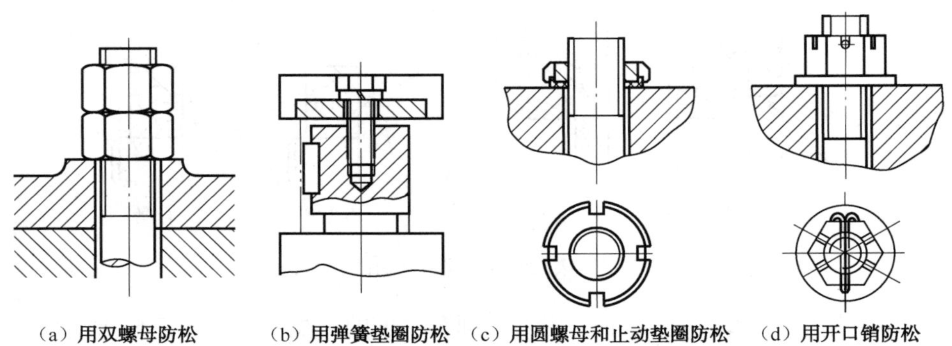

（a）用双螺母防松
（b）用弹簧垫圈防松
（c）用圆螺母和止动垫圈防松
（d）用开口销防松

图 7-57 防松装置

7.3.4 装配图上的尺寸标注和技术要求

1. 装配图的尺寸标注

（1）规格（性能）尺寸

规格（性能）尺寸是表示机器、部件规格或性能的尺寸。这种尺寸在设计机器（或部件）时就已经确定，它是设计和选用部件的主要依据，如中心高 115 和铣刀盘直径ϕ120。

（2）装配尺寸

装配尺寸是用来保证部件功能精度和正确装配的尺寸，这类尺寸一般包括：

① 配合尺寸：表示零件间配合性质的尺寸，如ϕ18H8/k7。

② 相对位置尺寸：表示装配时零件间需要保证的相对位置尺寸，常见的有重要的轴距、孔心距和间隙等。

（3）安装尺寸

安装尺寸是表示将部件安装到其他零部件或基座上所需的尺寸，如 155、150、ϕ4×11。

（4）外形尺寸

外形尺寸是表示机器或部件外形轮廓的大小尺寸，即总长、总宽和总高尺寸。它表示部件所占空间的大小，以供产品包装、运输和安装时参考，如 200、424。

（5）其他重要尺寸

其他重要尺寸是指设计过程中经计算或选定的重要尺寸以及其他必须保证的尺寸。如运动零件的极限位置尺寸、主体零件的重要结构尺寸等，如ϕ35k6、ϕ44、ϕ80K7。

注意：装配图上的一个尺寸，有时兼有几种作用，五类尺寸并非任何一张装配图上都有。因此，在标注装配图尺寸时，可根据装配体的具体情况选注。

2. 装配图中的技术要求

用文字或符号在装配图中说明的对机器或部件的性能、装配、检验、使用等方面的要求和条件，这些统称为装配图的技术要求。

（1）性能要求：指装配体的规格、参数、性能指标等。

（2）装配要求：指装配过程中应注意事项及装配后应达到的技术要求。

（3）检验要求：指对装配体基本性能的检验、试验、验收方法的说明等。

（4）使用要求：指对装配体的操作、维护、保养、注意事项等的说明。

7.3.5 装配图的零部件序号、明细栏

1. 编写零件序号的方法和规定

（1）序号应顺序注写在视图、尺寸等以外，整齐排列。序号字号比该装配图中所注尺寸数字的字号大一号。

（2）指引线（细实线）应从零件的可见轮廓内的实体上引出，另加短画线或圆圈，允许转折一次。指引线应尽可能分布均匀，不能相交。当指引线通过有剖面线的区域时，不应与剖面线平行。一组紧固件以及装配关系清楚的零件组，可以采用公共指引线。

（3）装配图中所有零部件均应编号。装配图中零件序号应按水平和竖直方向排列整齐，

可按顺时针或逆时针方向顺次排列，在整个图上无法连续时，可只在每个水平或竖直方向顺次排列，如图 7-58 所示。

2. 明细栏

明细栏一般配置在标题栏的上方，按由下而上的顺序填写，其格数应根据需要而定。当由下而上延伸位置不够时，可紧靠在标题栏的左边自下而上延续。注意：明细栏最上面的边框线规定用细实线绘制。

明细栏一般由序号、代号、名称、数量、材料、质量（单件、总计）、分区、备注等组成，也可按实际需要增加或减少。“序号”一栏填写图样中相应组成部分的序号；“代号”一栏填写图样中相应组成部分的图样代号或标准号；“名称”一栏填写图样中相应组成部分的名称，必要时，也可写出其型号与尺寸；“数量”一栏填写图样中相应组成部分在装配中所需要的数量；“材料”一栏填写图样中相应组成部分的材料标记；“质量”一栏填写图样中相应组成部分单件和总件数的计算质量，以千克（kg）为计量单位时，允许不写出其计量单位；“备注”一栏填写该项的附加说明或其他有关的内容，必要时，应按照有关规定将分区代号填写在备注栏中。

零件符号按自下而上、从小到大顺序填写。

对于标准件，应将其规定标记填写在零件名称一栏内。

装配图的标题栏和明细栏如图 7-59 所示。

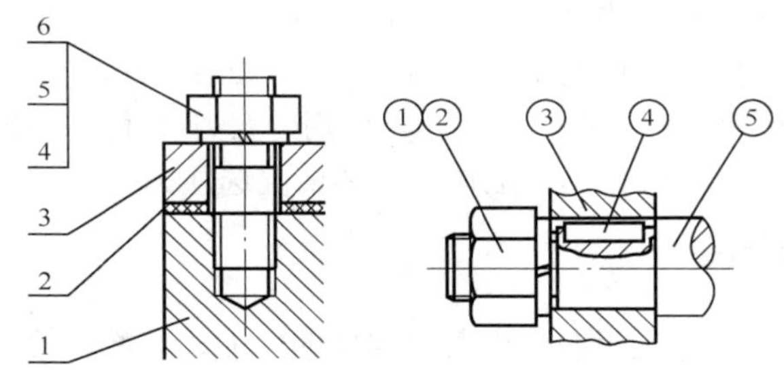

图 7-58　序号的编排方法

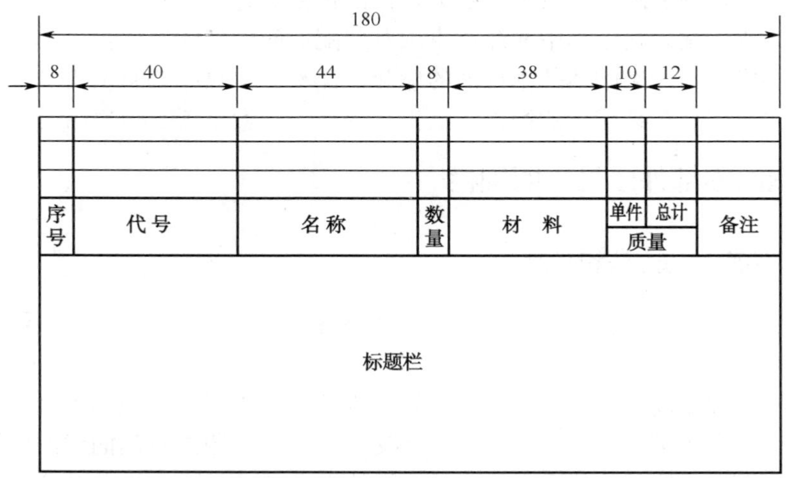

图 7-59　装配图的标题栏和明细栏

7.3.6　绘制铣刀头装配图

1. 了解、分析铣刀头装配体

画图前，首先对所画装配体的性能、用途、工作原理、结构特征及零件之间的装配关系进行了解和分析。

如图 7-60 所示为铣刀头的轴测图。铣刀头是安装在铣床上的一个专用部件，其作用是安装铣刀，铣削零件。该部件共由十六种零件组成。铣刀装在铣刀盘（细双点画线所示）上，铣刀盘通过键 13（双键）与轴 9 连接。动力通过 V 带轮 4 经键 5 传递到轴 9，再到键 13，从而带动铣刀盘旋转，铣刀盘上的刀具对零件进行铣削加工。

两个圆锥滚子轴承 8 安装在座体的轴孔中支承轴 9，用两端盖 12 及调整环 7 调节轴承的松紧确定轴 9 的轴向定位；两端盖用螺钉 6 与座体 10 连接，端盖内装有毡圈 11，紧贴轴起密封防尘的作用；V 带轮 4 轴向一端靠在轴 9 的轴肩端面上，另一端由挡圈 1、螺钉 2、销 3 来固定；径向由键 5 固定在轴 9 的左端；铣刀盘与轴 9 的右端由挡圈 14、垫圈 16 及螺栓 15 固定。

为了做好画图前的准备，常采用画装配示意图来表示装配体的工作原理和装配关系，即用简单的线条画出主要零件的轮廓线，并用符号表示出一些常用件和标准件，供拼画装配图时参考。

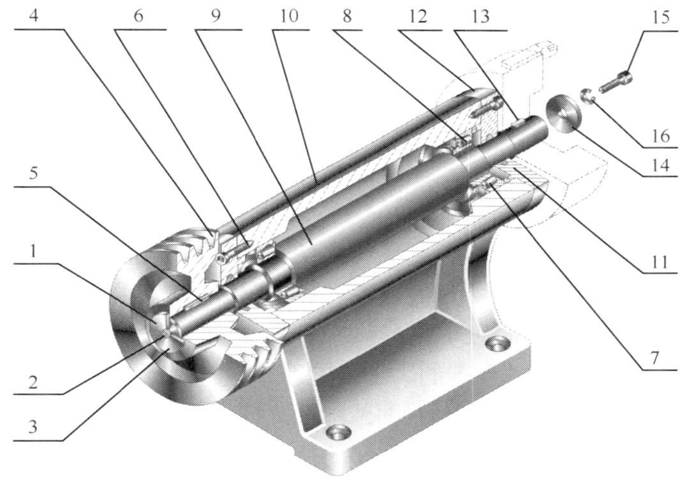

图 7-60　铣刀头轴测图

2. 绘制零件草图

整理铣刀头中的所有零件。对于标准件，要确定其型号。对于非标准件，要画出其零件草图，并标注尺寸。

在铣刀头所有零件中，标准件有挡圈 35、螺钉 M6×20、销 3×12、键 8×40、轴承 30307、键 8×20、挡圈 B32、螺栓 M6×20、垫圈 6，其尺寸和结构可查阅附录 A。V 带轮、调整环、轴、座体、端盖为非标准件，端盖零件图如图 7-61 所示，V 带轮零件图见图 4-15，轴零件图见图 3-51（b），座体零件图见图 6-15，调整环零件图如图 7-62 所示。

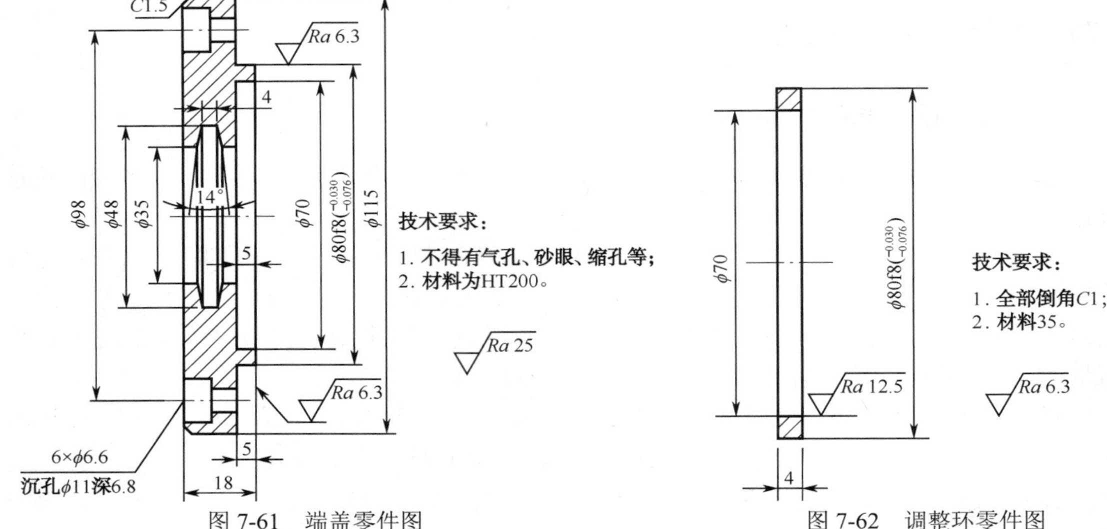

图 7-61　端盖零件图　　　　图 7-62　调整环零件图

3. 绘制铣刀头装配图

（1）分析和想象零件图，确定表达方案

主视图的选择应符合下列要求：

① 一般按部件的工作位置放置。当部件在机器上的工作位置倾斜时，可将其放正，使主要装配轴线垂直于某基本投影面，以便于画图。

② 应能较好地反映部件的工作原理和主要零件间的装配关系，因此一般画成剖视图。

铣刀头座体水平放置，符合工作位置要求，主视图是剖切面通过轴的轴线的全剖视图，在轴的两端作局部剖视图，清楚地表达出铣刀头的装配干线。分析部件在主视图中尚未表达清楚的装配关系和主要零件的结构形状，应选择适当的其他视图或剖视图来表达。

（2）画图步骤

根据所画部件的大小和复杂程度确定图样比例，再按照既定的表达方案，并考虑标注尺寸、编写序号、明细栏、标题栏等所占的位置，选定图幅，然后按下列步骤画图。

① 画出图框和标题栏、明细栏的外框。

② 布置视图——按估计的各视图的大小，在适当位置画出各视图的作图基准，即画出主体零件的主要轴线、中心线或对称线、基面或端面，确定各视图的位置。布置视图时，要注意在视图之间为标注尺寸和编写序号留有足够的位置，并力求图面布置均匀。

③ 画底稿——画部件的视图一般应从主视图开始，先画基本视图，后画非基本视图，同时应考虑视图间的投影关系。在画各零件的先后顺序上，为使图中各零件都表示在正确的位置，应从主体零件（如轴、座体）的主要轴线或中心线入手，一般先画主体零件的主要结构，再画与其有装配关系的零件轮廓，最后画内部结构以及螺栓、螺钉等紧固件。为了尽量避免出现不必要的线条，在画剖视图时，可依装配轴线由内向外按装配关系逐步画出各个零件的可见轮廓，被遮部分和被遮零件可不画；在画不剖的基本视图时，要从部件的整体考虑，一般按投影方向只画各零件的可见轮廓。

④ 完成全图——底稿检查无误后，先擦去多余作图线，再标注尺寸、公差配合代号；画剖面线和加深图线；编写零件序号；最后填写技术要求和明细栏、标题栏的具体内容。

最终完成的铣刀头装配图如图 7-63 所示。

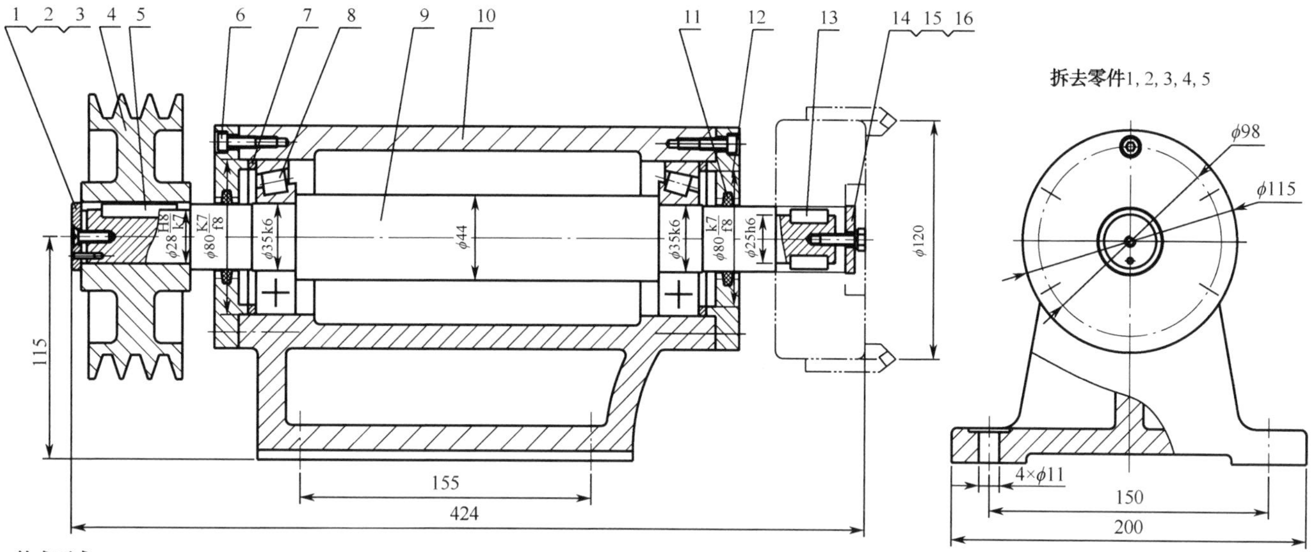

拆去零件1, 2, 3, 4, 5

技术要求：

1. 手动主轴应旋转灵活。
2. 主轴的轴线与箱底平面平行度公差为0.05。

序号	名称	数量	材料	备注
16	垫圈6	1	65Mn	GB/T97.1—2002
15	螺栓M6×20	1	Q235-A	GB/T5783—2000
14	挡圈B32	1	35	GB/T892—1986
13	键8×20	2	45	GB/T1096—1979
12	端盖	1	HT200	
11	毛毡25	1	222-36	无图
10	座体	1	HT200	
9	轴	1	45	
8	轴承30307	2		GB/T276
7	调整环	2	35	
6	螺钉M6×20	12	Q235-A	GB/T70.1—2000
5	键8×40	1	45	GB/T1096—1979
4	V带轮	1	HT150	
3	销3×12	1	35	GB/T119.1—2000
2	螺钉M6×20	1	Q235-A	GB/T68—2000
1	挡圈35	1	Q235-A	GB/T891—1986

铣刀头		比例	质量	共 张
		1:2		第 张
制图				
审核				

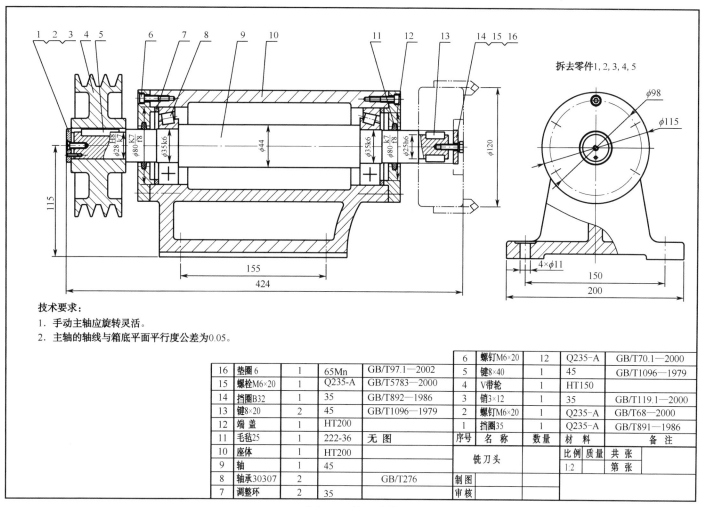

图7-63 铣刀头装配图

（3）画装配图总结

① 掌握装配图的规定画法、特殊画法。

② 画装配图首先选好主视图，确定较好的视图表达方案，把部件的工作原理、装配关系、零件之间的连接固定方式和重要零件的主要结构表达清楚。

③ 根据尺寸的作用，弄清装配图应标注哪几类尺寸。

④ 掌握正确的画图方法和步骤。画图时必须首先了解每个零件在轴向、径向的固定方式，使它在装配体中有一个固定的位置。一般径向靠配合、键、销连接固定，轴向靠轴肩或端面固定。

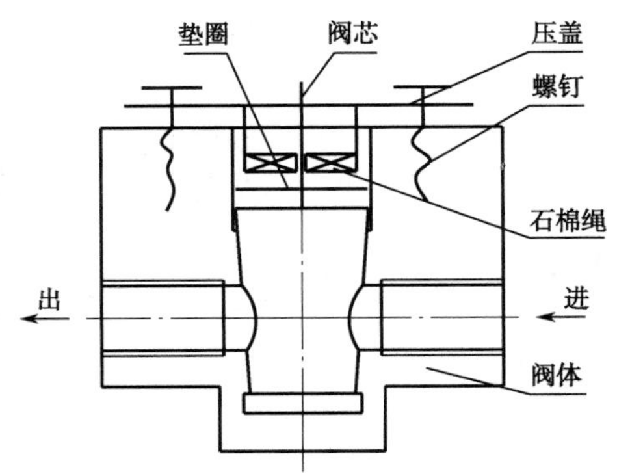

图 7-64　旋塞装配示意图

课外练习

根据旋塞的装配示意图（图 7-64）和零件图（图 7-65～图 7-69），在 A3 图纸上按比例 1∶1 画出装配图。

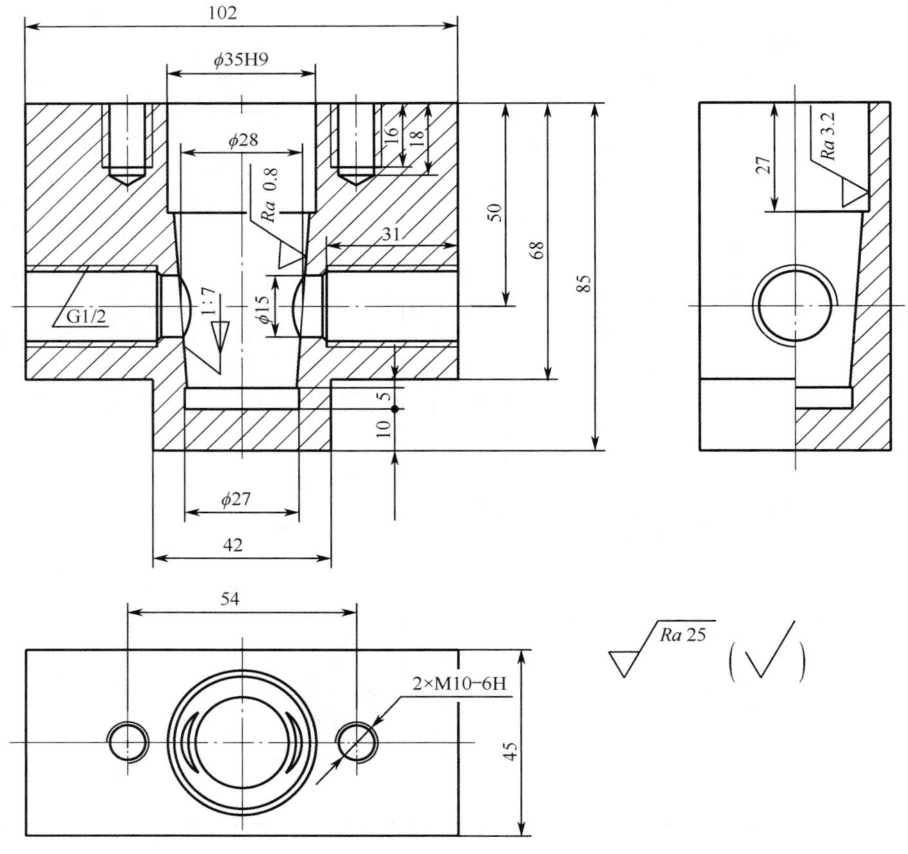

图 7-65　阀座零件图

旋塞工作原理：旋塞以螺纹连接于管道上，作为开关设备能够快速进行开关控制。开的位置在阀芯顶部，开有长槽作为标记。当阀芯转动 90%时，长槽处于和管道垂直位置，则为关闭状态。为了防止泄漏，将阀芯与阀体之间用石棉绳缠上，用压盖盖上并压紧。

注意：填料压紧后的高度为 12mm。

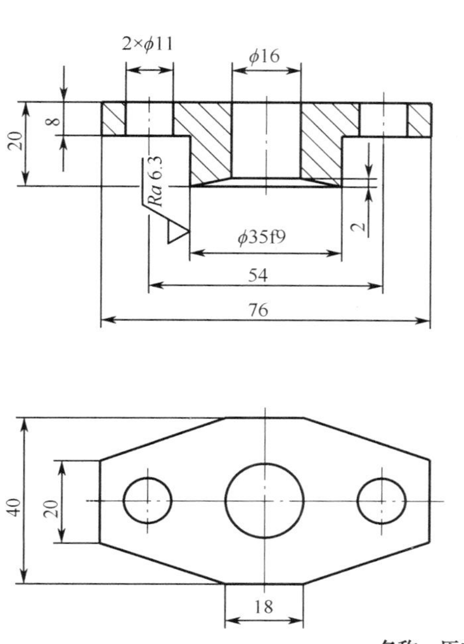

图 7-66　压盖零件图

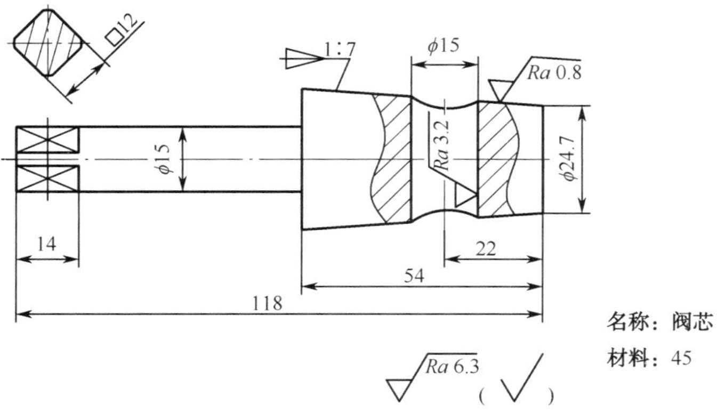

图 7-67　阀芯零件图

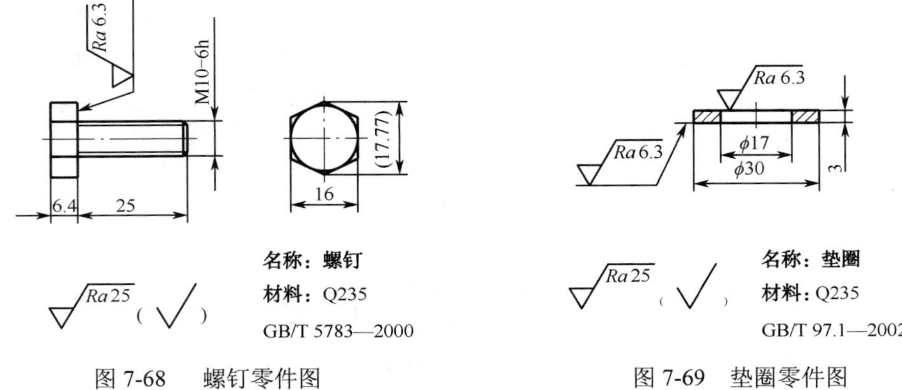

图 7-68　螺钉零件图

图 7-69　垫圈零件图

任务 7.4　折角阀

任务目标

最终目标：能读懂装配图并由装配图拆画零件图。

促成目标：

（1）能读懂装配图的视图表达方法及其表达的侧重点；

（2）能读懂装配体中各个零件间的装配关系；

（3）能正确分析装配图中尺寸的类型和含义；

（4）能根据装配图拆画零件图。

任务要求

识读如图 7-70 所示折角阀装配图，完成填空，并拆画 1 号零件（阀座）的零件图。

（1）装配体中共由________种零件组成，共有________个。

（2）装配图采用________个视图表达，其名称分别是________、________、________，其中主视图采用的表达方法有________和________。

（3）堵头和阀芯的配合尺寸是________，表示它们之间的配合性质是________，配合制度是________。阀座与阀芯的配合尺寸是________，表示它们之间的配合性质是________，配合制度是________。

（4）装配图中标注的ϕ18 是________尺寸，G1/2 是________尺寸，ϕ142 是________尺寸。

（5）阀芯与扳手连接处用相交的两条细实线表示________________________________。

（6）螺塞底面上两孔的作用是________________________________。

学习案例

读如图 7-43 所示的传动器装配图，回答问题，并拆画 5 号箱体的零件图，如图 7-71 所示。

（1）传动器共由________种零件组成，其中标准件有________种，分别是__________。

（2）传动器采用的表示方法有____________，主视图表示的重点是______________，左视图表示的重点是________________________。

（3）简述传动器的工作原理：________________________________。

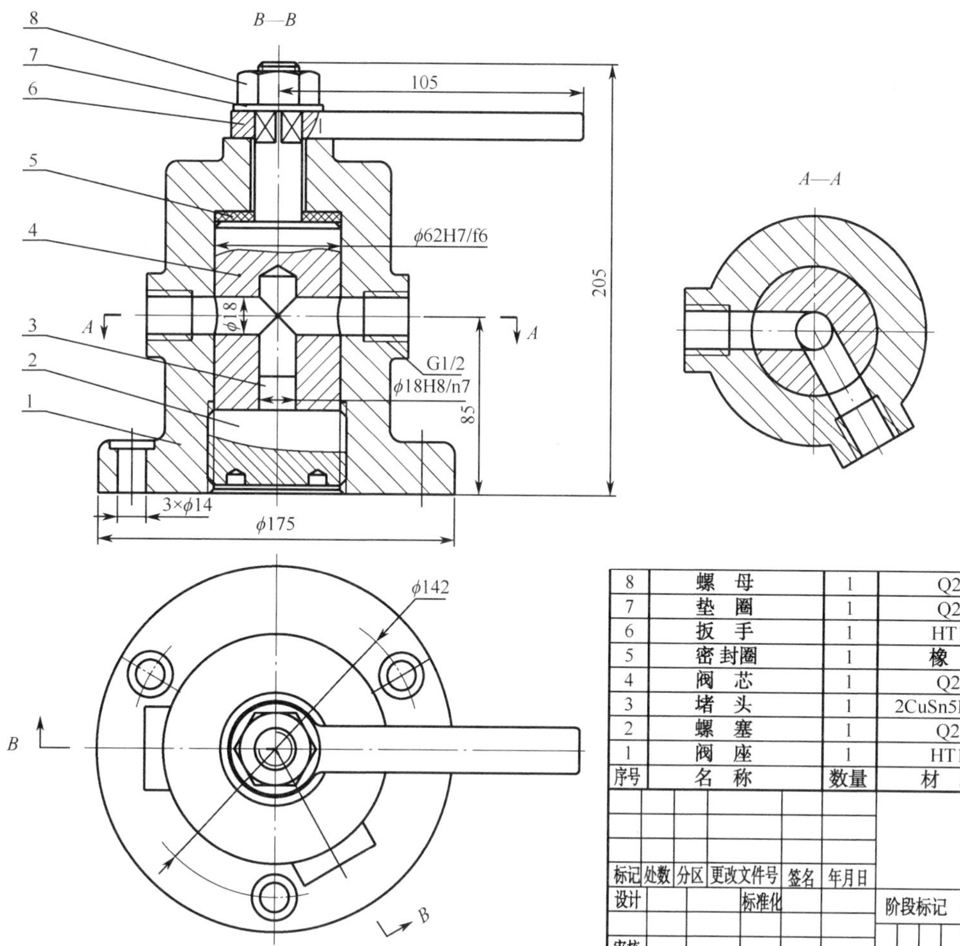

序号	名称	数量	材料	备注
8	螺　母	1	Q235	
7	垫　圈	1	Q235	
6	扳　手	1	HT150	
5	密封圈	1	橡　胶	
4	阀　芯	1	Q235	
3	堵　头	1	2CuSn5Pb5Zn5	
2	螺　塞	1	Q235	
1	阀　座	1	HT150	

标记	处数	分区	更改文件号	签名	年月日				折角阀
设计			标准化			阶段标记	质量	比例	
审核									
工艺			批准			共　张第　张			

图7-70　折角阀装配图

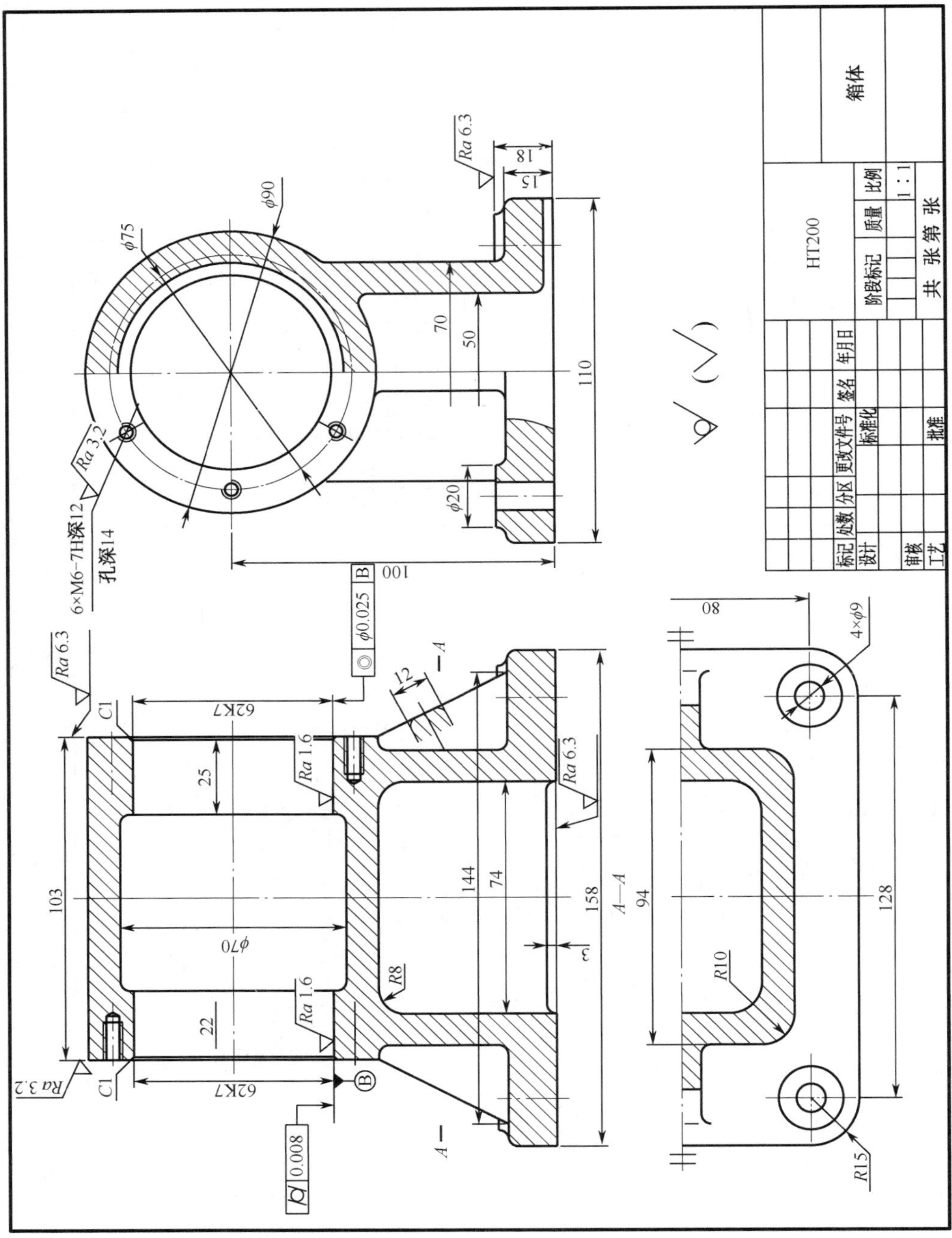

箱体

HT200

标记	处数	分区	更改文件号	签名	年月日	阶段标记	质量	比例
设计			标准化					1∶1
审核						共 张第 张		
工艺			批准					

图 7-71 箱体零件图

（4）传动器的规格尺寸是__________，安装尺寸是__________，外形尺寸是__________。

（5）尺寸ϕ20h6/H8 的含义是____。

（6）零件 4 涂黑是装配图中的__________画法，螺钉紧固件连接端盖和箱体处采用的是__________画法。

（7）调整环的作用是__________________，键的作用是__________________。

（8）拆出右端轴承的顺序是____。

知识链接

7.4.1　读装配图的意义和要求

1. 读装配图的意义

（1）依据装配图绘制零件工作图

完成装配体的设计，只是对部件有了整体构思，还不能进入生产制造阶段。只有依据装配图绘制出零件工作图，才能接着进行工艺设计、工装设计，制订生产计划、备料等工作，真正进入到实际的生产阶段。

阅读装配图、拆画零件图是对零件的详细设计，由于装配图上的零件相互重叠，一般只能表示出零件的大致结构，所以应另外绘制零件工作图，详细设计零件的每一个结构，即零件在工作状态时的图样。

（2）依据装配图组装零件成为部件或整机

当零件制作完成，计划外购件购回后就能进行装配工作了，这时可依据装配图把零件装配成为部件或整机，并按照装配图要求进行调试、检验。

（3）保养和维修时参照装配图拆卸和重装

保养和维修时要参照装配图进行拆卸和重装，进行较深层次的技术交流也要用到装配图。

2. 读装配图的要求

读装配图是工程技术人员必备的一种能力，在设计、装配、安装、调试以及进行技术交流时，都要读装配图。

（1）了解部件的功用、使用性能和工作原理。

（2）弄清各零件的作用和它们之间的相对位置、装配关系和连接固定方式、配合种类与传动路线等。

（3）弄懂各零件的结构形状。

（4）了解部件的尺寸和技术要求。

7.4.2　读装配图的方法和步骤

读装配图的一般要求：

（1）了解部件的名称、用途、性能和工作原理；

（2）明确各组成零件间的相对位置、装配关系和装拆顺序；

（3）弄清各零件的名称、数量、材料、作用和基本结构形状。

读装配图要达到上述要求，除应掌握制图知识外，还应具备一定的生产和专业知识。

装配图一般比较复杂，因而读装配图是一个由浅入深逐步分析的过程。

1. 概括了解

浏览全图，结合标题栏和明细栏中的内容了解部件的名称、规格，各零件的名称、材料和数量，按图上的编号了解各零件的大体装配情况、用途和使用性能。

以机用虎钳为例（见图 7-72），机用虎钳是安装在机床上的一种夹具，该装配体的大致结构为长方块，规格为 0～70；读标题栏和明细栏可知道机用虎钳由 11 种零件组成，其中标准件 2 种，自制零件 9 种 。可结合装配图上的序号和明细栏了解各零件的名称、数量和材料，以及装配体上各零件的大体装配情况。

2. 分析表达方案，细读各视图

（1）分析表达方案

弄清各个视图的名称、所采用的表达方法和所表达的主要内容及视图间的投影关系。这一组视图共由六个视图组成，主、俯、左三个基本视图关系清晰。主视图为全剖视图，并带有局部剖，反映虎钳的工作原理和零件间的装配关系；俯视图为局部剖视图，表达钳口板与固定钳身连接的局部结构并显示虎钳的外形；左视图为半剖视图，表达固定钳身、活动钳身与螺母三个零件间的装配关系。另外还有局部放大图、断面图、单独零件图。“*C*—*C*”为断面图，用于表达螺杆右端的截面形状；标有“件 4 *A*”的视图采用的是局部视图，为单独画法，表示钳口板的形状；标有比例的图为局部放大图，表达螺杆上的特殊螺纹（矩形螺纹）的牙形。

（2）细读各图

根据表达方案和各视图间的对应关系，读出工作原理、传动线路，分析零件间的相对位置、零件间的连接方式、配合关系以及装拆顺序。

① 工作原理：旋转螺杆 1 使螺母 6 带动活动钳身 7 做水平方向左右移动，夹紧工件进行切削加工。

② 配合关系：根据图中配合尺寸的配合代号，判别零件配合的基准制度、配合种类及轴、孔的公差等级等。

③ 连接和固定方式：弄清零件之间用什么方式连接，零件是如何固定、定位的。

螺杆的轴向定位与固定：右下方固定钳身的台阶面。其固定靠左端垫圈 8、挡圈 9、销 10 和右端的垫圈 2。

活动钳身与螺母连接：通过螺钉 5。

钳口板与固定钳身、活动钳身的连接：通过螺钉 11。

④ 装拆顺序：件 10 销→件 9 挡圈→件 8 垫圈→件 5 螺钉→件 7 活动钳身→件 6 螺母→件 2 垫圈。

（3）分析零件的结构形状

为了深入了解部件的结构特点和装配关系，还需弄清每个零件的结构形状。对于装配图中的标准件如螺纹紧固件、键、销等，以及常用的简单零件如小轴、手柄等，其作用和结构形状比较明确，无须细读，看懂它们的投影后，就将其从图中“剥离”出去，然后集中精力分析剩下的为数不多的复杂零件。

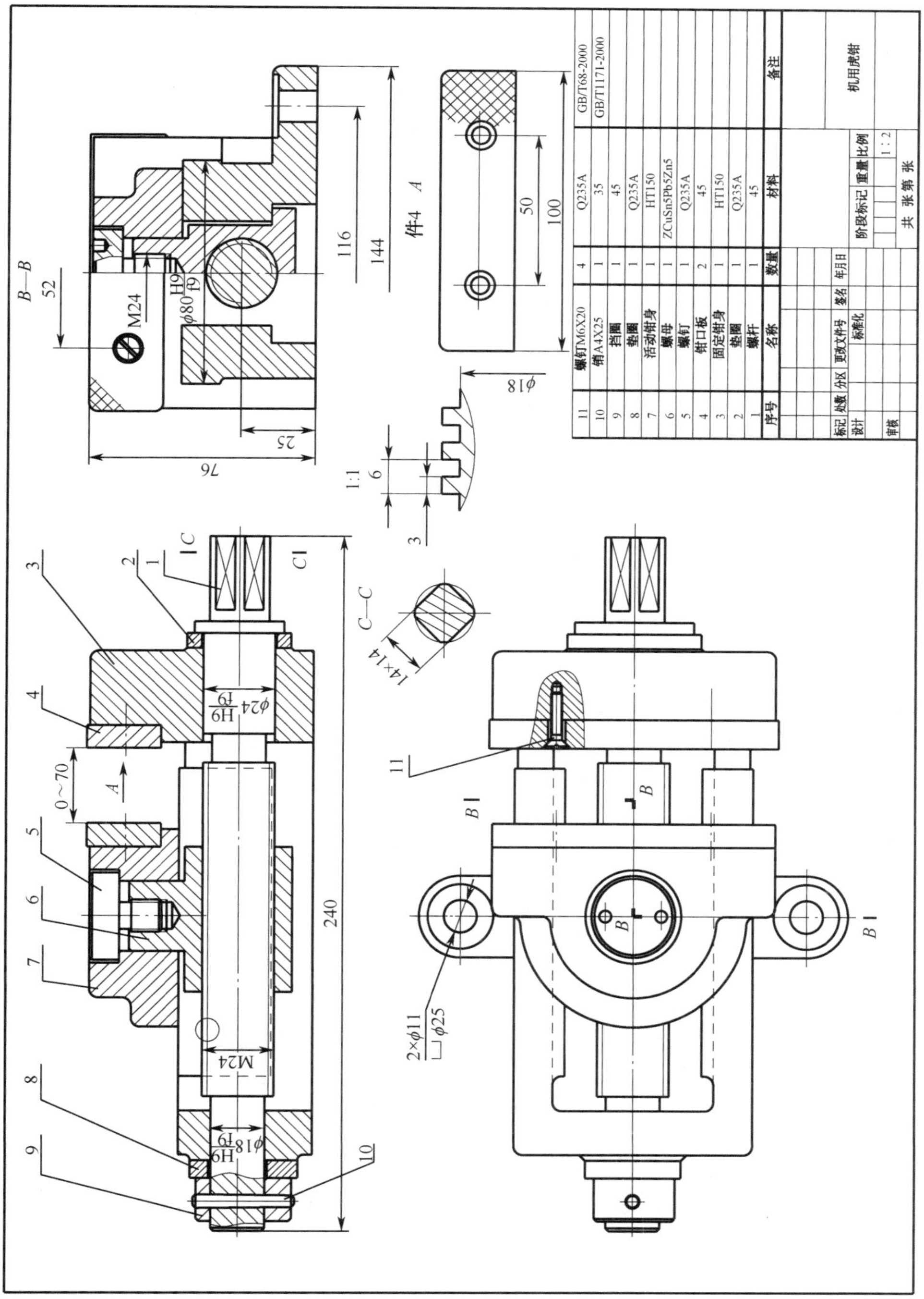

序号	名称	数量	材料	备注
11	螺钉M6X20	4	Q235A	GB/T68-2000
10	销A4X25	1	35	GB/T1171-2000
9	挡圈	1	45	
8	垫圈	1	Q235A	
7	活动钳身	1	HT150	
6	螺母	1	ZCuSn5Pb5Zn5	
5	螺钉	1	Q235A	
4	钳口板	2	45	
3	固定钳身	1	HT150	
2	垫圈	1	Q235A	
1	螺杆	1	45	

标记	处数	分区	更改文件号	签名	年月日	阶段标记	重量	比例	机用虎钳
设计			标准化					1:2	
审核						共　张第　张			

图7-72　机用虎钳装配图

对复杂零件的结构形状详加分析时，首先要从装配图中“分离”出该零件的投影轮廓。其方法是：对照明细栏，在编写序号的视图上确定该零件的位置并依据剖面线划定零件的投影轮廓；接着可按视图间的投影关系，并根据同一零件的剖面线在各个视图上方向与间隔必须一致的规定，以及实心件不剖等画法规定，将复杂零件在各个视图上的投影范围及其轮廓搞清楚。然后据分离出的投影轮廓，先推想出因其他零件的遮挡或因表达方法的规定而未被表示的投影和结构，最后运用形体分析法并辅以线面分析法进行仔细推敲，弄清零件的结构形状。在找对应投影关系时，还要借助丁字尺、三角板、分规等帮助找各个零件在各个视图中的投影关系。

当某些零件的结构形状在装配图上表达不够完整时，可先分析相邻零件的结构形状，根据它和周围零件的关系及其作用，再来确定该零件的结构形状就比较容易了。但有时还需要参考零件图来加以分析，以弄清零件的细小结构及其作用。

（4）尺寸分析

规格尺寸：0～70。

装配尺寸：ϕ8H9/f9、ϕ24H9/f9、ϕ80H9/f9等。

安装尺寸：116、2×ϕ11/锪平ϕ25。

总体尺寸：76、240、144。

其他重要尺寸：螺杆、螺母牙型尺寸M24、ϕ18、3、6；螺杆方身尺寸14×14；钳口板4主要尺寸包括螺钉中心距50、长100。

3. 归纳总结

对装配图进行上述分析后，还要对技术要求、全部尺寸进行分析研究，最后对装配体上零件的运动情况、工作原理、装配关系、拆卸顺序等综合归纳，想象出总体形状（见图7-73），并进一步了解整体和各部分的设计意图。

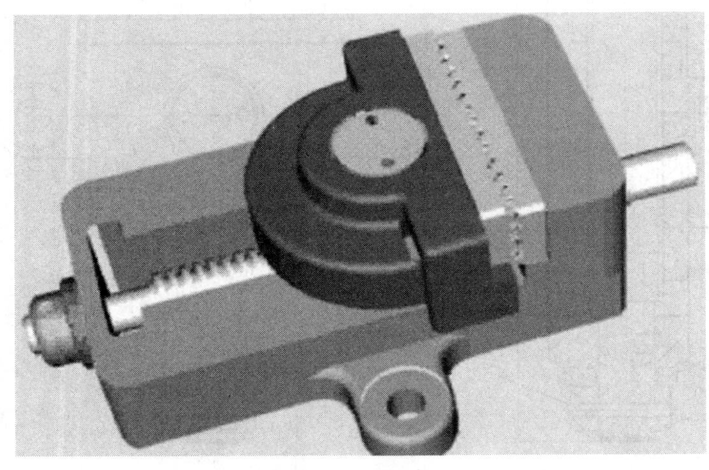

图7-73 机用虎钳的立体图

上述读装配图的方法步骤仅是概括说明，实际上读装配图的几个步骤往往是交替进行的。要想提高读装配图的能力，掌握读图规律，必须不断实践，才能达到目的。

7.4.3　根据装配图拆画零件图

1. 拆画零件图的步骤

由装配图拆画零件图简称拆图。拆图是设计工作中的一个重要环节，应在读懂装配图的基础上进行。拆图步骤如下：

（1）分离出零件

① 根据明细栏中的零件符号，从装配图中找到该零件所在的位置。

② 根据零件的剖面线倾斜方向和间隔，以及投影规律确定零件在各视图中的轮廓范围，并将其分离出来。

（2）构思零件的完整结构

① 利用配对连接结构形状相同或相似的特点，确定配对连接零件的相关部分形状，对分离出的投影补线。

② 根据视图表达方法的特点，确定零件相关结构的形状，对分离出的投影补线。

③ 根据配合零件的形状、尺寸符号，并利用构形分析，确定零件相关结构的形状。

④ 根据零件的作用再结合形体分析法，综合起来想象出零件总体的结构形状。

（3）确定零件视图及其表达方案，画零件图

① 零件图的视图表达方案应根据零件的形状特征确定，而不能盲目照抄装配图。

② 在装配图中允许不画的零件的工艺结构，如倒角、圆角、退刀槽等，在零件图中应全部注出。

（4）标注零件的尺寸

① 装配图已标注的零件尺寸都需抄注到零件图上。

② 标准化结构查手册取标准值。

③ 有些尺寸由公式计算确定。

④ 其余尺寸按比例从装配图中直接量取，并圆整。

（5）确定零件加工的技术要求

零件图上的技术要求，应根据零件的作用、与其他零件的装配关系，以及结构、工艺方面的知识或由同类图纸确定。

2. 根据机用虎钳装配图拆画活动钳身零件图

（1）将活动钳身从装配图中分离，如图 7-74 所示。

（2）构思零件的完整结构，对分离出的投影补线，如图 7-75 所示。

（3）确定零件视图及其表达方案，构思活动钳身实体，如图 7-76 所示。

（4）标注零件的尺寸，如图 7-77 所示。

（5）确定零件加工的技术要求，如图 7-77 所示。

3. 拆画零件图应注意的问题

（1）零件的视图表达方案应根据零件的结构形状确定，而不能盲目照抄装配图。

（2）在装配图中允许不画的零件的工艺结构，如倒角、 圆角、退刀槽等，在零件图中应全部画出。

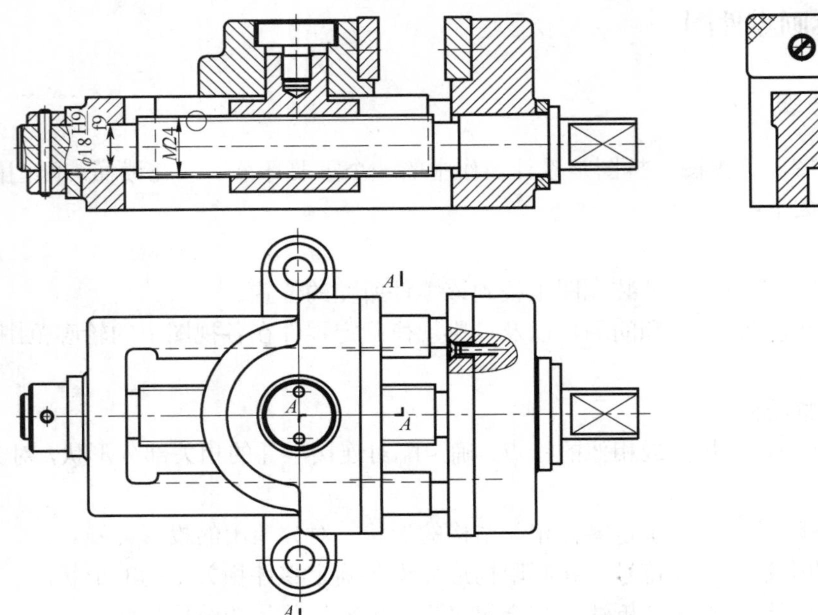

图 7-74　分离活动钳身

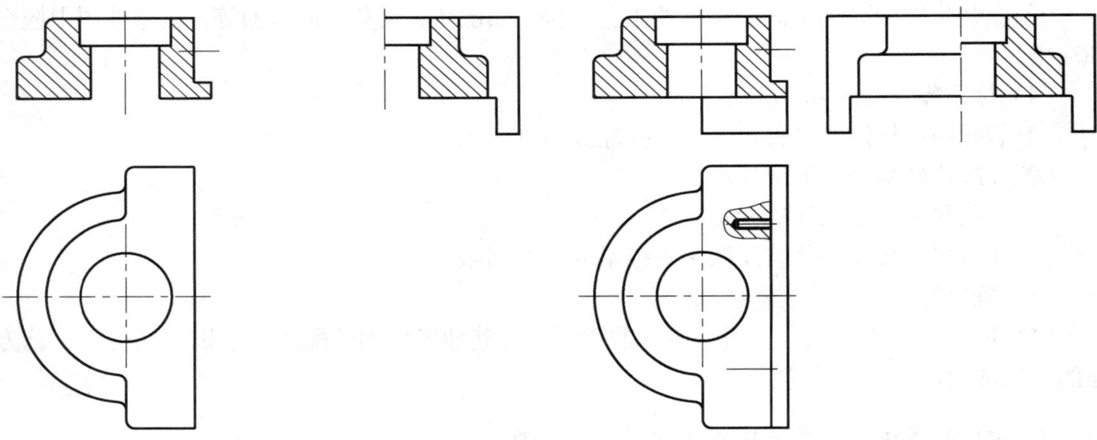

图 7-75　活动钳身投影补线

图 7-76　活动钳身轴测图

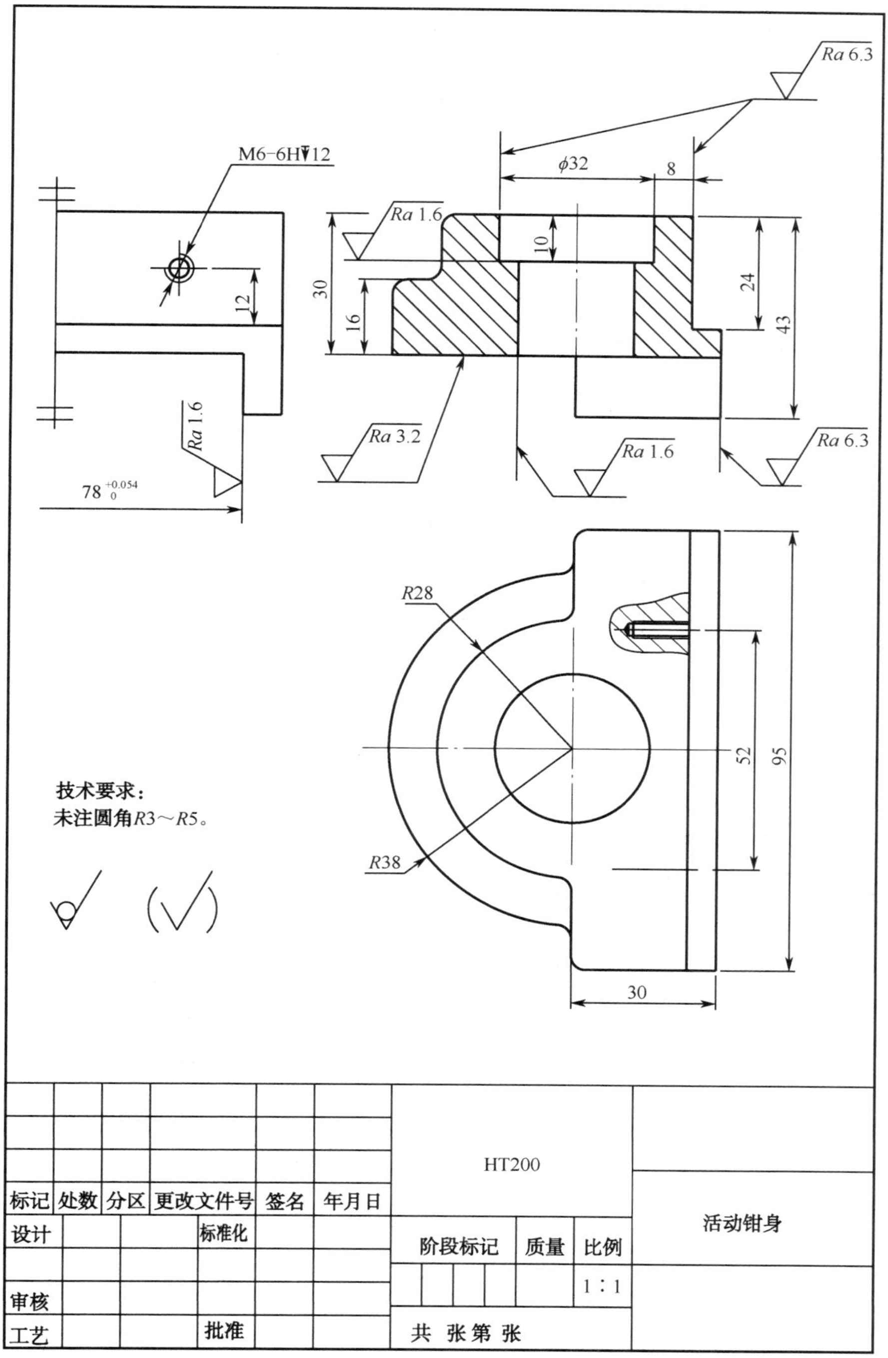

M6-6H▽12
Ra 6.3
φ32
8
Ra 1.6
10
30
16
24
43
12
Ra 1.6
78 +0.054 0
Ra 3.2
Ra 1.6
Ra 6.3
R28
R38
52
95
30
技术要求：
未注圆角R3～R5。
标记
处数
分区
更改文件号
签名
年月日
设计
标准化
审核
工艺
批准
HT200
阶段标记
质量
比例
1∶1
共 张第 张
活动钳身

图 7-77　活动钳身零件图

（3）零件图的尺寸，除在装配图中注出者外，其余尺寸都在图上按比例直接量取，并圆整。与标准件连接或配合的尺寸，如螺纹、倒角、退刀槽等要查标准注出。有配合要求的表面，要注出尺寸的公差带代号或偏差数值。

（4）根据零件各表面的作用和工作要求，注出表面粗糙度代号。

① 配合表面：*Ra* 值取 3.2～0.8，公差等级高的 *Ra* 取较小值。

② 接触面：*Ra* 值取 6.3～3.2，如零件的定位底面 *Ra* 可取 3.2，一般端面可取 6.3 等。

③ 需加工的自由表面（不与其他零件接触的表面）：*Ra* 值可取 25～12.5，如螺栓孔等。

（5）根据零件在部件中的作用和加工条件，确定零件图的其他技术要求。

课外练习

读懂如图 7-78 所示装配图并完成填空，拆画壳体零件的零件视图。

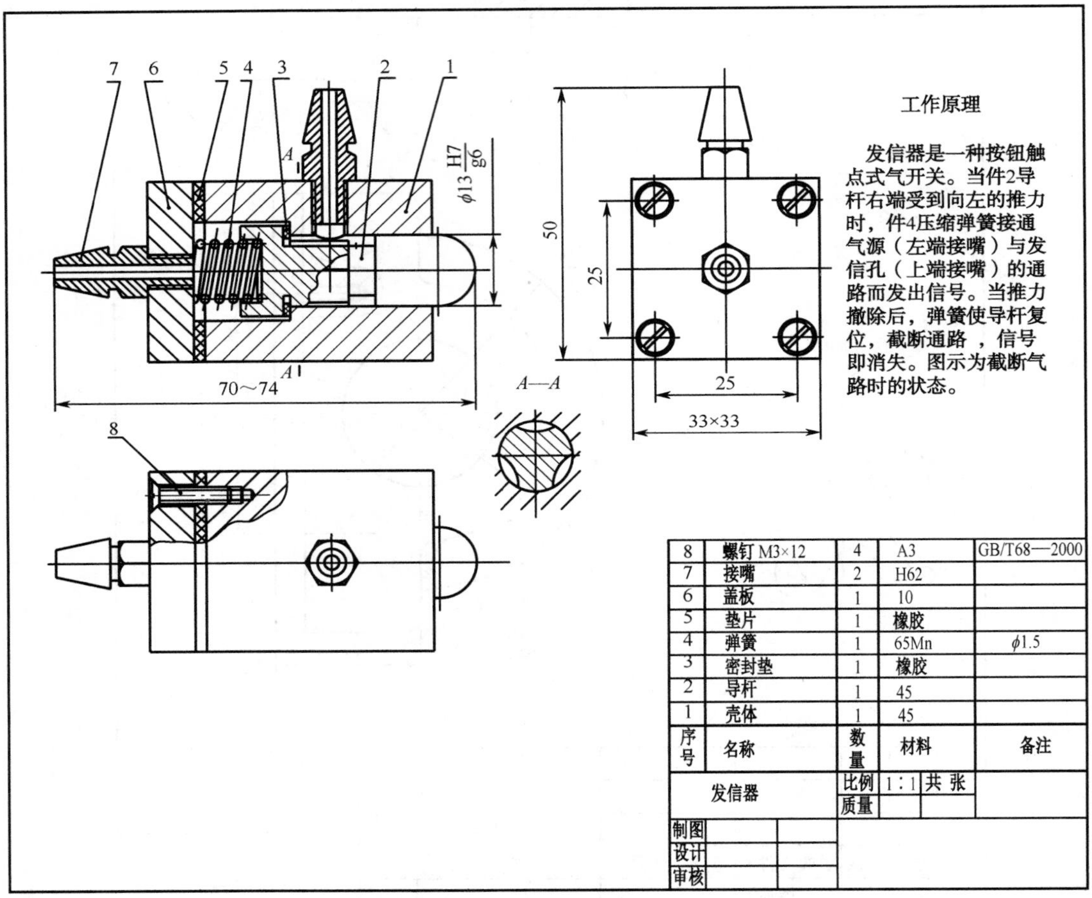

工作原理

发信器是一种按钮触点式气开关。当件2导杆右端受到向左的推力时，件4压缩弹簧接通气源（左端接嘴）与发信孔（上端接嘴）的通路而发出信号。当推力撤除后，弹簧使导杆复位，截断通路，信号即消失。图示为截断气路时的状态。

序号	名称	数量	材料	备注
8	螺钉 M3×12	4	A3	GB/T68—2000
7	接嘴	2	H62	
6	盖板	1	10	
5	垫片	1	橡胶	
4	弹簧	1	65Mn	ϕ1.5
3	密封垫	1	橡胶	
2	导杆	1	45	
1	壳体	1	45	

发信器	比例	1∶1	共 张
	质量		
制图			
设计			
审核			

图 7-78 零件装配图

（1）该装配体的名称是________，由________种共________个零件组成，其中标准件________个，件 3 的材料是________。

（2）该装配体共用了________个图形表达，其中主视图采用了________剖，*A*—*A* 剖视图是为了表达件________和________的配合情况的，另外还有________视图和采用了________剖的俯视图。

（3）该装配体的总体尺寸：长________，宽________，高________；图中尺寸 70～74 表示________。

（4）尺寸ϕ13H7/g6 是件________和件________的________尺寸，其中ϕ13 是________尺寸，H7 表示件________的公差带代号，g6 表示件________的公差带代号，属于基________制的________配合。

（5）图中件 2 和件 3 的作用：____。

（6）若欲将阀打开，则应使件________左移，件________压缩件 4 弹簧，使件 3 密封垫左移，则连通左端接嘴和件 2 与件________以及件 7 上端接嘴的空腔通道。

（7）若欲取出件 2，至少应先旋出件________，再拿掉件________。

（8）画出件 1 壳体和件 2 导杆的零件图。

项目 8　计算机绘图

任务 8.1　绘制几何图形

任务目标

最终目标：能绘制几何图形。

促成目标：

（1）了解计算机绘图的基本知识；

（2）会使用直线等简单命令；

（3）会设置线宽等。

任务要求

使用计算机（AutoCAD）绘制如图 8-1 所示几何图形。

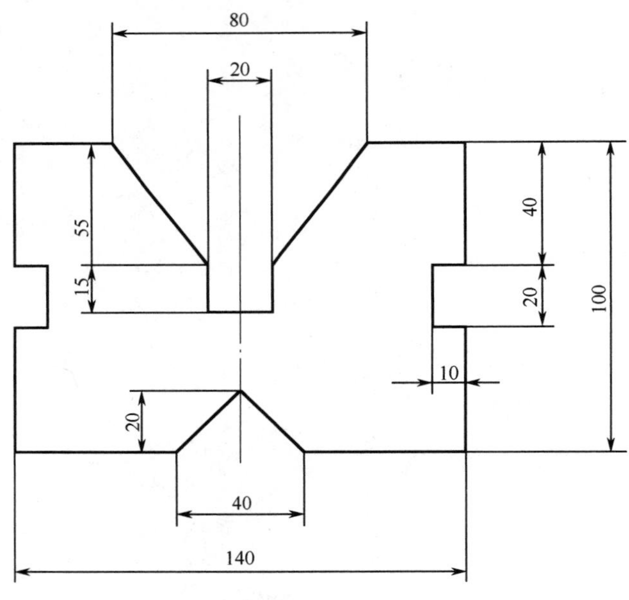

图 8-1　几何图形

学习案例

绘制如图 8-2 所示几何图形。

绘图步骤：

① 新建一个公制图形。

② 输入直线命令（绘制外边）。

```
命令：_line 指定第一点：50，50↙
指定下一点或 [放弃(U)]：@200，0↙
指定下一点或 [闭合(C)/放弃(U)]：@80，80↙
指定下一点或 [闭合(C)/放弃(U)]：@0，80↙
指定下一点或 [闭合(C)/放弃(U)]：@-80，40↙
指定下一点或 [闭合(C)/放弃(U)]：@-160，0↙
指定下一点或 [闭合(C)/放弃(U)]：@0，-60↙
指定下一点或 [闭合(C)/放弃(U)]：@-40，0↙
指定下一点或 [闭合(C)/放弃(U)]：C↙
```

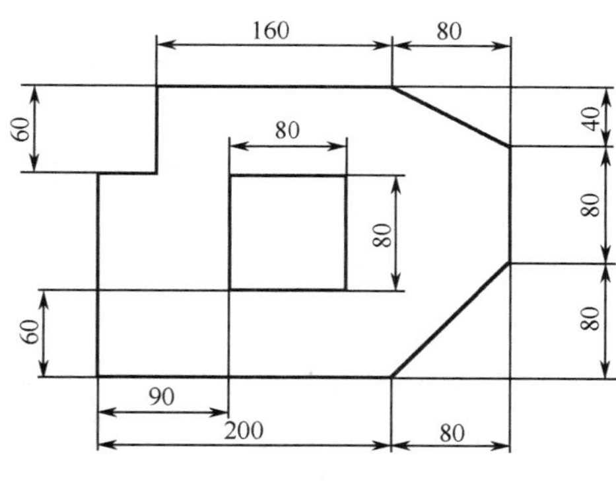

图 8-2　几何图形

③ 输入直线命令（绘制内正方形）。

```
命令：_line
指定第一点：50，50↙
指定下一点或 [放弃(U)]：@90，60↙
指定下一点或 [闭合(C)/放弃(U)]：@80，0↙
指定下一点或 [闭合(C)/放弃(U)]：@0，80↙
指定下一点或 [闭合(C)/放弃(U)]：@-80，0↙
指定下一点或 [闭合(C)/放弃(U)]：@0，-80↙
```

④ 输入删除命令。

```
命令：_erase↙
选择对象：↙
选择对象：↙
```

⑤ 保存图形文件。

知识链接

8.1.1　计算机绘图基本知识

1. 计算机绘图概述

计算机辅助设计（Computer Aided Design，CAD），是指采用系统工程的方法，以人机交互方式，帮助设计人员在计算机上完成设计模型的构造、分析、优化和输出等工作。

计算机绘图是利用计算机硬件系统和绘图软件生成、显示、储存及输出图形的一种方法和技术，它是 CAD 的一个重要的组成部分。

计算机绘图的硬件系统包括主机、输入设备和输出设备等。

绘图软件有多种，如 AutoCAD、CAXA 电子图板等。

2. AutoCAD 简介

AutoCAD 是美国 Autodesk 公司的产品，是一个交互式通用绘图软件包，适用面广，绘图精度高，可用于机械、电子、建筑、造船、气象及服装设计等领域，本书主要介绍 AutoCAD 2004。

AutoCAD 2004 的主要功能如下：

（1）具有强大的图形绘制功能：可绘制直线、圆、圆弧、曲线、文本和尺寸标注等多种对象。

（2）精确定位定形功能：坐标输入、对象捕捉、捕捉、栅格等。

（3）方便的图形编辑功能：复制、旋转、阵列、修剪、缩放、偏移等。

（4）允许用户进行二次开发：通过 AutoLISP 语言可以开发新功能，支持 Object ARX、ActiveX、VBA 等技术。

（5）图形输出功能：屏幕显示和绘图输出。

（6）三维造型功能：三维建模、布尔运算、三维编辑。

AutoCAD 2004 的系统要求：

硬件设备：主机、输入设备（键盘、鼠标、数字化仪、扫描仪、数码相机等）、输出设备（打印机、绘图仪）、通信设备（调制解调器）等。

系统软件：在 Windows XP 操作系统下就能安装 AutoCAD 2004。

3. AutoCAD 2004 的启动和退出

AutoCAD 的启动有两种方法：

（1）双击桌面上 AutoCAD 的快捷图标。

（2）执行“开始”→“程序”→“Autodesk”→“AutoCAD 2004”命令。

AutoCAD 的退出有两种方法：

（1）单击工作界面右上角的“关闭”按钮。

（2）打开文件下拉菜单，单击“退出”命令。

4. AutoCAD 的工作界面

AutoCAD 的工作界面主要由标题栏、菜单栏、工具栏、绘图窗口、文本窗口与命令窗口、状态栏和工具选项板窗口等部分组成，如图 8-3 所示。

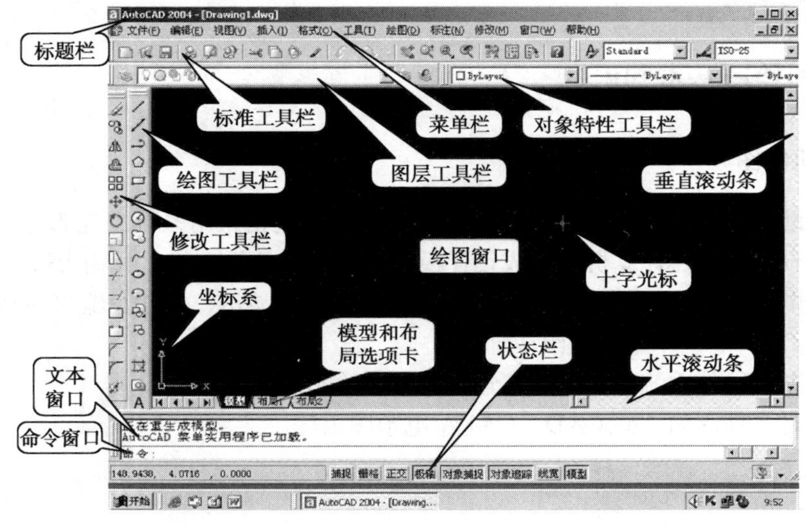

图 8-3　工作界面

（1）标题栏：标题栏位于工作界面的最上部，显示 AutoCAD 2004 的程序图标以及当前所操作图形文件的名字。在标题栏的最右端有三个按钮，可分别实现窗口的最大化、最小化和关闭操作。

（2）菜单栏：标题栏的下面是菜单栏，它由“文件”、“编辑”、“视图”等选项卡组成，单击某选项卡，如“格式”即弹出其下拉菜单，选中其中的一个命令名，该命令即开始执行。

（3）工具栏：工具栏是应用程序调用命令的另一种方式，它包含许多由图标表示的命令按钮，如图 8-4 所示为“绘图”工具栏。

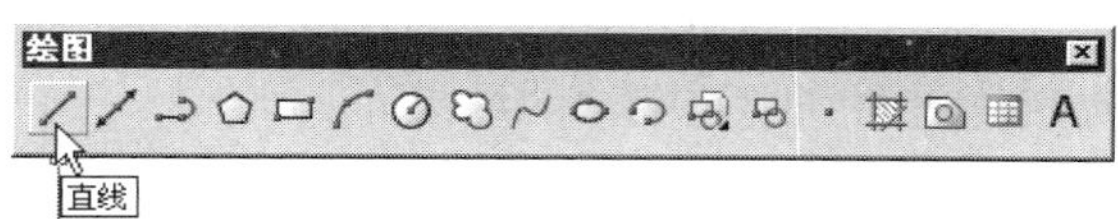

图 8-4　“绘图”工具栏

（4）绘图窗口：绘图窗口是用户绘图的工作区域，所有的绘图结果都反映在这个窗口中。

（5）命令窗口：命令窗口位于绘图窗口的底部。

（6）状态栏：状态栏用来显示 AutoCAD 当前的状态，如当前指针的坐标、命令和功能按钮的帮助说明等，如图 8-5 所示。

260.3316, 0.8107 , 0.0000　捕捉　栅格　正交　极轴　对象捕捉　对象追踪　线宽　模型

图 8-5　状态栏

5. AutoCAD 的基本操作

（1）命令输入方式

AutoCAD 的每一条命令都有其命令名，输入命令可用键盘输入和鼠标选取两种方式。

① 键盘输入。

- 输入命令名；
- 输入简化的命令名；
- 使用快捷键。

② 鼠标选取。

- 从下拉菜单中选取；
- 从工具栏中选取。

（2）命令的执行过程

AutoCAD 中一条命令的执行过程，大致有以下几种情况：

① 系统接受命令后直接执行，不需要用户干预直至结束，如“重做（Redo）”命令。

② 输入命令后弹出对话框，用户需应答对话框中各选项，确认后执行命令。

③ 接受命令后出现操作提示，显示出命令的默认项和其他选项。系统根据用户作图所需条件而选择的项目和参数执行，直至命令结束。

（3）命令的结束、重复、终止、取消和重做

① 命令的结束。

很多命令在执行完后能自动结束命令，而有的则不能，此时按回车键、空格键及鼠标右键均可以结束已经执行完的命令。

② 命令的重复。

当发出一个命令并结束后，在命令提示下，再按一次回车键或空格键，就可以重复这个命令。用右键单击绘图区，在弹出的快捷菜单中选择“重复”选项功能相同。

③ 终止命令。

在命令执行过程中，在下拉菜单或工具栏调用另一命令，则前面正在执行中的命令被终止。此外，按 Esc 键也有同样的效果。

④ 命令的取消和重做。

利用 UNDO 命令可从刚执行完的命令开始，逐次取消前面的命令执行过的结果。利用 REDO 命令，则反之依次恢复前面刚刚被取消的结果。

（4）常用功能键

常用键的功能如表 8-1 所示。

表 8-1 常用键的功能

常用键	功能	功能键	功能
鼠标左键	① 选取菜单或图标命令 ② 拾取被编辑的元素 ③ 在绘图区内拾取一个点	F1	系统帮助
鼠标右键	① 弹出右键快捷命令操作菜单 ② 对输入和拾取结果的确认 ③ 在命令状态下重复前一个命令	F2	打开、关闭文本窗口
Enter 键 空格键	① 对输入和拾取结果的确认 ② 在命令状态下重复前一个命令	F3	打开、关闭对象捕捉功能
Esc	① 终止一个正在执行过程中的命令 ② 关闭菜单或对话框	F6	打开、关闭状态行上的坐标显示
Ctrl+S	保存图形文件	F7	打开、关闭珊格
Ctrl+Q	退出 AutoCAD	F8	打开、关闭正交模式
Ctrl+A	全选图形	F9	打开、关闭捕捉模式
Ctrl+P	打印图形	F10	打开、关闭极轴追踪

（5）图形文件的管理

AutoCAD 图形文件是描述图形信息并存储在磁盘中的文件，其后缀为“.dwg”。图形文件的管理是指创建新的图形文件、打开已有的图形文件、关闭以及保存图形文件等操作。

① 创建新图形文件。

命令：New；

菜单：“文件”→“新建”；

功能：创建新的图形文件以开始一个新的绘图过程。

提示与操作：操作后弹出“选择样板”对话框，如图 8-6 所示。在“文件类型”栏选择“图形样板”，在“文件名”栏选择一个样板图形名称，即会出现与 A3 图幅相当的绘图窗口。用户还可以通过“文件类型”栏选择“图形”或“标准”创建一个新图。

图 8-6 “选择样板”对话框

② 打开图形文件。

命令：Open；

下拉菜单：“文件” → “打开”；

功能：打开已存在磁盘中的图形文件。

提示与操作：执行后弹出“选择文件”对话框，如图 8-7 所示。搜索文件路径，选择要打开的文件名称，即把该文件调出，以便修改和编辑。若选择 dxf 文件类型，则还可以打开其他绘图软件包绘制的并用 dxf 格式存盘的图形文件。

③ 保存图形文件。

a．快速保存。

命令：Qsave；

下拉菜单：“文件” → “保存”；

功能：保存当前绘制的图形信息。

提示与操作：调用快速保存命令后，则当前绘制的已命名的图形文件直接以原文件名及路径被保存。如果图形文件未命名，则会弹出“图形另存为”对话框，如图 8-8 所示。选择保存文件路径、文件名，确定所保存的图形文件类型后，单击“保存”按钮。

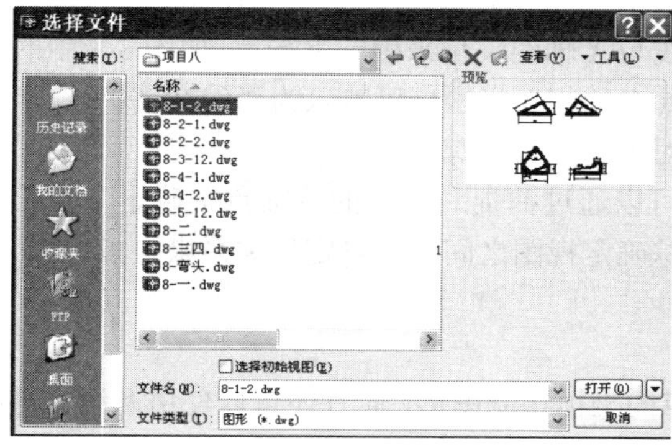

图 8-7 “选择文件”对话框

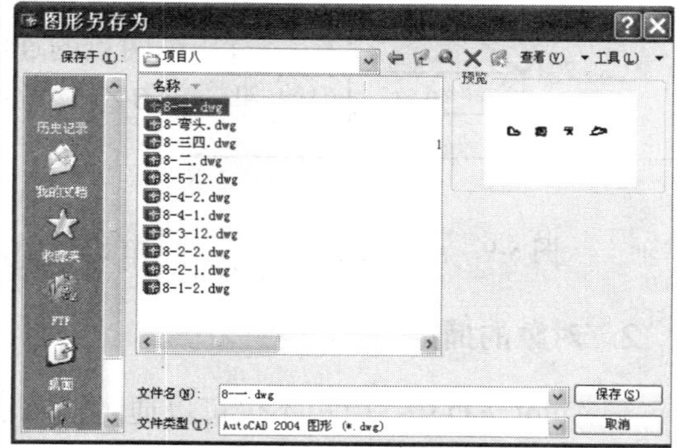

图 8-8 “图形另存为”对话框

b．另命名保存。

命令：Saveas；

下拉菜单："文件"→"另存为"；

功能：将当前绘制、编辑的已命名图形重新命名保存。

提示与操作：与 Qsave 命令中未命名的图形的保存操作相同。

④ 退出 AutoCAD 2004。

绘图工作完成之后，应退出 AutoCAD 2004 系统。常用的方法有三种：

命令：Quit；

下拉菜单："文件"→"退出"；

单击标题栏的"关闭"按钮。

8.1.2 绘图的准备和设置

1. 点的输入

在 AutoCAD 2004 中绘图时，经常要给出点的坐标，如线段的起始点、两条线的交点坐标等。点的输入一般可以用以下两种方式来确定：

① 用鼠标定点。

② 通过键盘输入点的坐标。

通过键盘输入点的坐标时可以使用下面几种方式：

（1）直角坐标

① 绝对坐标：输入形式为"X，Y"，如图 8-9 中的点 *B*（60，50），则输入"60，50"。

② 相对坐标：输入形式为"@X，Y"，如图 8-9 中的要输入的点 *B*（60，50），相对前一点 *A*（20，20）的相对坐标为"40，30"，输入形式为"@40，30"，而以点 *B* 做参考输入点 *A* 则应输入相对坐标为"@-40，-30"（要注意相对坐标的方向性）。

（2）极坐标

① 绝对极坐标：点的绝对极坐标输入形式是"极径<角度"。其中极径是指该点到坐标原点的距离，角度则是该点与坐标原点连线与 *X* 轴正向的角度。系统默认逆时针为正，顺时针为负。

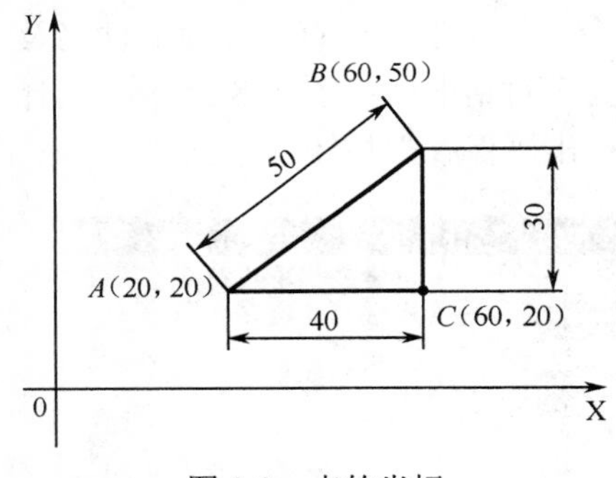

图 8-9 点的坐标

② 相对极坐标：输入形式为"@极径<角度"，即以某一定点（前一点）为极点，以两点间的距离为极径及两点的连线与 *X* 轴的夹角来确定下一点。如图 8-9 中的点 *B* 相对于点 *C* 的相对极坐标可输入为"@30<90"。

（3）对象捕捉与追踪定点

用户可以通过捕捉对象上的特征点来确定一点，或用对象追踪确定视图之间的等量定位关系来定点。

2. 对象的捕捉

在 AutoCAD 中，用户不仅可以通过输入点的坐标绘制图形，而且还可以使用系统提供的对象捕捉功能捕捉图形对象上的某些特征点，从而快速、精确地绘制图形。

对象捕捉的模式有临时对象捕捉和自动对象捕捉两种。

（1）临时对象捕捉

当在命令行有要求用户指定点的提示时，可以启用临时对象捕捉功能，可以通过两种方

式进行：

① 调用工具栏。在工具栏任意位置单击鼠标右键，在弹出的工具栏列表中选中“对象捕捉”图标，如图 8-10 所示。单击某种模式，光标接近该特征点，此时光标会根据特征点的不同而显示不同的形状（如端点□、中点△、交点×、圆心○等）。单击拾取，则该特征点被定位捕捉。

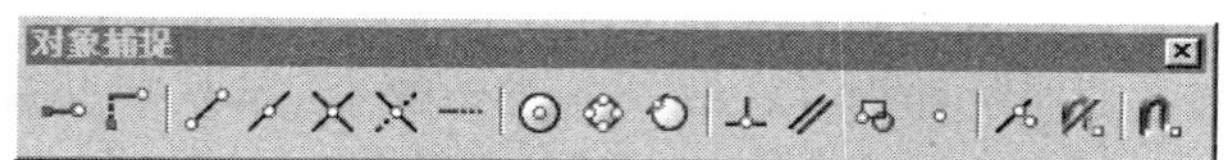

图 8-10 对象捕捉

② 输入关键词。各特征点关键词如表 8-2 所示。

表 8-2 各特征点关键词

名 称	关 键 词	功 能
端点捕捉	END	捕捉直线、曲线等对象的端点或多边形顶点
中点捕捉	MID	捕捉直线、曲线等线段的中点
交点捕捉	INT	捕捉不同图形对象的交点
捕捉圆心	CEN	捕捉圆、圆弧、椭圆、椭圆弧等的圆心
捕捉象限点	QUA	捕捉圆、椭圆及其弧等图形的 0°、90°、180°、270°处的点
捕捉切点	TAN	捕捉圆、圆弧、椭圆、椭圆弧、多段线或样条曲线等的切点
捕捉垂足	PER	绘制与已知直线、圆、圆弧、椭圆、椭圆弧、多段线等图形相垂直的直线
捕捉平行线	PAR	用于画已知直线的平行线
捕捉最近点	NEA	捕捉图形上离光标位置最近的点
捕捉插入点	INS	捕捉插入在当前图形中的文字、块、形或属性的插入点
捕捉自	FRO	该模式是以一个临时参考点为基点，根据给定的距离值捕捉到所需的特征点

（2）自动对象捕捉

在状态栏单击“对象捕捉”按钮，打开对象自动捕捉模式，当要求用户指定点时，把光标移放到相应的图形对象上，系统根据用户设置的对象捕捉模式及所需捕捉的特征点，自动捕捉到该对象上所有符合条件的特征点，并显示出相应的标记。

用户还可以利用 F3 功能键打开/关闭对象捕捉功能。

3. 对象追踪

当对象追踪打开时，临时的对齐路径有助于以精确的位置和角度创建对象。自动追踪包含两种追踪选项：极轴追踪和对象捕捉追踪。

（1）极轴追踪

极轴追踪是在系统要求指定一个点时，按预先设置的角度增量显示一条无限长的辅助线，沿这条辅助线可以快速、方便地追踪到所需特征点。

系统默认的极轴追踪角为 45°，由此可以追踪绘制 45°及其倍增角度方向上的点。用户可根据需要通过下拉菜单：“工具”→“草图设置”，自行设置极轴追踪角。

（2）对象追踪

对象追踪功能是利用已有图形对象上的特征点来捕捉其他特征点的又一种快捷作图方法。对象追踪功能常用于已知图形对象间的某种关系（如正交）的情况，该功能可以方便地实现三视图间按“三等”规律作图。

（3）运用“捕捉自”定点

利用“捕捉自”模式定点，不同于其他模式。其他模式都是直接捕捉到对象上的几何特征点。而“捕捉自”模式则是先捕捉并拾取一个参考基点，再从基点偏移给定距离得到捕捉点。所以这种捕捉模式一般都是与其他模式一起使用的。

4. 图形对象的选择与修剪、删除

在对图形进行编辑操作时，首先要确定编辑的对象，即在图形中选择若干图形对象构成选择集。输入一个图形编辑命令后，命令行出现“选择对象:”提示，这时可根据需要反复多次地选择要编辑的图形对象，直至回车结束选择，转入下一步操作。

为了提高选择的速度和准确性，AutoCAD 提供了多种不同形式的选择对象方式，常用的选择方式有以下几种。

（1）直接选择对象。

（2）窗口（W）方式，如图 8-11 所示。

（3）交叉窗口（C）方式，如图 8-12 所示。

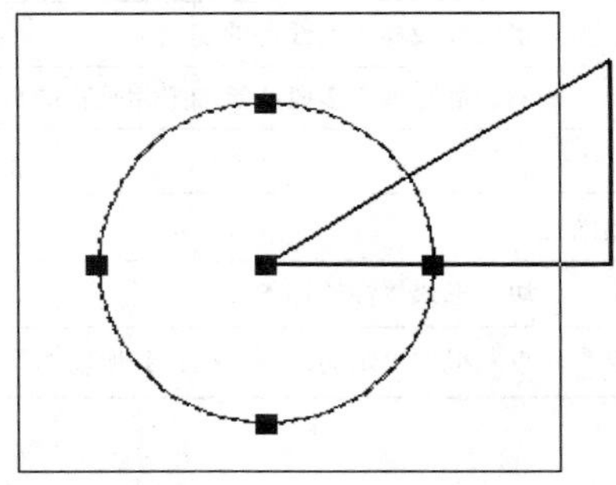

图 8-11 窗口（W）方式选择对象

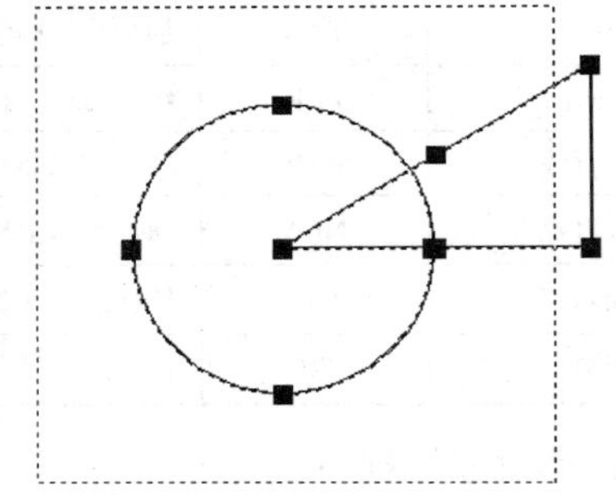

图 8-12 交叉窗口（C）方式选择对象

（4）全部（All）方式。

输入“ALL”，选取屏幕上全部图形对象。

（5）删除（R）与添加（A）方式。

输入“R”进入删除方式。在删除方式下可以从当前选择集中移出已选取的对象，在删除方式提示下，输入“A”则可继续向选择集中添加图形对象。

根据提示，用户可选取相应的选择对象方式。

5. 显示控制功能

显示控制功能用于显示观察图形，使之有利于绘图和编辑。应注意的是显示控制功能只改变图形在屏幕上的显示方式，但并不改变图形实际大小。这类命令包括重画图形、重新生成、缩放等。

（1）重新显示命令

① 重画命令（Redraw）。

② 重新生成命令（Regen）。

（2）缩放与平移视图

① 图形缩放（Zoom）。

使用 Zoom 命令和使用变焦距镜头照相机去对准图样相同，可以按照期望的比例放大或缩小图形的视觉尺寸，在屏幕上显示图形的全部或局部，而图形的实际尺寸保持不变。

② 平移视图（Pan）。

通过平移视图，可以重新定位图形，以便清楚观察图形的其他部分。在命令行输入“Pan”命令，可以实现视图的平移。

6. 基本绘图命令

（1）绘图区域、单位的设置。

（2）图层操作。层名：层名与层的内容统一。颜色：注意各层的颜色对比。线型：在线型库中调用。线宽：默认为细实线，粗实线≥0.5mm。

（3）绘图辅助功能的设置，包括目标捕捉方式、极轴追踪及正交方式。

（4）Line 命令的功能是绘制直线，命令：Line。

（5）Erase 命令的功能是删除图形要素。

（6）Save 命令的功能是将图形文件存盘。

课外练习

绘制如图 8-13 所示几何图形。

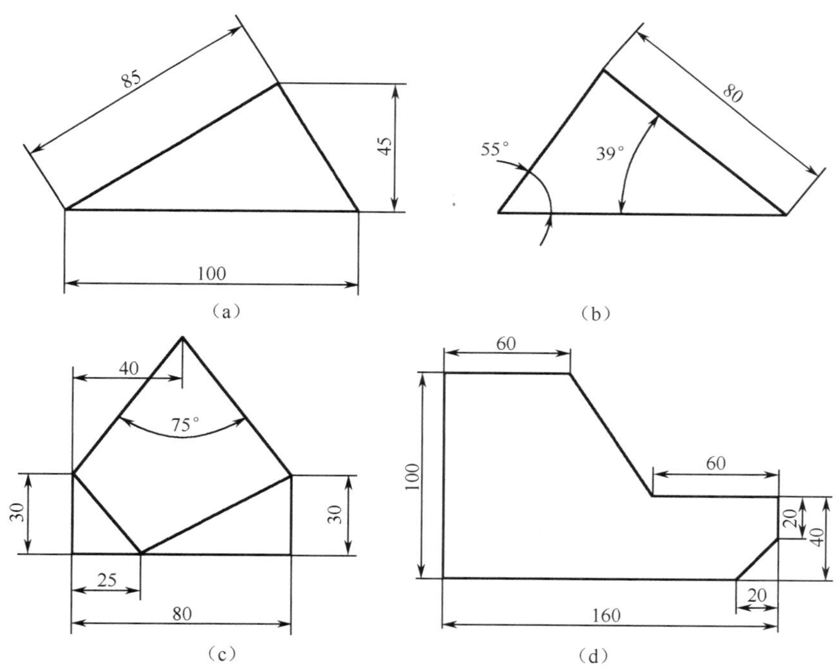

图 8-13　几何图形

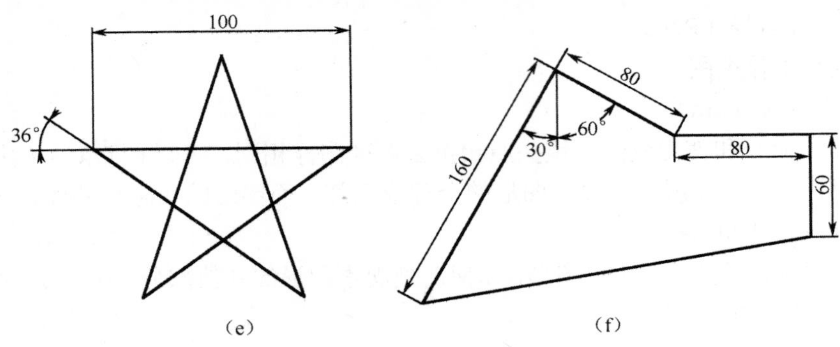

图 8-13　几何图形（续）

任务 8.2　绘制平面图形

任务目标

最终目标：能绘制平面图形。

促成目标：

（1）了解计算机绘图的基本知识；

（2）会使用画圆、画圆弧命令；

（3）会进行尺寸标注；

（4）会设置图层等。

任务要求

用计算机（AutoCAD）绘制如图 8-14 所示平面图形。

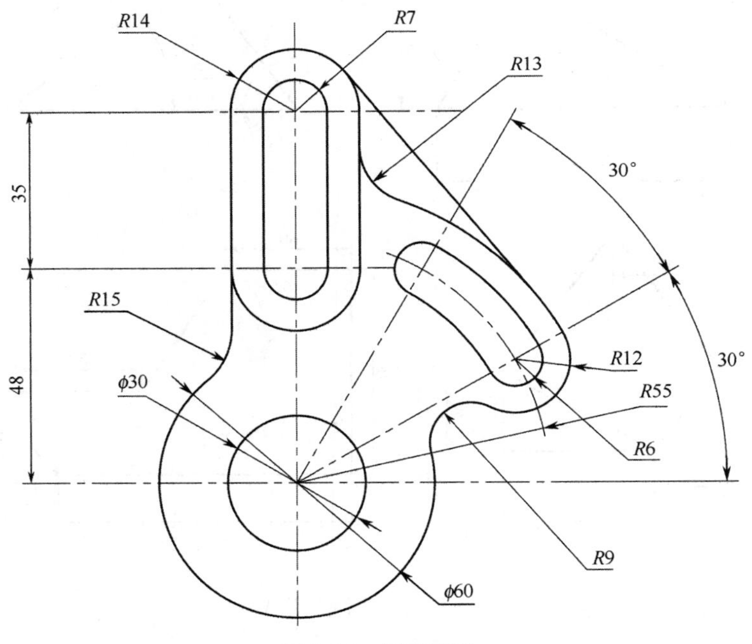

图 8-14　平面图形

学习案例

绘制如图 8-15 所示的图形。

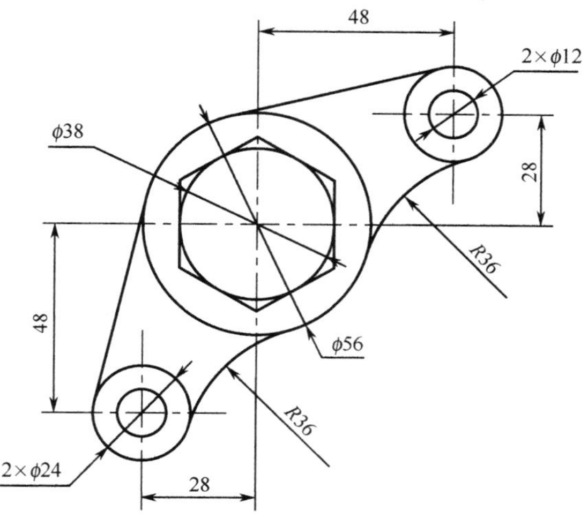

图 8-15　几何图形

绘图步骤如图 8-16 所示。

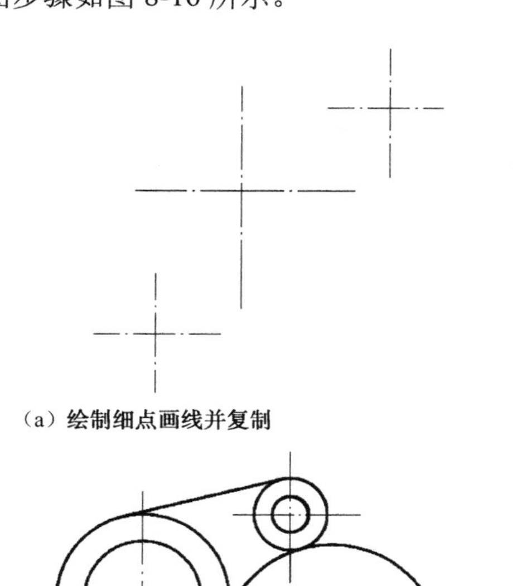

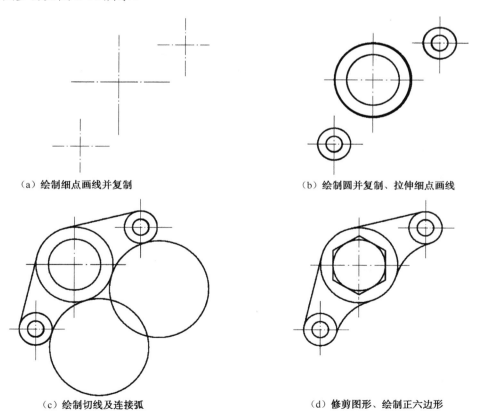

（a）绘制细点画线并复制

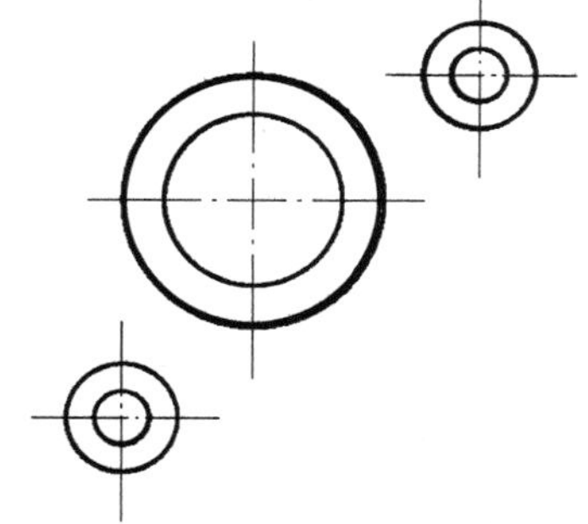

（b）绘制圆并复制、拉伸细点画线

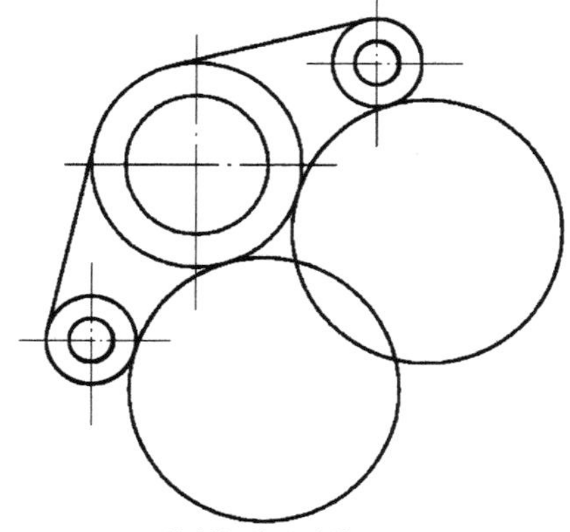

（c）绘制切线及连接弧

（d）修剪图形、绘制正六边形

图 8-16　绘图步骤

知识链接

8.2.1 圆构成的平面图形

1. 图层与对象的属性

在机械图样中，图形主要由基准线、轮廓线、虚线、剖面线、尺寸标注及文字说明等元素构成。如果用图层来管理它们，不仅能使图形的各种信息清晰、有序，更便于观察，而且也会给图形的编辑、修改和输出带来很大的方便。

创建和设置图层包括：创建新图层、设置图层颜色、设置图层线型及线宽、设置图层状态等。

（1）创建新图层

默认情况下，AutoCAD 自动创建一个名为“0”的图层。要新建图层，其命令操作如下：

命令：Layer；

下拉菜单：“格式”→“图层”。

执行该命令则打开“图层特性管理器”对话框，单击“新建”图标，这时在图层列表中将出现一个名为“图层 1”的新图层。用户可以为其输入新的图层名（如中心线），以表示将要绘制的图形元素的特征，如图 8-17 所示。

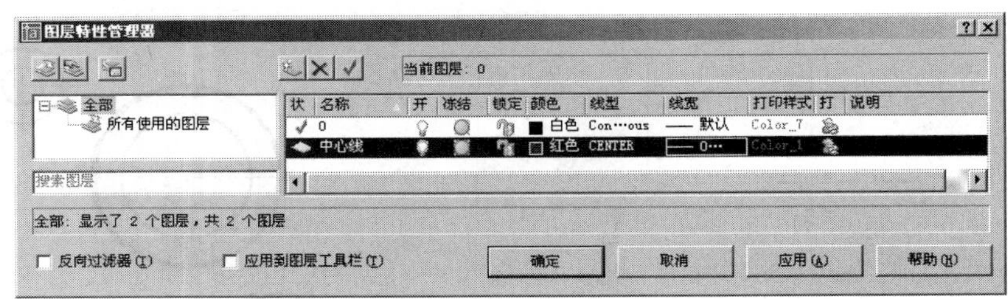

图 8-17 “图层特性管理器”对话框

（2）设置图层颜色

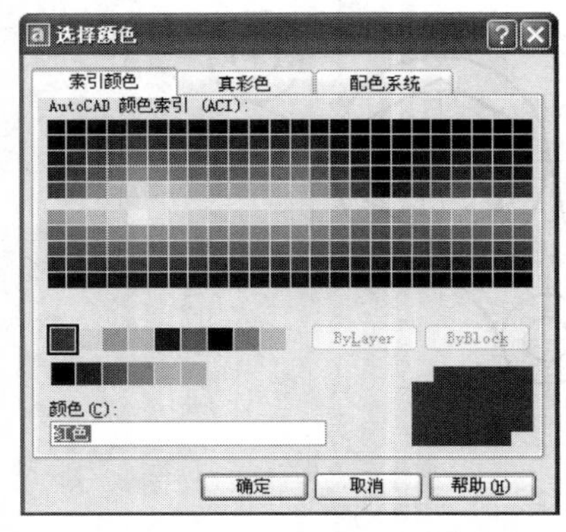

图 8-18 “选择颜色”对话框

为便于区分图形中的元素，要为新建图层设置颜色。为此，可直接在“图层特性管理器”对话框中单击图层列表中该图层所在行的颜色块，此时系统将打开“选择颜色”对话框，如图 8-18 所示。单击所要选择的颜色如“红色”，再确定即可。

（3）设置图层线型

线型也用于区分图形中不同元素，如点画线、虚线等。默认情况下，图层的线型为 Continuous（连续线型）。

要改变线型，可在图层列表中单击相应的线型名如“Continuous”，在弹出的“选择线型”对话框中选中要选择的线型如“CENTER”，即可选择中心线，如图 8-19 所示。

如果“已加载的线型”列表中没有满意的线型，可单击“加载”按钮，打开“加载或重

载线型”对话框，从当前线型库中选择需要加载的线型（如 DASHED），如图 8-20 所示。单击“确定”按钮，则该线型被加载到“选择线型”对话框中再进行选择。

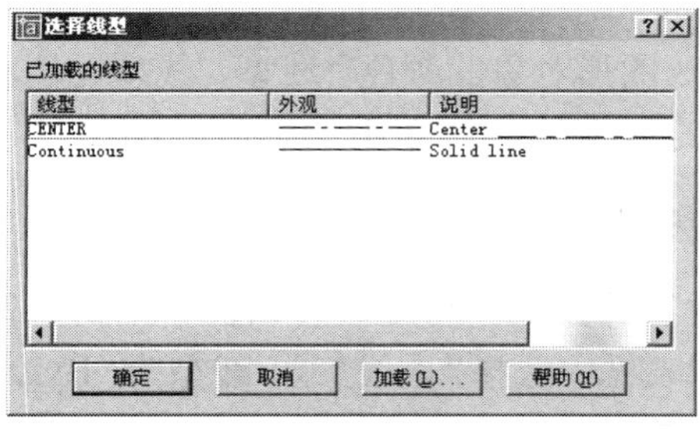

图 8-19　“选择线型”对话框

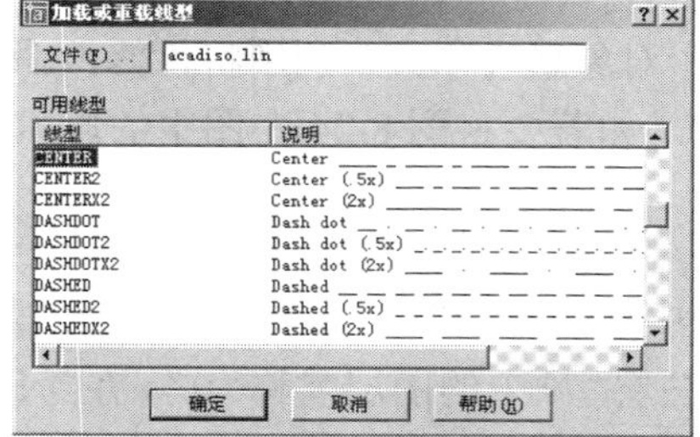

图 8-20　“加载或重载线型”对话框

（4）设置图层线宽

“线宽”对话框和设置线宽方法如图 8-21、图 8-22 所示。

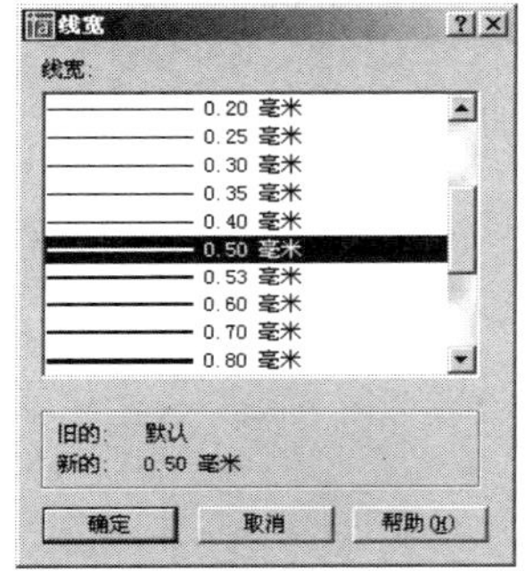

图 8-21　“线宽”对话框

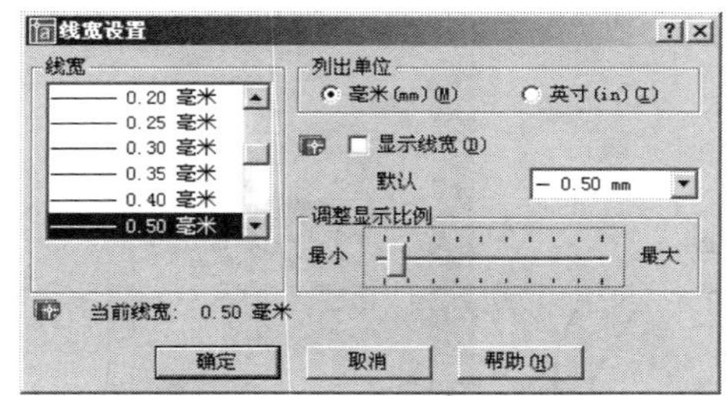

图 8-22　设置线宽

2. 图层状态设置与管理

（1）图层状态设置

可在“图层特性管理器”对话框中设置图层状态，单击如图 8-23 所示“图层”工具栏中的图标，也可收到同样的设置效果。

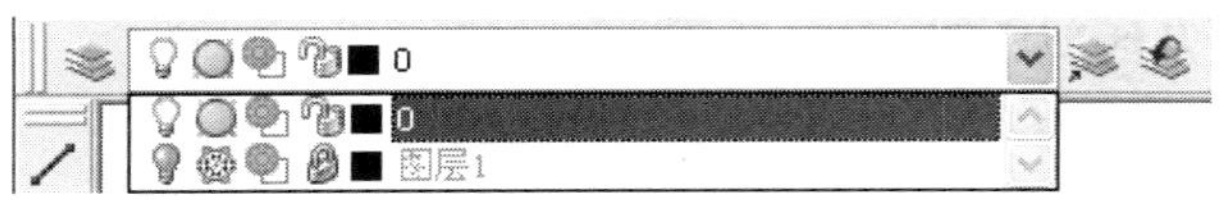

图 8-23　图层工具栏设置图层状态

（2）管理图层

使用“图层特性管理器”对话框，还可以对图层进行更多设置与管理，如图层的切换与删除等。

① 切换当前层：在“图层特性管理器”对话框的图层列表中选择某一图层后，单击“置为当前”图标，即可将该层设置为当前层。

在实际绘图时，主要是通过“图层”工具栏中的图层控制下拉列表框来实现图层切换的。这时，只需选择要将其设置为当前层的图层名称即可。

② 删除图层：选中要删除的图层后，单击“图层特性管理器”对话框中的“删除图层”图标，或按下键盘上的“Delete”键，可删除该层。但是，当前层、0层和包含图形对象的层不能被删除。

③ 对象属性修改：利用特性修改命令可以修改图形对象的颜色、线型、线型比例和图层等特性。如若要将图8-24左图中的原本是粗实线的圆改变为虚线圆，具体操作为：

命令：_change↙ （或下拉菜单：“修改”→“特性”）

选中要修改的粗实线圆，执行修改特性命令，在弹出的“特性”对话框（见图8-24）中单击“图层”项中的图层名称“0”，在随后弹出的列表框中选择“虚线”层，线型为“ByLayer”，关闭“特性”对话框，按“Esc”键结束。

④ 特性匹配：利用特性匹配功能也可以实现特性修改。若将图8-25中的虚线圆的特性匹配给正六边形，可选择菜单“修改”→“特性匹配”命令，按照下面的命令行提示进行操作：

选择源对象：（单击虚线圆，选择虚线圆作为源对象）↙

选择目标对象或[设置(S)]：（选择正六边形，用格式刷选中正六边形为目标对象）↙

至此，完成正六边形由实至虚的改变，如图8-25右图所示。

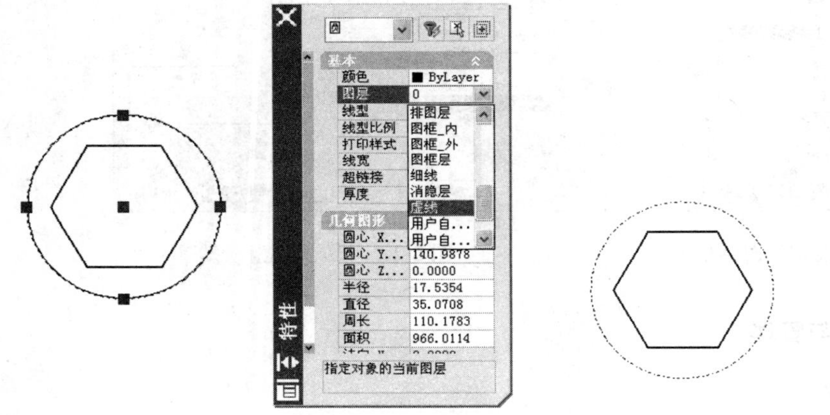

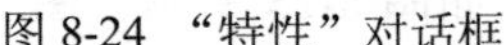
图8-24 “特性”对话框

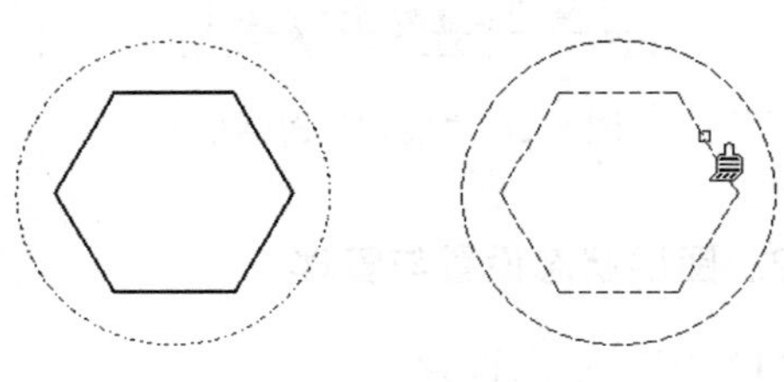
图8-25 特性匹配

3. 设置图形界限及线型比例

（1）设置图形界限

设置图形界限即确定绘图区域，相当于选定图幅。图限为一矩形区域，其设置操作为：

下拉菜单：“格式”→“图形界限”

指定左下角点：<0.0000，0.0000>（默认左下角坐标为“0，0”）↙

指定右上角点：<420.0000，297.0000> 210，297（按A4图幅设置）↙

下拉菜单：“视图”→“缩放”→“全部”（显示全屏）↙

（2）设置线型比例

在AutoCAD中，系统提供了大量的非连续性线型，如虚线、点画线、中心线等。通常非连续线型的显示和实线线型不同，要受绘图时所设置图形界限尺寸的影响。如图8-26所示，

其中 A 图为虚线矩形在按 A4 图幅设置的图形界限时的效果，B 图则是按 A2 图幅设置时的效果。如果设置更大尺寸的图形界限，则会由于间距太小而变成了连续线。为此可为图形设置线型比例，以改变非连续线型的外观。

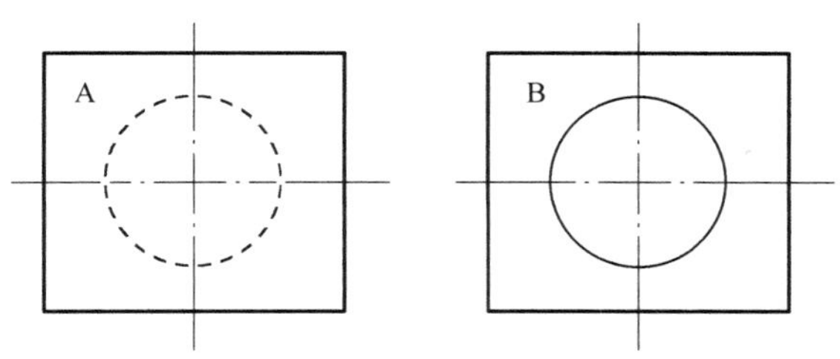

图 8-26　非连续线型受图形界限尺寸的影响

设置线型比例的方法：

下拉菜单："格式"→"线型"，打开"线型管理器"对话框，如图 8-27 所示。选择"隐藏细节"命令，在线型列表中选择某一线型，然后利用"详细信息"设置区中的"全局比例因子"编辑框选择适当的比例系数即可设置图形中所有非连续线型的外观。另外，通过在命令行输入 Ltscale 命令，也可以设置线型比例。

利用"当前对象缩放比例"编辑框，可以设置将要绘制的非连续线型的外观，而原来绘制的非连续线型的外观并不受影响。

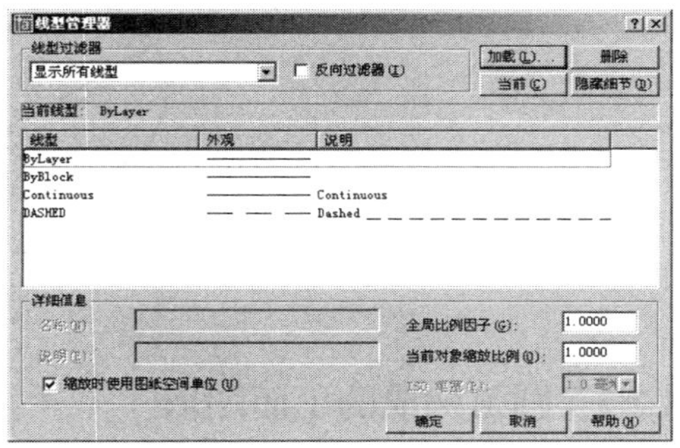

图 8-27　"线型管理器"对话框

4. 绘图命令

（1）绘图命令：Circle（2P，3P，TTR 等）

2P：指定圆直径的第一个、第二个端点；

3P：通过不在同一直线上的三点画圆（一般为捕捉特定的三点）；

TTR：通过指定切点、切点、半径画圆。

（2）复制命令：Copy（M 重复复制）

Copy 命令的功能是在另一位置复制相同的图形。

该命令的执行过程如下：

```
命令：_copy↙
选择对象：↙
指定基点或位移，或者 [重复(M)]：↙
指定位移的第二点或 <用第一点作为位移>：↙
```

（3）修剪命令：Trim（修剪线段）

```
命令：_trim↙
当前设置：投影=UCS，边=无↙
选择剪切边...↙
```

选择对象：↙

选择要修剪的对象，或按住 Shift 键选择要延伸的对象，或 [投影(P)/边(E)/放弃(U)]：↙

（4）阵列命令：Array

① 选择阵列方式（P）。

确定阵列中心，确定阵列次数，确定阵列方向、角度。

② 选择阵列方式（R）。

确定阵列行数、列数；确定间距。

【例 1】 绘制如图 8-28 所示的图形。

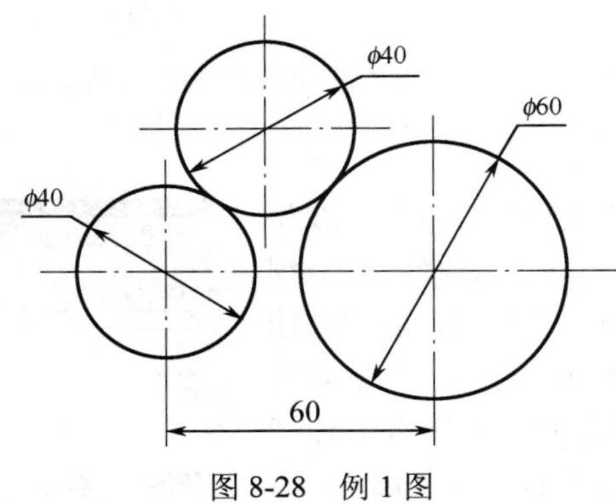

图 8-28　例 1 图

8.2.2　圆弧构成的平面图形

1. 绘制圆弧和多边形

（1）作图分析：如图 8-29 所示，该图共有四个图形元素，两个完整的圆容易画出，而 270°的圆弧和正六边形则要用到新命令。

（2）绘制圆弧：绘制圆弧的方法较多，如图 8-30 所示，可根据实际需要选用对应的方式。其作图也有相似之处，这里以图 8-29 所示图形为例仅介绍给定圆心、起点和角度画圆弧的方法。

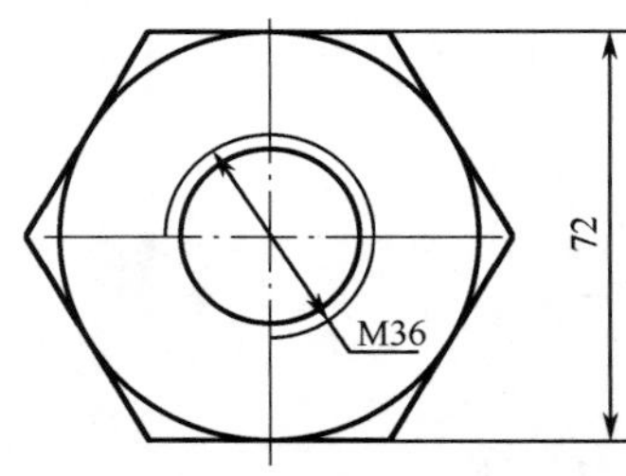

图 8-29　绘制圆弧的命令方式

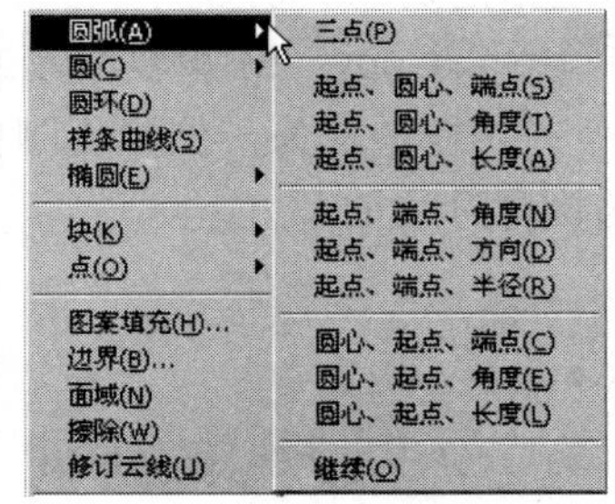

图 8-30　绘制六角螺母

命令：_arc ↙（或下拉菜单：“圆弧”→“圆心、起点、角度”）

arc 指定圆弧的起点或[圆心(C)]：↙

指定圆弧的圆心：↙（鼠标拾取圆心点（“十”字中心））

指定圆弧的起点：　@0，-18↙

指定圆弧的端点或[角度(A)/玄长(L)]：A↙
指定包含角：270↙

（3）绘制正六边形：绘制如图 8-29 所示六角螺母，要用到画正多边形的命令。其方式有圆内接多边形（I）和圆外切多边形（C）。画法如下：

命令：polygon↙（或下拉菜单："绘图"→"正多边形"）
输入边的数目<4>：6↙　（指定多边形的边数）
指定多边形的中心点或[边(E)]：（鼠标单击确定中心点，捕捉圆心）
输入选项[内切于圆(I)/外切于圆(C)]〈I〉：C↙　（选择外切（C）绘制方式）
指定圆的半径：36↙　（给出半径，正六边形被画出，至此，全图完成）

2. 绘制带圆弧的图形

圆弧命令：Arc，Polygon
画法如下：

命令：_arc↙
指定圆弧的起点或 [圆心(C)]：↙
指定圆弧的第二个点或 [圆心(C)/端点(E)]：↙
指定圆弧的端点：↙

（2）倒圆角命令：Fillet（可以修改半径）

命令：_fillet↙
当前设置：模式=修剪，半径=20.0000↙
选择第一个对象或 [放弃(U)/多段线(P)/半径(R)/修剪(T)/多个(M)]：↙
选择第二个对象，或按住 Shift 键选择要应用角点的对象：↙

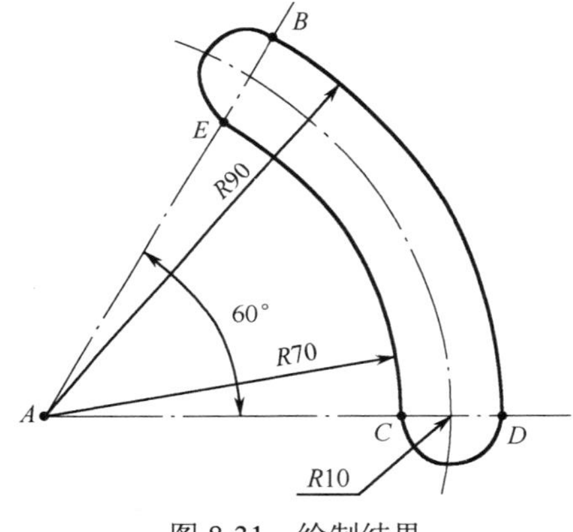

图 8-31　绘制结果

绘制结果如图 8-31 所示。

8.2.3　平面图形绘制命令

1. 基本绘图命令

（1）Polygon 命令的功能是绘制正多边形；
（2）调整线型比例："格式"→"线型"→"全局比例因子"（调整到合适数值）；
（3）Move 命令的功能是移动实体、基点、目标点；
（4）Undo 命令的功能是放弃/重做上一次操作以及夹点；
（5）Rotate 命令的功能是旋转图形；
（6）Offset 命令的功能是偏移复制图形；
（7）Matchprop 命令的功能是特性匹配；
（8）Extend 命令的功能是延伸图线；
（9）Ellipse 命令的功能是绘制椭圆；
（10）Break 命令的功能是打断图线。

2. 标注尺寸

（1）线性标注

命令：_dimlinear↙

指定第一条尺寸界线原点或(选择对象)：↙

指定第二条尺寸界线原点：↙

指定尺寸线位置或[多行文字(M)/文字(T)/角度(A)]：↙

标注文字：↙

（2）直径标注

命令：_dimdiameter↙

选择圆弧或圆：↙

标注文字：↙

指定尺寸线位置或[多行文字(M)/文字(T)/角度(A)]：↙

（3）半径标注

命令：_dimradius↙

选择圆弧或圆：↙

标注文字：↙

指定尺寸线位置或[多行文字(M)/文字(T)/角度(A)]：↙

（4）角度标注

命令：_dimangular↙

选择圆弧、圆、直线或<指定顶点>：↙

选择第二条直线：↙

指定标注弧线位置或[多行文字(M)/文字(T)/角度(A)]：↙

标注文字：↙

【例 2】 练习绘制如图 8-32 所示的图形。

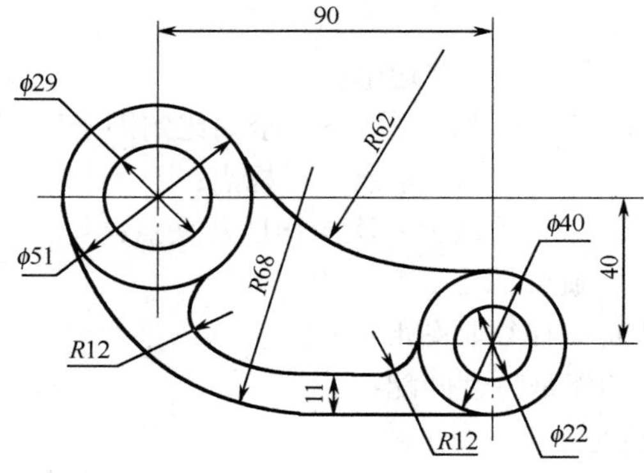

图 8-32　例 2 图

课外练习

绘制如图 8-33～图 8-35 所示平面图形。

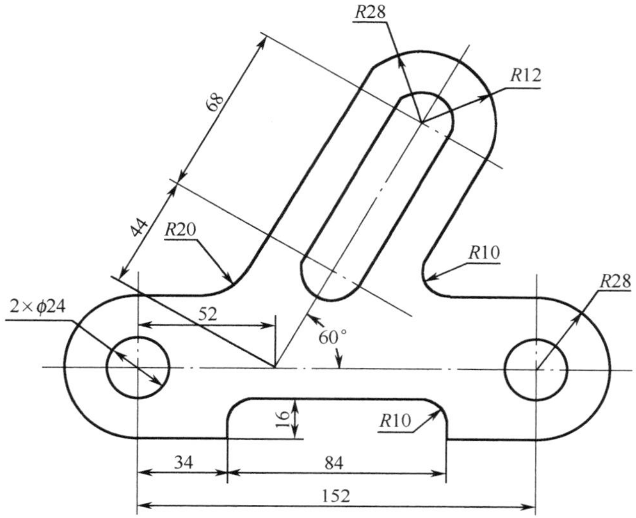

图 8-33　练习题图 1

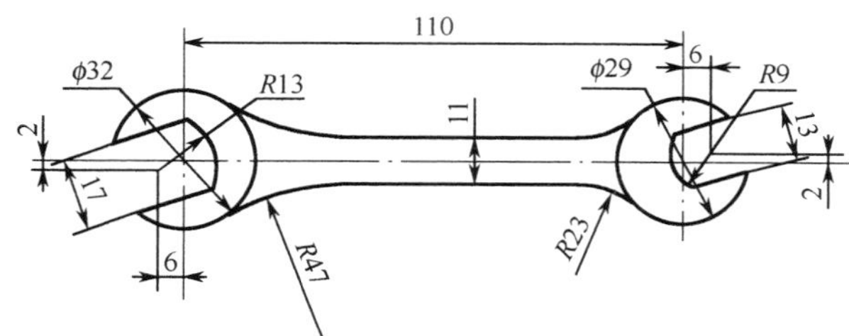

图 8-34　练习题图 2

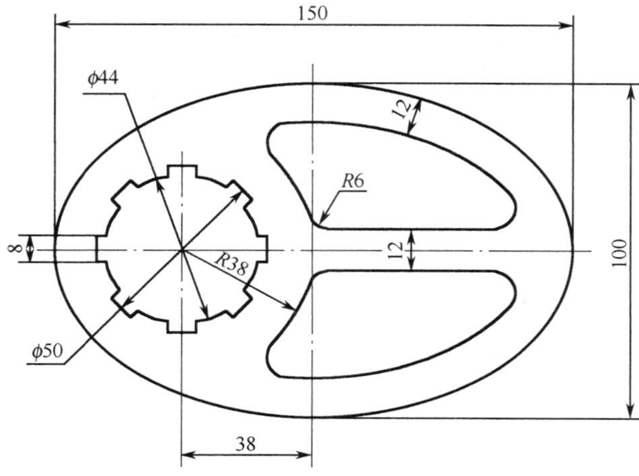

图 8-35　练习题图 3

任务 8.3　绘制轴类零件图

任务目标

最终目标：能绘制轴类零件图。

促成目标：

（1）会使用各种绘图命令；

（2）会设置文字样式和尺寸标注样式；

（3）会标注轴套类零件图中的尺寸；

（4）会标注技术要求（尺寸公差、表面粗糙度等）。

任务要求

使用计算机（AutoCAD）绘制如图 8-36 所示轴类零件。

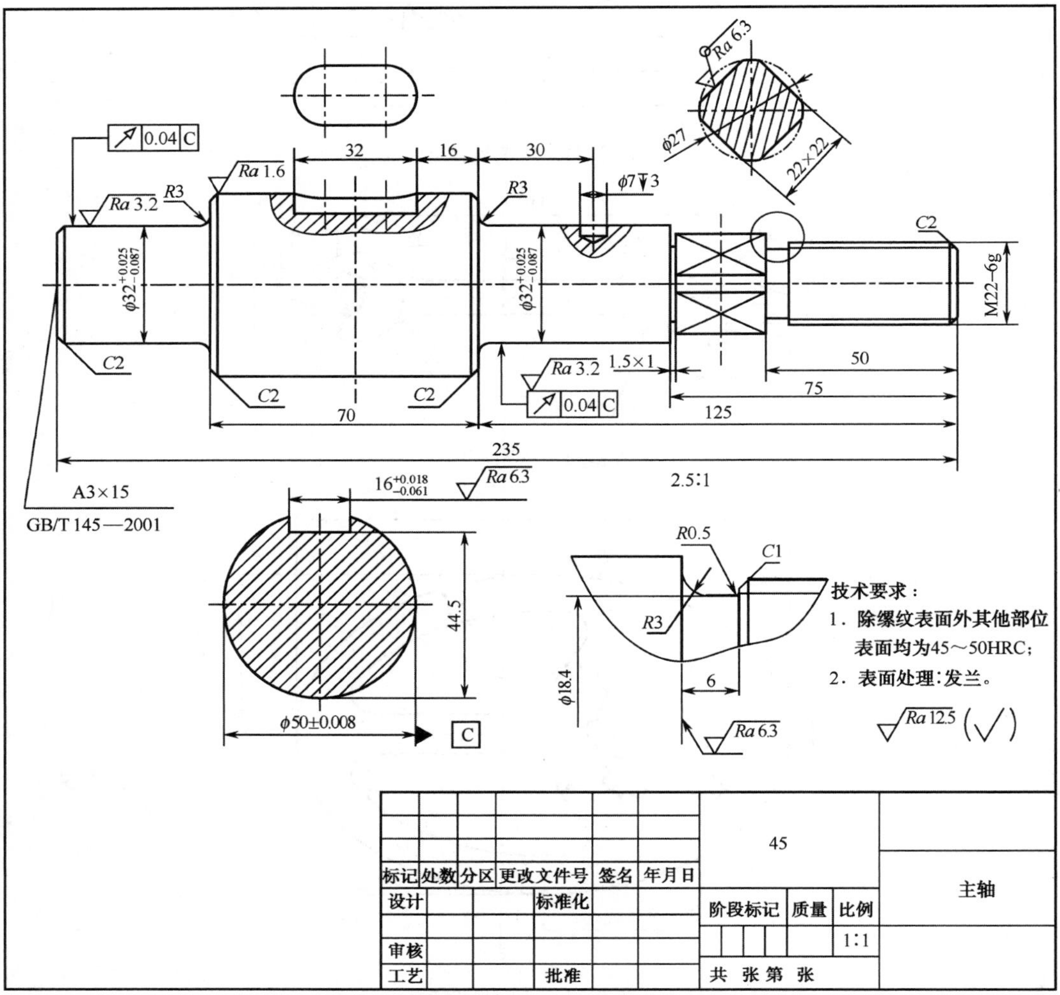

技术要求：

1．除螺纹表面外其他部位表面均为45～50HRC；

2．表面处理：发兰。

标记	处数	分区	更改文件号	签名	年月日	45			主轴
设计			标准化			阶段标记	质量	比例	
								1∶1	
审核									
工艺			批准			共 张 第 张			

图 8-36　主轴

学习案例

绘制如图 8-37 所示的轴零件图。

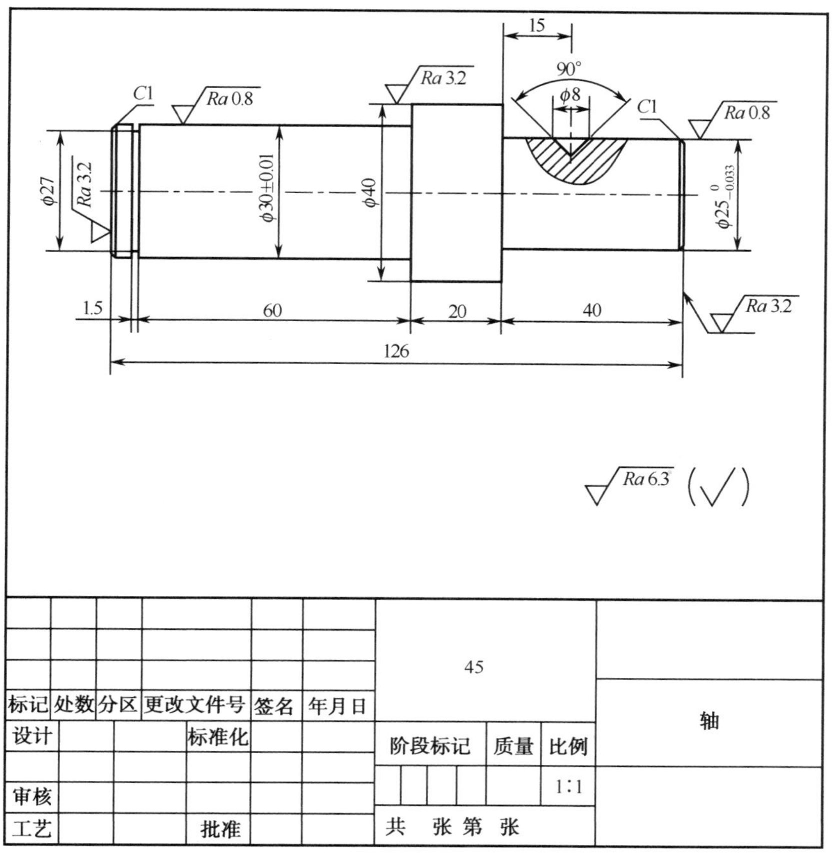

图 8-37　轴

（1）新建图形，如图 8-38 所示。

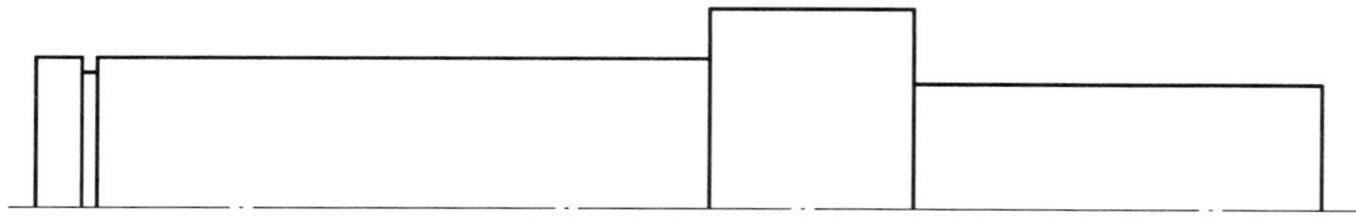

图 8-38　新建图形

（2）镜像图形，如图 8-39 所示。

命令：_mirror↙
选择对象：↙
选择对象：↙
指定镜像线的第一点：↙
指定镜像线的第二点：↙
是否删除源对象？[是(Y)/否(N)] <N>：↙

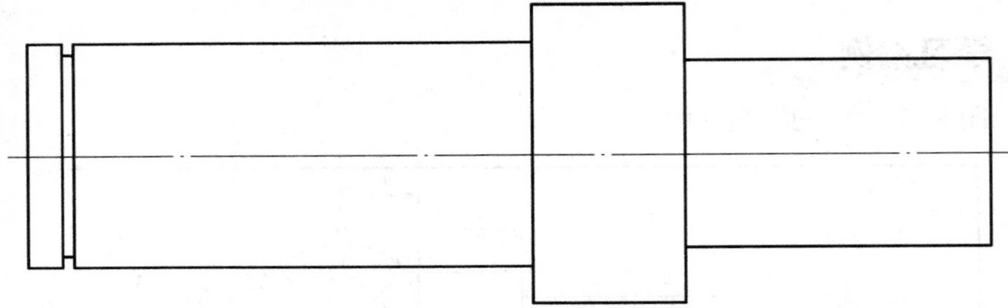

图 8-39 镜像图形

（3）绘制倒角。

命令：_chamfer↙（“修剪”模式）（当前倒角距离 1 = 10.0000，距离 2 = 10.0000）

选择第一条直线或 [多段线(P)/距离(D)/角度(A)/修剪(T)/方式(M)/多个(U)]: d↙

指定第一个倒角距离 <10.0000>： 1↙

指定第二个倒角距离 <10.0000>： 1↙

选择第一条直线或 [多段线(P)/距离(D)/角度(A)/修剪(T)/方式(M)/多个(U)]: ↙

选择第二条直线：↙

重复该命令可得到其他三个倒角。

（4）绘制ϕ8×90° 凹坑轮廓。

① 偏移 15 复制竖直线，为中心线做准备。

命令：_offset↙

② 偏移 4 复制竖直线，为倾斜线做准备。

命令：_offset↙

③ 旋转该直线 45°。

命令：_rotate↙

④ 镜像另一侧。

⑤ 修剪。

⑥ 特性匹配，得到点画线。

命令：_matchprop↙

（5）绘制样条曲线（波浪线）。

命令：_spline↙

（6）绘制剖面线。

命令：_bhatch↙

（7）新建一图层，标注尺寸：用线性尺寸标注命令，标注尺寸 15。

（8）倒角 *C*1 的标注：用 Dtext 命令，在适当位置书写文字 *C*1。

```
命令：_dtext↙
当前文字样式：Standard　当前文字高度：2.5000↙
指定文字的起点或 [对正(J)/样式(S)]：↙
指定高度 <2.5000>：3.5↙
指定文字的旋转角度 <0>：↙
输入文字：C1↙
输入文字：↙
```

再用画线命令画两条线。

（9）粗糙度符号的标注。

先绘制边长约为 4 的正三角形符号，然后写上数值，复制到所需位置，再旋转到合适角度，数值可修改成所需值。

（10）用插入块（Insert）命令，插入国家标准图框。

（11）移动图形到适当位置。

（12）保存图形。

知识链接

8.3.1　绘制标准图幅样板图

（1）新建图形，调用 A3 标准图幅。

（2）根据国家标准设置图层、线型，设置适合的线型比例。

（3）设置绘图辅助功能，打开极轴、对象捕捉、对象追踪、线宽功能。

（4）设置文字样式、尺寸样式。

（5）存盘为样板图文件。

8.3.2　机件视图画法

1. 样条曲线与图案填充

绘图任务及分析：所画平面图形（尺寸暂不注）如图 8-40（b）所示，其由粗、实线，中心线及波浪线、剖面线构成。绘图时，要注意分图层；除波浪线、剖面线以外，其他的图形元素用前面的知识都可以绘制，而波浪线和剖面线则需用“样条曲线”和“图案填充”命令绘制。

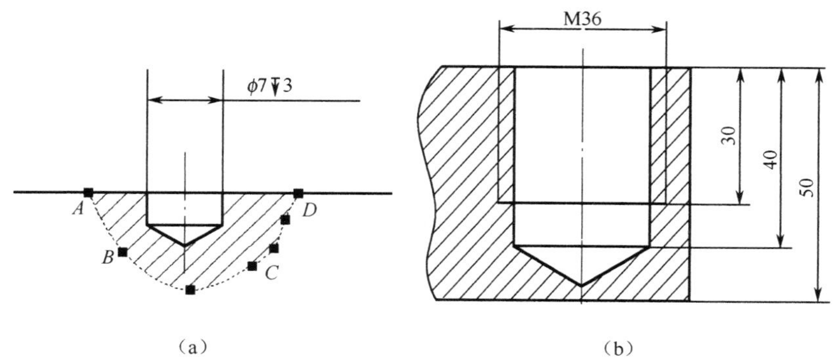

图 8-40　样条曲线与图案填充

绘图步骤：

（1）绘制外框及ϕ7▼3 孔。

（2）绘制样条曲线。

命令格式：

命令：_spline↙（或下拉菜单：“绘图”→“样条曲线”）

指定第一个点或[对象(O)]：指定曲线起点 *A*↙

指定下一点：指定曲线上点 *B*、*C*…↙

指定下一点或[闭合(C)/拟合公差(F)]<起点切向>：指定曲线上终点 *D*↙

指定下一点或[闭合(C)/拟合公差(F)]<起点切向>：回车结束↙

指定起点切向：（确定起点的切线方向）↙

指定端点切向：（确定终点的切线方向）↙

（3）绘制剖面线。

在绘制剖视图时，需要在指定的区域内填入剖面符号。AutoCAD 为此设计了较为完善的图案填充功能，现简介如下：

命令：Bhatch；

下拉菜单：“绘图”→“图案填充”；

功能：用指定图案填充一个指定的区域。

操作步骤：调用图案填充命令，弹出如图 8-41 所示的“边界图案填充”对话框。该对话框用于设置图案填充时的图案特性、填充边界以及填充方式等。对话框中有“图案填充”、“高级”和“渐变色”三个选项卡，其中，“图案填充”是主要操作对象，按下“图案”后面的[...]按钮，将出现如图 8-42 所示的填充图案选项板供选择图案。

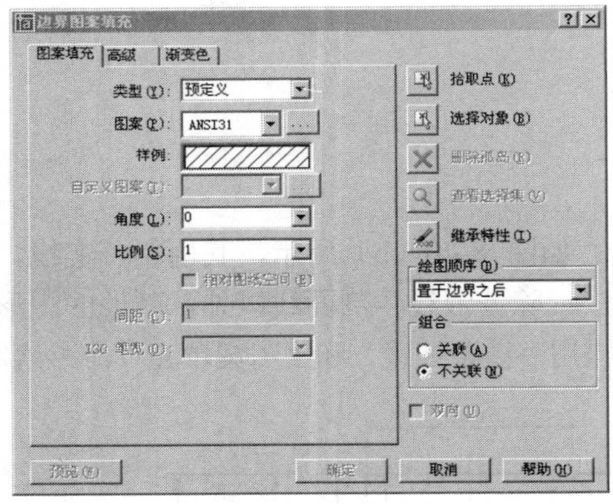

图 8-41 “边界图案填充”对话框

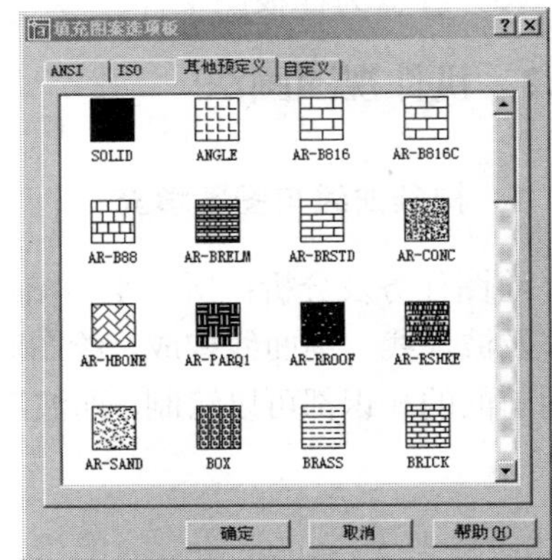

图 8-42 填充图案选项板

用户在准备填充的区域内指定任意一点，AutoCAD 会自动计算出包围该点的封闭填充边界，同时高亮显示这些边界。如果在拾取点后 AutoCAD 不能形成封闭的填充边界（有断点），系统会给出提示信息。

2. 图形编辑命令

AutoCAD2004 的基本编辑命令有：删除对象、复制对象、镜像、等距线、阵列、移动对

象、旋转对象、修剪对象。如果能熟练地使用编辑工具将大大提高作图效率。通常可以使用 AutoCAD 2004 所提供的下拉菜单，或从工具栏选取。

（1）复制

功能：将选定对象复制到指定位置。

操作：输入命令后，根据提示选择对象。

命令行提示：

命令：_copy↙（或下拉菜单：“修改”→“复制”）
选择对象：（找到 1 个）↙
选择对象：↙
指定基点或位移：↙

此处的用法与移动相似，所以不再叙述。另外，利用标准工具栏的复制和粘贴命令，可以实现图形文件之间的图形资料的复制共享。

（2）镜像

功能：将选定的对象根据两点定义的对称轴线来创建其镜像，如图 8-43 所示。

输入命令后，根据提示选取要镜像的对象，然后确定镜像线上的两点，即可将原对象镜像。

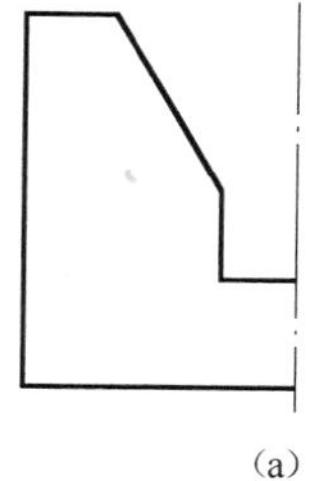

(a)

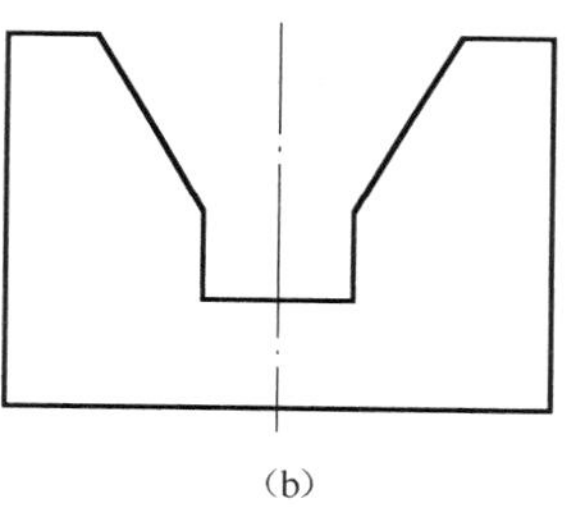

(b)

图 8-43　对象的镜像复制

命令：_mirror↙（或下拉菜单：“修改”→“镜像”）
选择对象：（选择图（a）所示的各段实线）↙
选择对象：↙
指定镜像线的第一点：（拾取对称轴线下端点）↙
指定镜像线的第二点：（拾取对称轴线上端点）↙
是否删除原对象？[是（Y）/否（N）]<N>：（如果要删除原对象则输入 Y 选项）↙

（3）阵列

功能：以环形或矩形方式多重复制对象。对于环形阵列，可以控制副本对象的数目和填充角度及是否旋转对象；对于矩形阵列，可以控制行和列的数目及它们之间的距离以及行与水平方向的夹角。

操作步骤：

输入命令 Array 或选择下拉菜单“修改”→“阵列”，弹出“阵列”对话框，设置阵列所需各项参数。“阵列”对话框的各项含义如下：

“选择对象”按钮：单击该按钮，回到绘图界面，选择将要被阵列的对象。

“矩形阵列”和“环形阵列”单选框：执行矩形阵列和环形阵列，如图 8-44、图 8-45 所示。

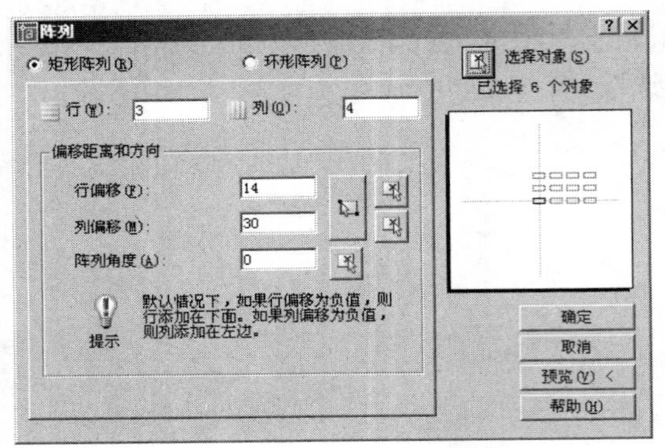

图 8-44 矩形阵列示例

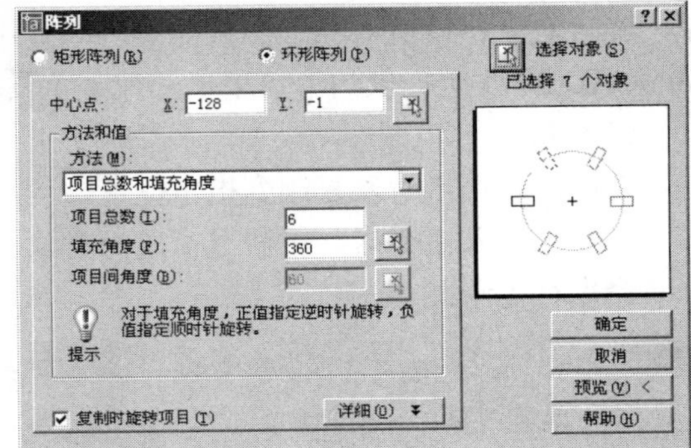

图 8-45 环形阵列示例

3. 文字标注

文字在工程图样中是不可缺少的对象，如机械工程图样中的技术要求、标题栏等。为此，AutoCAD 提供了非常方便、快捷的文字注写功能。在图中可以输入单行文字，也可以输入多行文字。同时，用户还可以根据需要创建多种文字样式。

（1）新建文字样式

设置文字样式是进行文字和尺寸标注的首要任务。在 AutoCAD 中，文字样式用于控制图形中所使用的字体、高度和宽度系数等。在一幅图形中可定义多种文字样式，以适合不同对象的需要。

要创建新文字样式，可按如下步骤进行操作。

① 输入命令，或选择下拉菜单“格式”→“文字样式”，将打开“文字样式”对话框，如图 8-46 所示。

② 默认情况下，文字样式名为 Standard，字体文件为 txt.shx，高度为 0，宽度比例为 1。如要生成新文字样式，可在该对话框中单击“新建”按钮，打开“新建文字样式”对话框，在“样式名”编辑框中输入文字样式名称，如图 8-47 所示。

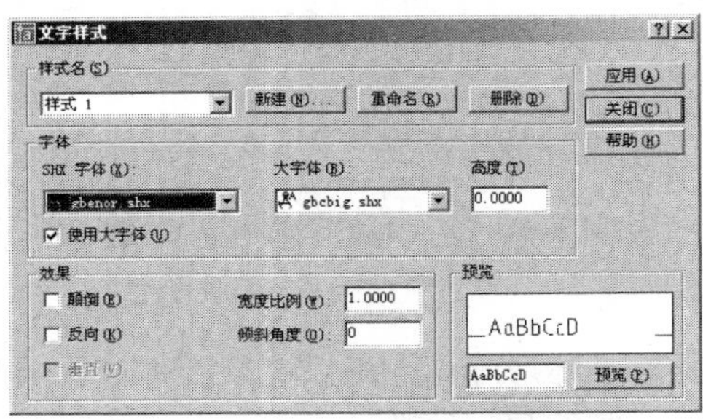

图 8-46 “文字样式”对话框

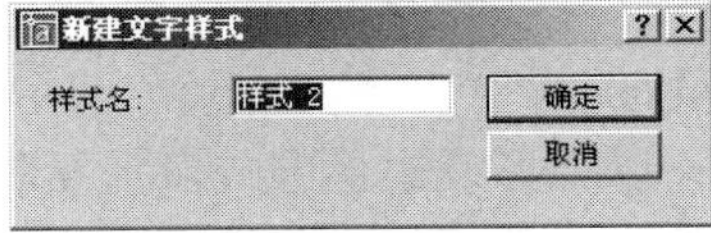

图 8-47 “新建文字样式”对话框

③ 单击“确定”按钮，返回“文字样式”对话框。

④ 在“字体”设置区，设置字体名、字体样式和高度，如图 8-46 所示。

对话框各部分功能如下：

“字体”：用于选择字体文件，如选择“gbenor.shx”。

“使用大字体”与“大字体”：在“字体”栏中选择编译型字体后，选择该“使用大字体”

复选项，可创建支持汉字等大字体的文字样式，此时可在“大字体”下拉列表框中选择大字体样式，常用字体文件为 gbcbig.shx。

“高度”：用于设置输入文字的高度。若设置为 0，输入文字时将被提示指定文字高度。

⑤“效果”设置区：设置字体的效果，如颠倒、反向、垂直和倾斜等，如图 8-48 所示。

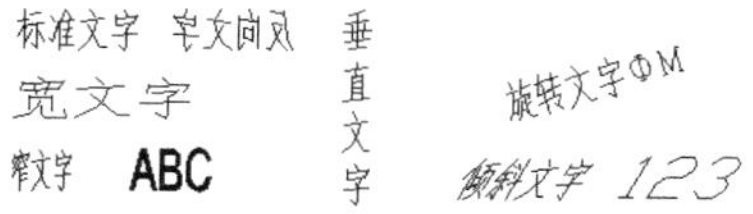

⑥ 单击“应用”按钮，将对文字样式进行的设置应用于当前图形。

图 8-48 字体效果

⑦ 单击“关闭”按钮，保存样式设置。

（2）输入和编辑单行文字

① 输入单行文字。

功能：单行文字常用于标注文字、标题栏等内容。

操作提示：

命令：_text（DT）↙（或下拉菜单：“绘图”→“文字”→“单行文字”）
当前文字样式：Standard 文字高度：2.5↙
指定文字的起点或[对正(J)/样式(S)]：（单击一点，在绘图区域中确定文字的起点）↙
指定高度：（输入字高，确定文字高度）↙
指定文字的旋转角度：（输入角度值，确定文字旋转的角度）↙
输入文字：（输入文字，注写文字内容）↙

② 设置单行文字的对齐方式。

在创建单行文字时，系统将提示用户：

指定文字的起点或[对正(J)/样式(S)：J（设置文字对齐方式）↙

输入选项[对齐(A)/调整(F)/中心(C)/中间(M)/右(R)/左上(TL)/中上(TC)/右上(TR)/左中(ML)/正中(MC)/右中(MR)/左下(BL)/中下(BC)/右下(BR)]：TL（输入选项关键字 TL，选择左上对齐方式）↙

指定文字左上点：（单击一点，指定一点作为文字行顶线的起点）↙

依前述依次输入字高、旋转角度及相应文字内容即可，文字对齐默认选项是左上方式。

③ 编辑单行文字。

对单行文字的编辑主要包括两个方面：修改文字特性和修改文字内容。要修改文字内容，可直接双击文字，此时打开如图 8-49 所示的“编辑文字”对话框，即可对要修改文字内容进行编辑修改。

图 8-49 “编辑文字”对话框

④ 输入特殊符号。

在输入文字时，用户除了要输入汉字、英文字符外，还可能经常需要输入诸如“ϕ、±、°”及上画线、下画线等特殊符号。在输入这些符号时，应分别对应输入“%%c”、“%%p”、“%%d”、“%%o”、“%%u”。

（3）输入多行文字

在 AutoCAD 中，多行文字是通过多行文字编辑器来完成的。多行文字编辑器包括一个“文字格式”工具栏和一个快捷菜单。

① 输入多行文字。

命令：_Mtext↙（T 或 MT）（或下拉菜单：“绘图”→“文字”→“多行文字”）
当前文字样式：Standard 文字高度：2.5↙
指定第一角点：（单击一点，在绘图区域中注写文字处指定第一角点）↙
指定对角点或[高度(H)/对正(J)/行距(L)/旋转(R)/样式(S)/宽度(W)]：（拾取另一角点，确定文字注写区域，并打开“文字格式”对话框及文字输入、编辑框，如图 8-50 所示）↙

② 选用文字格式。在“文字格式”对话框中，可选择 “文字样式”、“字体”，设置“字高”等。

③ 在文字输入、编辑框中输入文字内容。

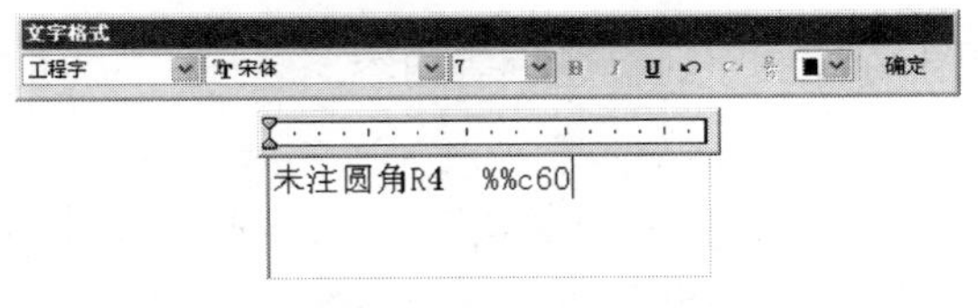

图 8-50 多行文字编辑器

④ 各选项操作可参照单行文字标注，也可右击文字编辑框内任意点，在随后出现的快捷菜单上选择相应的编辑命令进行操作。

8.3.3 绘制轴套类零件图

1. 绘图命令

（1）mirror 命令的功能是镜像。

该命令的简要执行过程如下：

命令：_mirror↙
选择对象：↙
选择对象：↙
指定镜像线的第一点：↙
指定镜像线的第二点：↙
是否删除源对象？[是(Y)/否(N)] <N>：↙

（2）chamfer 命令的功能是切角。

该命令的简要执行过程如下：

命令：_chamfer↙（“修剪”模式） 当前倒角距离 1 = 10.0000，距离 2 = 10.0000
选择第一条直线或 [多段线(P)/距离(D)/角度(A)/修剪(T)/方式(M)/多个(U)]： d↙
指定第一个倒角距离 <10.0000>：↙
指定第二个倒角距离 <10.0000>：↙
选择第一条直线或 [多段线(P)/距离(D)/角度(A)/修剪(T)/方式(M)/多个(U)]：↙
选择第二条直线：↙

（3）spline 命令的功能是绘制样条曲线（波浪线）。

该命令的简要执行过程如下：

```
命令：_spline↙
指定第一个点或 [对象(O)]：↙
指定下一点：↙
指定下一点或 [闭合(C)/拟合公差(F)] <起点切向>：↙
指定下一点或 [闭合(C)/拟合公差(F)] <起点切向>：↙
指定起点切向：↙
指定端点切向：↙
```

（4）bhatch 命令的功能是绘制剖面线。

该命令的简要执行过程如下：

```
命令：_bhatch↙
选择样例：ANSI31↙
拾取内部点：↙
确定：↙
画剖面线：（剖面线的种类、方式、区域选择、方向、间隔）↙
```

注意：剖面线只能画在封闭的区域内。

（5）UCS 命令用来表示用户坐标系。

（6）Pline 命令的功能是绘制多段线。

2. 绘制轴零件图

绘制如图 8-51 所示轴零件图。

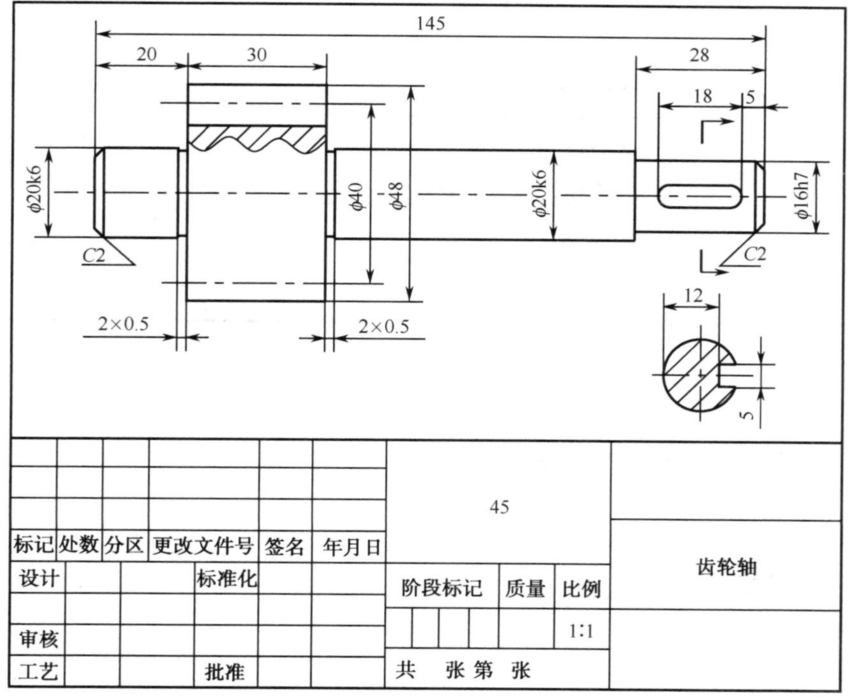

图 8-51　轴零件图

课外练习

绘制如图 8-52 所示轴零件图。

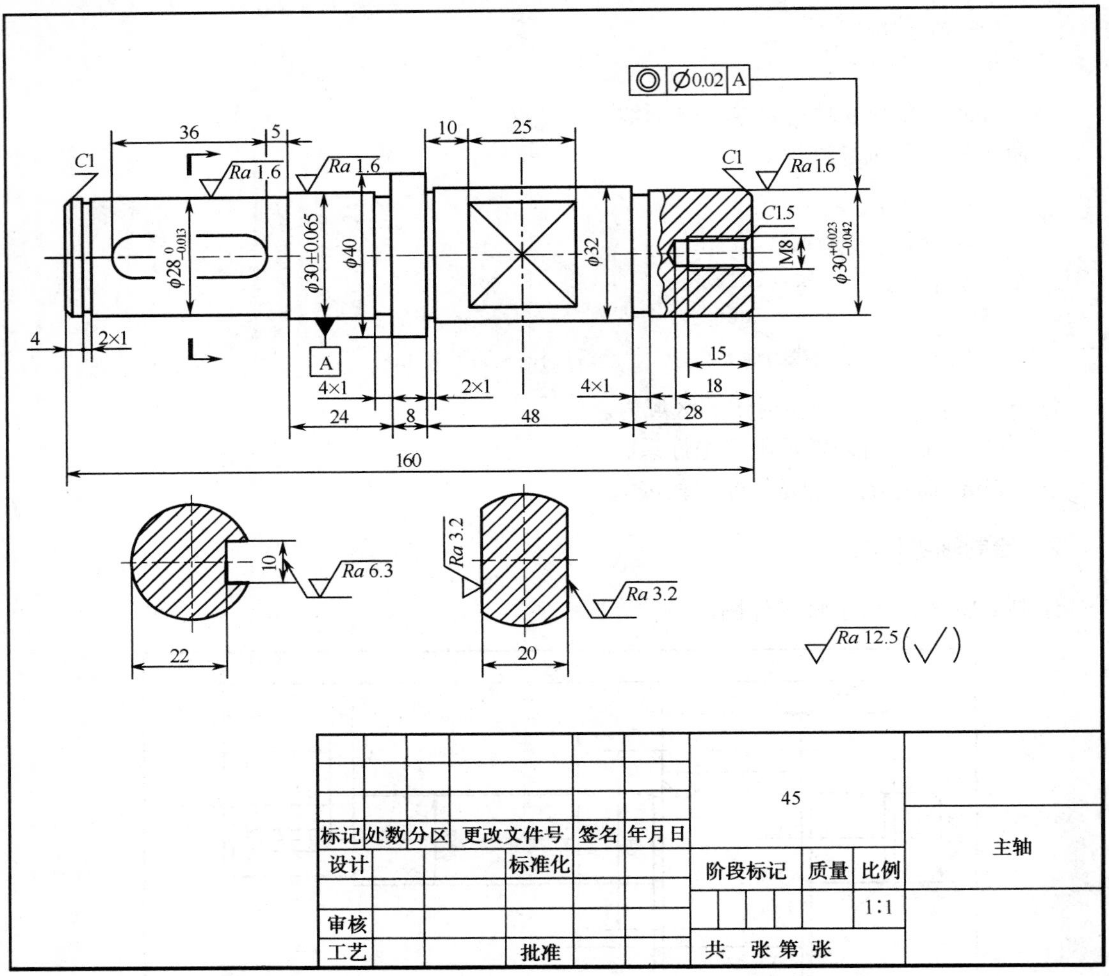

标记	处数	分区	更改文件号	签名	年月日	45	主轴
设计			标准化			阶段标记 | 质量 | 比例	
						1∶1	
审核							
工艺			批准			共　张 第　张	

图 8-52　主轴

任务 8.4　绘制盘类零件图

任务目标

最终目标：能绘制盘类零件图。

促成目标：

（1）会使用各种绘图命令；

（2）能识读盘盖类零件图；

（3）能理解各种表达方法的应用；

（4）会标注技术要求（尺寸公差、表面粗糙度等）。

任务要求

使用计算机（AutoCAD）绘制如图 8-53 所示盘类零件。

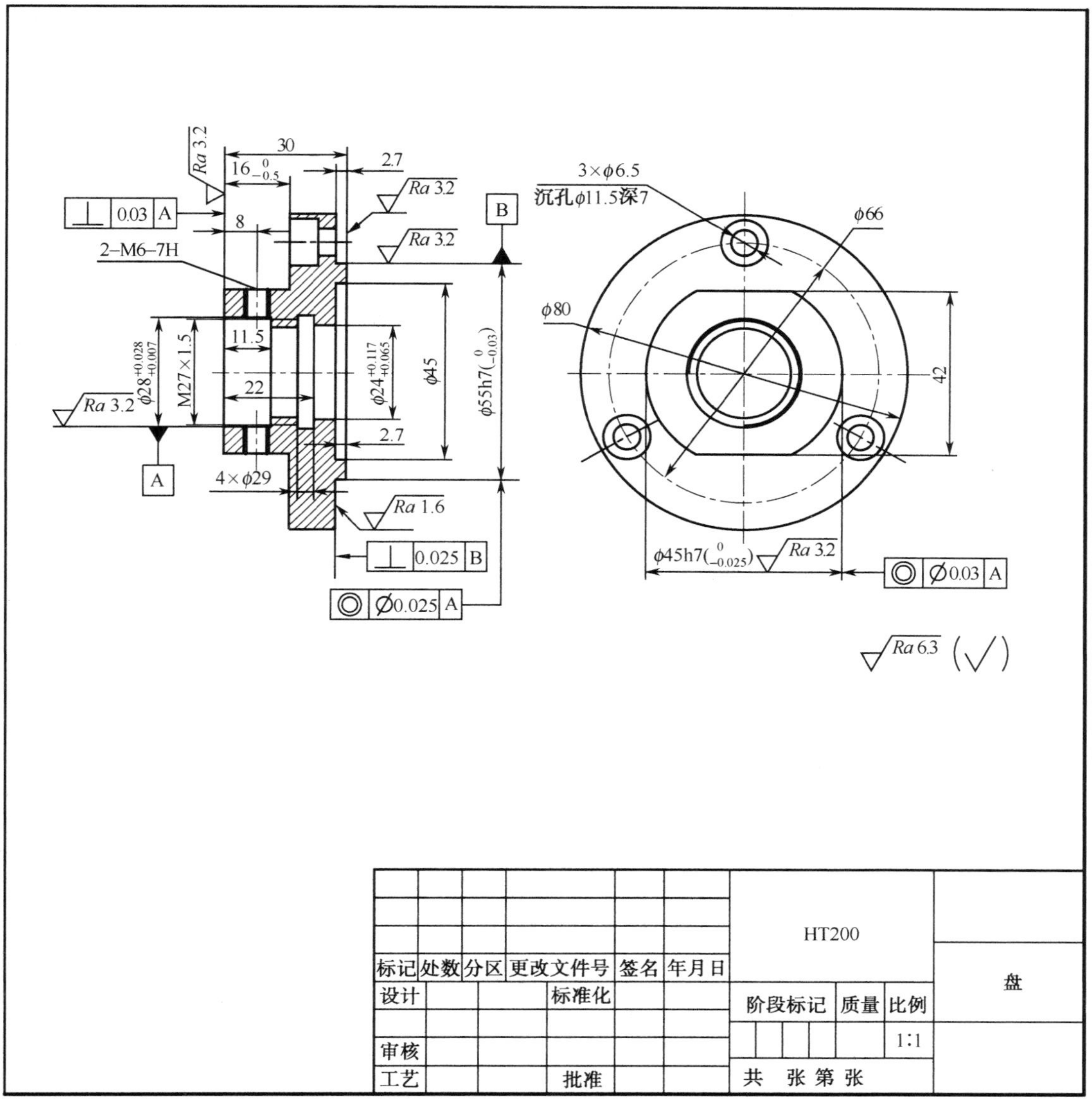

图 8-53　盘

学习案例

使用计算机绘制如图 8-54 所示的圆盘零件图。

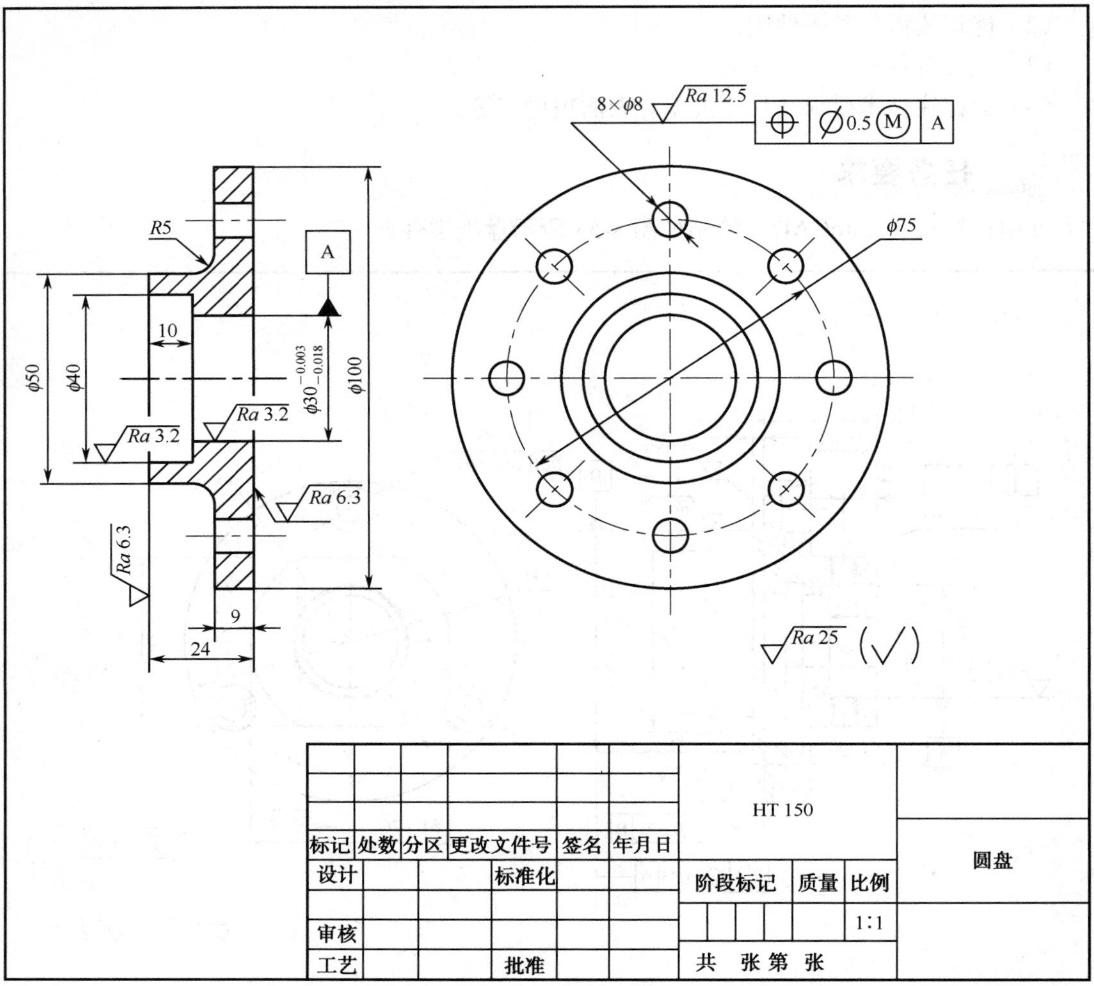

8×ϕ8 Ra 12.5
ϕ0.5 Ⓜ A
R5
A
10
ϕ50
ϕ40
$\phi 30^{-0.003}_{-0.018}$
ϕ100
ϕ75
Ra 3.2
Ra 3.2
Ra 6.3
Ra 6.3
9
24
Ra 25 (√)

						HT 150			
标记	处数	分区	更改文件号	签名	年月日				圆盘
设计		标准化				阶段标记	质量	比例	
								1∶1	
审核									
工艺		批准				共 张 第 张			

图 8-54　圆盘

知识链接

8.4.1　尺寸及形位公差的标注

1. 尺寸标注

在 AutoCAD 中标注尺寸，可通过“标注”菜单和“标注”工具栏来完成，如图 8-55 所示为“标注”工具栏。

2. 设置尺寸标注样式

（1）标注样式管理器

选择下拉菜单“格式”→“标注样式”，弹出如图 8-56 所示的“标注样式管理器”窗口，在样式框中有一个默认的样式 ISO-25。

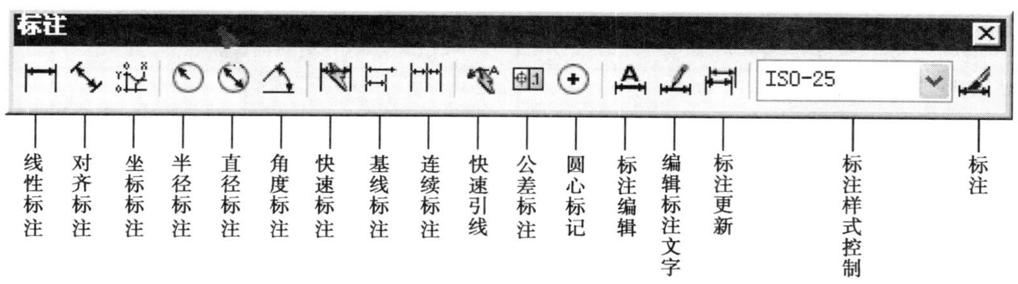

图 8-55 “标注”工具栏

（2）新建标注样式

一般情况下，默认的样式能够满足大部分尺寸标注的需要，用户可以不进行任何标注设置。但是，对不符合国家标准的设置则需要修改，可以通过“标注样式管理器”新建一个标注样式，如图 8-57 所示。

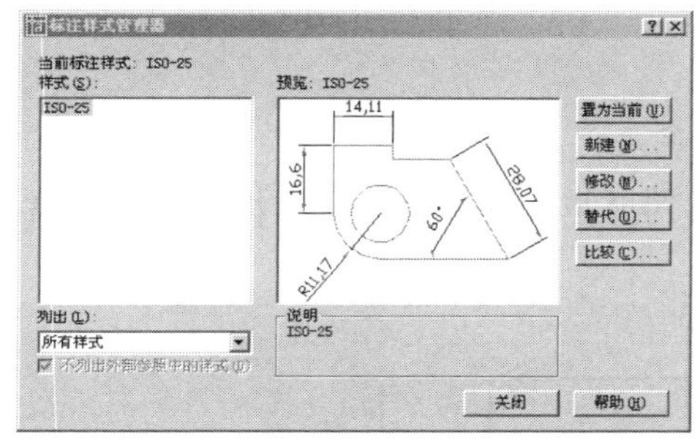

图 8-56 “标注样式管理器”对话框

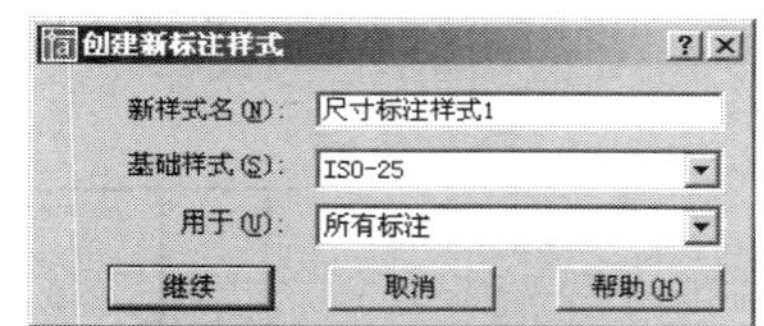

图 8-57 “创建新标注样式”对话框

有关“尺寸标注样式 1”的设置参数样例如图 8-58 所示。

“直线与箭头”选项卡用于设置尺寸线、尺寸界线、箭头和圆心标记的格式和位置。

“文字”选项卡用于设置标注文字的外观、位置和对齐方式。

“调整”选项卡用来设置文字与尺寸线的管理规则以及标注特征比例。

“主单位”选项卡用于设置线性尺寸和角度标注单位的格式和精度等。

“换算单位”选项卡用于设置换算单位的格式。

“公差”选项卡用于设置公差值的格式和精度。

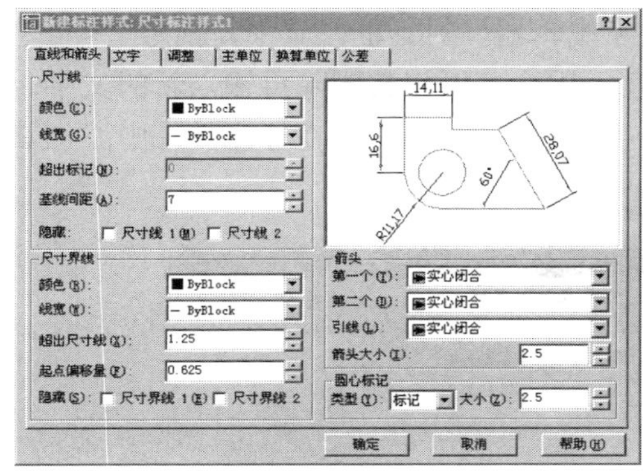

（a）“直线与箭头”选项设置

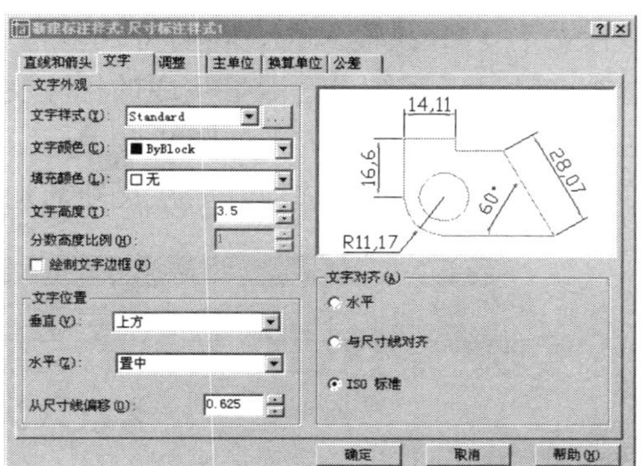

（b）“文字”选项设置

图 8-58 设置参数样例

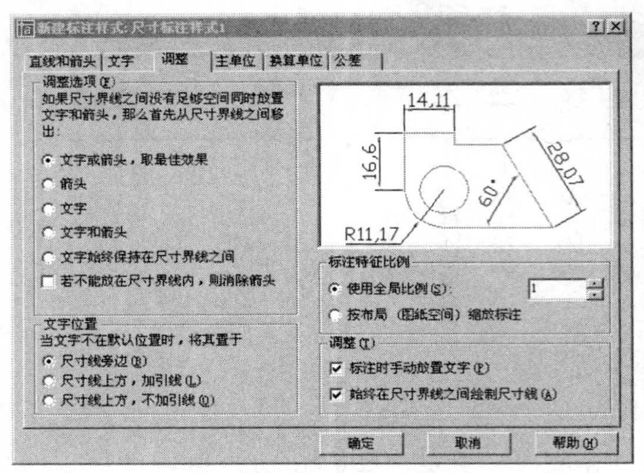

（c）“调整”选项设置

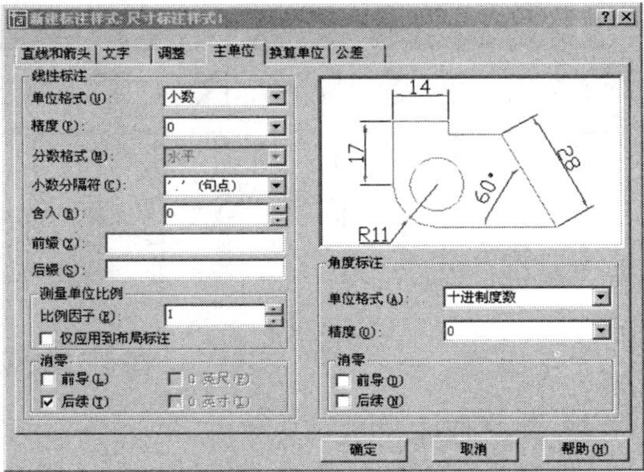

（d）“主单位”选项设置

图 8-58　设置参数样例（续）

3. 常用尺寸标注

（1）线性标注

功能：用于标注与当前 X 轴、Y 轴平行的线段距离的测量值，可以指定点或选择一个对象，如图 8-59 所示。

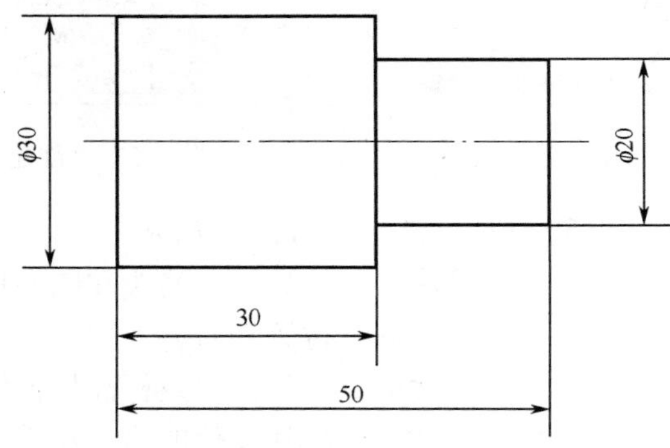

图 8-59　线性标注

选项提示：

多行文字（M）：输入 M，可打开“多行文字编辑器”对话框。其中，括号“< >”表示在标注输出时显示系统自动测量生成的标注文字，用户可以将其删除再输入新的文字，也可以在括号前后输入其他内容，如图 8-60 所示。通常情况下，当需要在标注尺寸中添加其他文字或符号时，需要选择此选项，如在尺寸前加ϕ等。

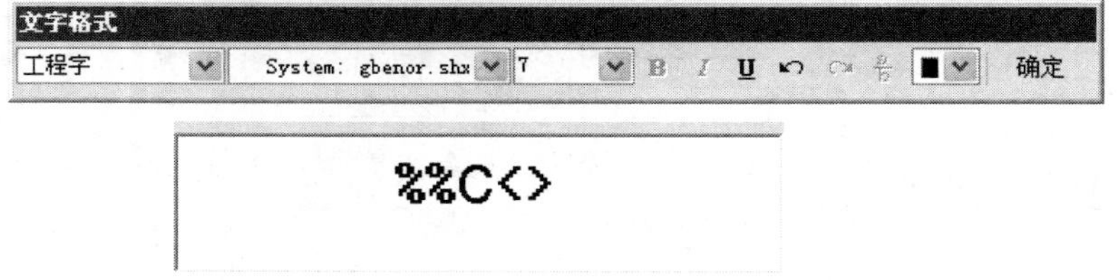

图 8-60　使用多行文字编辑器修改、添加文字

文字（T）：输入 T，可直接在命令提示行输入新的标注文字，此时可修改尺寸值或添加新的文字内容。

角度（A）：输入 A，可指定标注文字的角度。

旋转（R）：输入 R，可使整个尺寸标注旋转一指定的角度。

图 8-61 为指定文字角度和整个尺寸标注角度的示例。

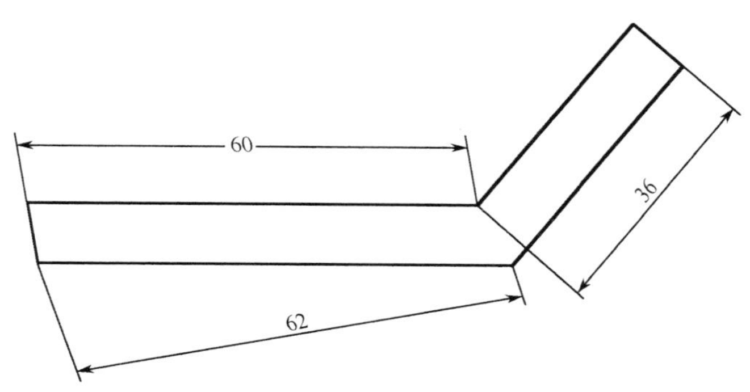

图 8-61　指定文字角度和整个尺寸标注角度的示例

（2）对齐标注

功能：用于标注与当前 *X* 轴、*Y* 轴不平行的线段距离的测量值，如图 8-61 中的倾斜尺寸 36。

（3）角度标注

功能：使用角度标注可以测量圆和圆弧的角度、两条直线间的角度。

输入选项 T，允许修改角度值，在输入修改数值后应紧接着输入“%%d”方可输出角度符号“°”。

机械制图国家标准要求角度的数字一律写成水平方向，注在尺寸线中断处、外边或在尺寸线上方，也可以引出标注，如图 8-62 所示。

为了满足国标要求，在使用 AutoCAD 设置标注样式时，用户可以用下面的方法创建角度尺寸样式，步骤如下：

① 选择下拉菜单“标注”→“样式”，打开“标注样式管理器”对话框。

② 单击“新建”按钮，打开“创建新标注样式”对话框，在“用于”下拉列表框中选择“角度标注”，如图 8-63 所示。

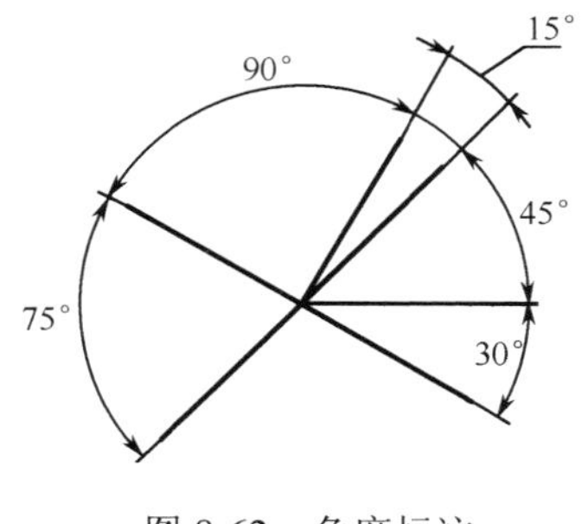

图 8-62　角度标注

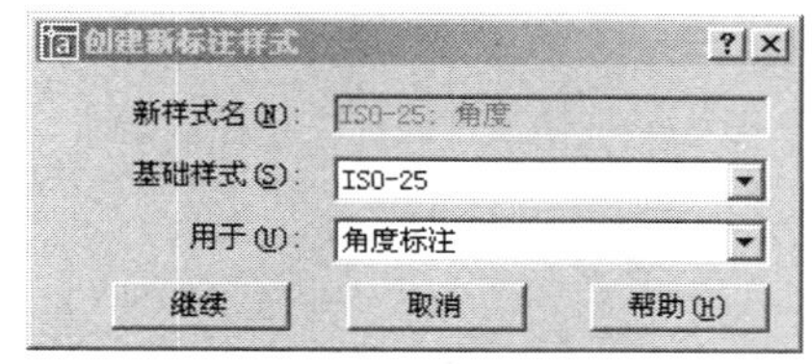

图 8-63　“创建新标注样式”对话框

③ 单击“继续”按钮，打开“新建标注样式”对话框，在“文字”选项卡的“文字对齐”设置区中，选择“水平”选项。

④ 单击“确定”按钮，回到“标注样式管理器”对话框。将新建立的样式置为当前并关闭，这时就可以使用该角度标注样式簇来标注角度尺寸了。

（4）圆和圆弧的标注

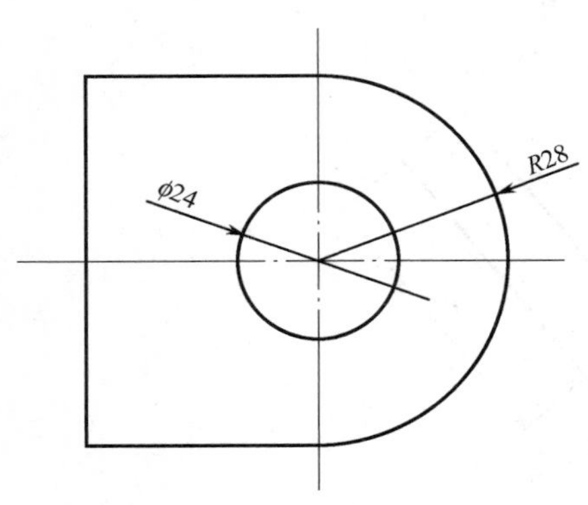

图 8-64　半径标注和直径标注

功能：在 AutoCAD 中，使用半径或直径标注，可以标注圆和圆弧的半径或直径，标注圆和圆弧的半径或直径时，AutoCAD 可以在标注文字前自动添加符号 *R*（半径）或 ϕ（直径），如图 8-64 所示。

操作提示：通过输入“T”修改直径数值时，应输入“%%c”来输出直径符号“ϕ”。

（5）基线标注

功能：使用基线标注可以创建一系列由相同的标注原点测量出来的标注，主要用来标注相互平行的并联尺寸。

要创建基线标注，必须先创建（或选择）一个线性或角度标注作为基准标注。如在图 8-65 中，先用线性标注注出线段 *AB* 的长度尺寸 20，然后选择基线标注，AutoCAD 将从基准标注的第 1 个尺寸界线 *A* 点处标注尺寸 50。

（6）连续标注

功能：连续标注用于多段尺寸串联、尺寸线在一条直线放置的标注。要创建连续标注，必须先选择一个线性或角度标注作为基准标注。每个连续标注都从前一个标注的第 2 个尺寸界线处开始。仍以图 8-65 的标注为例，在注出第一个线性尺寸 15 后，其后面尺寸 30 则采用连续标注。

操作提示：在创建连续标注时，系统默认自动追踪最后一次线性标注的第二条尺寸界线作为测量基准进行连续标注，如果“选择（S）”，则允许用户任选尺寸界线作为测量基准进行连续标注。

角度的基线标注和连续标注与线性标注相同，其示例如图 8-66 所示。

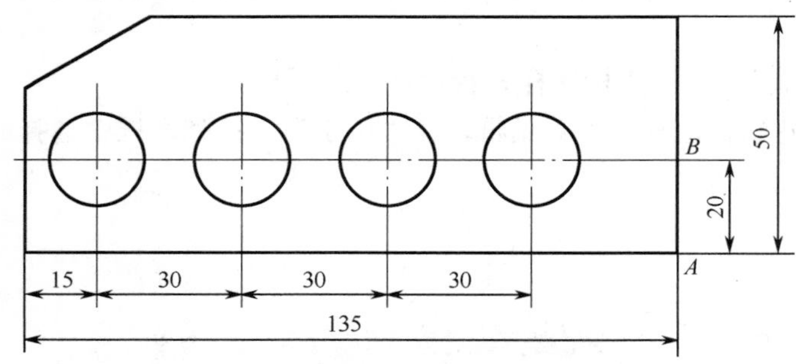

图 8-65　建立基线标注和连续标注

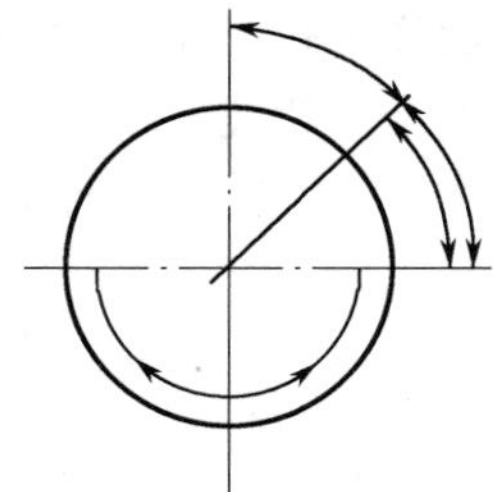
图 8-66　角度的基线和连续标注示例

4. 形位公差标注

形位公差在机械制图中也是常见的标注内容。形位公差标注常和引线标注结合使用，绘图实例参照图 8-67 中 ϕ45±0.02 圆柱面的圆跳动公差，其操作步骤如下：

下拉菜单："标注"→"引线"

指定第一个引线点或 [设置(S)] <设置>：S↙

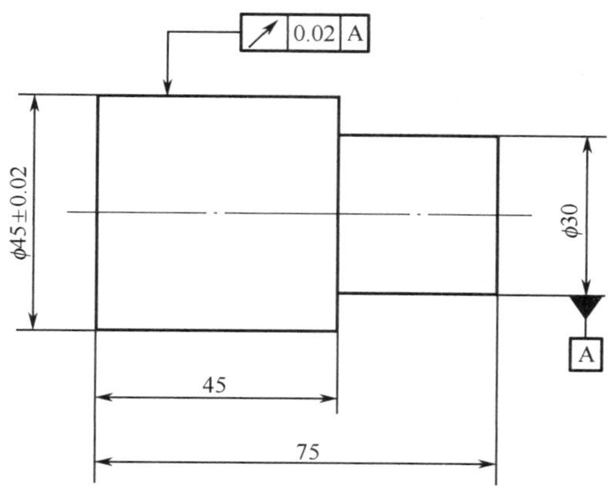

图 8-67　形位公差标注

打开"引线设置"对话框，在"注释"选项卡的"注释类型"设置区中选择"公差"单选按钮，然后单击"确定"按钮，在图形中创建引线（其提示同引线标注），这时将自动打开"形位公差"对话框，如图 8-68 所示。

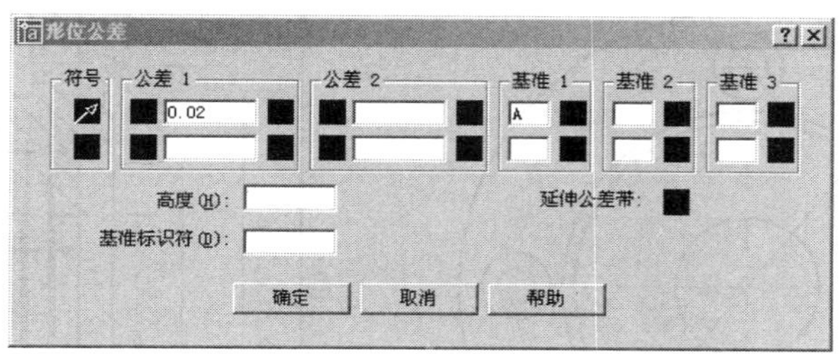

图 8-68 "形位公差"对话框

单击"符号"框中"■"，弹出如图 8-69 所示符号列表框，选择"↗"项。

在"公差 1"框中填写形位公差值 0.02，在"基准 1"中填写 A，若有包容条件可参照图 8-70 选择包容条件。单击图中箭头所指的"■"，在弹出的附加符号框中选择包容项目符号。

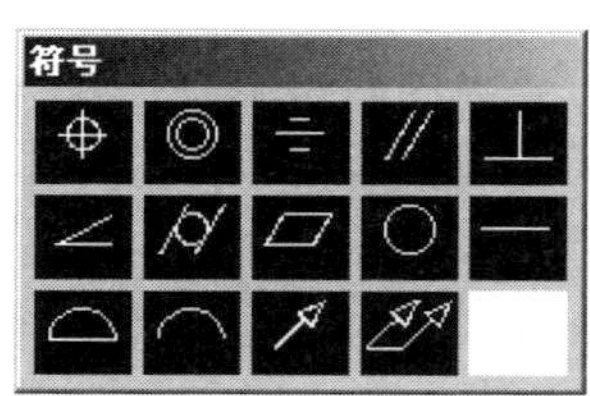

图 8-69　公差特征符号

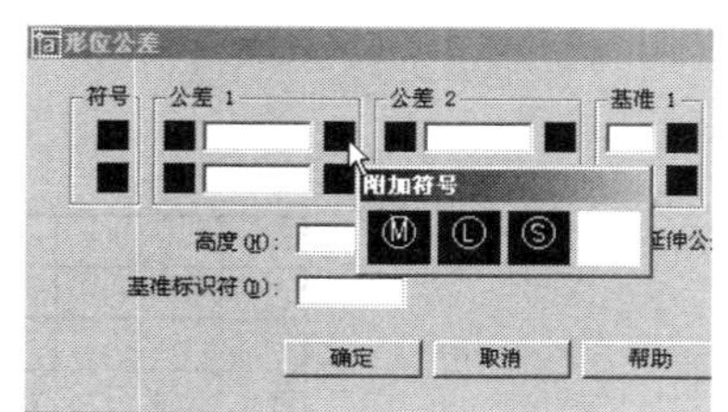

图 8-70　选择包容条件

单击"确定"按钮，则标注结果如图 8-67 所示。

操作提示：若通过下拉菜单"标注"→"公差"执行公差命令，则可先标注出形位公差后，再用"引线"命令标注出指引线。

标注的更新：在通常情况下，尺寸标注和样式是相关联的，当标注样式修改后，使用“更新标注”命令（Dimstyle）可以快速更新图形中与标注样式不一致的尺寸标注。

8.4.2 绘制盘盖类零件图的步骤

（1）分析盘盖类零件图的视图表达，看懂其形状；

（2）分析盘盖类零件图的文本标注和尺寸标注以及技术要求的标注；

（3）新建图形，设置图幅、比例；

（4）绘制盘盖类零件图；

（5）设置文字样式，设置尺寸标注样式；

（6）进行盘盖类零件图的尺寸标注；

（7）检查、保存图形文件。

课外练习

绘制如图 8-71 所示的端盖零件图。

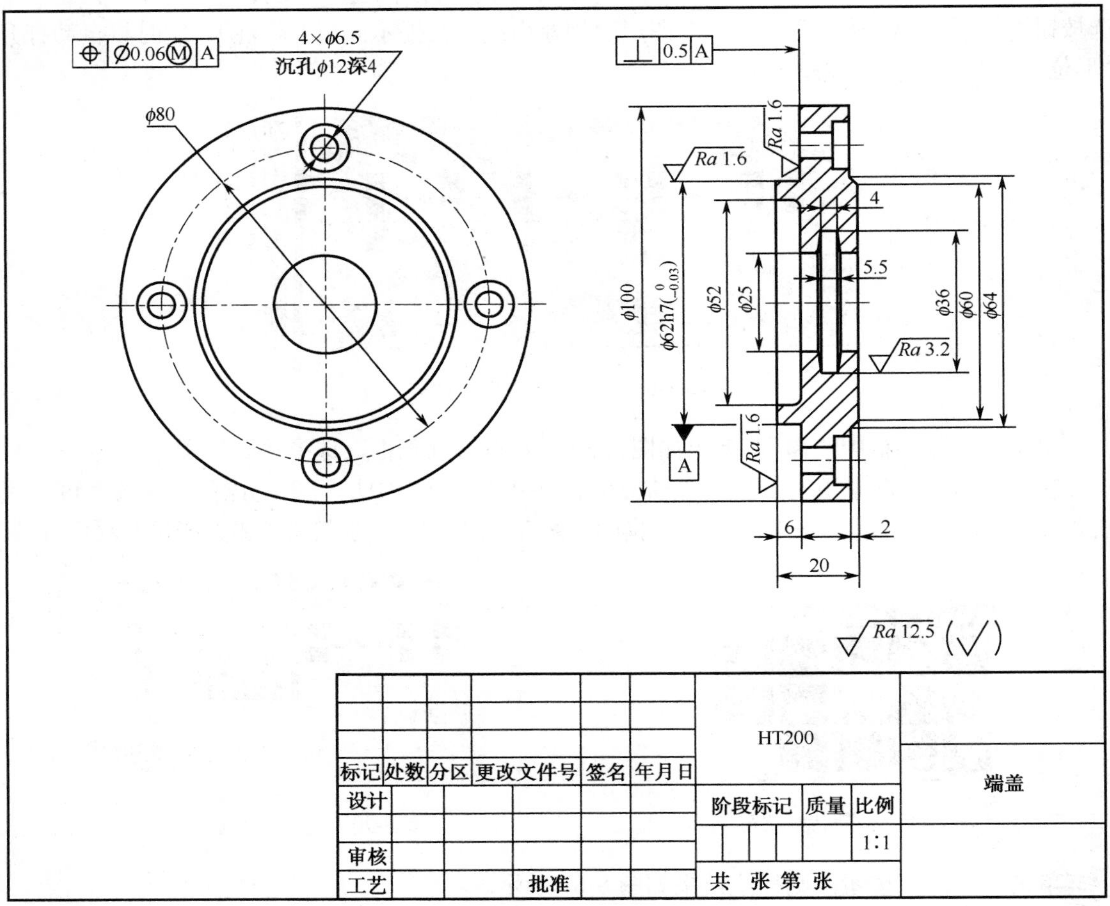

图 8-71 端盖

任务 8.5　其他零件图

任务目标

最终目标：能绘制其他零件图。

促成目标：

（1）会使用各种绘图命令；

（2）能理解各种表达方法的应用；

（3）会标注技术要求（尺寸公差、表面粗糙度等）。

任务要求

使用计算机（AutoCAD）绘制如图 8-72 所示叉架类零件图。

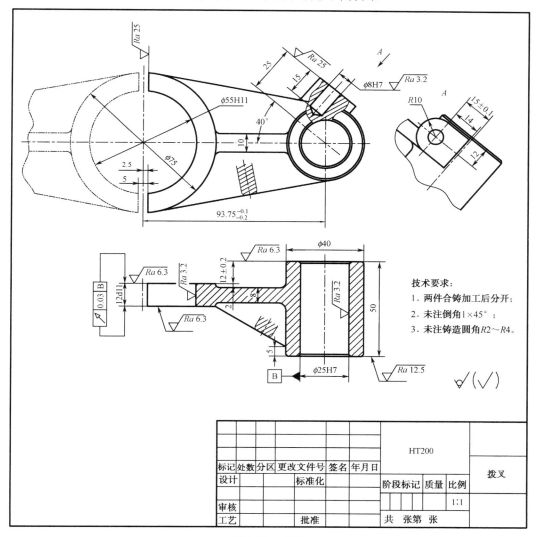

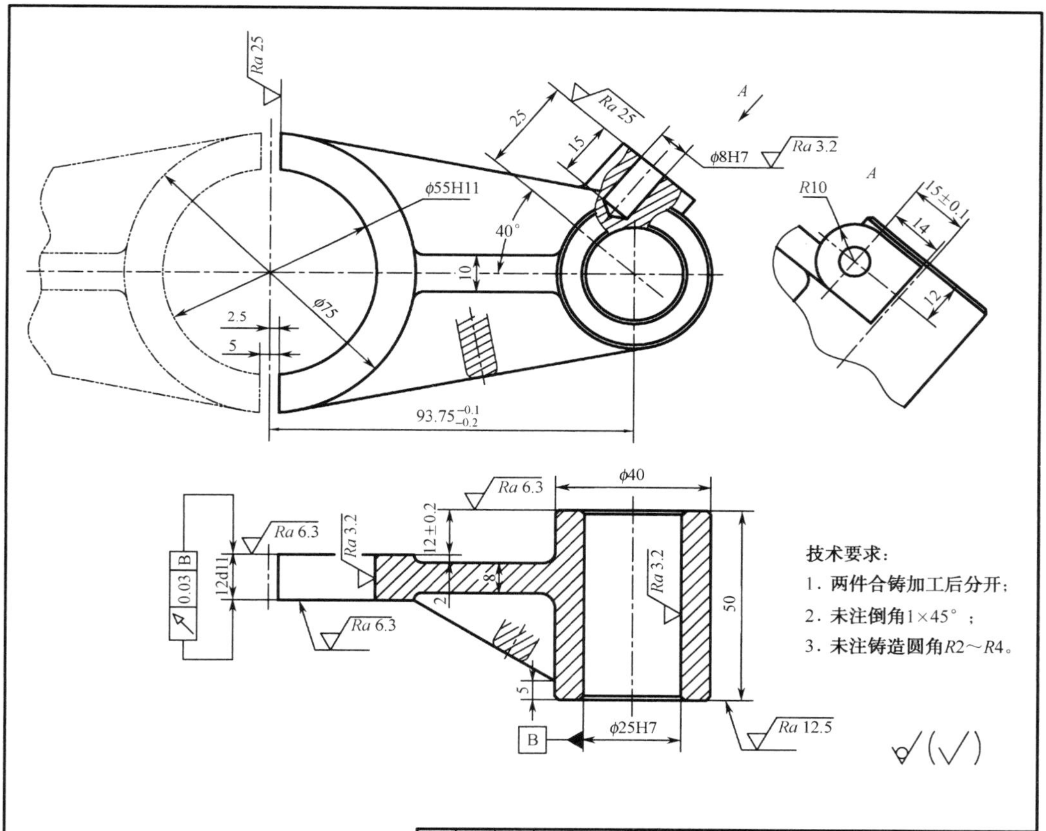

技术要求：

1．两件合铸加工后分开；

2．未注倒角1×45°；

3．未注铸造圆角R2～R4。

						HT200				拨叉
标记	处数	分区	更改文件号	签名	年月日					
设计			标准化			阶段标记	质量	比例		
								1:1		
审核										
工艺			批准			共　张第　张				

图 8-72　拨叉

学习案例

绘制如图 8-73 所示弯头零件图。

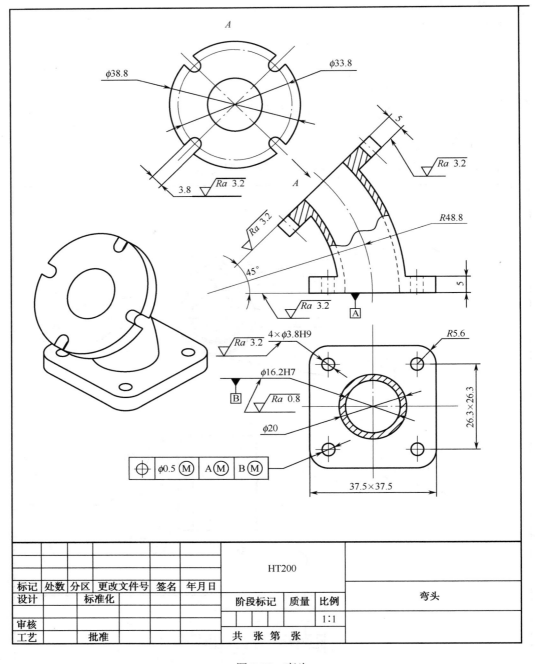

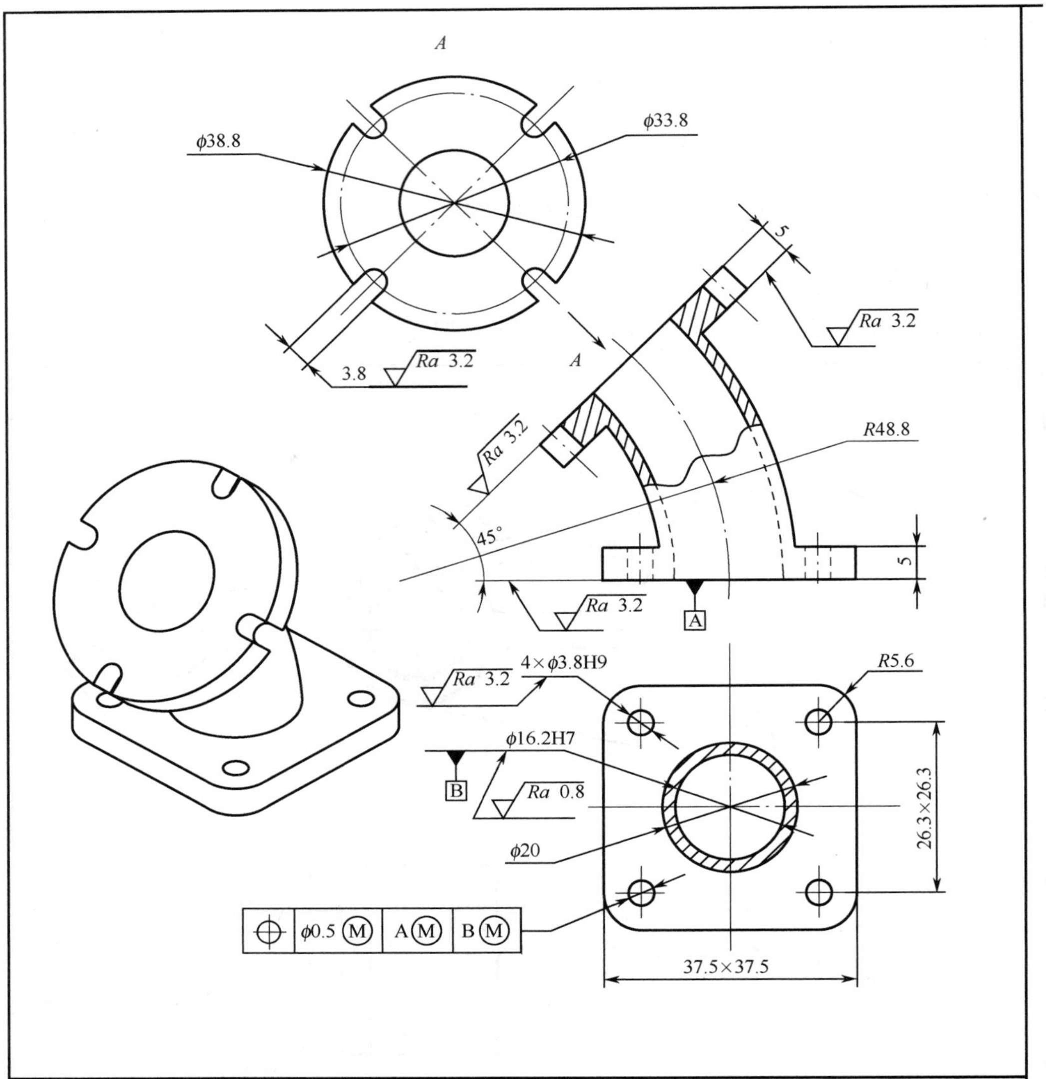

A
ϕ38.8
ϕ33.8
5
Ra 3.2
3.8
Ra 3.2
A
Ra 3.2
R48.8
45°
5
Ra 3.2
A
Ra 3.2
4×ϕ3.8H9
R5.6
ϕ16.2H7
B
Ra 0.8
ϕ20
26.3×26.3
| ⌖ | ϕ0.5 Ⓜ | AⓂ | BⓂ |
37.5×37.5

						HT200				弯头
标记	处数	分区	更改文件号	签名	年月日					
设计		标准化				阶段标记		质量	比例	
									1:1	
审核										
工艺		批准				共 张 第 张				

图 8-73　弯头

知识链接

图块是一个或多个图形对象的集合，可以是绘制在几个图层上的不同颜色、线型和线宽特征的对象组合。多个图形对象组成的块在编辑操作中如同一个图形对象，并可多次以不同的比例和旋转角度插入到图形指定的位置上，简化了绘图过程。

例如，用户可以使用块建立常用符号（如机械图样中表面粗糙度代号、基准符号）、零部件及标准件的图库，可以将同样的块多次插入到图形中，而不必每次都重新创建图形元素。编辑图形时，将零件图以块的形式进行插入，可以完成机器或其部件的装配图。

1. 定义块

功能：用已经绘制出的图形对象创建图块。

操作步骤：

命令：执行命令 Block 或下拉菜单“绘图”→“块”→“创建”（将弹出“块定义”对话框，如图 8-74 所示）。

定义图块名称：在“名称”框中输入“螺母”。

确定图块插入时基点：单击“拾取点”按钮选择螺母左端面与轴线的交点 *A* 作为插入块时的参考点。

选择定义块对象：单击“选择对象”按钮选择要作为块的全体图形。

单击“确定”按钮，完成“螺母”的块定义，将保存在当前图形文件中，如图 8-75 所示。

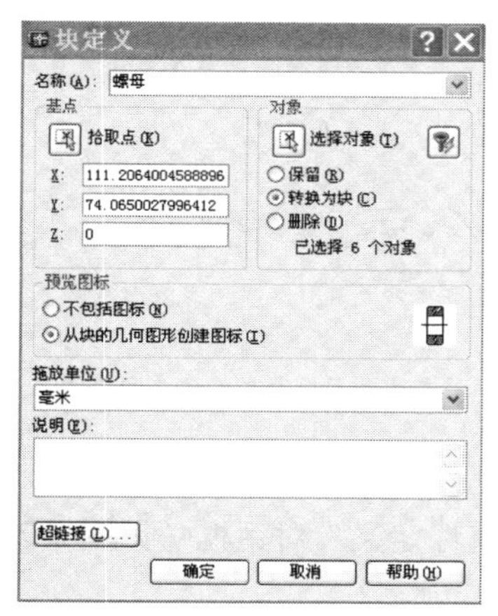

图 8-74　“块定义”对话框

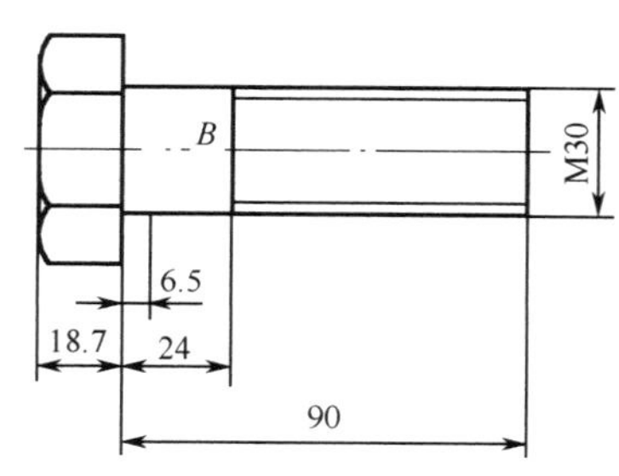

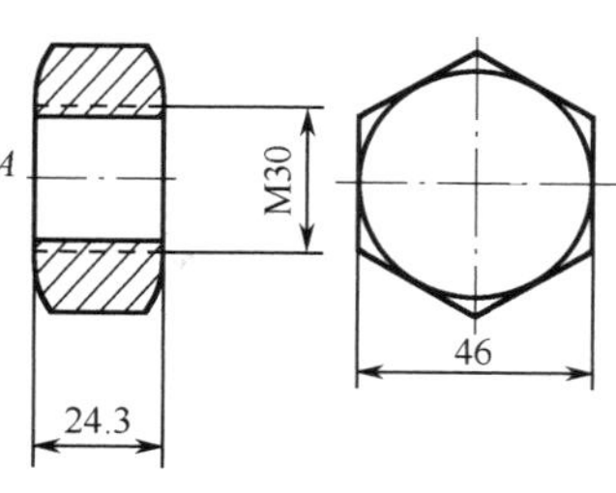

图 8-75　螺栓、螺母原图

注意：用 Block 命令定义的块称为“内部块”，它只保存在当前图形中，只能在当前图形中用块插入命令引用，其他图形文件则不能引用插入。块可以嵌套即块包含块插入。

2. 插入块

功能：将块或另一图形文件按指定位置插入到当前图样中。

下拉菜单：“插入”→“块”（弹出“插入”图块对话框，见图 8-76）。

操作步骤（以图 8-77 为例）：

① 在“名称”下拉列表框中，选择“螺母”图块。这时，光标自动挂在基点 *A* 处。

② 如果“缩放比例”或“旋转”栏中的“在屏幕上指定”复选框被勾选，则在插入块时命令行会出现相应的提示：

命令：_insert↙

指定插入点或[比例(S)/X/Y/Z/旋转(R)/预览比例/(PS)/PX/PY/PZ/预览旋转(PR)]：↙

拾取被插入的图形中一点，如图 8-75 螺栓中的 *B* 点，则 *B* 点即为与图块基点 *A* 相对接的插入定位点。插入的结果如图 8-77 所示。

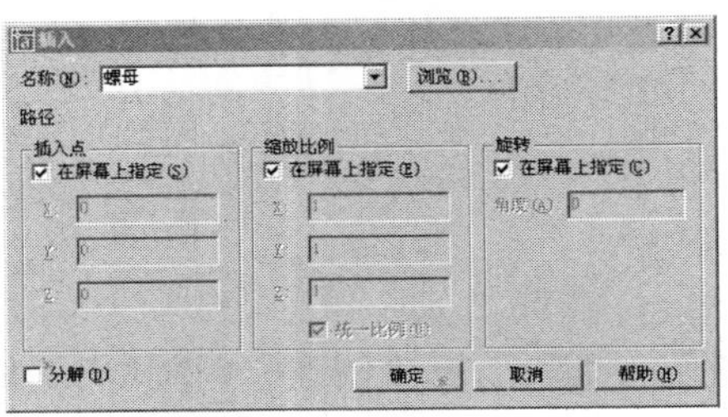

图 8-76 “插入”图块对话框

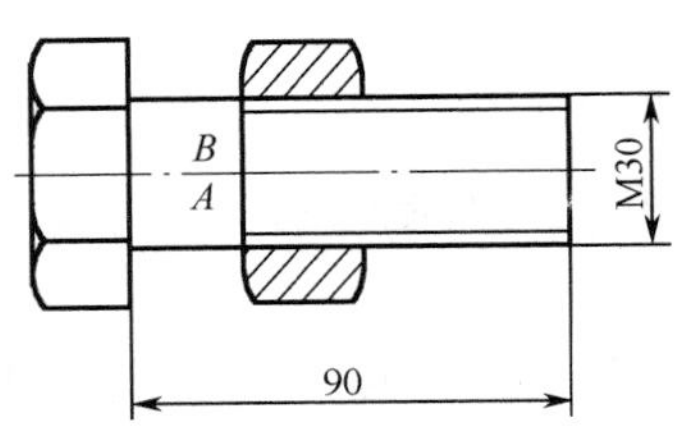

图 8-77 块的插入

3. 定义属性

图块的属性是附属于块的非图形信息，是块的组成部分，通常是包含在图块中的文字对象，用于图块在插入过程中进行自动注释。在机械图样上进行表面粗糙度标注时，可先将表面粗糙度符号画出，然后给 *Ra* 定义属性值，并一起定义为块，而且在插入时其值是可以改变的。其操作过程如下：

（1）按给定尺寸画出表面粗糙度符号，如图 8-78（a）所示。

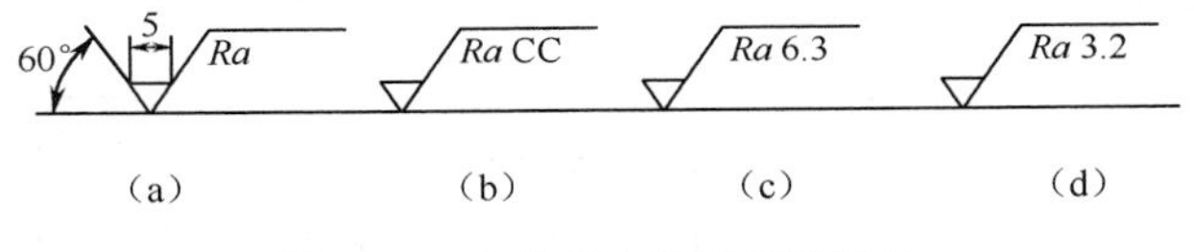

图 8-78 定义表面粗糙度符号块

（2）定义属性。

选择下拉菜单：“绘图”→“块”→“定义属性”，通过“属性定义”对话框（见图 8-79）创建属性定义。

① “模式”区：用于设置属性的模式。

② “属性”区：用于设置属性标记、提示等。

➢ 在“标记”文本框中输入标记名字（CC）；

➢ 在“提示”文本框输入提示值（*Ra*）；

➢ 在“值”文本框中输入属性值（6.3）。

③ “文字选项”区：选择对齐方式、文字的样式、文字的高度、文字的转向等。

④ 插入点：选择该复选框，可在屏幕上指定属性插入点。

单击“确定”按钮，在命令行提示“指定起点”时，确定属性值的起点。

上述所定义的属性标记显示如图 8-78（b）所示。

（3）定义带有属性的图块。在图 8-74 所示的对话框中完成图块的定义，设块名称为“ccd”，

将图 8-78（b）所示全部选为构成块的对象。确定之后弹出“编辑属性”对话框，如图 8-80 所示，在属性提示栏可修改属性值，其结果显示如图 8-78（c）所示。

继续标注表面粗糙度，插入“ccd”块，在命令行会出现输入属性值的提示，输入新的属性值如“3.2”，其结果显示如图 8-78（d）所示。

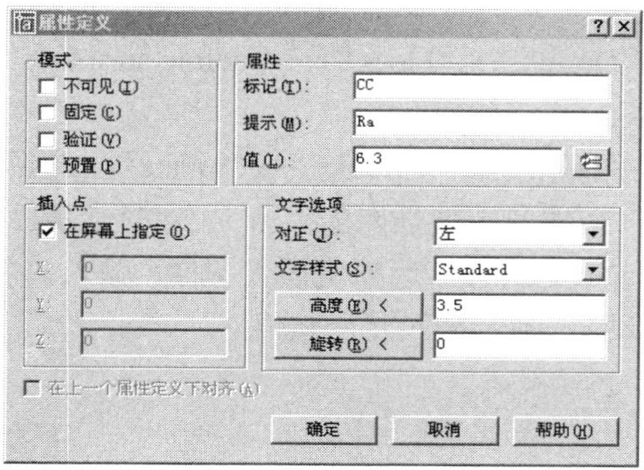

图 8-79 “属性定义”对话框

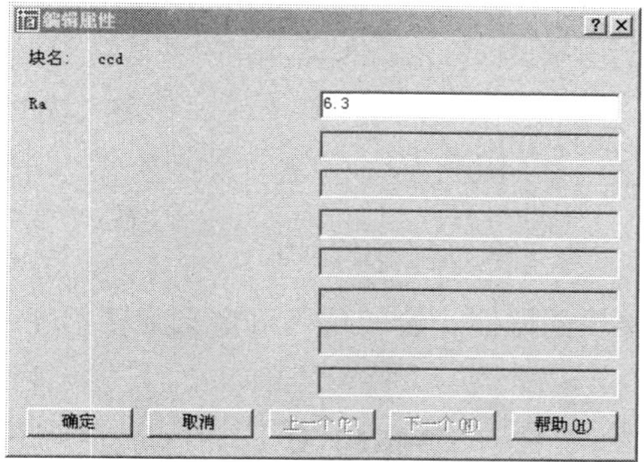

图 8-80 “编辑属性”对话框

4. 保存图块

功能：将当前图形中的块以文件的形式写入一个图形文件中，使块在其他图形文件中得以共享。保存后的块又称为“外部块”，相当于一个图形文件。

操作提示：

命令：_wblock↙

输入命令后，屏幕上将弹出“写块”对话框，如图 8-81 所示。各区域含义为：

（1）“源”区域

① 保存已创建的块。如果当前图形中有已经创建的块，则选中“源”区域的“块”单选按钮，在下拉列表中选择要保存块的名称。

② 勾选“整个图形”选项，则将整个图形保存。

③ 勾选“对象”选项，则允许选择定义块的对象，建完块后再保存。

（2）“基点”与“对象”区域

① 若保存的是已创建的块或整个图形，“基点”区和“对象”区内容在建块时已经选择过，所以此时变灰不必再操作。

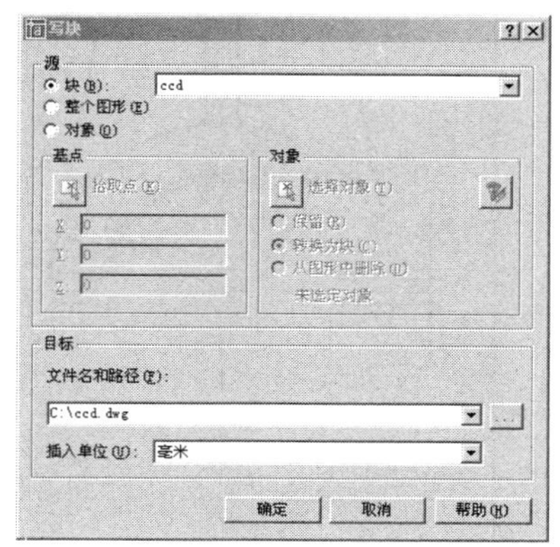

图 8-81 “写块”对话框

② 若勾选“对象”项，则“基点”和“对象”区域呈激活状态，其操作同创建块的操作过程。

（3）“目标”区域

① 在“目标”区中选择文件名、保存位置及插入单位。

② 单击“确定”按钮完成。

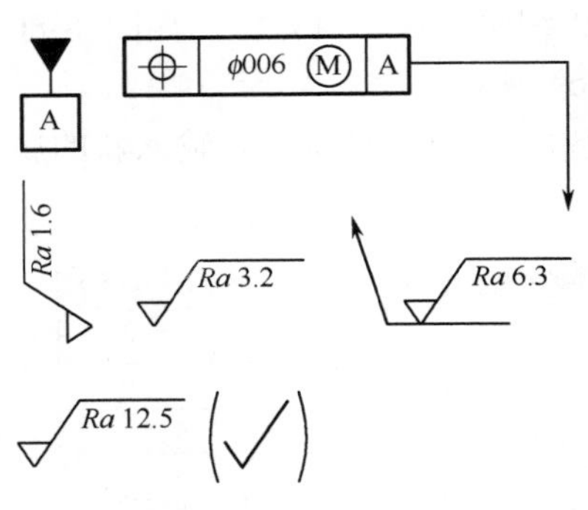

图 8-82 属性块的制作

③ 插入用 W 命令保存的块，可以在“插入块”对话框中单击“浏览”按钮，弹出“选择文件”对话框，按照文件所在的位置找到后双击打开即可。

【例 3】 如图 8-82 所示，学习属性块的制作（block）和插入。

① 定义块：“Draw” → “block” → “define attributes”，定义块的名称、默认值、校核等；

② 制作块：“Draw” → “block” → “make”，选择图素，选择插入点（应选最方便插入的点），校对默认值。

③ 插入块：insert block，选择块插入图标，输入块名，定义块的比例、旋转角（可定义旋转角度或自由转动），确定插入点，赋值。

课外练习

绘制如图 8-83 所示拨叉零件图。

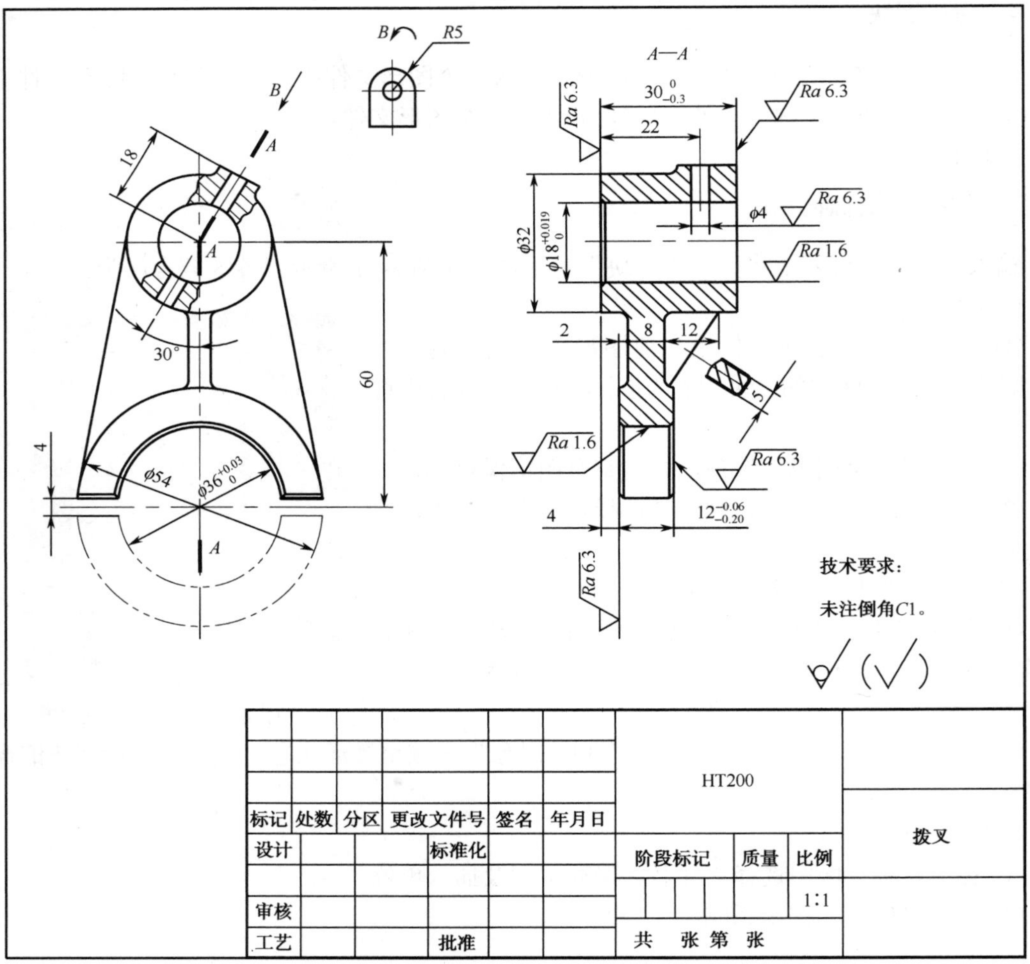

技术要求：

未注倒角 C1。

						HT200			
标记	处数	分区	更改文件号	签名	年月日				拨叉
设计			标准化			阶段标记	质量	比例	
								1:1	
审核									
工艺			批准			共 张 第 张			

图 8-83 拨叉

附录 A　螺纹、常用标准件及公差配合

A.1　螺纹

1. 螺纹

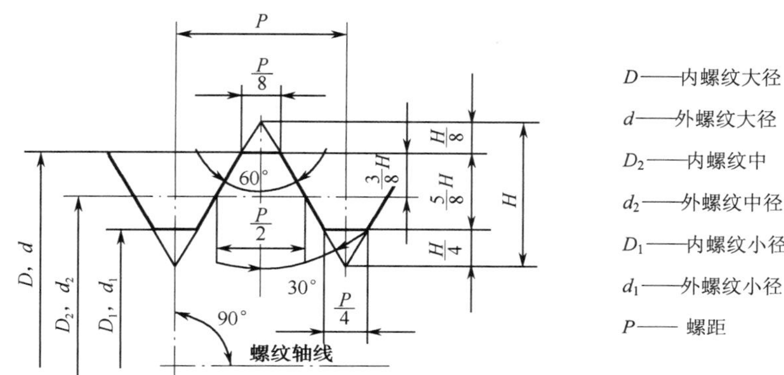

图 A-1　普通螺纹公称直径、螺距和基本尺寸

标记示例：

M10-6g（粗牙普通外螺纹、公称直径 d=10、右旋、中径及顶径公差带代号均为 6g、中等旋合长度）

M10×1LH-6H-L（细牙普通内螺纹、公称直径 D=10、螺距 P=1、左旋、中径及小径公差带代号均为 6H、长旋合长度）

表 A-1　常见螺纹尺寸（摘自 GB/T 193—1981、GB/T 196—1981）　　（单位：mm）

公称直径 D，d		螺距 P		粗牙中径 D_2，d_2	粗牙小径 D_1，d_1
第一系列	第二系列	粗牙	细牙		
3		0.5	0.35	2.675	2.459
	3.5	（0.6）		3.110	2.850
4		0.7	0.5	3.545	3.242
	4.5	（0.75）		4.013	3.688
5		0.8		4.480	4.134
6		1	0.75，（0.5）	5.350	4.917
8		1.25	1，0.75，（0.5）	7.188	6.647
10		1.5	1.25，1，0.75，（0.5）	9.026	8.376
12		1.75	1.5，1.25，1，（0.75），（0.5）	10.863	10.106
	14	2	1.5，（1.25）*，1，（0.75），（0.5）	12.701	11.835

续表

公称直径 D，d		螺距 P		粗牙中径 D_2，d_2	粗牙小径 D_1，d_1
第一系列	第二系列	粗牙	细牙		
16		2	1.5，1，（0.75），（0.5）	14.701	13.835
	18	2.5	2，1.5，1，（0.75），（0.5）	16.376	15.294
20		2.5		18.376	17.294
	22	2.5	2，1.5，1，（0.75），（0.5）	20.376	19.294
24		3	2，1.5，1，（0.75）	22.051	20.752
	27	3	2，1.5，1，（0.75）	25.051	23.752

注：（1）优先选用第一系列，括号内尺寸尽可能不用，第三系列未列入。

（2）M14×1.25 仅用于火花塞。

2. 梯形螺纹

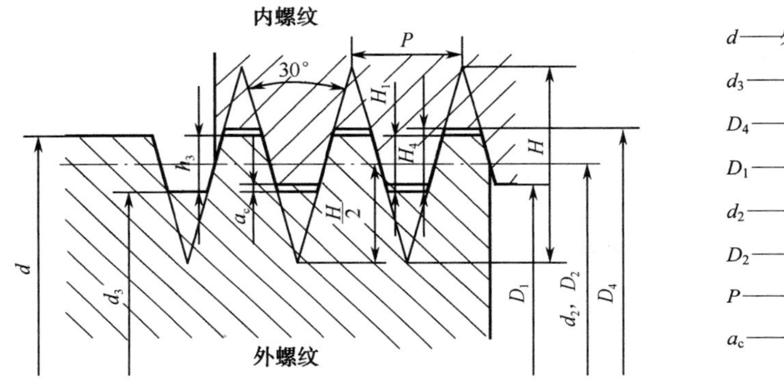

d——外螺纹大径（公称直径）

d_3——外螺纹小径

D_4——内螺纹大径

D_1——内螺纹小径

d_2——外螺纹中径

D_2——内螺纹中径

P—— 螺距

a_c——牙顶间隙

图 A-2 梯形螺纹公称直径、螺距和基本尺寸

标记示例：

Tr 40×7-7H（单线梯形内螺纹、公称直径 d=40、螺距 P=7、右旋、中径公差带代号为 7H、中等旋合长度）

Tr 60×18（P9）LH-8e-L（双线梯形外螺纹、公称直径 D=60、导程 S=18、螺距 P=9、左旋、中径公差带代号为 8e、长旋合长度）

表 A-2 梯形螺纹基本尺寸（摘自 GB/T 5796.1～5796.4—1986） （单位：mm）

梯形螺纹的基本尺寸													
d 公称系列		螺距 P	中径 d_2=D_2	大径 D_4	小径		d 公称系列		螺距 P	中径 d_2=D_2	大径 D_4	小径	
第一系列	第二系列				d_3	D_1	第一系列	第二系列				d_3	D_1
8	—	1.5	7.25	8.3	6.2	6.5	32	—	6	29	33	25	26
—	9	2	8	9.5	6.5	7	—	34		31	35	27	28
10	—		9	10.5	7.5	8	36	—		33	37	29	30
—	11		10	11.5	8.5	9	—	38	7	34.5	39	30	31
12	—	3	10.5	12.5	8.5	9	40	—		36.5	41	32	33

续表

梯形螺纹的基本尺寸													
d 公称系列		螺距 *P*	中径	大径 D_4	小径		*d* 公称系列		螺距 *P*	中径	大径 D_4	小径	
第一系列	第二系列		d_2=D_2		d_3	D_1	第一系列	第二系列		d_2=D_2		d_3	D_1
—	14		12.5	14.5	10.5	11	—	42		38.5	43	34	35
16	—	4	14	16.5	11.5	12	44	—		40.5	45	36	37
—	18		16	18.5	13.5	14	—	46	8	42	47	37	38
20	—		18	20.5	15.5	16	48	—		44	49	39	40
—	22	5	19.5	22.5	16.5	17	—	50		46	51	41	42
24	—		21.5	24.5	18.5	19	52	—		48	53	43	44
—	26		23.5	26.5	20.5	21	—	55	9	50.5	56	45	46
28	—		25.5	28.5	22.5	23	60	—		55.5	61	50	51
—	30	6	27	31.0	23.0	24	—	65	10	60.0	66	54	55

注：（1）优先选用第一系列的直径。

（2）表中所列的螺距和直径，是优先选择的螺距及与之对应的直径。

3．锯齿形螺纹

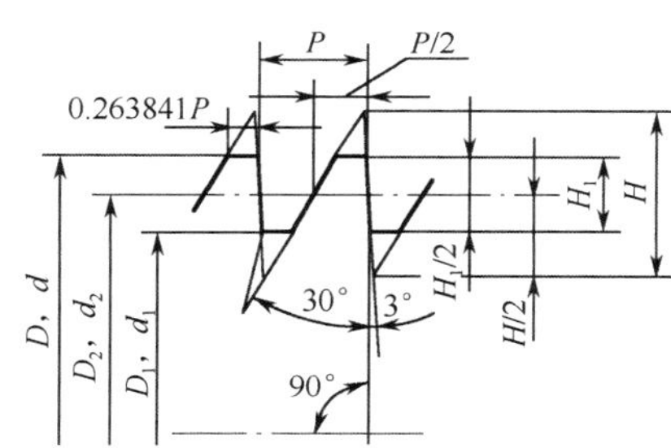

图 A-3　锯齿形螺纹公称直径、螺距和基本尺寸

d——外螺纹大径（公称直径）

D——内螺纹大径

d_2——外螺纹中径

D_2——内螺纹中径

d_1——外螺纹小径

D_1——内螺纹小径

P—— 螺距

$d_2 = D_2 = d - 0.75P$

$d_1 = D_1 = d - 1.5P$

$H = 1.587911P$

$H_1 = 0.75P$

标记示例：

B 40×7-7H（单线锯齿形内螺纹、公称直径 *d*=40、螺距 *P*=7、右旋、中径公差带代号为 7H、中等旋合长度）

B40×14（P7）-8e-L（双线锯齿形外螺纹、公称直径 *D*=40、导程 *S*=14、螺距 *P*=7、右旋、中径公差带代号为 8e、长旋合长度）

表 A-3　锯齿形螺纹基本尺寸（摘自 GB/T 5796.1～5796.4—1996）　　（单位：mm）

锯齿形螺纹的直径与螺距系列					
d 公称系列		螺距 *P*	*d* 公称系列		螺距 *P*
第一系列	第二系列		第一系列	第二系列	
10	—	2	32	—	6
12	—	3	—	34	

续表

锯齿形螺纹的直径与螺距系列					
d 公称系列		螺距 *P*	*d* 公称系列		螺距 *P*
第一系列	第二系列		第一系列	第二系列	
—	14		36	—	
16	—	4	—	38	7
—	18		40	—	
20	—		—	42	
—	22	5	44	—	
24	—		—	46	8
—	26		48	—	
28	—		—	50	
—	30	6	52	—	

注：（1）优先选用第一系列的直径。

（2）表中所列的螺距和直径，是优先选择的螺距及与之对应的直径。

4．管螺纹

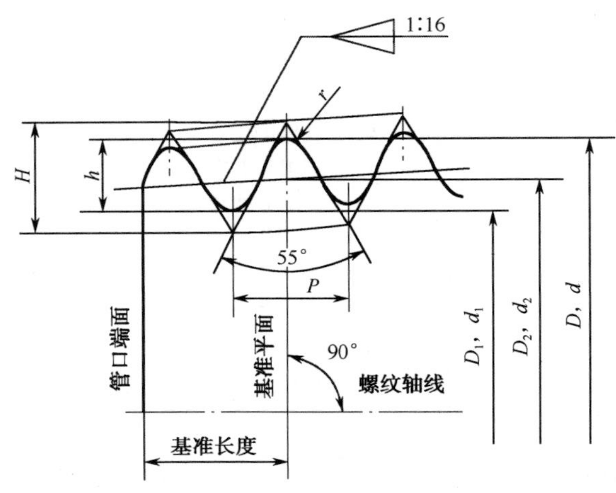

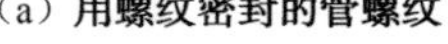
（a）用螺纹密封的管螺纹

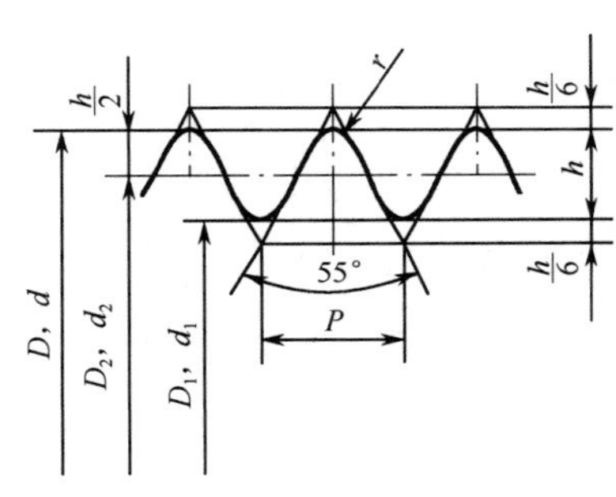

（b）非螺纹密封的管螺纹

图 A-4　管螺纹

标记示例：

R1$^{1}/_{2}$（尺寸代号 1$^{1}/_{2}$，右旋，圆锥外螺纹）

G1$^{1}/_{2}$-LH（尺寸代号 1$^{1}/_{2}$，左旋，内螺纹）

R$_{c}$1$^{1}/_{4}$-LH（尺寸代号 1$^{1}/_{4}$，左旋，圆锥内螺纹）

G1$^{1}/_{4}$A（尺寸代号 1$^{1}/_{4}$，A 级，右旋，外螺纹）

R$_{p}$2（尺寸代号 2，右旋，圆柱内螺纹）

G2B-LH（尺寸代号 2，B 级，左旋，外螺纹）

表 A-4　管螺纹基本尺寸（摘自 GB/T 7306—1987 和 GB/T 7307—1987）　　（单位：mm）

<table>
<tr><th rowspan="2">尺寸代号</th><th colspan="3">基本直径</th><th rowspan="2">螺距 P</th><th rowspan="2">牙高 h</th><th rowspan="2">圆弧半径 r</th><th rowspan="2">每 25.4mm 内的牙数 n</th><th rowspan="2">有效螺纹长度（GB 7306）</th><th rowspan="2">基准长度（GB/T 73.6）</th></tr>
<tr><th>大径 $d=D$</th><th>中径 $d_2=D_2$</th><th>小径 $d_1=D_1$</th></tr>
<tr><td>1/16</td><td>7.723</td><td>7.142</td><td>6.561</td><td rowspan="2">0.907</td><td rowspan="2">0.518</td><td rowspan="2">0.125</td><td rowspan="2">28</td><td rowspan="2">6.5</td><td rowspan="2">4.0</td></tr>
<tr><td>1/8</td><td>9.728</td><td>9.147</td><td>8.566</td></tr>
<tr><td>1/4</td><td>13.157</td><td>12.301</td><td>11.445</td><td rowspan="2">1.337</td><td rowspan="2">0.856</td><td rowspan="2">0.184</td><td rowspan="2">19</td><td>9.7</td><td>6.0</td></tr>
<tr><td>3/8</td><td>16.662</td><td>15.806</td><td>14.950</td><td>10.1</td><td>6.4</td></tr>
<tr><td>1/2</td><td>20.995</td><td>19.793</td><td>18.631</td><td rowspan="2">1.814</td><td rowspan="2">1.162</td><td rowspan="2">0.249</td><td rowspan="2">14</td><td>13.2</td><td>8.2</td></tr>
<tr><td>3/4</td><td>26.441</td><td>25.279</td><td>24.117</td><td>14.5</td><td>9.5</td></tr>
<tr><td>1</td><td>33.249</td><td>31.770</td><td>30.291</td><td rowspan="9">2.309</td><td rowspan="9">1.479</td><td rowspan="9">0.317</td><td rowspan="9">11</td><td>16.8</td><td>10.4</td></tr>
<tr><td>$1\frac{1}{4}$</td><td>41.910</td><td>40.431</td><td>38.952</td><td rowspan="2">19.1</td><td rowspan="2">12.7</td></tr>
<tr><td>$1\frac{1}{2}$</td><td>47.803</td><td>46.324</td><td>44.845</td></tr>
<tr><td>2</td><td>59.614</td><td>58.135</td><td>56.656</td><td>23.4</td><td>15.9</td></tr>
<tr><td>$2\frac{1}{2}$</td><td>75.184</td><td>73.705</td><td>72.226</td><td>26.7</td><td>17.5</td></tr>
<tr><td>3</td><td>87.884</td><td>86.405</td><td>84.926</td><td>29.8</td><td>20.6</td></tr>
<tr><td>4</td><td>113.03</td><td>111.551</td><td>110.072</td><td>35.8</td><td>25.4</td></tr>
<tr><td>5</td><td>138.430</td><td>136.951</td><td>135.472</td><td rowspan="2">40.1</td><td rowspan="2">28.6</td></tr>
<tr><td>6</td><td>163.830</td><td>162.351</td><td>160.872</td></tr>
</table>

A.2　常用标准件

1．六角头螺栓 1

六角头螺栓—A 和 B 级（GB/T 5782—2000）

六角头螺栓—全螺栓—A 和 B 级（GB/T 5783—2000）

六角头螺栓—细牙—A 和 B 级（GB/T 5785—2000）

六角头螺栓—细牙—全螺栓—A 和 B 级（GB/T 5786—2000）

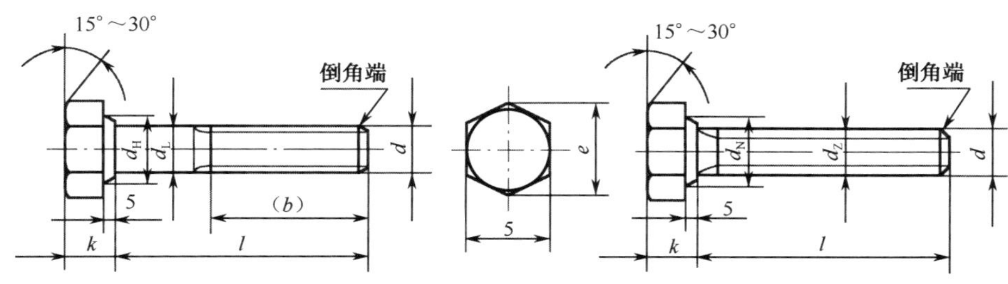

图 A-5　六角头螺栓 1

标记示例：

螺栓：GB/T 5782　M12×80（螺纹规格 d=M12、公称长度 l=80mm、性能等级为 8.8、表

面氧化、产品等级为 A 的六角头螺栓）

螺栓：GB/T 5783　M12×80（螺纹规格 d=M12、公称长度 l=80mm、性能等级为 8.8、表面氧化、全螺纹、产品等级为 A 的六角头螺栓）

表 A-5　六角头螺栓基本尺寸 1　　（单位：mm）

螺纹规格	d	M4	M5	M6	M8	M10	M12	M16	M20	M24	M30	M36
	$D×P$	—	—	—	M8×1	M10×1	M12×1.5	M16×1.5	M20×2	M24×2	M30×2	M36×3
$b_{参考}$	l≤125	14	16	18	22	26	30	38	46	54	66	78
	125<l≤200	—	—	—	28	32	36	44	52	60	72	84
	l>200	—	—	—	—	—	—	57	65	73	85	97
c_{max}		0.4	0.5		0.6			0.8				
$k_{公称}$		2.8	3.5	4	5.3	6.4	7.5	10	12.5	15	18.7	22.5
d_{smax}		4	5.48	6.48	8.58	10.58	12.7	16.7	20.8	24.84	30.84	37
s_{max}		7	8	10	13	16	18	24	30	36	46	55
D_{wmin}	A	5.9	6.9	8.9	11.6	14.6	16.6	22.5	28.2	33.6	—	—
	B	—	6.7	8.7	11.4	14.4	16.4	22	27.7	33.2	42.7	51.1
e_{min}	A	7.66	8.79	11.05	14.38	17.77	20.03	26.75	33.53	39.98	—	—
	B	—	8.63	10.89	14.2	17.59	19.85	26.17	32.95	39.55	50.85	60.79
$L_{范围}$	GB/T 5782	25～40	25～50	30～60	35～80	40～100	45～120	55～160	65～200	80～240	90～300	110～360
	GB/T 5785											110～300
	GB/T 5783	8～40	10～50	12～60	16～80	20～100	25～100	35～100	40～100			
	GB/T 5786	—	—	—			25～120	35～160	40～200			
$l_{系列}$	GB/T 5782	20～65（5 进位）、70～160（10 进位）、180～400（20 进位）；l 小于最小值时，全长制螺纹										
	GB/T 5785											
	GB/T 5783	6、8、10、12、16、18、20～65（5 进位）、70～160（10 进位）、180～500（20 进位）										
	GB/T 5786											

注：（1）P：螺距，末端倒角按 GB/T 2—2000 规定。

（2）螺纹公差：6g；机械性能等级：8.8。

（3）产品等级：A 级用于 d=1.6～24mm 和 l≤10d 或 l≤150mm（按较小值）；B 级用于 d>24mm 或 l>10d 或 l>150mm（按较小值）的螺栓。

2．六角头螺栓 2

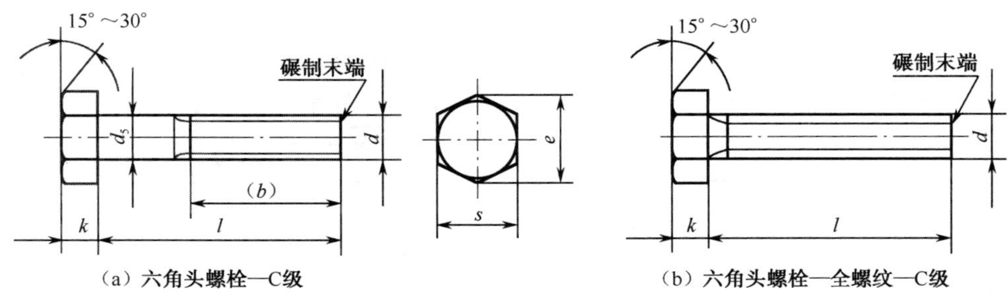

（a）六角头螺栓—C级　　（b）六角头螺栓—全螺纹—C级

图 A-6　六角头螺栓 2

标记示例：

螺栓：GB/T5780　M20×100（螺纹规格 d=M20、公称长度 l=100mm、性能等级为 4.8、不经表面处理、杆身半螺纹、C 级的六角头螺栓）

螺栓：GB/T5781　M120×80（螺纹规格 d=M12、公称长度 l=80mm、性能等级为 4.8、不经表面处理、全螺纹、C 级的六角头螺栓）

表 A-6　六角头螺栓 2 基本尺寸（摘自 GB/T 5780—2000 和 GB/T 5781—2000）（单位：mm）

螺纹规格 d		M5	M6	M8	M10	M12	M16	M20	M24	M30	M36	M42
$b_{参考}$	l≤125	16	18	22	26	30	38	46	54	66	48	—
	125<l≤200	—	—	28	32	36	44	52	60	72	84	96
	l>200	—	—	—	—	—	57	65	73	85	97	109
$k_{公称}$		3.5	4	5.3	6.4	7.5	10	12.5	15	18.7	22.5	26
d_{smax}		5.48	6.48	8.58	10.6	12.7	16.7	20.8	24.8	30.8	37.0	45.0
s_{max}		8	10	13	16	18	24	30	36	46	55	65
e_{max}		8.63	10.89	14.2	17.6	19.85	26.17	32.95	39.55	50.85	60.69	72.02
$l_{范围}$	GB/T 5780	25～50	30～60	35～80	40～100	45～120	55～160	65～200	80～240	90～300	110～300	160～420
	GB/T 5781	10～40	12～50	16～65	20～80	25～100	35～100	40～100	50～100	60～100	70～100	80～420
$l_{系列}$		10、12、16、20～50（5 进位）、(55)、60、（65）、70～160（10 进位）、180、220～500（20 进位）										

注：（1）括号内的规格尽可能不用，末端倒角按 GB/T 2—2000 规定。

（2）螺纹公差：8g（GB/T 5780—2000）；6g（GB/T 5781—2000）；机械性能等级：4.6、4.8；产品等级：C。

3．六角螺母

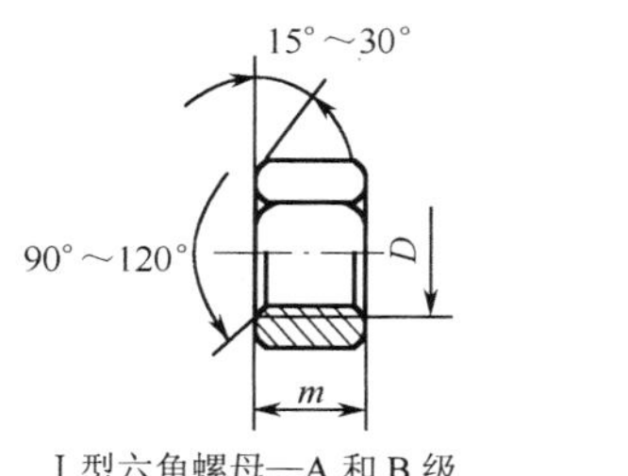

Ⅰ型六角螺母—A 和 B 级

Ⅰ型六角螺母—C 级

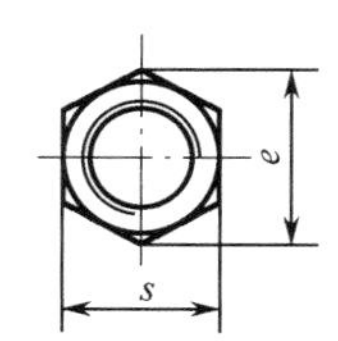

Ⅰ型六角螺母—细牙—A 和 B 级

图 A-7　六角螺母

标记示例：

螺母：GB/T 6171　M12（螺纹规格 D=M12、性能等级为 10、不经表面处理、产品等级为 A 的Ⅰ型细牙六角螺母）

螺母：GB/T 41　M12（螺纹规格 D=M12、性能等级为 5、不经表面处理、产品等级为 C 的Ⅰ型六角螺母）

表 A-7 六角螺母基本尺寸（摘自 GB/T 6170—2000、GB/T 41—2000 和 GB/T 6171—2000）（单位：mm）

螺纹规格		M4	M5	M6	M8	M10	M12	M16	M20	M24	M30	M36	M42
	D	M4	M5	M6	M8	M10	M12	M16	M20	M24	M30	M36	M42
	$D\times P$	—	—	—	M8×1	M10×1	M12×1.5	M16×1.5	M20×2	M24×2	M30×2	M36×3	M42×3
s_{max}		7	8	10	13	16	18	24	30	36	46	55	65
e_{min}	A、B 级	7.66	8.79	11.05	14.4	17.77	20.03	26.75	32.95	39.55	50.85	60.79	72.02
	C	—	8.63	10.89	14.2	17.59	19.85	26.17					
m_{max}	A、B 级	3.2	4.7	5.2	6.8	8.4	10.8	14.8	18	21.5	25.6	31	34
	C	—	5.6	6.1	7.9	9.5	12.2	15.9	18.7	22.3	26.4	31.5	34.9

注：（1）P：螺距。

（2）A 级用于 $D\leqslant16$ 的螺母；B 级用于 $D>16$ 的螺母；C 级用于 $D\geqslant5$ 的螺母。

（3）螺纹公差：A、B 级为 6H，C 级为 7H；机械性能等级：A、B 级为 6、8、10，C 级为 4、5。

4．双头螺柱

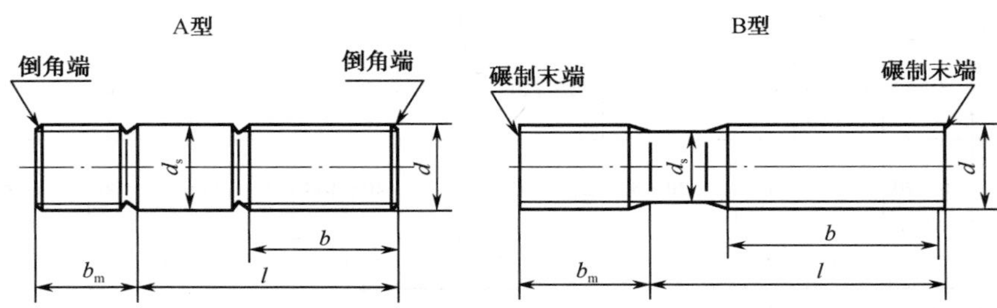

图 A-8 双头螺柱

$d_{smax}=d$　　　　　　　　d_s≈螺纹中径

$b_m=1d$（GB/T 897—1988）；$b_m=1.25d$（GB/T 898—1988）；$b_m=1.5d$（GB/T 899—1988）；$b_m=2d$（GB/T 900—1988）

标记示例：

螺柱：GB/T 900—1988　M10×50（两端均为粗牙普通螺纹、d=10、l=50、性能等级为 4.8、不经表面处理、A 型、$b_m=2d$ 的双头螺柱）

螺柱：GB/T 900—1988　AM10×1×50（旋入机体一端为粗牙普通螺纹、旋螺母端为螺距 P=1 的细牙普通螺纹、d=10、l=50、性能等级为 4.8、不经表面处理、A 型、$b_m=2d$ 的双头螺柱）

表 A-8 双头螺柱基本尺寸（摘自 GB/T 897～900—1988）　　（单位：mm）

螺纹规格 d	b_m（旋入机体端长度）				l/b（螺柱长度/旋螺母端长度）				
	GB/T 897	GB/T 898	GB/T 899	GB/T 900					
M4	—	—	6	8	16～22/8	25～40/14			
M5	5	6	8	10	16～22/10	25～50/16			
M6	6	8	10	12	20～22/10	25～30/14	32～75/18		

续表

螺纹规格 d	b_m（旋入机体端长度）				l/b（螺柱长度/旋螺母端长度）				
	GB/T 897	GB/T 898	GB/T 899	GB/T 900					
M8	8	10	12	16	20～22/12	25～30/16	32～90/22		
M10	10	12	15	20	25～28/14	30～38/16	40～120/26	130/32	
M12	12	15	18	24	25～30/14	32～40/16	45～120/26	130～180/36	
M16	16	20	24	32	30～38/16	40～55/22	60～120/30	130～200/36	
M20	20	25	30	40	35～40/20	45～65/30	70～120/38	130～200/44	
M24	24	30	36	48	45～50/25	55～75/35	80～120/46	130～200/52	
M30	30	38	45	60	60～65/40	70～90/50	95～120/66	130～200/72	210～250/85
M36	36	45	54	72	65～75/45	80～110/60	120/78	130～200/84	210～300/97
M42	42	52	63	84	70～80/50	85～110/70	120/90	130～200/96	210～300/109
M48	48	60	72	96	80～90/60	95～110/80	120/102	130～200/108	210～300/121
$l_{系列}$	12、（14）、16、（18）、20、（22）、30、（32）、35、（38）、40、45、50、55、60、（65）、70、75、80、（85）、90、（95）、100～260（10 进制）、280、300								

注：（1）括号内的规格尽可能不用，末端倒角按 GB/T 2—2000 规定。

（2）$b_m=1d$，一般用于钢对钢；$b_m=(1.25～1.5)d$，一般用于钢对铸铁；$b_m=2d$，一般用于钢对铝合金。

5. 螺钉 1

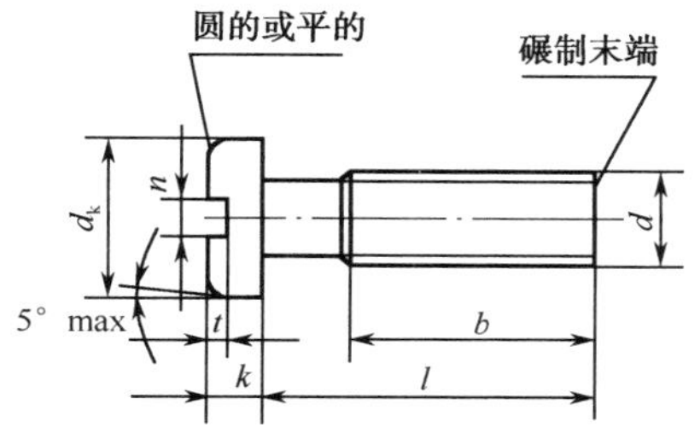

（a）开槽圆柱头螺钉 (GB/T 65—2000)

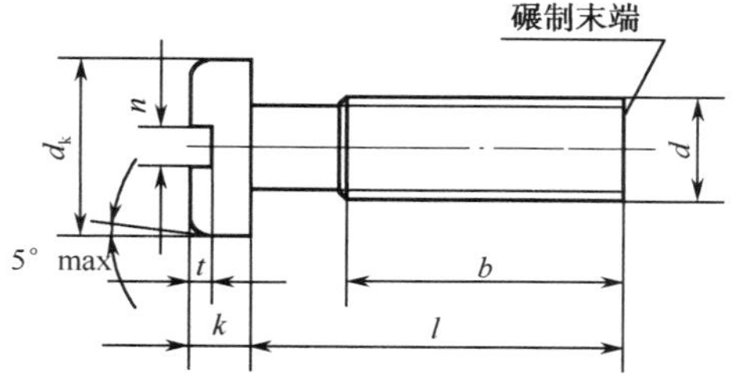

（b）开槽盘头螺钉 (GB/T 67—2000)

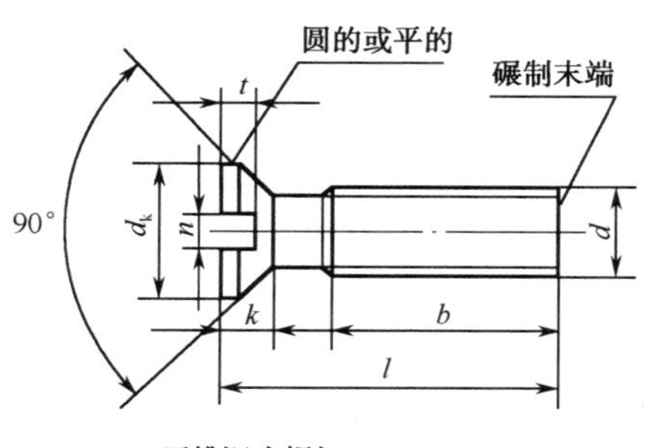

（c）开槽沉头螺钉 (GB/T 68—2000)

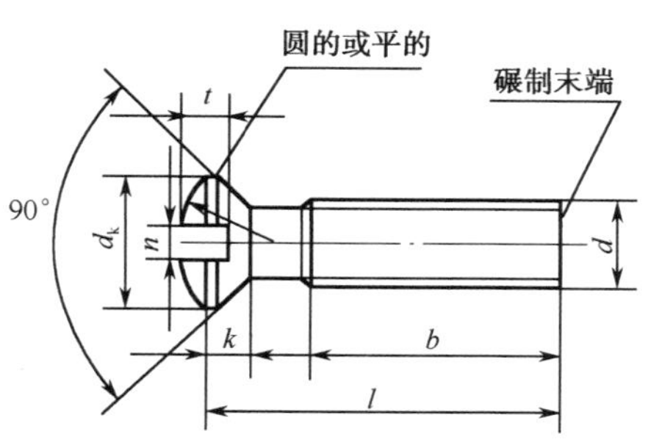

（d）开槽半沉头螺钉 (GB/T 69—2000)

图 A-9　螺钉 1

无螺纹部分杆径≈中径或=螺纹大径

标记示例：　螺钉　GB/T 65　M5×20

（螺纹规格 d=M5、公称长度 l=20、性能等级为 4.8、不经表面处理的 A 级开槽圆柱头螺钉）

表 A-9　螺钉基本尺寸 1　（单位：mm）

螺纹规格 d	p	b_{min}	$n_{公称}$	r_f	k_{max}			d_{kmax}			t_{min}				$l_{范围}$
				GB/T 69	GB/T 65	GB/T 67	GB/T 68 GB/T 69	GB/T 65	GB/T 67	GB/T 68 GB/T 69	GB/T 65	GB/T 67	GB/T 68	GB/T 69	
M3	0.5	25	0.8	6	1.8	1.8	1.65	5.5	5.6	5.5	0.85	0.7	0.6	1.2	4～30
M4	0.7	38	1.2	9.5	2.6	2.4	2.7	7	8	8.4	1.1	1	1	1.6	5～40
M5	0.8	38	1.2	9.5	3.3	3	2.7	8.5	9.5	9.3	1.3	1.2	1.1	2	6～50
M6	1	38	1.6	12	3.9	3.6	3.3	10	12	11.3	1.6	1.4	1.2	2.4	8～60
M8	1.3	38	2	16.5	5	4.8	4.65	13	16	15.8	2	1.9	1.8	3.2	10～80
M10	1.5	38	2.5	19.5	6	6	5	16	20	18.3	2.4	2.4	2	3.8	12～80
$l_{系列}$			4、5、6、8、10、12、（14）、16、20、25、30、35、40、50、（55）、60、（65）、70、（75）、80												

注：螺纹公差为 6g；机械性能等级为 4.8、5.8；产品等级为 A。

6．螺钉 2

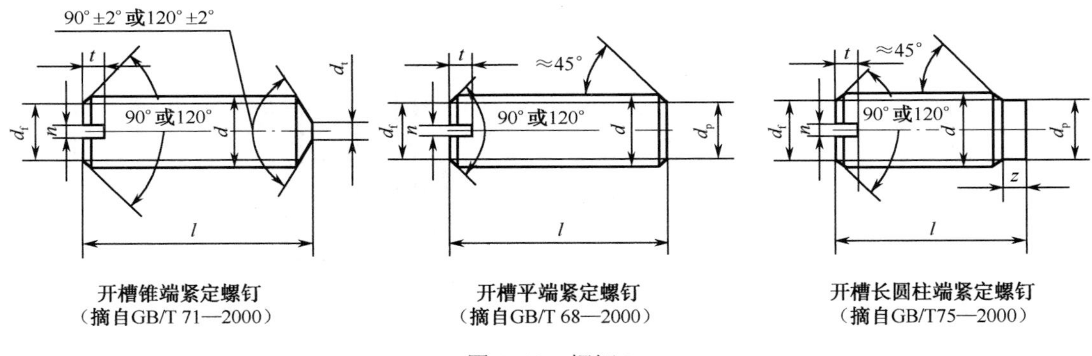

图 A-10　螺钉 2

标记示例：

螺钉：GB/T 71　M5×20（螺纹规格 d=M5、公称长度 l=20、性能等级为 14H、表面氧化的开槽锥端紧定螺钉）

表 A-10　螺钉基本尺寸 2　（单位：mm）

螺纹规格 d	P	d_f	d_{tmax}	d_{pmax}	$n_{公称}$	t_{max}	z_{max}	$l_{范围}$		
								GB71	GB73	GB75
M2	0.4	螺纹小径	0.2	1	0.25	0.84	1.25	3～10	2～10	3～10
M3	0.5		0.3	2	0.4	1.05	1.75	4～16	3～16	5～16
M4	0.7		0.4	2.5	0.6	1.42	2.25	5～25	4～20	6～20

续表

螺纹规格 d	P	d_f	d_{tmax}	d_{pmax}	$n_{公称}$	t_{max}	z_{max}	$l_{范围}$		
								GB71	GB73	GB75
M5	0.8	螺纹小径	0.5	3.5	0.8	1.63	2.75	6～30	5～25	8～25
M6	1		1.5	4	1	2	3.25	8～40	6～30	8～30
M8	1.25		2	5.5	1.2	2.5	4.3	10～50	8～40	10～40
M10	1.5		2.5	7	1.6	3	5.3	12～50	10～50	12～50
M12	1.75		3	8.5	2	3.6	6.3	14～60	12～60	14～60
$l_{系列}$	2、2.5、3、4、5、6、8、10、12、（14）、16、20、25、30、35、40、45、50、（55）、60									

注：.螺纹公差为 6g；机械性能等级为 14H～22H；产品等级为 A。

7．内六角圆柱头螺钉

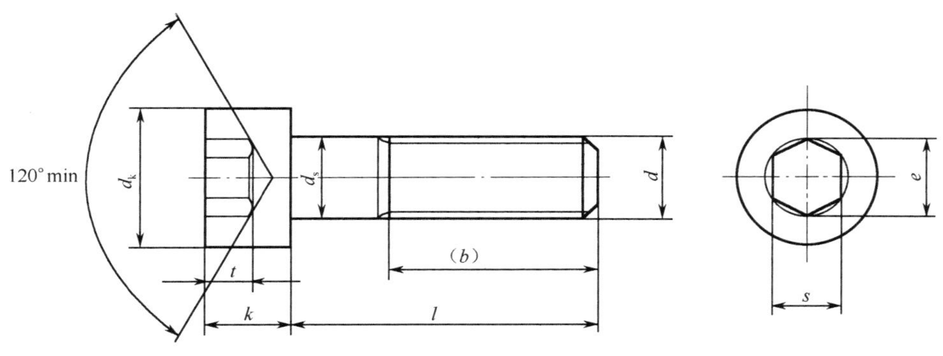

图 A-11　内六角圆柱头螺钉

标记示例：

螺钉：GB/T 70.1　M5×20（螺纹规格 *d*=M5、公称长度 *l*=20mm、性能等级为 8.8、表面氧化的内六角圆柱头螺钉）

表 A-11　内六角圆柱头螺钉基本尺寸　（单位：mm）

螺纹规格 d		M4	M5	M6	M8	M10	M12	(M14)	M16	M20	M24	M30	M36
螺距 P		0.7	0.8	1	1.25	1.5	1.75	2	2	2.5	3	3.5	4
$b_{参考}$		20	22	24	28	32	36	40	44	52	60	72	84
$d_{k\,max}$	光滑头部	7	8.5	10	13	16	18	21	24	30	36	45	54
	滚花头部	7.22	8.72	10.22	13.27	16.27	18.27	21.33	24.33	30.33	36.39	45.39	54.46
k_{max}		4	5	6	8	10	12	14	16	20	24	30	36
t_{max}		2	2.5	3	4	5	6	7	8	10	12	15.5	19
$s_{公称}$		3	4	5	6	8	10	12	14	17	19	22	27
e_{max}		3.44	4.58	5.72	6.86	9.15	11.43	13.72	16	19.44	21.73	25.15	30.35
$d_{a\,max}$		4	5	6	8	10	12	14	16	20	24	30	36
$l_{范围}$		6～40	8～50	10～60	12～80	16～100	20～120	25～140	25～160	30～200	40～200	45～200	55～200

续表

螺纹规格 d	M4	M5	M6	M8	M10	M12	(M14)	M16	M20	M24	M30	M36
全螺纹时最长	25	25	30	35	40	45	55	55	65	80	90	100
$l_{系列}$	6、8、10、12、(14)、(16)、20～50(5进位)、(55)、60、(65)、											
	70～160(10进位)、180、200											

注：(1) 括号内的规格尽可能不用，末端倒角按 GB/T 2—2000 规定。

(2) 机械性能等级：8.8、12.9。

(3) 螺纹公差：机械性能等级 8.8 时为 6g；12.9 时为 5g、6g。

(4) 产品等级：A。

8. 垫圈

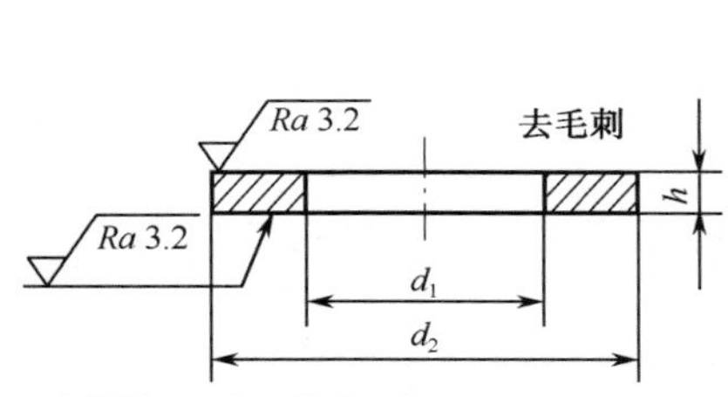

小垫圈—A 级（摘自 GB/T 848—2002）

平垫圈—A 级（摘自 GB/T 97.1—2002）

平垫圈—C 级（摘自 GB/T 95—2002）

大垫圈—A 级和 C 级（摘自 GB/T 96—2002）

特大垫圈—C 级（摘自 GB/T 5287—2002）

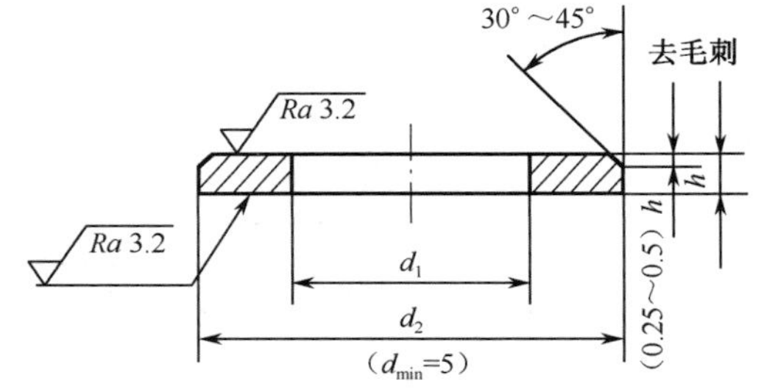

平垫圈 倒角型—A 级（摘自 GB/T 97.2—2002）

图 A-12 垫圈

标记示例：

垫圈：GB/T 97.1—2002 8 140HV（标准系列、公称尺寸 d=8mm、性能等级为 140HV、不经表面处理的平垫圈）

垫圈：GB/T 97.2 8 100HV（标准系列、公称尺寸 d=8mm、性能等级为 100HV、倒角型、不经表面处理的平垫圈）

表 A-12 垫圈基本尺寸 （单位：mm）

公称尺寸（螺纹规格）d	标准系列									特大系列			大系列			小系列		
	GB/T 95（C 级）			GB/T 97.1（A 级）			GB/T 97.2（A 级）			GB/T 5287（A 级）			GB/T 96（A 和 C 级）			GB/T 848（A 级）		
	d_1 min	d_2 max	h	d_1 min	d_2 max	h	d_1 min	d_2 max	h	d_1 min	d_2 max	h	d_1 min	d_2 max	h	d_1 min	d_2 max	h
4	—	—	—	4.3	9	0.8	—	—	—	—	—	—	4.3	12	1	4.3	8	0.5
5	5.5	10	1	5.3	10	1	5.3	10	1	5.5	18	2	5.3	15	1.2	5.3	9	1

续表

<table>
<tr><th rowspan="5">公称尺寸（螺纹规格）d</th><th colspan="9">标准系列</th><th colspan="3">特大系列</th><th colspan="3">大系列</th><th colspan="3">小系列</th></tr>
<tr><th colspan="3">GB/T 95</th><th colspan="3">GB/T 97.1</th><th colspan="3">GB/T 97.2</th><th colspan="3">GB/T 5287</th><th colspan="3">GB/T 96</th><th colspan="3">GB/T 848</th></tr>
<tr><th colspan="3">（C级）</th><th colspan="3">（A级）</th><th colspan="3">（A级）</th><th colspan="3">（A级）</th><th colspan="3">（A和C级）</th><th colspan="3">（A级）</th></tr>
<tr><th>d_1</th><th>d_2</th><th rowspan="2">h</th><th>d_1</th><th>d_2</th><th rowspan="2">h</th><th>d_1</th><th>d_2</th><th rowspan="2">h</th><th>d_1</th><th>d_2</th><th rowspan="2">h</th><th>d_1</th><th>d_2</th><th rowspan="2">h</th><th>d_1</th><th>d_2</th><th rowspan="2">h</th></tr>
<tr><th>min</th><th>max</th><th>min</th><th>max</th><th>min</th><th>max</th><th>min</th><th>max</th><th>min</th><th>max</th><th>min</th><th>max</th></tr>
<tr><td>6</td><td>6.6</td><td>12</td><td rowspan="2">1.6</td><td>6.4</td><td>12</td><td rowspan="2">1.6</td><td>6.4</td><td>12</td><td rowspan="2">1.6</td><td>6.6</td><td>22</td><td></td><td>6.4</td><td>18</td><td>1.6</td><td>6.4</td><td>11</td><td rowspan="3">1.6</td></tr>
<tr><td>8</td><td>9</td><td>16</td><td>8.4</td><td>16</td><td>8.4</td><td>16</td><td>9</td><td>28</td><td rowspan="2">3</td><td>8.4</td><td>24</td><td>2</td><td>8.4</td><td>15</td></tr>
<tr><td>10</td><td>11</td><td>20</td><td>2</td><td>10.5</td><td>20</td><td>2</td><td>10.5</td><td>20</td><td>2</td><td>11</td><td>34</td><td>10.5</td><td>30</td><td>2.5</td><td>10.5</td><td>18</td></tr>
<tr><td>12</td><td>13.5</td><td>24</td><td rowspan="2">2.5</td><td>13</td><td>24</td><td rowspan="2">2.5</td><td>13</td><td>24</td><td rowspan="2">2.5</td><td>13.5</td><td>44</td><td rowspan="2">4</td><td>13</td><td>37</td><td rowspan="3">3</td><td>13</td><td>20</td><td>2</td></tr>
<tr><td>14</td><td>15.5</td><td>28</td><td>15</td><td>28</td><td>15</td><td>28</td><td>15.5</td><td>50</td><td>15</td><td>44</td><td>15</td><td>24</td><td rowspan="2">2.5</td></tr>
<tr><td>16</td><td>17.5</td><td>30</td><td rowspan="2">3</td><td>17</td><td>30</td><td rowspan="2">3</td><td>17</td><td>30</td><td rowspan="2">3</td><td>17.5</td><td>56</td><td>5</td><td>17</td><td>50</td><td>17</td><td>28</td></tr>
<tr><td>20</td><td>22</td><td>37</td><td>21</td><td>37</td><td>21</td><td>37</td><td>22</td><td>72</td><td rowspan="3">6</td><td>22</td><td>60</td><td>4</td><td>21</td><td>34</td><td>3</td></tr>
<tr><td>24</td><td>26</td><td>44</td><td rowspan="2">4</td><td>25</td><td>44</td><td rowspan="2">4</td><td>25</td><td>44</td><td rowspan="2">4</td><td>26</td><td>85</td><td>26</td><td>72</td><td>5</td><td>25</td><td>39</td><td rowspan="2">4</td></tr>
<tr><td>30</td><td>33</td><td>56</td><td>31</td><td>56</td><td>31</td><td>56</td><td>33</td><td>105</td><td>33</td><td>92</td><td>6</td><td>31</td><td>50</td></tr>
<tr><td>36</td><td>39</td><td>66</td><td>5</td><td>37</td><td>66</td><td>5</td><td>37</td><td>66</td><td>5</td><td>39</td><td>125</td><td>8</td><td>39</td><td>110</td><td>8</td><td>37</td><td>60</td><td>5</td></tr>
<tr><td>42</td><td>45</td><td>78</td><td rowspan="2">8</td><td>—</td><td>—</td><td>—</td><td>—</td><td>—</td><td>—</td><td>—</td><td>—</td><td>—</td><td>45</td><td>125</td><td rowspan="2">10</td><td>—</td><td>—</td><td>—</td></tr>
<tr><td>48</td><td>52</td><td>92</td><td>—</td><td>—</td><td>—</td><td>—</td><td>—</td><td>—</td><td>—</td><td>—</td><td>—</td><td>52</td><td>145</td><td>—</td><td>—</td><td>—</td></tr>
</table>

注：（1）A级适用于精装配系列，C级适用于中等装配系列。

（2）C级垫圈没有 *Ra*3.2 和去毛刺的要求。

（3）GB/T 848—2002 主要用于圆柱头螺钉，其他用于标准的六角螺栓、螺母和螺钉。

9. 标准型弹簧垫圈

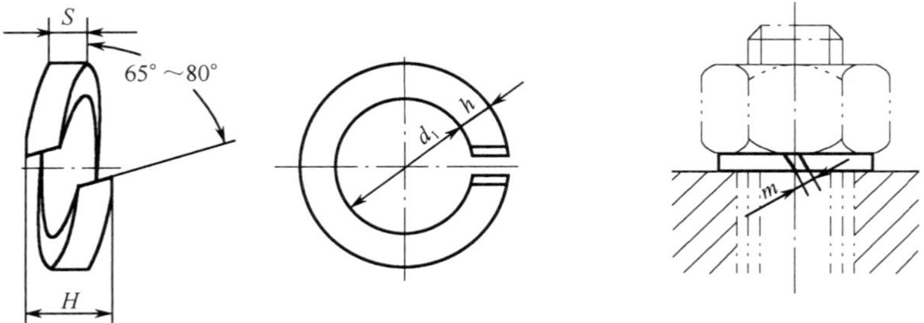

图A-13 标准型弹簧垫圈

标记示例：

垫圈：GB/T 93—1987 10（规格为公称尺寸 d=10mm、材料为65Mn、表面氧化处理的标准型弹簧垫圈）

表 A-13　标准型弹簧垫圈基本尺寸（摘自 GB/T 93—1987）　　（单位：mm）

规格（螺纹大径）	4	5	6	8	10	12	16	20	24	30	36	42	48
$d_{1\,min}$	4.1	5.1	6.1	8.1	10.2	12.2	16.2	20.2	24.5	30.5	36.5	42.5	48.5
$S=b_{公称}$	1.1	1.3	1.6	2.1	2.6	3.1	4.1	5	6	7.5	9	10.5	12
$m\leqslant$	0.55	0.65	0.8	1.05	1.3	1.55	2.05	2.5	3	3.75	4.5	5.25	6
h_{max}	2.75	3.25	4	5.25	6.5	7.75	10.25	12.5	15	18.75	22.5	26.25	30

注：*m* 应大于零。

10．普通圆柱销

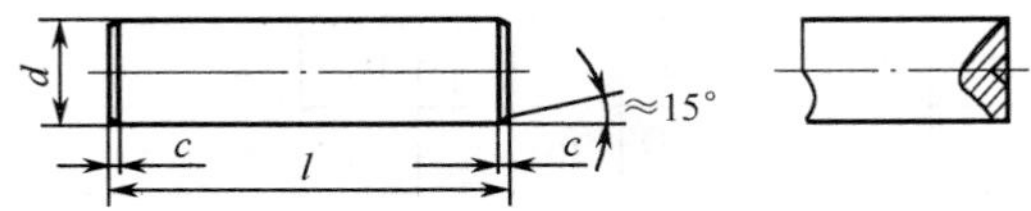

图 A-14　普通圆柱销

标记示例：

销：GB/T 119.1—2000　6m6×30（公称直径 *d*=6、公差为 m6、公称长度 *l*=30、材料为钢、不经淬火、不经表面处理的圆柱销）

销：GB/T 119.1—2000　10m6×30—A1（公称直径 *d*=10、公差为 m6、公称长度 *l*=30、材料为 A1 组奥氏体不锈钢、表面简单处理的圆柱销）

表 A-14　普通圆柱销基本尺寸（摘自 GB/T 119.1—2000）　　（单位：mm）

d（公称）m6/h8	2	3	4	5	6	8	10	12	16	20	25
$c\approx$	0.35	0.5	0.63	0.8	1.2	1.6	2	2.5	3	3.5	4
$l_{范围}$	6～20	8～30	8～40	10～50	12～60	14～80	18～95	22～140	26～180	35～200	50～200
$l_{系列}$（公称）	2、3、4、5、6～32（2 进位）、35～100（5 进位）、120～≥200（按 20 递增）										

11．圆锥销

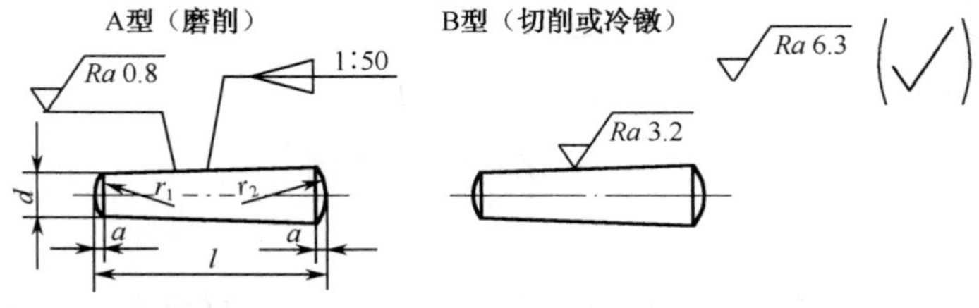

图 A-15　普通圆柱销

$r_1 \approx d$　　　$r_2 \approx a/2+d+(0.021)^2/8a$

标记示例：

销：GB/T 117—2000　10×60（公称直径 d=10mm、公称长度 l=60mm、材料为 35 钢、热处理硬度 28～38HRC、表面氧化处理的 A 型圆柱销）

表 A-15　普通圆柱销基本尺寸（摘自 GB/T 117—2000）　（单位：mm）

d（公称尺寸）	2	2.5	3	4	5	6	8	10	12	16	20	25
$a \approx$	0.25	0.3	0.4	0.5	0.63	0.8	1	1.2	1.6	2	2.5	3
$l_{范围}$	10～35	10～35	12～45	14～55	18～60	22～90	22～120	26～160	32～180	40～200	45～200	50～200
$l_{系列}$（公称）	2、3、4、5、6～32（2 进位）、35～100（5 进位）、120～200（按 20 递增）											

12．开口销

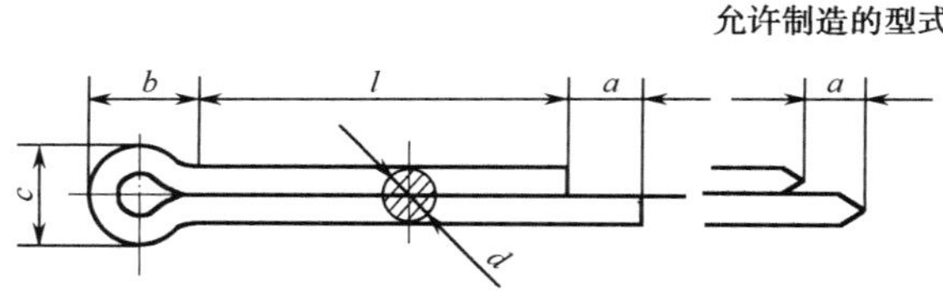

图 A-16　普通圆柱销

标记示例：

销：GB/T 91—2000　5×50（公称直径 d=5、公称长度 l=50、材料为低碳钢、不经表面处理的开口销）

表 A-16　普通圆柱销基本尺寸（摘自 GB/T 91—2000）　（单位：mm）

d														
d	公称	0.8	1	1.2	1.6	2	2.5	3.2	4	5	6.3	8	10	12
	max	0.7	0.9	1	1.4	1.8	2.3	2.9	3.7	4.6	5.9	7.5	9.5	11.4
	min	0.6	0.8	0.9	1.3	1.7	2.1	2.7	3.5	4.4	5.7	7.3	9.3	11.1
c_{max}		1.4	1.8	2	2.8	3.6	4.6	5.8	7.4	9.2	11.8	15	19	24.8
b		2.4	3	3	3.2	4	5	6.4	8	10	12.6	16	20	26
a_{max}		1.6		2.5				3.2	4				6.3	
$l_{范围}$		5～16	6～20	8～26	8～32	10～40	12～50	14～65	18～80	22～100	30～120	40～160	45～200	70～200
$l_{系列}$（公称）		4、5、6～32（2 进位）、36、40～100（5 进位）、120～200（20 进位）												

注：销孔的公称直径等于 $d_{公称}$，d_{min}≤（销的直径）≤d_{max}。

13. 普通平键及键槽的尺寸

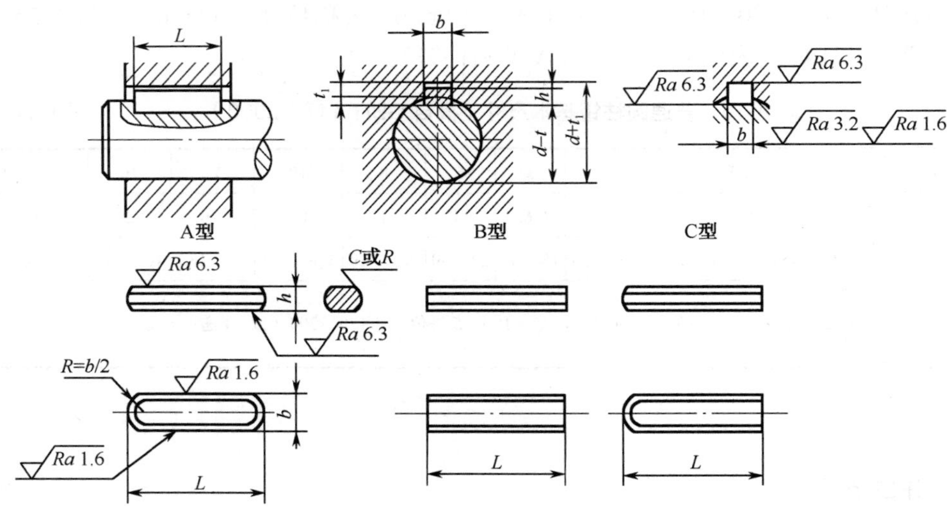

表 A-17 普通圆柱销

标记示例：

键：B16×100 GB/T 1096—1979（平头普通平键（B 型）、b=16、h=10、L=100）

表 A-17 普通圆柱销基本尺寸（摘自 GB/T 1095～109—1979）（1990 年确认有效）（单位：mm）

轴径 d	键的公称尺寸			键槽											
				宽度 b						深度				半径 r	
				b	极限偏差					轴		毂			
					较松键连接		一般连接		较紧键连接						
	b	h	L		轴 H9	毂 D10	轴 N9	毂 JS9	轴和毂 P9	t	极限偏差	t1	极限偏差	最小	最大
6～8	2	2	6～20	2	+0.025	+0.060	−0.004	±0.0125	−0.006	1.2	+0.10 0	1	+0.10 0	0.08	0.16
>8～10	3	3	6～36	3	0	+0.020	−0.029		−0.031	1.8		1.4			
>10～12	4	4	8～45	4	+0.030 0	+0.078 +0.030	0 −0.030	±0.015	−0.012 −0.042	2.5		1.8			
>12～17	5	5	10～56	5						3.0		2.3		0.16	0.25
>17～22	6	6	14～70	6						3.5		2.8			
>22～30	8	7	18～90	8	+0.036	+0.098	0	±0.018	−0.015	4.0	+0.20 0	3.3	+0.20 0		
>30～38	10	8	22～110	10	0	+0.040	−0.036		−0.051	5.0		3.3		0.25	0.40
>38～44	12	8	28～140	12	+0.043 0	+0.120 +0.050	0 −0.043	±0.0215	−0.018 −0.061	5.0		3.3			
>44～50	14	9	36～160	14						5.5		3.8			
>50～58	16	10	45～180	16						6.0		4.3			
>58～65	18	11	50～200	18						7.0		4.4			
L 系列	6、8、10、12、14、18、20、22、25、28、32、36、40、45、50、56、63、70、80、90、100、110、125、140、160、180、200														

注：（$d-t$）T 和（$d+t_1$）的极限偏差按相应的 t 和 t_1 的极限偏差选取，但（$d-t$）的极限偏差值应取负号。

表 A-18　滚动轴承基本尺寸

深沟球轴承（摘自 GB/T 276—1994）

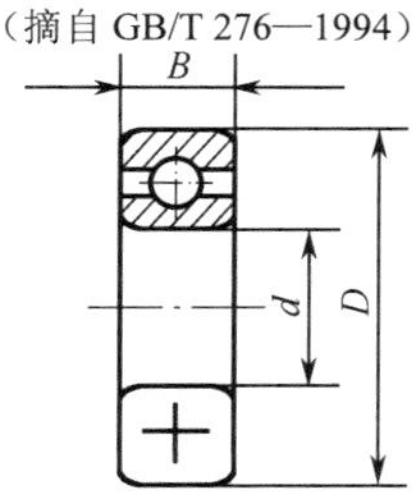

标记示例：

滚动轴承　6306　GB/T 276

圆锥滚子轴承（摘自 GB/T 297—1994）

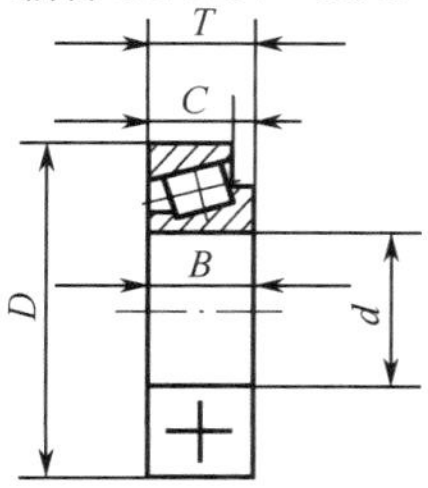

标记示例：

滚动轴承　30312　GB/T 297

推力球轴承（摘自 GB/T 301—1995）

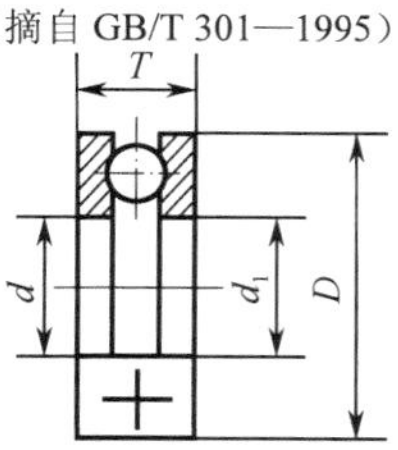

标记示例：

滚动轴承 51305　GB/T 301

轴承型号	尺寸：mm			轴承型号	尺寸：mm					轴承型号	尺寸：mm			
	d	*D*	*B*		*d*	*D*	*B*	*C*	*T*		*d*	*D*	*T*	d_1
尺寸系列[(0)2]				尺寸系列[02]						尺寸系列[12]				
6202	15	35	11	30203	17	40	12	11	13.25	51202	15	32	12	17
6203	17	40	12	30204	20	47	14	12	15.25	51203	17	35	12	19
6204	20	47	14	30205	25	52	15	13	16.25	51204	20	40	14	22
6205	25	52	15	30206	30	62	16	14	17.25	51205	25	47	15	27
6206	30	62	16	30207	35	72	17	15	18.25	51206	30	52	16	32
6207	35	72	17	30208	40	80	18	16	19.25	51207	35	62	18	37
6208	40	80	18	30209	45	85	19	16	20.75	51208	40	68	19	42
6209	45	85	19	30210	50	90	20	17	21.75	51209	45	73	20	47
6210	50	90	20	30211	55	100	21	18	22.75	51210	50	78	22	52
6211	55	100	21	30212	60	110	22	19	23.75	51211	55	90	25	57
6212	60	110	22	30213	65	120	23	20	24.75	51212	60	95	26	62
尺寸系列[(0)3]				尺寸系列[03]						尺寸系列[13]				
6302	15	42	13	30302	15	42	13	11	14.25	51304	20	47	18	22
6303	17	47	14	30303	17	47	14	12	15.25	51305	25	52	18	27
6304	20	52	15	30304	20	52	15	13	16.25	51306	30	60	21	32
6305	25	62	17	30305	25	62	17	15	18.25	51307	35	68	24	37
6306	30	72	19	30306	30	72	19	16	20.75	51308	40	78	26	42
6307	35	80	21	30307	35	80	21	18	22.75	51309	45	85	28	47
6308	40	90	23	30308	40	90	23	20	25.25	51310	50	95	31	52
6309	45	100	25	30309	45	100	25	22	27.25	51311	55	105	35	57
6310	50	110	27	30310	50	110	27	23	29.25	51312	60	110	35	62
6311	55	120	29	30311	55	120	29	25	31.50	51303	65	115	36	67
6312	60	130	31	30312	60	130	31	26	33.50	51314	70	125	40	72

注：括号中的尺寸系列代号在轴承代号中省略。

表 A-19 紧固件通孔及沉孔尺寸（GB/T 152.2～152.4—1988） （单位：mm）

螺纹规格 d			4	5	6	8	10	12	16	18	20	24	30	36
通孔尺寸 d_1			4.5	5.5	6.6	9.0	11.0	13.5	17.5	20.0	22.0	26	33	39
GB/T 152.2—1988	用于沉头及半沉头螺钉	d_2	9.6	10.6	12.8	17.6	20.3	24.4	32.4	—	40.4	—	—	—
		$t\approx$	2.7	2.7	3.3	4.6	5.0	6.0	8.0	—	10	—	—	—
		α	$90^{\circ}{}^{-2^{\circ}}_{-4^{\circ}}$											
GB/T 152.3—1988	用于内六角圆柱头螺钉	d_2	8.0	10.0	11.0	15.0	18.0	20.0	26.0	—	33.0	40.0	48.0	57.0
		t	4.6	5.7	6.8	9.0	11.0	13.0	17.5	—	21.5	25.5	32.0	38.0
		d_3	—	—	—	—	—	16	20	—	24	28	36	42
	用于开槽圆柱头螺钉	d_2	8	10	11.7	15	18	20	26	—	33	—	—	—
		t	3.2	4	4.7	6.0	7.0	8.0	10.5	—	12.5	—	—	—
		d_3	—	—	—	—	—	16	20	—	24	—	—	—
GB/T 152.4—1988	用于六角头螺栓及六角螺母	d_2	10	11	13	18	22	26	33	36	40	48	61	71
		d_3	—	—	—	—	—	16	20	22	24	28	36	42
		t	只要能制出与通孔 d_1 的轴线相垂直的圆平面即可											

A.3 极限与配合

表 A-20 优先及常用配合轴的极限偏差 （单位：μm）

基本尺寸（mm）		常用公差带														
		a	b	c	d	e	f	g	h							
大于	至	11	11	*11	*9	8	*7	*6	5	*6	*7	8	*9	10	11	12
-	3	−270	−140	−60	−20	−14	−6	−2	0	0	0	0	0	0	0	0
		−330	−200	−120	−45	−28	−16	−8	−4	−6	−10	−14	−25	−40	−60	−100
3	6	−270	−140	−70	−30	−20	−10	−4	0	0	0	0	0	0	0	0
		−345	−215	−145	−60	−38	−22	−12	−5	−8	−12	−18	−30	−48	−75	−120

续表

基本尺寸（mm）		常用公差带														
		a	b	c	d	e	f	g	h							
大于	至	11	11	*11	*9	8	*7	*6	5	*6	*7	8	*9	10	11	12
6	10	-280 -370	-150 -240	-80 -170	-40 -76	-25 -47	-13 -28	-5 -14	0 -6	0 -9	0 -15	0 -22	0 -36	0 -58	0 -90	0 -150
10	14	-290	-150	-95	-50	-32	-16	-6	0	0	0	0	0	0	0	0
14	18	-400	-260	-205	-93	-59	-34	-17	-8	-11	-18	-27	-43	-70	-110	-180
18	24	-300	-160	-110	-65	-40	-20	-7	0	0	0	0	0	0	0	0
24	30	-430	-290	-240	-117	-73	-41	-20	-9	-13	-21	-33	-52	-84	-130	-210
30	40	-310 -470	-170 -330	-120 -280	-80	-50	-25	-9	0	0	0	0	0	0	0	0
40	50	-320 -480	-180 -340	-130 -290	-142	-89	-50	-25	-11	-16	-25	-39	-62	-100	-160	-250
50	65	-340 -530	-190 -380	-140 -330	-100	-60	-30	-10	0	0	0	0	0	0	0	0
65	80	-360 -550	-200 -390	-150 -340	-174	-106	-60	-29	-13	-19	-30	-46	-74	-120	-190	-300
80	100	-380 -600	-220 -440	-170 -390	-120	-72	-36	-12	0	0	0	0	0	0	0	0
100	120	-410 -630	-240 -460	-180 -400	-207	-126	-71	-34	-15	-22	-35	-54	-87	-140	-220	-350
120	140	-460 -710	-260 -510	-200 -450												
140	160	-520 -770	-280 -530	-210 -460	-145 -245	-85 -148	-43 -83	-14 -39	0 -18	0 -25	0 -40	0 -63	0 -100	0 -160	0 -250	0 -400
160	180	-580 -830	-310 -560	-230 -480												
180	200	-660 -950	-340 -630	-240 -530	-170	-100	-50	-15	0	0	0	0	0	0	0	0
200	225	-740 -1030	-380 -670	-260 -550	-285	-172	-96	-44	-20	-29	-46	-72	-115	-185	-290	-460

续表

基本尺寸（mm）		常用公差带												
		js	k	m	n	p	r	s	t	u	v	x	y	z
大于	至	6	*6	6	*6	*6	6	*6	6	*6	6	6	6	6
-	3	±3	-6 0	+8 +2	+10 +4	+12 +6	+16 +10	+20 +14	—	+24 +18	—	+26 +20	—	+32 +26
3	6	±4	+9 +1	+12 +4	+16 +8	+20 +12	+23 +15	+27 +19	—	+31 +23	—	+36 +28	—	+43 +35
6	10	±4.5	+10 +1	+15 +6	+19 +10	+24 +15	+28 +19	+32 +23	—	+37 +28	—	+43 +34	—	+51 +42
10	14	±5.5	+12 +1	+18 +7	+23 +12	+29 +18	+34 +23	+39 +28	—	+44 +33	—	+51 +40	—	+61 +50
14	18								—		+50+39	+56 +45	—	+71 +60
18	24	±6.5	+15 +2	+21 +8	+28 +15	+35 +22	+41 +28	+48 +35	—	+54 +41	+60+47	+67 +54	+76 +63	+86 +73
24	30								+54+41	+61 +48	+68+55	+77 +64	+88 +75	+101 +88
30	40	±8	+18 +2	+25 +9	+33 +17	+42 +26	+50 +34	+59 +43	+64 +48	+76 +60	+84 +68	+96 +80	+110 +94	+128 +112
40	50								+70 +54	+86 +70	+97 +81	+113 +97	+130 +114	+152 +136
50	65	±9.5	+21 +2	+30 +11	+39 +20	+51 +32	+60 +41	+72 +53	+85 +66	+106 +87	+121 +102	+141 +122	+163 +144	+191 +172
65	80						+62 +43	+78 +59	+94 +75	+121 +102	+139 +120	+165 +146	+193 +174	+229 +210
80	100	±11	+25 +3	+35 +13	+45 +23	+59 +37	+73 +51	+93 +71	+113 +91	+146 +124	+168 +146	+200 +178	+236 +214	+280 +258
100	120						+76 +54	+101 +79	+126 +104	+166 +144	+194 +172	+232 +210	+276 +254	+332 +310
120	140	±12.5	+28 +3	+40 +15	+52 +27	+68 +43	+88 +63	+117 +92	+147 +122	+195 +170	+227 +202	+273 +248	+325 +300	+390 +365
140	160						+90 +65	+125 +100	+159 +134	+215 +190	+253 +228	+305 +280	+365 +340	+440 +415
160	180						+93 +68	+133 +108	+171 +146	+235 +210	+277 +252	+335 +310	+405 +380	+490 +465
180	200	±14.5	+33	+46	+60	+79	+106 +77	+151 +122	+195 +166	+265 +236	+313 +284	+379 +350	+454 +425	+549 +520
200	225						+109	+159	+209	+287	+339	+414	+499	+604

表 A-21　优先及常用配合孔的极限偏差（μm）

基本尺寸（mm）		常用公差带													
		A	B	C	D	E	F	G	H						
大于	至	11	11	*11	*9	8	*8	*7	6	*7	*8	*9	10	*11	12
-	3	+330 +270	+200 +140	+120 +60	+45 +20	+28 +14	+20 +6	+12 +2	+6 0	+10 0	+14 0	+25 0	+40 0	+60 0	+100 0
3	6	+345 +270	+215 +140	+145 +70	+60 +30	+38 +20	+28 +10	+16 +4	+8 0	+12 0	+18 0	+30 0	+48 0	+75 0	+120 0
6	10	+370 +280	+240 +150	+170 +80	+76 +40	+47 +25	+35 +13	+20 +5	+9 0	+15 0	+22 0	+36 0	+58 0	+90 0	+150 0
10	14	+400	+260	+205	+93	+59	+43	+24	+11	+18	+27	+43	+70	+110	+180
14	18	+290	+150	+95	+50	+32	+16	+6	0	0	0	0	0	0	0
18	24	+430	+290	+240	+117	+73	+53	+28	+13	+21	+33	+52	+84	+130	+210
24	30	+300	+160	+110	+65	+40	+20	+7	0	0	0	0	0	0	0
30	40	+470 +310	+330 +170	+280 +120	+142	+89	+64	+34	+16	+25	+39	+62	+100	+160	+250
40	50	+480 +320	+340 +180	+290 +130	+80	+50	+25	+9	0	0	0	0	0	0	0
50	65	+530 +340	+380 +190	+330 +140	+174	+106	+76	+40	+19	+30	+46	+74	+120	+190	+300
65	80	+550 +360	+390 +200	+340 +150	+100	+60	+30	+10	0	0	0	0	0	0	0
80	100	+600 +380	+440 +220	+390 +170	+207	+126	+90	+47	+22	+35	+54	+87	+140	+220	+350
100	120	+630 +410	+460 +240	+400 +180	+120	+72	+36	+12	0	0	0	0	0	0	0
120	140	+710 +460	+510 +260	+450 +200											
140	160	+770 +520	+530 +280	+460 +210	+245 +145	+148 +85	+106 +43	+54 +14	+25 0	+40 0	+63 0	+100 0	+160 0	+250 0	+400 0
160	180	+830 +580	+560 +310	+480 +230											
180	200	+950 +660	+630 +340	+530 +240	+285	+172	+122	+61	+29	+46	+72	+115	+185	+290	+460
200	225	+1030 +740	+670 +380	+550 +260	+170	+100	+50	+15	0	0	0	0	0	0	0

续表

基本尺寸（mm）		JS		K			M	N		P		R	S	T	U
大于	至	6	7	6	*7	8	7	6	7	6	*7	7	*7	7	*7
-	3	±3	±5	0 -6	0 -10	0 -14	-2 -12	-4 -10	-4 -14	-6 -12	-6 -16	-10 -20	-14 -24	—	-18 -28
3	6	±4	±6	+2 -6	+3 -9	+5 -13	0 -12	-5 -13	-4 -16	-9 -17	-8 -20	-11 -23	-15 -27	—	-19 -31
6	10	±4.5	±7	+2 -7	+5 -10	+6 -16	0 -15	-7 -16	-4 -19	-12 -21	-9 -24	-13 -28	-17 -32	—	-22 -37
10	14	±5.5	±9	+2	+6	+8	0	-9	-5	-15	-11	-16	-21	—	-26
14	18			-9	-12	-19	-18	-20	-23	-26	-29	-34	-39		-44
18	24	±6.5	±10	+2	+6	+10	0	-11	-7	-18	-14	-20	-27	—	-33 -54
24	30			-11	-15	-23	-21	-24	-28	-31	-35	-41	-48	-33 -54	-40 -61
30	40	±8	±12	+3	+7	+12	0	-12	-8	-21	-17	-25	-34	-39 -64	-51 -76
40	50			-13	-18	-27	-25	-28	-33	-37	-42	-50	-59	-45 -70	-61 -86
50	65	±9.5	±15	+4	+9	+14	0	-14	-9	-26	-21	-30 -60	-42 -72	-55 -85	-76 -106
65	80			-15	-21	-32	-30	-33	-39	-45	-51	-32 -62	-48 -78	-64 -94	-91 -121
80	100	±11	±17	+4	+10	+16	0	-16	-10	-30	-24	-38 -73	-58 -93	-78 -113	-111 -146
100	120			-18	-25	-38	-35	-38	-45	-52	-59	-41 -76	-66 -101	-91 -126	-131 -166
120	140			+4	+12	+20	0	-20	-12	-36	-28	-48 -88	-77 -117	-107 -147	-155 -195
140	160	±12.5	±20									-50 -90	-85 -125	-119 -159	-175 -215
160	180			-21	-28	-43	-40	-45	-52	-61	-68	-53 -93	-93 -133	-131 -171	-195 -235
180	200	±14.5	±23	+5	+13	+22	0	-22	-14	-41	-33	-60 -106	-105 -151	-149 -195	-219 -265
200	225			-24	-33	-50	-46	-51	-60	-70	-79	-63 -109	-113 -159	-163 -209	-241 -287

表 A-22　标准公差数值（摘自 GB/T 1800.3—1988）

基本尺寸（mm）		标准公差等级																			
		IT01	IT0	IT1	IT2	IT3	IT4	IT5	IT6	IT7	IT8	IT9	IT10	IT11	IT12	IT13	IT14	IT15	IT16	IT17	IT18
大于	至	公差值（μm）													公差值（μm）						
-	3	0.3	0.5	0.8	1.2	2	3	4	6	10	14	25	40	60	0.1	0.14	0.25	0.4	0.6	1	1.4
3	6	0.4	0.6	1	1.5	2.5	4	5	8	12	18	30	48	75	0.12	0.18	0.3	0.48	0.75	1.2	1.8
6	10	0.4	0.6	1	1.5	2.5	4	6	9	15	22	36	58	90	0.15	0.22	0.36	0.58	0.9	1.5	2.2
10	18	0.5	0.8	1.2	2	3	5	8	11	18	27	43	70	110	0.18	0.27	0.43	0.7	1.1	1.8	2.7
18	30	0.6	1	1.5	2.5	4	6	9	13	21	33	52	84	130	0.21	0.33	0.52	0.84	1.3	2.1	3.3
30	50	0.6	1	1.5	2.5	4	7	11	16	25	39	62	100	160	0.25	0.39	0.62	1	1.6	2.5	3.9
50	80	0.8	1.2	2	3	5	8	13	19	30	46	74	120	190	0.3	0.46	0.74	1.2	1.9	3	4.6
80	120	1	1.5	2.5	4	6	10	15	22	35	54	87	140	220	0.35	0.54	0.87	1.4	2.2	3.5	5.4
120	180	1.2	2	3.5	5	8	12	18	25	40	63	100	160	250	0.4	0.63	1	1.6	2.5	4	6.3
180	250	2	3	4.5	7	10	14	20	29	46	72	115	185	290	0.46	0.72	1.15	1.85	2.9	4.6	7.2
250	315	2.5	4	6	8	12	16	23	32	52	81	136	210	320	0.52	0.81	1.3	2.1	3.2	5.2	8.1
315	400	3	5	7	9	13	18	25	36	57	89	140	230	360	0.57	0.89	1.4	2.3	3.6	5.7	8.9

注：基本尺寸小于 1mm 时，无 IT14～IT18。

参 考 文 献

[1] 中华人民共和国国家标准．技术制图　机械制图．北京：中国标准出版社，2008．
[2] 柴建国，路春玲．机械制图．北京：高等教育出版社，2007．
[3] 王其昌．机械制图．北京：机械工业出版社，2006．
[4] 刘力．机械制图．北京：高等教育出版社，2004．
[5] 刘小年，郭克希．机械制图．北京：机械工业出版社，2005．
[6] 姚民雄，华红芳．机械制图．北京：电子工业出版社，2009．
[7] 冯秋官．机械制图与计算机绘图．北京：机械工业出版社，2006．

反侵权盗版声明

举报电话：（010）88254396；（010）88258888
传　　真：（010）88254397
E-mail：　dbqq@phei.com.cn
通信地址：北京市万寿路 173 信箱
　　　　　电子工业出版社总编办公室
邮　　编：100036